戦闘機と空中戦［ドッグファイト］の100年史

WWIから近未来まで ファイター・クロニクル

Kentaro Seki 関賢太郎

潮書房光人新社

はじめに

「いずれの分野における発明発見でも、突然生まれたものはなく、その前にかならずよって来たる道順がある」

——土井武夫〈航空技師〉

2016年は第一次世界大戦（1914-1918）の勃発から102年目の年にあたります。そして真の意味で実用的な戦闘機、フォッカー・アインデッカーが登場してから101年目にして、戦闘機対戦闘機の空中戦「ドッグファイト」が行なわれるようになってから、ちょうど100年目の年にあたります。先史時代から何千年と続く陸戦海戦の歴史に比べると、空中戦のそれはほんの一瞬の叙事詩にすぎません。

ですがその分、この100年間においてはもっとも激しい進化を遂げた分野でもあるとも言えるでしょう。

戦闘機と同じく第一次世界大戦でデビューを果たした陸戦の王者こと「戦車」は、大戦中に実用化された近代戦車の祖「ルノーFT」でほとんどその姿形が完成されていました。例えば陸上自衛隊最新鋭の10式戦車とルノーFTは、主砲や砲塔、車体の大小以外、見た目に限ればそれほど大きな違いはありません。

戦闘艦や潜水艦もそれほど大きく変わってはいませんし、銃器にいたっては19世紀に開発されたものがいまだに現役として活躍しています。もし第一次大戦に従軍した兵士を現代に連れてきて、現代戦車や銃火器、艦船を見せたとしても、それが何であるかをすぐに理解することでしょう。

それに比べて戦闘機の進化のなんと凄まじきことか！　第一次世界大戦世代の複葉戦闘機スパッドS.XIIIのパイロットは、はたしてステルス戦闘機F-22ラプターを、同類の兵器であると一目で判別することができるでしょうか。

戦闘機のデザインやその戦い方は数度の「革命」によってその度に大きく変化していきました。

第１の革命は「プロペラ同調装置付き機銃の実用化」。これを搭載したフォッカーE.I アインデッカーの登場によって、真の意味で空中戦が可能な「戦闘機」が誕生し、第一次世界大戦は戦闘機同士による空中戦が行なわれた最初の戦争となりました。

第２の革命は「航空力学の成熟」。特に単葉翼＋引き込み脚の実用化を果たしたポリカルポフI-16はその後すべての戦闘機の基礎となり、第二次世界大戦ではI-16のデザインを継承した究極のレシプロ戦闘機が多数生まれました。

第３の革命は「電波を使用した電子戦の始まり」。無線電話機は機上における相互連携を可能とし、レーダーは遥か遠くの航空機を探知できるようになりました。メッサーシュミットBf109やスーパーマリン・スピットファイアなど、電波によってネットワーク化された戦闘機は、現代的な戦術で戦うようになりました。

第４の革命は「ジェットエンジンの実用化」。旧来のレシプロエンジンに比べ小型ながら莫大なエネルギーを抽出可能、かつ高速飛行に適したジェットエンジンは、電子戦の始まりと並んで間違いなく戦闘機における最大の革命であり、史上初のジェット戦闘機メッサーシュミットMe262の歴史的意義は計り知れません。

第５の革命は「超音速時代到来」。音速に近づくと途端に特性が変化する空気流は、従来の常識が通用しませんでした。音の壁を突き破るための後退翼など、これまでとは別の理論に基づく設計が確立されます。また、核搭載爆撃機を阻止するためにセンチュリー・シリーズのような超音速迎撃戦闘機を生みました。

第６の革命は「空対空ミサイルの実用化」。ミサイルを多数携行し機首部に大型レーダーを搭載したマクダネルF-4のような戦闘機が登場、直接目で見ることのできない、はるか遠方の標的を撃ち落とせるようになりました。そしてマッハ３にも達するMiG-25によって、ついに戦闘機の速度競争に終止符が打たれます。

第７の革命は「垂直離着陸（VTOL）機の誕生」。必ずしも滑走路を必要としないVTOL機は小さな軽空母の能力を大きく向上させます。実用機はホーカー・シドレーハリアーとヤコブレフ Yak-38、そして最新鋭のロッキードマーチンF-35Bを含めても３機種にすぎませんが、新たな分野を切り開きました。

第８の革命は「制空戦闘機への回帰」。マッハ２から３で飛行し、はるか遠方の標的を撃ち落とすような戦いは、思ったよりも発生しませんでした。半世紀続いた速度競争は終わりを告げ、亜音速における格闘戦闘能力も重視したマクダネル・ダグラスF-15が誕生します。

第９の革命は「情報処理の導入」。多数のセンサーと高性能なコンピューターによって情報収集力が拡充されます。マクダネル・ダグラスF/A-18のようにコックピットは多数のディスプレイで構成されるようになり、空中戦だけでなく多様な誘導兵器を投射するマルチロールファイターとしての方向性が確立します。

第10の革命は「ステルス理論の確立」。レーダーに映りにくくするための機体設計、いわゆるステルスは従来の流体力学とは無縁であり、デザインに著しい変化をもたらします。ロッキードマーチンF-22やノースロップYF-23が誕生しました。

第11の革命は「IT技術の飛躍的発展」。IT革命が我々の生活を大きく変えたように、戦闘機とその戦い方もデジタル情報ネットワークを中心とした戦い方となり、空中戦の生死は何バイトのデータを処理したかで決まるようになりました。F-35はIT革命の結晶ともいえる存在です。

以上の革命はある日突然もたらされたわけではありません。前時代から積み上げられた土台に築き上げられたものです。戦闘機のデザインに最も大きな影響を与えたジェットエンジンの実用化でさえ、その当初はヤコブレフYak-15のような、レシプロ戦闘機にそのままジェットエンジンを搭載したような設計は珍しくありませんでした。戦闘機の進化は階段のようにステップアップするものではく、坂道のような連綿と続く斜面を登るが如しでした。

したがって、ある戦闘機が何故このような設計となったのかを探るには、その少し前の時代を知る必要があります。前の時代を知るにはさらにその前の時代を知る必要があります。究極的には戦闘機の始祖鳥まで時代をさかのぼることによって、その戦闘機についてより深い理解を得られることに繋がります。

本書『戦闘機と空中戦（ドッグファイト）の100年史』は戦闘機誕生の前史からはじまります。どのようにして空中戦が始まり、戦闘機が誕生したのか、そして戦闘機のデザインを劇的に変化させた「革命」がいかにして生まれたのか、その結果戦闘機対戦闘機のドッグファイトがどのように変化して行ったのかを、100年紡がれた戦闘機の歴史として纏めています。

本書をひと通り読んでいただけたならば、太平洋戦争当時に米海軍で開発された編隊戦闘戦術「サッチ・ウィーブ」が、無線機に不備のある日本海軍の零戦を敗北に追いやったという事実と、21世紀型戦闘機の戦術デジタル情報データリンクを活用した「ネットワーク中心の戦い」が、旧来機に対して圧倒的な優勢を得られること、この二つの70年以上の年月を隔てたドッグファイト戦術が「共有状況認識」という全く同じ理論に基いたものである点にお気づきいただけるのではないかと思います。そう、時代が移り変わりテクノロジーがいくら進歩しても、戦闘機とその戦い方の本質は少しも変わっていないのです。

本書が読者の皆様の温故知新に繋がることを切に願います。またドッグファイトに打ち勝つ戦闘機がどのように進化し続けてきたのか、その100年の物語と、少しばかりの近未来の空中戦を楽しんでいただけたならば幸いです。

なお本書では「ドッグファイト」という語は、戦闘機同士が互いに背後を取り合うべく旋回するような戦いのみに限らず、ミサイルの撃ち合いを含む戦闘機対戦闘機による空戦そのものを意味した、「広義のドッグファイト」として使用します。互いに旋回を繰り返すような戦いは「格闘戦」という語を用います。

戦闘機と空中戦の100年史

目次

図版作成・佐藤輝宣

「飛行機」が20世紀最大の発明の一つであることに疑いの余地はない。この写真は飛行機が初めて空中を飛翔した、まさにその瞬間。

序章
兄弟の夢、人類の夢 1903〜

空を自由に飛び回りたい。地球という大質量によって生じる「重力」の呪縛から逃れられぬ人類が最初にそう願ったのは、恐らくは25万年前に現生人類が誕生するよりも遥か昔の祖先であったろう。ひょっとしたら400万年前に共通祖先から分岐した兄弟であるチンパンジーもそう思っているのかもしれない。

20世紀初頭、気が遠くなるような年月を経て、自転車屋を営む二人の兄弟が、今その夢を実現せんとしていた。

◆0-1

魔法の絨毯

「私たち兄弟は、自分たちの発明が戦争を無くすものになるという確信がありました。それはなんと心地の良い夢であったことでしょう。そして、なんという悪夢になってしまったことでしょう」

――オービル・ライト〈航空技師〉

1903年12月17日。後の世にライト兄弟として名を知られることとなる、兄のウィルバーと弟のオービルの二人は、アメリカノースカロライナ州キティホークの丘にて、レシプロ（ピストン）エンジンによってプロペラを駆動する固定翼機、いわゆる「飛行機」であるフライヤー号の飛行実験を、成功裏に実施した。

オービルが搭乗した第１回目の飛行は12秒で36.6m。ウィルバーによるその日最後となる第４回目の飛行では59秒で260m。それは刹那であり、ささやかな距離だったかもしれない。しかし人類25万年の歴史においては、人類が陸と海に続き「空」へと行動範囲を広げた特筆すべき日となった。人類は自由に空中を動き回ることのできる、魔法の絨毯を手に入れたのである。

ライト兄弟のフライヤー以前にも人類が空を飛ぶ手段はあった。たとえば気球である。フランス人のモンゴルフィエ兄弟は、焚き火から立ち上る煙をヒントとし、熱気球を作成。1783年に有人飛行を成功させている。また空気よりも軽い物質（主に水素。またはヘリウム）を充填したガス気球も、やや遅れて有人飛行を行った。

気球とフライヤーにおける決定的な差は、フライヤーが「操縦可能」であるということだ。気球は風任せでしか動くことができない。フライヤーは人間の意思によって自由に上昇・下降、そして旋回することができ、任意の場所へと「機動」ができたのだ。ライト兄弟のフライヤーによる偉業は、ただ飛行したという事実にとどまらず、この機動ができるという点においても特筆すべきことだった。

もちろん、気球にエンジンを搭載すれば機動することも可能である。いわゆる

「飛行船」であるが、空中においてエンジンによる動力と水素ガス、バラストによって浮力を調整するという原理上、空気の微妙な変動に非常に弱く、どうしてもそれは制約されたものであった。

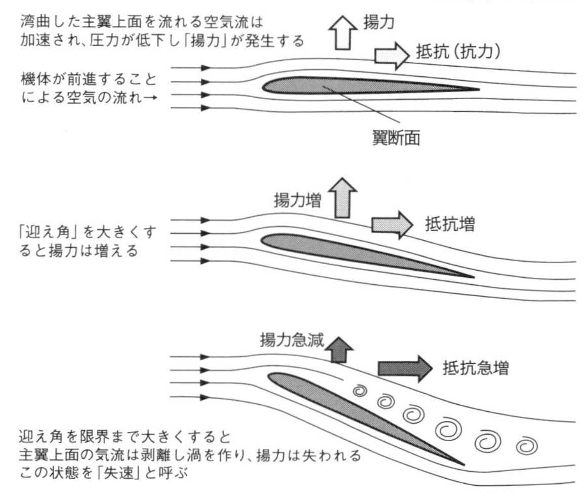

フランス系ブラジル人のアルベルト・サントス・デュモンはパリに居た。デュモンは飛行船のレースなどによって、いくつもの賞を獲得した名士だった。デュモンは「14bis」と呼称する飛行機を自力で設計し、ライト兄弟から遅れること３年、1906年にヨーロッパ初の固定翼機の飛行に成功する。ただし、14bisは自由な操縦とは程遠く、ただ飛べることで精いっぱいの飛行機だった。

ライト兄弟は自分たちの飛行と操縦の秘密が漏れることを恐れ、フライヤーを積極的に公開しなかった。そのためヨーロッパではデュモンこそが飛行機の発明者であると支持されていた。当時フランスの新聞記事にはこう書かれた。
『ライト兄弟のフライヤーはライヤー（嘘つき）』

1908年８月８日。ライト兄弟はフランスにおいてフライヤーの公開に踏み切った。デュモンの成功後、ヨーロッパではすでに多くの飛行機が登場していたが、いずれも自在に空を飛び回れるほどの飛行機ではなかった。そうした中、フライヤーはウィルバーの操縦のもとに自由自在に機体をバンク（傾き）させ、優雅に旋回し飛翔する姿を見せつけたのである。フライヤーがライヤー（嘘つき）ではないことは誰の目にも明らかだった。

フライヤーの秘密は「三舵の操縦」にあった。ヨーロッパで設計された多くの飛行機は、釣り合いの取れた安定的な水平飛行に重点が置かれていた。一方のフライヤーは意図的に安定を崩す機構を有していた。すなわちピッチ軸（機首の上下）を調整する昇降舵（エレベーター）、ロール軸（左右の傾き）を調整するたわみ翼、ヨー軸（横滑り）を調整する方向舵（ラダー）であり、三次元の空中において、その姿勢をパイロットの意のままに制御することができたのである。フライヤーもF-35ライトニングもボーイング787も、この飛行制御の原則は全く変わっていない。ただし、たわみ翼は同じ役割をする補助翼（エルロン）に取って代わられているが。

ライト兄弟はフライヤーの公開によって自らの実績を証明した。だが、ここで彼らが一番恐れていた事態が発生した。公開飛行によって操縦の秘密が衆目の知るところとなってしまったのである。

ライト兄弟の公開飛行を目撃した人物の中に、フランス人のルイ・ブレリオが居た。ブレリオはヨーロッパでは名高い好事家にして飛行家であった。フライヤーの飛行を目の当たりにしたブレリオは、フライヤーの三舵の操縦による先進性を直ちに理解し、自らの飛行機にこれを適用した。こうして完成したのが「ブレリオXI」である。

ブレリオXIはドーバー海峡の横断を目的に開発された。１枚の主翼と機体後部に水平尾翼と垂直尾翼が配置されるという、現代的な飛行機に近いシルエットを持ち、また操縦も１本のハンドル型操縦桿を左右に倒すことでロール軸を、手前に引くか奥に押し倒すことでピッチ軸を制御、フットペダルを左右踏み込むことによってヨー軸を制御するという、以降すべての飛行機に共通する操縦法を確立した。

1909年７月25日。ブレリオXIはブレリオ自らの操縦によってフランス側のカレーからイギリスのドーバーへの飛行を見事に成功させている。フライヤーの公開飛行から１年もたたないうちに、フライヤーは過去の飛行機になってしまった。

川西 紫電21型（紫電改）増加試作機

飛行機の生みの親 ライト兄弟

飛行機の発明はライト家の三男ウィルバー・ライト（写真左）と、同じく四男のオービル・ライト（写真右）の二人によって成し遂げられた。

兄弟はアメリカ中西部、オハイオ州デイトンにおいてライト・サイクル・カンパニーという名の自転車屋を営んでいた。二人は航空に対して大きな興味を抱いており、遠くヨーロッパの地にて空への挑戦を続ける飛行家、オットー・リリエンタールの業績を紹介する記事に心を躍らせていた。

不幸にもリリエンタールは滑空試験中の事故によってその生涯を閉じた。その事実を知った二人は、偉大なるリリエンタールの遺業を継ぐべく飛行機の開発を決意するのである。

二人はリリエンタールの著書をはじめに資料を取り寄せて独学で流体力学を学んだ。そして滑空機の試験と失敗を繰り返した。さらには自ら風洞装置を造りデータを蓄積することによって、航空の第一人者へと躍り出る。

幾多の苦難を乗り越え、1903年12月17日、アメリカ東海岸のキティホークの丘にて、兄弟はついに自作のエンジンを搭載した「フライヤー」によって飛行試験に成功する。それもただ浮き上がるだけではなく、三舵の調和によって自在に操縦が可能な「完成された飛行機」として。

ライト兄弟の名は航空史においてもっとも偉大な人物として知られるが、その後の人生は彩られたものではなかった。パテント争いに時間を費やし、肝心の飛行機作製が疎かになってしまったことから、急速に進化する飛行機の性能向上争いから脱落してしまう。

1912年兄ウィルバーは45歳にして他界。弟オービルは1915年に飛行機製造事業を売却し、第二次世界大戦後の1948年、76歳にして他界した。老オービルは広島・長崎への原爆投下を知り、自身の発明が破壊と殺戮に拍車を掛けてしまったことに、最後まで心を痛めていたという。

◆0-2

そして戦争の道具へ

「ドラッヘンフリーガーは理論上空戦兵器だった。“空中魚雷艇”と称したこれは、敵飛行船艦隊の上空から急襲し、爆弾を投下し飛び去っていった。しかし絶望的に不安定で、いかなる戦闘においても三分の一も空中母艦に帰還できなかった。」

──H・G・ウェルズ〈作家〉『空中戦争』(1907年)

ライト兄弟は自分たちのフライヤーが軍隊に行き渡ったならば、地上軍が空から丸見えになってしまうことから、あらゆる攻勢作戦は失敗し、実質的に戦争は不可能になると考えていた。

本章のはじめに紹介したオービルのことば「私たち兄弟は、自分たちの発明が戦争を無くすものになるという確信がありました」は、空中を自由に動き回ることのできる飛行機による、観測・偵察の価値を、極めて正確に認識していたからこそ、夢見ることができたのである。

ライト兄弟は平和への大望、そして億万長者への野心をもってフライヤーを軍隊へと売り込んだ。フライヤー新モデル開発の遅れと、高性能な競合機の登場によって、ライト兄弟が思い描いていたようなセールスはできなかったが、飛行機自体は各国の軍隊へ「偵察機」として配備されていった。

飛行機の戦争への投入は思いのほかはやく巡ってきた。1911年9月、イタリア王国とオスマン帝国は、リビアにおいて激突した。イタリア・トルコ戦争である。

イタリアは当時高性能を誇ったブレリオXIやエーリッヒ・タウベといった飛行機を投入し、オスマン帝国軍を偵察した。11月1日にはブレリオXIから4発の手投げ爆弾が投下され、史上初の「爆撃」も行なわれており、さらに地上からの銃撃によって撃墜された機体もあった。そして翌1912年のバルカン戦争においてもこれらの飛行機が実戦に投入された。

美しきエトリッヒ・タウベ。WW1前の最高傑作機の一つ。ドイツ軍の主力偵察機として採用され戦略的勝利に大いに貢献した最初の飛行機となった。タウベとは鳩の意だが、アルソミトラというツル植物の種子（羽根がついていて滑空する）を参考にした〈筆者撮影〉

リビアやバルカン半島における戦争では、飛行機は補助的な役割にとどまり、大した活躍をしていない。だが飛行機による偵察活動の有効性が知られるようになると、次第に各国の軍隊は競って飛行機を配備するようになり、その数を増やしていった。

それでも保守的な軍人からは、飛行機の価値がいまだ疑問視されていた。後に第一次世界大戦連合軍総司令官・フランス陸軍元帥となるフェルディナン・フォッシュは憮然としてこう言い捨てた。

『飛行機は玩具としては面白いが、軍事では無価値である。』

一方で航空戦の時代が到来することを予言する者もいた。小説『宇宙戦争』を代表作に、SF作家として知られるイギリス人ハーバート・ジョージ・ウェルズは、1907年に『空中戦争』を執筆。作中において飛行機と飛行船が艦隊を組み、爆撃によって都市を破壊する様相を書いた。「ドラッヘンフリーガー空中魚雷艇」なる固定翼機、日本人アーティストが発明したという榴弾砲搭載のはばたき機等、飛行船から発進する戦闘爆撃機も登場する。

1914年７月28日。第一次世界大戦勃発。この時すでにイギリス軍112機、フランス軍192機、ドイツ軍292機、イタリア軍220機、オーストリア・ハンガリー軍

193機、ロシア軍244機の偵察機を有すようになっていた。
　フォッシュが言い捨てたように飛行機は玩具に過ぎないのか、それともウェルズのSF小説のごとく空中戦争が始まるのか、それともライト兄弟の言が正しく戦争は根絶されるのか、飛行機の価値が明らかになるときがやってきた。
　答えは呆気ないほどすぐに明らかになった。第一次世界大戦緒戦の西部戦線マルヌ会戦においては、フランス軍が前進するドイツ軍を偵察機によって監視し、的確な防御によってその進撃を頓挫させた。
　また、ほぼ同時期の東部戦線タンネンベルク会戦では、ドイツ軍がロシア軍の移動を主力機タウベによって逐次把握し、数にまさるロシア軍を包囲・殲滅した。わずか半月の戦いで、ロシア軍に対し戦死傷者・捕虜合わせて14万5000人もの大損害を与えたのである。タンネンベルク会戦の指揮を執ったドイツ陸軍大将パウル・フォン・ヒンデンブルクはこう言い残している。
『飛行家の活躍なくしてタンネンベルクの勝利は無かった。』
　かくして飛行機は第一次世界大戦勃発後早々に戦争の帰趨を握る価値がある新兵器たりえることを証明した。飛行機は軍隊にとってなくてはならない存在となった。ある意味ライト兄弟の認識は正確だったと言える。だが、正しかったのは偵察機としての飛行機の価値までであった。ライト兄弟が確信していた飛行機による平和は到来せず、第一次世界大戦は激化の一途を辿る。
　ウェルズの「空中戦争」はほんの数年後の未来を驚くほど正確に予言してみせた。そしてライト兄弟の甘美な夢、人類の夢が、闘争という悪夢へ変わりつつあった。

格闘戦の展示飛行を行なうニューポール17（左）とフォッカー Dr.I。第一次大戦の格闘戦は相手の表情が分かる距離で行なわれたが、実際こうした対等の戦いは少なく、ドッグファイトは奇襲ではじまり、敗者はわけも分からず戦死、多くは始まった瞬間に終わった〈筆者撮影〉

第１章 戦闘機の成立 第一次世界大戦 1914～

最初は偵察機同士による銃の撃ち合いだった。すぐに空中戦専用の飛行機「戦闘機」が誕生し、ついには「ドッグファイト」が始まる。熾烈なドッグファイトに打ち勝つための戦術は、はやくも成熟を迎えた。

戦闘機は航空力学の進歩とレシプロエンジンの出力向上によって急激な性能向上を果たす。そのペースは新型機であってもわずか半年から１年で時代遅れとなるほどの勢いだった。

◆1-1

空中戦の歴史が始まった

「空中戦、恐らく此の位面白く愉快なものはありますまい、鳥撃ちなどとは到底比較ものではありません」

——滋野清武〈フランス陸軍エース、８機撃墜、日本人〉

上空の凍てつく風が容赦なく顔に吹き付ける。最高速度100km/hたらずの「ヴォアザンIII」には風防が無い。フランス陸軍の飛行機操縦士、ジョセフ・フランツ軍曹と、観測員のルイ・クノー伍長は、防寒服を身に纏いヨーロッパの空にあった。

時に1914年10月５日。第一次世界大戦は、先制攻撃を仕掛けたドイツを中心とする中央同盟国、フランス・イギリスを中心とする連合国ともに互いの塹壕線を突破できずに膠着状態へ陥りつつあった。

長さ数百キロメートルにも達する敵国の塹壕線を正確に把握し、野戦砲の集中砲火を叩き込むには、飛行機からの偵察・観測が必要不可欠であった。フランツとクノーもまたドイツ軍の塹壕偵察を任務としていた。さらにヴォアザンIIIにはオチキス8mm機関銃が搭載されており、あわよくば地上に向けて機銃弾の雨を降らせてやる腹づもりであった。

ヴォアザンIIIはゴンドラ型の胴体後部に、エンジンとプロペラを配置した推進式（プッシャー式）の飛行機であったから、射線がプロペラに邪魔されない。前方に向けて機銃掃射するには、まことに都合の良い飛行機と言えた。この日、フランツとクノーは予想だにしなかった形で、その名を歴史に刻むこととなる。

フランツらはヴォアザンIIIよりも低い高度を飛行する一機の複葉機を発見した。その機体には700年の伝統を誇るチュートン騎士団の鉄十字がまざまざと示されていた。敵国ドイツの国籍章である。ドイツ機が自分らと全く同じ任務を帯びていることは明らかであった。すなわち、野戦砲射撃を支援する目的で、フランス軍の塹壕を空中から偵察することだ。これを放置しては友軍に死者がでる可

最初の撃墜を達成したヴォアザンIII複葉機の発展型ヴォアザンLAS。偵察や爆撃のほか、推進式であることを活かして空中戦も積極的に行なった。日本最初のエース、滋野清武もこの機で最初の撃墜を記録している〈筆者撮影〉

能性がある。二人は機関銃によるドイツ機攻撃を決意し、フランツはドイツ機に機首を向けた。

ドイツ機はアヴィアティックB.II。機首部にエンジンとプロペラを有する牽引式（トラクター式）飛行機であり、姿こそ似ていないが性能的にはヴォアザンIIIとほとんど同等だ。

アヴィアティックB.IIの操縦士ウィルヘルム・シュリヒティング軍曹とその観測員フリッツ・フォン・ツァンゲン少尉（ドイツでは下士官がパイロット、将校は観測員を務めた）は無警戒だった。

フランツらのヴォアザンIIIを発見していたかもしれないが、アヴィアティックB.IIに武器は搭載されていないから、自分から接近するようなことはしなかった。そしてまさか狙われているとは思いもよらなかっただろう。

ヴォアザンIIIは降下によって加速しアヴィアティックB.IIに迫った。フランツは機をアヴィアティックB.IIの後方に遷移させた。そしてクノーはねらいを付けてオチキス8mm機関銃の引き金を絞った。

短く数発ずつの射撃。エンジン音に入り交じり乾いた発砲音が空中に響き渡る。

シュリヒティングはこれに驚き、なんとか回避しようと機を旋回させた。同時に後席のツァンゲンは拳銃を取り出し反撃を試みる。
　ヴォアザンIIIは速度が出すぎていたため、オーバーシュート（意図せぬ追い越しによって敵機に後ろを取られてしまうこと）してしまった。この隙にシュリヒティングらのアヴィアティックB.IIは逃走を図るも、再びヴォアザンIIIが背後に迫まってきた。振り切ってやり過ごそうと旋回や上昇をするもクノーの照準からは逃れることができなかった。推進式プロペラをもつヴォアザンIIIのオチキス8mm機関銃は前方を向いており、追いかけながらの射撃、すなわち「追撃」が可能だったのだ。
　オチキス8mm機関銃の装弾数は24発。クノーはこれを撃ち尽くし、急ぎ弾倉の再装填を行なった。そして再度射撃を加える。ツァンゲンはアヴィアティックB.IIの後席にあって、よく反撃したが、拳銃と機関銃では勝負にならないことは明白であった。
　アヴィアティックB.IIの息の根を止めるのに３つめ目のカートリッジは必要としなかった。48発を撃ちきったところでアヴィアティックB.IIのエンジンから黒煙が吹き出した。ついには炎を曳きながらは地面に激突した。「撃墜」だ。
　作戦中に敵から攻撃されたという事例は珍しくも無くなっていたが、この戦いは「歴史上はじめて（空中衝突を除き）飛行機が飛行機を撃墜した」という点で特別であった。この日、フランツとクノーは史上初の空中戦における勝者となり、不運なシュリヒティングとツァンゲンは、史上初の犠牲者となってしまったのである。
　アヴィアティックB.IIのような牽引式プロペラ機は、例え機関銃を搭載していたとしても、高速で回転するプロペラが邪魔になって前方へ射撃することはできなかった。よって射界は後方や側面に限られる。すなわち、敵機を追いかけている間は射撃が不可能であり、最低でも真横に並ばなくてはならなかった。
　これでは少しでも旋回されてしまえば容易に逃れられてしまうから、実質的に追撃されている際の防御のための射撃しかできない。もしアヴィアティックB.IIに前方に向けて機関銃を射撃する能力が有ったならば、ヴォアザンIIIがオーバーシュートした時点でこれを追撃・撃墜し、勝者と敗者の名前は逆として歴史に記録されていたかもしれない。「前方射撃能力」の有無が４人の生死を大きく分けた。
　1914年10月５日午前。空中戦史の秒針が最初の時を刻んだ。

◆1-2

空中戦専門飛行機の誕生

「戦闘機のパイロットの本分は、空域をパトロールしその空域内の敵戦闘機を撃墜することだ。それ以外はくだらないこと」
――マンフレート・フォン・リヒトホーフェン〈ドイツ陸軍エース、80機撃墜〉

第一次世界大戦勃発直後は、敵の偵察機と空中で遭遇しても攻撃を加えたりすることは希だった。戦前はパイロット自体が上流階級の風流人であったから、敵国のパイロットに顔見知りもいたし、顔が見えなくとも同業者に親近感もあったことだろう。あえて接近して刺激するようなことはしなかったし、仮に接近しても手を振って別れるということも珍しいことではなかった。

航空偵察の価値が高まるにつれ、すぐにお互い敵の偵察機が目障りとなるが、そもそも両軍の飛行機はタウベやブレリオXIのように敵機を攻撃する武器を積んでいない偵察機がほとんどである、攻撃しようにも手段に欠いた。そのため、敵機に接近しては観測員が拳銃やライフルをひとしきり撃ち込み、弾が尽きたら別れる（時には敬礼して）。というようなことも珍しくなかった。反対に体当たり試みるものさえいた。

1914年８月25日。ロシアのピョートル・ネステロフは、降着装置をオーストリア軍機にぶつける体当たりを試みた。両機ともに墜落し、ネステロフとオーストリア軍のクルー２名全員が戦死した

こうした事例は実のところ第一次世界大戦前においても記録されており、

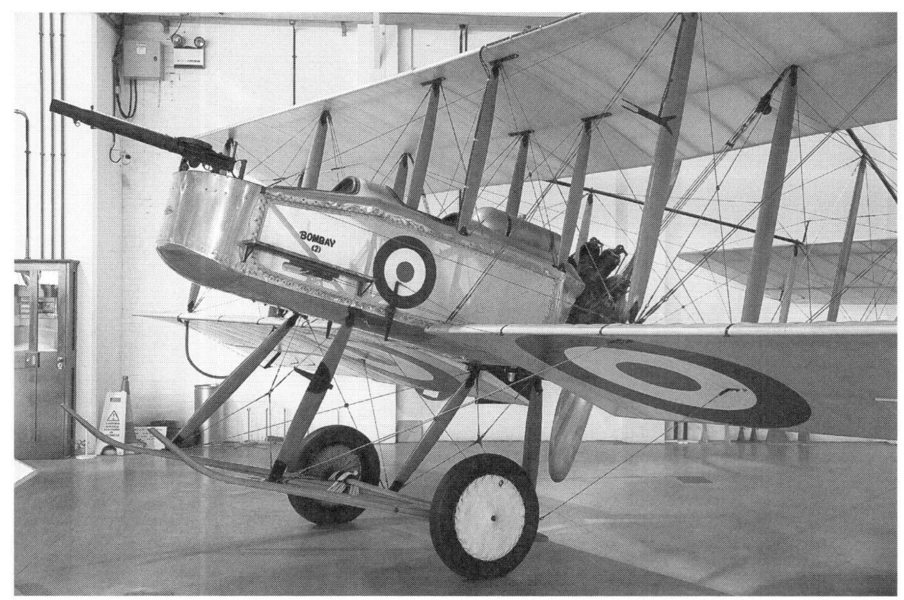

推進式のヴィッカースF.B.5（ガンバスの名はずっと後に与えられた）は第一次世界大戦前から開発が始まった空中戦専用機という点においては特筆すべき機体だ。「戦闘機」を初めて名乗ったが、戦闘機と言えるだけの能力は無かった〈筆者撮影〉

記録に残る最古の空中戦は1913年11月30日のメキシコ内戦において、ディーン・イワン・ラムとフィリップ・レーダー、二人の操縦士によって戦われた。両者ともに拳銃を数発撃ちあったとさる。

初期の空中戦はほとんど意味をなさないものであった。お互いに100km/hで移動する飛行機からライフルを撃っても当たるはずがなかったからだ。命中率を高めるために多数の弾をばら撒く機関銃を搭載し、敵機を撃ち落とすことのできる飛行機が必要とされた。

必要は発明の母。すぐに既存機に機関銃が搭載されはじめ、敵の飛行機を撃墜し偵察活動を阻止する作戦も行なわれるようになった。ヴォアザンIIIによるアヴィアティクB.II撃墜もまた、そうした頃に発生した必然ともいえる事件だった。

次第に空中戦を専門とする飛行機も開発されはじめた。それに先駆けたのが1914年12月に実用化されたイギリス製のヴィッカースF.B.5ガンバスである。

F.B.5ガンバスは史上初めて「戦闘機（Fighter)」を名乗った。機首部に旋回機銃を搭載し、前方に射撃可能であるという以外、偵察機となんら変わるところのない機体だったが、それでも前方に撃てない飛行機よりかは遙かに優位性が大きかったので、いくらかの撃墜を記録している。

多くの機銃搭載偵察機、前方射撃が可能なF.B.5ガンバスやヴォアザンIIIにしても、旋回機銃による弾幕射撃は思った以上に命中しなかった。

飛行機は空中に静止できないから、常に前進している。発射した銃弾には慣性の法則にしたがい飛行速度分の初速が加わる。すなわち真横に射撃したとしても、機銃の弾道は斜行し照準点に命中することはない。その上敵機も飛行しているのであるから、命中はまず期待できず、当たれば儲けもの程度であったと言ってよかった。

フランス人の冒険飛行家ローラン・ギャロは、この低い命中率の問題を解決するために、飛行機の機首の方向に機関銃を固定し、飛行機の操縦によって照準を行なうという、現代の戦闘機に通じる画期的とも言えるアイディアを思いついた。

防弾板を取り付けたモラーヌ・ソルニエ機のプロペラ。右上の写真は防弾板部分のアップ。命中した機銃弾を弾き飛ばすことによって前方射撃を実現した。この奇想天外なアイディアは意外にも成功した〈筆者撮影〉

この手法であれば、飛行機の慣性はそのまま弾丸が飛翔するベクトルへ初速が加えられるから、弾丸が斜行することはなく正確に照準点へ向けて飛翔する。敵機の真後ろに遷移し射撃すれば、理屈の上ではほぼ確実に命中弾を見込むことができる。

ギャロは同じく前方射撃を研究していたモラーヌ・ソルニエ社の技師、レイモン・ソルニエとともに前方固定機関銃の実用化にむけて研究を開始した。

エンジンとプロペラを後方に置く推進式飛行機とすれば、このアイディアはすぐにでも実用化できただろう。だが彼らは牽引式飛行機での実現を目指した。推進式飛行機は機体重量の大部分を占めるエンジンが胴体後方に配置されている。不時着時には、この大重量の金属の塊が機体構造を破壊して乗員を襲うため、嫌われていたことが関係しているのかもしれない。

牽引式飛行機は機首部に高速で回転するプロペラが存在するため、どうしても機銃の射撃は困難となってしまう。ギャロとソルニエはプロペラ回転のタイミングをはかって射撃する「プロペラ同調装置」を用いてこの問題の解決をはかったが、試験では上手くいかずにプロペラを貫通してしまった。

そこでギャロは、プロペラにくさび形の鉄製装甲板を取り付けることによって、プロペラに命中した弾丸を跳弾させるという奇策を試みた。あまりに突飛な発想でありフランス軍や周囲に理解されることはなかったが、ギャロは最後までこのアイディアを諦めず、ついに装甲板付きプロペラを有する複座の珍機モラーヌ・ソルニエLを完成させた。

モラーヌ・ソルニエLは10発に１発の割合でプロペラを撃ってしまったが、プロペラ装甲板に斜めに入射し「避弾経始」の効果によって跳弾させることに成功した。

ギャロはモラーヌ・ソルニエLを操縦し自ら塹壕戦の空へと飛び立った。そして1915年４月１日、ギャロは不運なドイツ軍偵察機と遭遇した。ギャロはモラーヌ・ソルニエLをドイツ軍機の背後につけ、オチキス8mm機関銃を発砲した。機銃弾を浴びたドイツ軍機の搭乗員は、まさか牽引式の飛行機、それも機銃手のいない機体に射撃されるとは思いもよらなかったことだろう。致命傷を負ったのは飛行機か、はたまたパイロットか。ドイツ軍機は飛行能力を失い墜落した。ギャロは前方への固定機関銃と、装甲板付きプロペラの有効性を証明した。

ギャロとモラーヌ・ソルニエLは４月15日には２機目の撃墜を記録。さらに４月18日には３機目を撃墜した。だが、今度はギャロ――ひいては連合国軍――に不運が襲った。ギャロが３機目を撃墜した直後、モラーヌ・ソルニエLのエンジンが故障してしまった。ギャロは機を不時着させるが、そこはドイツ軍の占領下だった。

ギャロはモラーヌ・ソルニエLに火を放ち、処分を試みるも失敗。彼とその愛機はドイツ軍の手に落ちてしまったのである。モラーヌ・ソルニエLの未完成なプロペラ同調装置と、装甲板付きプロペラは、すぐにドイツの知るところとなった。ドイツ軍の復讐が始まろうとしていた。

◆1-3
同調装置の実用化と「戦闘機」登場

「フォッカー・フォッダー（フォッカーの飼い葉）」
——イギリス陸軍航空隊

モラーヌ・ソルニエLのプロペラ同調装置と装甲板付きプロペラは、ドイツ軍によって即座に概念のコピーが試みられた。白羽の矢が立てられたのはドイツに自らの工場を有するオランダ人青年実業家アントニー・フォッカーである。

フォッカーにとって、モラーヌ・ソルニエLは25歳の誕生日プレゼントであった。この若き航空技師はまず最初に装甲板付きプロペラを試すが、使用したMG08 シュパンダウ機関銃は貫通力に優れていたため、装甲板ごとプロペラを損傷してしまい上手くいかなかった。そのためプロペラ同調装置の完成を目指すこととなった。結局のところ、装甲板付きプロペラは、推進効率を犠牲にした苦し紛れの策でしかなかったのだから、それが上策であった。

フォッカーはフランツ・シュナイダー式プロペラ同調装置の特許に目をつけた。この同調装置の特許は戦前から存在していたが、価値が理解されずに埋もれていたのである。そして彼はこの同調装置の機構を盗用し、自らの飛行機に搭載した。

この試みは非常に上手くいった。ここに史上初の実用プロペラ同調装置が完成し、それと同時に「史上初の実用戦闘機」が誕生した。

「フォッカーE.I」——それがフォッカーの飛行機に与えられた名称だった。Eとは「アインデッカー（単葉翼機）」の頭文字である。アインデッカーの飛行機としての設計は、特別優れていたわけではなかった。オーベルウルゼルU.0 ロータリー式レシプロエンジンの出力は80馬力と小さい。また機体設計自体も1913年製のモラーヌ・ソルニエH（奇しくもギャロが史上初の地中海縦断を成功させた機体である）を原形としており、ロール軸の制御もエルロンをもたない「たわみ翼」を採用している。

重要だったのはアインデッカーが単座であったということだ。機首前方に固定

機銃同調装置

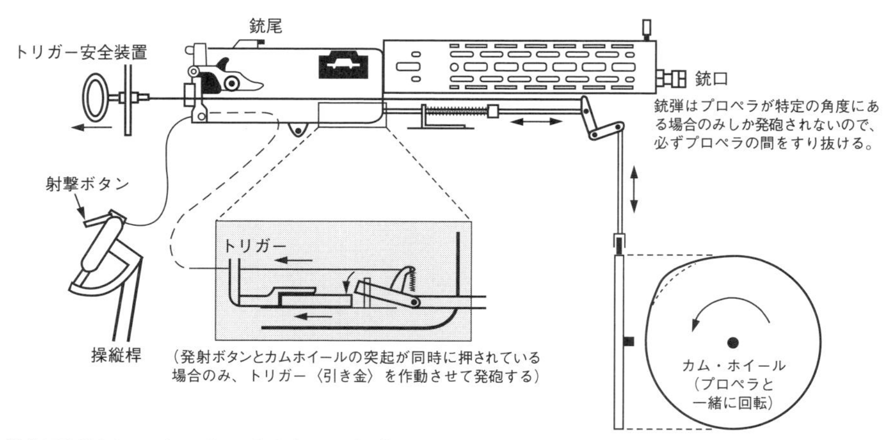

機銃同調装置のメカニズム。操縦桿の発射ボタンとプロペラと一緒に回転するカムの突起、両方の入力があった場合にのみ弾丸を発射するという単純な機構だが戦闘機からプロペラが無くなるまで使われた

された機関銃の引き金をパイロットが握っていることから、機関銃手を必要とせずその分軽かったし、座席が一つで良いから既存の偵察機や爆撃機よりも遙かに機体を小さくできた。当時の非力なレシプロエンジンでは軽くすることが何よりも重要だった。これによって、飛行性能をわずかなりとも高くすることができた。最高速度は130km/h。当時の飛行機はせいぜい100km/h程度であったから、追撃するのに十分な性能を有していた。また上昇力も比較的優れていた。

ここに、戦闘機としての最低条件である「固定機関銃による前方への射撃能力」「優れた機動性（速度性能・運動能力）による追撃能力」を兼ね備えた実用機が誕生した。フォッカーE.Iは性能向上がはかられ、100馬力のエンジンに換装し速度性能が向上したフォッカーE.II、最多生産のフォッカーE.IIIなど、IV型まで続き、アインデッカーシリーズは合計で416機が生産された。

アインデッカーは1915年夏に実戦へと投入されるとすぐにその真価を発揮した。これまで複座の偵察機と爆撃機しか存在しなかった戦場に、唯一実用的な単座戦闘機として殴り込んだ。7月1日にアインデッカーのプロトタイプであるフォッカーM.5K/MGが、フランス軍機（皮肉にもモラーヌ・ソルニエL）を追撃し、攻撃を加えて不時着に至らしめた。そして翌々日の7月3日に最初の撃墜を達成した。装甲板に頼った信頼性の低い固定機関銃しか持たぬモラーヌ・ソルニエLをはじめに、連合国軍の偵察機は戦闘機であるアインデッカーに一方的に狩られる存在でしかなくなった。

連合国軍にとって運が良かったのは、ドイツ軍はこの強力な「戦闘機」をどのように使ってよいのかまだ理解していなかったことだ。今までに存在しなかった兵器ゆえに戦術教本もなにも存在しないから、試行錯誤によって学ばなければならなかった。

アインデッカーはそれまでの偵察機同様、前線の部隊が1機か2機ずつ少数機を直接運用していた。アインデッカーは単機で空中哨戒し、不運な連合国軍機を発見しては攻撃を加えるという作戦行動を実施しており、味方の航空活動を可能とし敵のそれは困難とならしめる「航空優勢」または「制空権」の確保に徹底を欠いた。したがって連合国軍パイロットはアインデッカーと滅多に遭遇せず、むしろ盛んに打ち上げてくる高射砲や、まだまだ乗り物として信頼性の低い搭乗機の機械的故障によって死傷した。

アインデッカーの攻撃による人的・物質的なダメージはそれほど多くは無かったとはいえ、アインデッカーへの対抗手段が無いという事実は確かであり、ともかく出くわさないことを祈るしかなく、連合国軍パイロットは「フォッカーの災い（フォッカー・スカージ）」と呼び恐れた。アインデッカーの存在は士気にあたえる影響のほうが大であった。

もしドイツ軍が早くから戦闘機を集中配備した飛行隊を編成し、多数機による作戦を行なっていたならば、連合国軍の被害はさらに大きくなっていただろう。

機銃同調装置を実用化し、事実上の「最初の戦闘機」となったドイツ軍のフォッカー・アインデッカー。単葉翼の強度不足から主翼の脱落が多発するなど欠陥も抱えたが、戦場に存在する唯一の戦闘機として無敵の存在となった

◆1-4

戦闘機対戦闘機「ドッグファイト」の始まり

「撃墜のほとんどすべてのケースは、ほんのわずかの瞬間に発生した。そしてそれは交戦を開始してから一分以内に生じた」
――ビリー・ビショップ　イギリス陸軍エース〈72機撃墜、カナダ人〉

何でも貫く矛が発明されたならば、いずれはその矛を防ぐ盾も発明される。プロペラ同調装置の搭載によって空の帝王に君臨した無敵の単座戦闘機アインデッカーも、その玉座から引きずり降ろされる日がやってきた。兵器の発達はとどのつまり古代よりその繰り返しであったから、決して珍しいことではない。しかしアインデッカー王朝はわずか半年で命数を使い果たしたという点では特筆に値する。

1916年に入ると連合国軍はアインデッカーに対抗すべく前方射撃を可能とする単座戦闘機を就役させた。イギリス軍のエアコーDH.2とフランス軍のニューポール11である。

DH.2は技術的に優れた点はほとんど見あたらない。F.B.5ガンバスと同じ100馬力のロータリーエンジンを搭載し、シルエットもF.B.5によく似た複葉推進式飛行機だ。しかし本機はF.B.5よりも一回り小さい単座機であるため相対的に飛行性能に優れ、アインデッカーを10-20km/hを上回る150km/hの速度を出すことができた。DH.2の機首部に備える7.7mmルイス機関銃は当初旋回式であったが、すぐに機首前方に向けて固定された。

もう一方のニューポール11は80馬力のロータリーエンジンを機首部に備えた複葉牽引式飛行機である。一般的に「第一次世界大戦世代の戦闘機」と聞いてまず思い浮かべるようなシルエットであるが、DH.2やアインデッカーよりもかなりコンパクトな機体で、やはりアインデッカーよりも速い150km/hを出すことができた。ニューポール11は7.7mmルイス機関銃を思い切って上翼面に配置し、プロペラの圏外から射撃を可能とするというアイディアを採用した。

ニューポール11。WW1以前の技術水準機だったアインデッカーに比べて翼端にエルロンを持つなど遥かに性能に優れたが、上翼に機銃を配置したため、弾倉交換時には立ち上がらなければならず（！）、主翼にもハンドル形の操縦桿が取り付けられている〈筆者撮影〉

イギリスのDH.2もフランスのニューポール11もプロペラ同調装置に頼らない方法によって、アインデッカーへの対抗策を手に入れたのである。ほんの数ヵ月前まで「フォッカーの飼い葉」だった彼ら連合国軍のパイロットたちは自信を取り戻し、アインデッカーに対して果敢に戦闘を挑むようになり、ここに戦闘機対戦闘機、すなわち「ドッグファイト」が始まった。

そして、敵パイロットの死角であると同時に、相対速度を小さくして命中精度を高められる絶好の射撃ポジション、背後へ占位するための戦術が急速に発展する。

特にこの時期活躍したドイツ軍のアインデッカー操縦士、マックス・インメルマンやオズワルト・ベルケはドッグファイトの基本的な戦術を開発し、空中戦の父として知られる。インメルマンは急激な機首上げによって方向転換する「インメルマン・ターン」戦術の発明者としてその名を残している（ただ、インメルマンがこの戦術について言及した証拠は残されていない）。そして、ベルケは8つの戒め「ベルケの格言（ベルケ・ディクタ）」をもって、全てのパイロットに奇襲とチームワークの重要性を徹底した。

「空中戦の父」オズワルト・ベルケ

ドイツ軍の操縦士オズワルト・ベルケは物静かで自らの功を誇らない控えめな男だった。彼は人に好かれる才があり、「自分こそベルケ一番の親友」であると思わせる友人を多くもったとされる。

ベルケは偵察機を経て1915年７月にフォッカー・アインデッカーの操縦士となる。戦友のマックス・インメルマンらとともに多数の英仏軍機を撃墜し、「フォッカーの災い」の根源とも言える武勲をあげた。

彼は集団戦法の重要性を認識していた。空中戦が本格化してからはJasta2（第２戦闘中隊）「ベルケ隊」の隊長として、戦闘機による編隊戦闘の基礎を築き上げ、後世において「空中戦の父」と呼ばれるようになる。

ベルケはハルバーシュタットD、アルバトロスDと機種を乗り継ぎ、その撃墜数は当時世界最高の40機（戦死時）に達した。またJasta2「ベルケ隊」は彼の指導のもと世界最高の戦闘機飛行隊として多大な戦果をあげることとなる。その中には後にベルケを超えるエースとなるリヒトホーフェンもいた。

1916年10月28日。彼はアルバトロスD.IIにてイギリス軍のDH.2と交戦中、味方機と空中衝突し墜落した。享年25。空中戦の「父」と呼ばれるには余りにも若すぎる死であった。

◇ベルケの格言（ベルケ・ディクタ）

1.攻撃を行なう前に優勢を確保すること。可能ならば太陽を後背に保て。
2.攻撃を開始した場合は常に完遂せよ。
3.敵を照準にとらえ、十分に接近した場合のみ発砲せよ。
4.常に敵から目をそらすな。策略に惑わされるな。
5.いかなる攻撃においても、敵の背後から襲え。
6.敵による上空からの降下攻撃を避けようとしてはならない。敵に機首を向けよ。
7.敵地にあるときは退路を忘れるな。
8.原則として４機または６機の編隊で飛行せよ。ただし２機以上で同じ敵を攻撃してはならない。

◆1-5

エースの誕生と天空の騎士

「空戦の秘訣は最初に敵機を発見することです。遠距離の敵を発見するには経験と訓練が必要で、老練なパイロットは常に新入りよりも先に発見します。新入りは飛ぶことと戦うことしか考えておらず、状況が見えていません」

――ジェームズ・ジョンソン〈イギリス空軍エース、38機撃墜〉

第一次世界大戦における空中戦の特徴として、死亡率が非常に高いという点があげられる。空中戦が熾烈を極めるようになると、陣営を問わずに「フォッカーの災い」とは比較にならないほど多くの戦死者が発生した。

大戦末期に参戦したアメリカ軍航空隊においては、航空機搭乗員の月間平均損耗率は100%に達した。これはすなわち１ヵ月で航空隊の定数と同じだけの人員が死傷し、メンバーが完全に入れ替わる事態も希ではなかったことを意味する。

信じられないことに、戦闘機に限らずすべての飛行機搭乗員は、パラシュートを装備していなかった。飛行機からのパラシュートによる降下は、第一次世界大戦前から既にエアショーの出し物として行なわれていたし、観測気球の観測員は攻撃を受けた際のパラシュート降下が認められていたから、戦闘機や他の飛行機搭乗員が、パラシュートを装備できない技術的な問題は何一つなかった（非力なエンジンではパラシュートすら重荷ではあったが）。

ところが、どこの国においても「パラシュートなど臆病者の道具」とみなし、最初から脱出を考慮していなかったのである。優秀なパイロットは飛行機よりも得難い存在であるという認識は存在せず、パイロットらの命は平均余命半月の消耗品として次々と使い捨てられていった。

戦闘機パイロットの技量は、積み重ねてきた飛行時間にほぼ比例するが、第一次世界大戦時は初陣を飾るまでに実施される訓練はわずかに10飛行時間程度でしかなかった。現代の水準では自家用操縦士（最低40飛行時間）の資格ですら取得できない。

たとえ運良く何回かの出撃を生き残っても、戦友が日常茶飯事で死んでゆく中で多くのパイロット達は精神を患い、次は自分の番かと怯えていた。このような状況であったから、パラシュートの非装備は敵前逃亡を未然に防ぐ意味があったのだ。しかしそれはかえって恐怖に拍車を掛け、士気は低下し、損耗率を無用に高める結果を生んだ。

ラジエーターが破損すればパイロットは摂氏100度超の熱水を被り、エンジンやガソリンタンクが発火すれば操縦席は炎に包まれた。すぐに脱出が可能であれば軽傷で済んでいたかもしれない。苦痛の中で焼け死ぬならばと拳銃で頭を撃ち抜き安楽死を選ぶパイロットも少なくなかった。

主翼の一枚が吹き飛び操縦不能となれば、たとえ身体が無傷であったとしても、地面に激突するまでなす術はなく、死への運命を受け入れるしかなかった。

第一次世界大戦後期になって唯一ドイツ軍のみがパラシュートの着用を推し進めた。後にヒトラー政権下でドイツ空軍の長となるヘルマン・ゲーリング（22機撃墜）も脱出によって一命を取り留めている。その他の国では第一次世界大戦の終結を待たねばならなかった。

しかし、それでもパイロットらは勇敢に戦った。月間平均損耗率100％を生き延びた運と才能に優れたごく一部の戦闘機パイロットの中に、驚異的な戦果をあげる者が登場した。５機以上の敵機を撃墜する武勲を立てたパイロットを「エース」と呼ぶが、この語を最初に使ったのは第一次世界大戦中のフランスの新聞であったとされる。

空中戦を一対一の単純な勝負に置き換え、五分五分で敗者は必ず死ぬとするならば、５回を勝利し、生き残ってエースとなる確率は32分の１でしかない。

第一次世界大戦においてもっとも多い80機の撃墜を記録したドイツ人エース、マンフレート・フォン・リヒトホーフェンは、1.2×10の24乗分の１の確率を生き延びた計算となる。素粒子物理学でもなければゼロと見なして良い確率であるが、リヒトホーフェンは技量に劣る「初心者」を、不意打ちによって攻撃されたことも気付かぬうちに、ほとんど一方的に撃墜することで現実のものとした。

リヒトホーフェンをはじめとした偉大なエースパイロット達はプロパガンダの題材として最適であったため、彼らは「天空の騎士」として国中に宣伝され、英雄視された。当時のメディアや伝記にはパイロットによる一騎打ちの様相、まるでスポーツの試合かのような撃墜スコア、故障した敵機を見逃したなどというような美辞麗句が並んだが、これは空中戦の一端を都合よく全体へと拡大解釈した

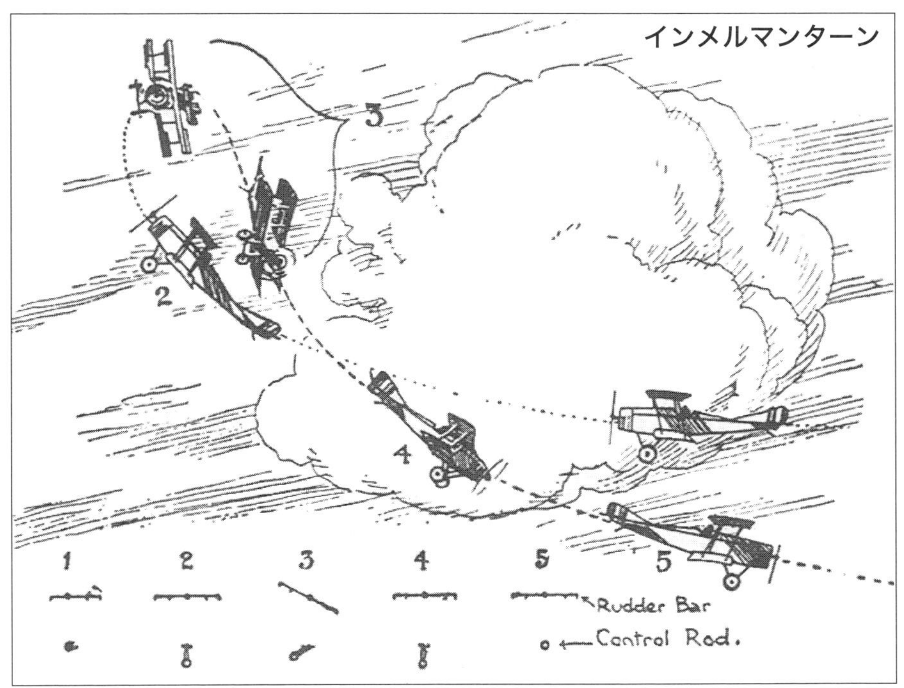

「インメルマンターン」空中戦闘機動（BFM）。急上昇し重力に任せて落ちることで素早く方向転換できた。パワーのある現代機では宙返りの頂点で水平飛行に移る。ドイツのマックス・インメルマンの名を冠しているが、無関係

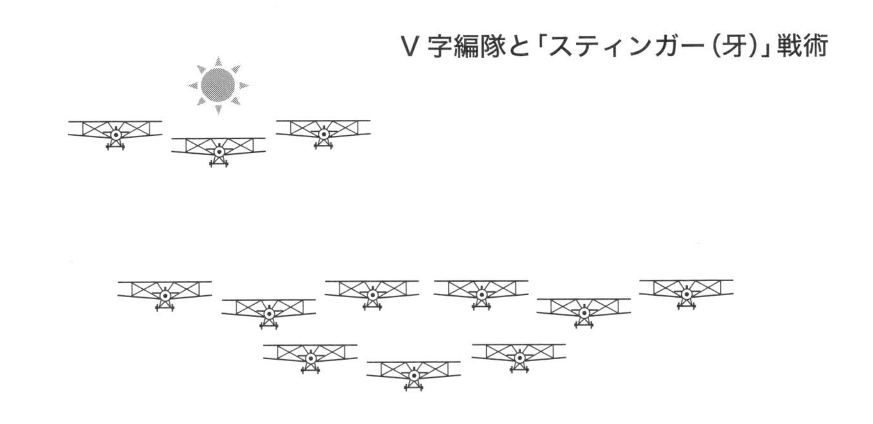

３機一組のV字編隊はWW1からWW2初期まで多用された。本図では編隊から離れた場所に、とっておきのスティンガー（牙）編隊を太陽を背にして伏兵として配置している。スティンガーは機を見て油断した相手に奇襲攻撃をかる。WW2の日本海軍エース岩本徹三もこの戦術を「送り狼」として得意とした

に過ぎない。

　中世の騎士は原則として自分が打ち負かした相手の生命を奪うような戦いはしなかった。騎士道精神というだけでなく、身分の高いものは捕虜にして身代金を獲得できたからだ。ところが、空中戦では相手を殺すことが求められ、騎士の戦いとは無縁だった。

　空は地獄そのものであり、パイロットへ志願することは自殺と同義だった。しかし、それでも天空の騎士にロマンを見出すものは後を絶たず、パイロットの候補者はいくらでも補充ができた。そして彼らの多くは死んでいった。

◆1-6
早過ぎたセミモノコック構造の戦闘機

「“リヒトホーフェン討伐隊結成、かの機を撃墜ないし捕虜にしたものはヴィクトリア勲章、昇進、飛行機、5,000ポンドが授与される”とあるが、討伐隊を一人で全部撃墜してしまったら、私はヴィクトリア勲章と飛行機と5,000ポンドを頂けるのだろうか」

――マンフレート・フォン・リヒトホーフェン〈ドイツ陸軍エース、撃墜数80機〉

DH.2とニューポール11によってフォッカーの災いに終止符を打ち、性能面で優位に立った連合国軍であるが、それも一年と続かなかった。ドイツは1916年の夏には新型のアルバトロスD.I/D.II、年末に大幅改良型にして本格生産型のアルバトロスD.IIIを実戦に投入した。

アルバトロスDの胴体は実に気品溢れる滑らかな丸みを帯びた流線形で構成されており、それまでの戦闘機とは隔世の感すら漂う気品が特徴的だ。その秘密は「木製セミ・モノコック」にあった。

モノコックとはフランス語で「一体の殻」を意味する言葉である。もっとも身近で単純なモノコック構造は鶏卵だ。卵の殻は極めて薄く、破片の状態ではほんの少し指先で力を加えただけで容易に砕けてしまう。ところが完全な卵の状態では非常に強く、力を加えても容易に割れはしない。中空の外皮全体で外から加わる力を分散し、強度を得ているのである。

純粋なモノコック構造は大きな弱点がある。卵の殻を割るときはまず固いものに叩きつけて、ひび割れをつくる。モノコック構造は一点に強い力を受けると、その部分が破壊しやすく、一度破壊してしまうと弱い力で全体に破壊が広がってしまう。

そのため、航空機におけるモノコック構造の実用は外板（スキン）に円框（フレーム）と縦通材（ストリンガまたはロンジロン）による補強を組み合わせた「セミモノコック」を採用している。

アルバトロスD.Va。木製セミモノコックを採用した美しい胴体設計は隔絶感すら漂わす。アルバトロスDシリーズは第一次大戦中〜末期の主力機としてドイツ軍を支えた。セミモノコック構造自体は既存技術だが戦闘機としては初〈筆者撮影〉

アルバトロスDは木製ながらこの「セミモノコック」構造を、実用戦闘機としては史上初めて採用した。第一次世界大戦世代の戦闘機のほとんどは木製の枠組みによって機体の強度を確保し、その枠組みに布張りし成型している。セミモノコック構造はこうした従来の方法にくらべて、流線形で空気抵抗の少ない形状に設計することができ、さらに機体重量も軽くできた。まさに高速で空を飛ばなくてはならない航空機にとってうってつけの構造であり、現代戦闘機では素材こそ木材から金属や炭素繊維に変わったが、漏れなくすべての機がセミ・モノコック構造となっている。

ただ、アルバトロスDシリーズがセミモノコック構造によって、戦闘機に一大革命をもたらしたかというと、そうとは言えなかった。

アルバトロスD.IIIにおける速度性能は170km/hにも達したが、この程度の速度ではセミモノコック構造による流線形と軽量化の利点はそれほど大きなものではなかった。実際、第一次世界大戦が終わった後も木製フレームや鋼管枠組み構造が多用され、セミモノコック構造が標準となったのはさらに戦闘機が高速となった、第二次世界大戦世代に入ってからであったから、まさに時代を超越しすぎた先進的な設計であった。

アルバトロスD.IIIは連合国の戦闘機を上回る性能を発揮したが、それはセミモノコック構造よりも、強力な170馬力の水冷レシプロエンジンに拠るところが大であった。余力のある大馬力エンジンは飛行性能だけではなく機体重量にも余裕を与え、同調装置付きシュパンダウ機関銃も二梃装備がはじめて可能となり、従来機から攻撃力が二倍増しとなった。

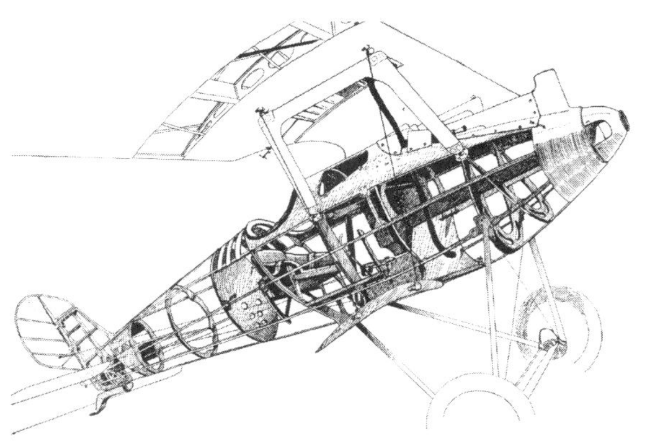

シーメンス・シュッケルトD.IV戦闘機の外板透視図。円框と縦通材そして外板が強度を保つセミモノコックの構造が見て取れる

アインデッカーの胴体。鋼管フレームのみで機体構造を支え、表面は羽布張りしただけの単純な構造となっている。フォッカー社以外の戦闘機では木製フレームが多用されている

1917年上旬になるとドイツの全ての戦闘中隊にアルバトロスD.IIIが配備された。そして実戦では大きな戦果を挙げ「フォッカーの災い」以上の大打撃を連合国に与えた。特に1917年４月は245機のイギリス機が撃墜され、対してドイツ軍の損害は66機だった。連合国軍はこの惨劇を「血の四月」と呼び、一刻も早くアルバトロスD.IIIを上回る戦闘機の配備を必要とした。

血の四月において伝説的な戦果を挙げたのがリヒトホーフェンと、彼が指揮するJasta 11（第11戦闘飛行隊）である。Jasta 11は４月中89機を撃墜するが、その内リヒトホーフェンは21機、クルト・ヴォルフ22機、カール・シェーファー15機、ロタール・フォン・リヒトホーフェン15機（マンフレートの実弟）、セバスチャン・フェストナー10機と、たった５人で83機を計上した。

特にリヒトホーフェンの赤いアルバトロスD.IIIは「ル・ディアブロ・ルージュ（真紅の悪魔）」と恐れられ、ジャンヌ・ダルクのような女性が操縦しているのではないかとも噂されるようになる。

血の四月後はリヒトホーフェンの正体が連合国軍にも知れ渡るようになり、リヒトホーフェンは賞金首となった。リヒトホーフェン一人狙われる恐れがあったためJasta 11の全機が真っ赤に塗られたが、これに狼狽したのはJasta 11と交戦

したパイロットたちである。眼前に現われた敵機すべてが「ル・ディアブロ・ルージュ」だったのである。しかも全機がリヒトホーフェンに負けぬ実力者だった。

血の四月はアルバトロスD.IIIの性能もさることながら、イギリス軍戦死者は平均17.5飛行時間目で撃墜されており、Jasta 11のエースらにとってみれば英軍パイロットは容易く撃ち落とせるカモでしかなかった。両軍の練度の差が極めて大きな撃墜比（キルレシオ）を生んだのである。

レッドバロン（深紅の男爵）マンフレート・フォン・リヒトホーフェン

1916年10月28日。すでに5機を撃墜したエースであったドイツ軍のリヒトホーフェン男爵は、強く敬愛した師ベルケの事故死を目撃する。

ベルケをして最高の実力者と評された彼に悲しみに暮れる時間はなく、1917年1月までには16機までその戦果を伸ばすと同時に新設されたJasta11「リヒトホーフェン隊」の隊長に指名される。深紅に塗られた戦闘機で編成された精鋭、Jasta11を率いる彼は格好のプロパガンダ素材となり、国内外に「レッドバロン」の異名を轟かせた。

1917年7月6日。彼の撃墜数はベルケをも上回る57機にも達していた。しかし運悪く機銃弾を頭部に受ける。一命は取り留めたものの怪我の後遺症に悩まされ続けるようになる。それは痛みだけではなく精神的な部分にも及んだ。戦線に復帰後はこれまで「戦闘中毒者」的だった絶対的な自信は消えてなくなり、性格も温和になったという。

それでもリヒトホーフェンは戦い続けた。そして1918年4月21日。リヒトホーフェンを1発の流れ弾（恐らくは地上から発射された）が襲った。弾丸はリヒトホーフェンの上半身を貫き、英雄レッドバロンの赤きフォッカーDr.Iは墜落。戦死した。

誰もリヒトホーフェンのことは知らなかったが、リヒトホーフェンとは別人格に昇華していた英雄レッドバロンなら全ヨーロッパ人が知っていた。レッドバロンの死体を回収した連合軍は礼節をもって丁重に埋葬した。

「虎は死して皮を留め、人は死して名を残す」リヒトホーフェン隊は現在もユーロファイターを運用するドイツ空軍JG71（第71戦闘航空団）として存続している。

◆1-7

「速度こそ命」一撃離脱戦術の確立と格闘戦の終結

「スパッドは空中戦の様相を一変させてしまった」
——ルネ・フォンク〈フランス陸軍エース、75機撃墜〉

第一次世界大戦前から中期にかけての飛行機や戦闘機には「ロータリーエンジン」が多用された。このロータリーエンジンとはマツダが手掛けるスポーツカーに搭載されているそれとは全く別物である。シリンダーを円形に並べた星形エンジンにプロペラを直結し、クランクシャフトは機体に固定してシリンダー自体を回転させるという、極めて特異な機構を有している。

シリンダーが回転することによって常に風を受けるため、冷却効率に優れオーバーヒートし難い。せいぜいシリンダーにぎざぎざを設けて表面積を増やす程度で特殊な冷却機構が必要ないので、エンジン自体を軽量かつ小型にすることができた。そのため航空の黎明期においては、多くの飛行機がロータリーエンジンを採用している。

なお当時のパイロットの多くがスカーフを首に巻いているが、これは防寒用やファッションのためだけではない。シリンダーから直接排気された潤滑油混じり

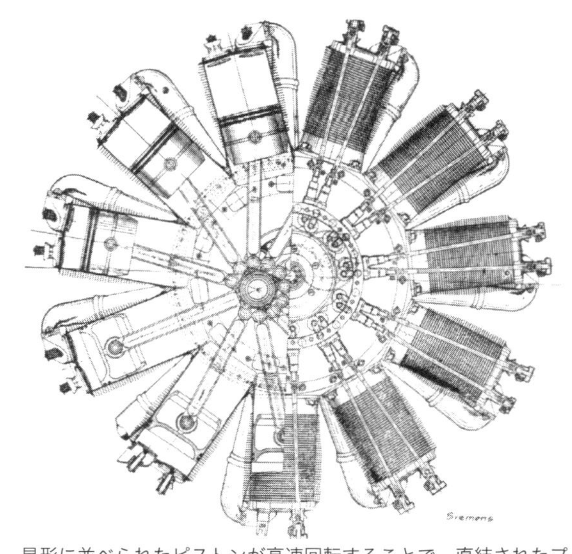

星形に並べられたピストンが高速回転することで、直結されたプロペラを駆動させる。冷却効率に優れWW1までは多用された。なおスロットル調整が出来ずON/OFFのみで出力を制御する

スパッドS.VII重戦闘機。旋回性能こそ今ひとつだったが速度性能に優れ一撃離脱戦術を確立。ドイツ機を寄せ付けなかった。写真はフランス軍エース、ジョルジュ・ギンヌメールの乗機〈筆者撮影〉

の燃焼ガスは遠心力によって飛散し、パイロットを直撃、ゴーグルと顔面を真っ黒にしてしまう。これをふき取るために必要不可欠であった。

そのロータリーエンジン搭載機の決定版とも言える戦闘機がイギリス製のソッピース・キャメルである。キャメルは抜群の旋回性能を有し、アルバトロスD.IIIとの背後を取り合う格闘戦では無類の強さを発揮する。

ロータリーエンジンは数十馬力程度の出力の小さいエンジンであれば、非常に都合が良いものであったが、馬力を高めるために排気量が大きくなってくると必然的にシリンダーが大きく重くなり、それを回転させる欠点が無視できないようになってしまった。百数十馬力に達したところでロータリーエンジンの発展もほとんど限界を迎え、水冷エンジンに取って代わられるのである。

水冷エンジンは冷却水を用いることによってエンジンのシリンダーを冷やす。加熱された冷却水はそのまま蒸発させてしまう方法もあるが、通常はパイプを通じ、大表面積で冷却効率に優れたラジエーター（熱交換器）へと送られ、そこで空気流によって冷却されたのちに再びエンジンへと送られる。水冷式は空冷式に比べて重量の面で不利となるが、第一次世界大戦のころには多くの飛行機に搭載されていた。そもそもライト兄弟のフライヤーからして水冷エンジンである。

水冷エンジンはロータリーエンジンのような制限も無く、飛躍的にその性能を

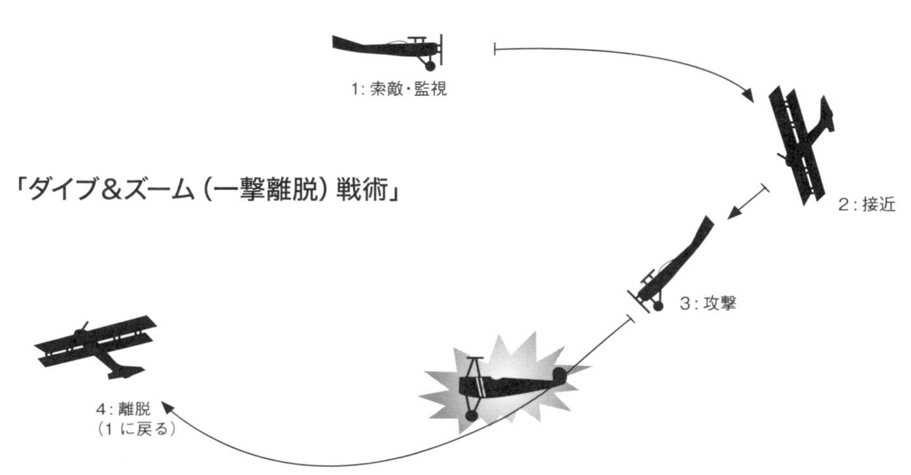

1917年頃には、旋回性能を活かした格闘戦闘は原則行なわなくなりつつあった。最高速に優れた戦闘機や、戦闘前に高い位置を占めることが出来た側は、危険な格闘戦に持ち込まなくても、一方的に敵機を攻撃することが出来た

向上させていった。戦闘機の性能向上とはエンジンの性能向上と等しいから、第一次世界大戦末期にはほとんどの戦闘機のエンジンが水冷式となった。

特にイギリスやフランス機で多く用いられたイスパノスイザ8シリーズエンジンでは300馬力にも達していた。イスパノスイザ8は、8つのシリンダーが左右45度ずつに傾けられ直列に配置されており、航空機用の「水冷V型エンジン」のはしりとなった。搭載機にはフランス製のスパッドS.VIIや発展型S.XIII、ロイヤルエアクラフトファクトリー S.E.5などがある。どれも運動性よりも一撃離脱性能を追求した高速機であった。

キャメルやS.VII、S.E.5などの連合国軍の新型戦闘機は「血の四月」の惨劇を終わらせ、ドイツから再び航空優勢を奪取する原動力となった。連合国軍がアルバトロスDシリーズの猛威を跳ね返すと、もう二度とドイツに航空優勢は戻らなかった。

1917年に実戦に投入されたフランスのS.VIIとイギリスのS.E.5は、以降戦闘機の歴史において50年間にもわたりドッグファイトを支配し続ける一つの基本原則を確立した。それは「速度こそ命(スピード・イズ・ライフ)」である。

S.VIIは最高速度200km/hにも達する快速自慢の戦闘機だった。その代償として頑丈で重い機体となっており、これまでの主力機ニューポール11やその発展型ニューポール17に比べて低速域では鈍重で扱いにくいという欠点を有していた。当初はフランス軍のパイロットらは軽快で旋回性能に優れたニューポールを好み、S.VIIはあまり歓迎されていなかった。
しかし、このスパッドS.VII、ドイツ軍のアルバトロスD.IIIよりも遥かに強かった。最高速度性能で30km/hも上回っていたから、S.VIIはアルバトロスD.IIIを容易く追撃できるが、その逆は不可能だった。しかもS.VIIの頑丈な機体は、一度急降下に入れば簡単に350km/hを出すことができた。400km/hにも達したことさえあったという。急降下するS.VIIをアルバトロスD.IIIが無理に追撃しようものならば、機体構造の限界を超えて空中分解した。
S.VIIは可能な限り最高速度を保ち、複数の機がチームとなって急降下を多用して攻撃と離脱を繰り返す「一撃離脱戦術」に徹することによって、アルバトロスD.IIIを一方的に攻撃することができた。
S.VIIよりも旋回性能に優れた戦闘機はいくらもあった。しかし、それもS.VIIが低速での旋回戦闘に付き合ってくれないので、宝の持ち腐れになってしまった。たがいに背後を取り合う格闘戦に入らない限り、S.VIIはほとんど無敵だったのである。S.VIIは「速度に優れる側がドッグファイトを制す」という、まさに「速度こそ命」を実証してみせた。
戦闘機のドッグファイトといえば、たがいに背後を取り合う格闘戦を思い浮かべる人は少なくないだろう。だが、そのイメージとは反対に、格闘戦は第一次世界大戦時からすでに、基本的に「やってはいけない戦い方」となっていた。格闘戦は両者が相手を視認し、たがいに戦いを望んだ時にのみ発生する。ドッグファイトはスポーツでもなければ、格闘技でもないから、あえて対等の戦いをしてやる必要は全くない。相手がこちらに気付かぬうちに、一撃で撃ち落としてしまえばよい。
ベルケも言っている。「攻撃を行なう前に優勢を確保すること。可能ならば太陽を後背に保て」と。

〈筆者撮影〉

最も多くの撃墜をなした暴れ駱駝キャメル

イギリス製のソッピース・キャメルは1916年12月に初飛行し、翌年の「血の四月」後の6月から実戦配備が開始された。

ラクダは気性が激しく、一度暴れ出すと手が付けられなくなるそうだが、キャメルもまたそんな戦闘機であった。その原因となったのが130馬力のロータリーエンジンである。

ロータリーエンジンは重いシリンダーを振り回す副作用として、強烈な「ジャイロ効果」を生み出した。ジャイロ効果は自転車やコマが倒れずにいられるように、飛行の安定性に寄与する。だが、それは水平飛行時に限られた。キャメルはひとたび舵を動かすと、猛烈な「ジャイロモーメント」が発生した。ジャイロモーメントとは、回転体に外部から力を加えると、90度直角の回転方向に力（モーメント）が発生する現象である。

キャメルはパイロットが意図する姿勢とは右回りで90度ずれた方向に機首が振れてしまった。これはキャメルの格闘戦闘能力を大幅に向上させた。すなわち、機首をあげようと操縦桿を引く際に発生する、右向きのジャイロモーメントをうまく活用することによって、キャメルはアルバトロスD.IIIを含むあらゆる戦闘機よりもすばやい右旋回が可能だったのである。そして、キャメルは第一次世界大戦においてもっとも多くの撃墜を記録した戦闘機となった。

しかしながら、ジャイロモーメントは副作用の強い劇薬でもあった。離着陸時など低速・低空においては意図せぬ挙動によって墜落に至る機が多発した。キャメルは味方にとっても恐ろしい飛行機であり、『パイロットにビクトリアクロス（最高位勲章）、レッドクロス（病院送り）、ウッデンクロス（墓標）を与える』とも言われた。

- 強力無比の右旋回能力
- 第一次大戦の撃墜王者
- 性能発揮には熟練が必要
- 墜落事故が多発

◆1-8

航空母艦と艦上戦闘機の誕生

「君ら一生懸命にやっているが、大和なんか造っても今に役に立たなくなって失業するよ」

——山本五十六〈帝国海軍航空本部長〉

陸戦において飛行機は必要不可欠のものとなっていた。海軍もまた、海上を航行する艦艇から飛行機を発進・回収させることができれば、水平線の遥か向こう側を偵察できる上に、戦艦の主砲が届かぬ遠隔地に対しても爆弾を投下することができるという認識が芽生えていた。

艦船に航空機を搭載するという試みは第一次世界大戦の前から行なわれていた。1910年11月14日にはアメリカ海軍の軽巡洋艦「バーミングハム」から史上初めて航空機が発艦した。

実戦での運用の口火を切ったのは意外にも大日本帝国海軍で、1914年10月に青島のドイツ租界攻略戦において水上機母艦「若宮」から、フランス製のモーリス・ファルマン水上機を実戦投入し偵察や爆撃を行なっている。

水上機は離着水に厳しい制約を受ける。海上は鏡面のような穏やかな状態であることはなく、常に波立っている。ほんの少しでも海が荒れると水上機の運用は不可能になってしまう。そのため、艦船の甲板に設けられた滑走路「飛行甲板」上を滑走し離着艦する能力が求められた。

これに最初に成功したのはイギリス海軍だった。大型軽巡洋艦「フューリアス」の前部主砲を撤去し、飛行甲板を設けて滑走するスペースを確保。ソッピース・パップ戦闘機を艦載し1917年７月に試験が開始された。

パップは軽量小型の戦闘機であり、低速性能も良かったから、風上に向かって全力航行する「フューリアス」から発艦するのは比較的容易だった。

ところが、着艦はかなり無理があった。艦体中央の邪魔な艦橋を避け斜めに前部飛行甲板に進入し、飛行甲板の頭上で相対的にほぼ停止状態となし、艦の乗員

空母フューリアスの前部飛行甲板に着艦するソッピース・パップ。空中停止し手動でフックを引っ掛けるという試みはさすがに無理があった。なお写真の機体は、飛行船攻撃用に上方に射撃する斜銃が装備されている。パップは日本の戦艦「伊勢」の主砲塔からの発艦にも成功している

にフックを引っ掛けてもらい甲板に降りるという、サーカスじみた方法を取らねばならなかった。８月には最初の着艦に成功するも、案の定３回目にして甲板をオーバーランし海上へ転落、パイロットが殉職する事故が発生し、この試みは失敗に終わった。

着艦の問題を解決するために、すぐに「フューリアス」の後部甲板の構造物も撤去され、着艦専用の後部飛行甲板が設けられた。着艦のための滑走距離を確保することよって、安全に着艦が可能になるかに思えたが、今度は艦橋の作り出す後方乱気流と煙突の排煙が問題となり、「フューリアス」の欠陥は改善されなかった。

しかし1918年７月19日に「フューリアス」は実戦へと投入された。７機のソッピース・キャメルが「フューリアス」を発進し、ツェッペリン飛行船２機を地上撃破し、繋留気球を１機破壊する戦果をあげた。「フューリアス」とキャメルは航空母艦と、「艦上戦闘機」による史上初の戦果を記録した。

「フューリアス」の運用における経験で得た最大の教訓は「飛行甲板は艦首から

艦尾に至るまで完全に平滑でなくてはならない」ということだった。これを踏まえて誕生したのが商船改造艦「アーガス」である。「アーガス」は史上初めて完全に平滑な飛行甲板「全通式飛行甲板」をもった本格的な航空母艦となり、発艦に必要な滑走距離を確保すると同時に、航空機の尾部に備え付けられた拘束フックを、甲板上に張られた拘束ワイヤに引っ掛けることによって短距離で急制動するという、艦上機運用の基礎を築き上げた。

「アーガス」の成功は航空母艦の確立に大きな影響を与えた。第一次世界大戦終了後、「フューリアス」も同様に改造されたほか、アメリカ海軍は1922年に給炭艦改造による空母「ラングレー」を完成させ、同年帝国海軍では起工時から航空母艦として建造された世界初の艦「鳳翔」を完成させた。「ラングレー」も「鳳翔」も「アーガス」同様の全通式飛行甲板を有している。

後の第二次世界大戦においては、完成された航空母艦と高性能化した飛行機によって、大型の戦艦同士による殴り合いという海戦のありかたは次第に過去のものとなっていった。戦艦の主砲よりもはるかに長い距離を飛行可能な飛行機は、爆弾や魚雷（現代なら空対艦ミサイル）を敵艦に撃ち込んだり、内陸部を爆撃することができるようになった。

「フューリアス」はまず最初に前部飛行甲板が設置され、次に着艦用の後部飛行甲板が設けられた（写真）。後に中央部の艦橋が撤去され「全通飛行甲板」になった

◆1-9

全金属製機の誕生

「君は知ってゐるか あの銀翼が何でできてゐるかを アルミニウムだ マグネシウムだ さうだ アルミだ マグネだ 滅敵の闘志に凝ったアルミ マグネの精だ そを造るもの君等の手は敵を制する手だ 君等の造る翼をもて空を覆はん」

――日本政府発行『写真週報』〈昭和19年６月21日号、原文ママ〉

1859年生まれのドイツ人、フーゴ・ユンカースが、50にして天命を知ったのかどうかは定かではない。だが彼は、将来の飛行機があるべき姿は、木製布張りの複葉機ではなく、全金属製の単葉機であるべきと考えていた。

「鉄の塊が飛ぶわけがない」もはや使い古されたジョークであるが、当時のエンジンではジョークでもなんでもなく、深く信じられていた事実だった。それまで金属製単葉機がなかったわけではない。たとえば事実上最初の戦闘機であるフォッカー・アインデッカーは胴体に鋼管フレームを用いている。しかしアインデッカーにしても、その単葉翼のフレームは木製だったし、胴体も主翼も表面は布張りだ。全金属製機など重すぎて現実的ではないと思われていたのである。

ユンカースは果敢にも常識の打破に挑戦し、鋼鉄を主要素材として用い、木材等を一切排除した全金属製単葉機、ユンカースJ.Iを完成させ、1916年２月に初飛行を行なった。この「鉄の塊」は見事に空を飛んだのである。しかし、案の定と言うべきか、ユンカースJ.Iは重すぎて飛行することだけで精一杯だった。

そこでユンカースは当時開発されたばかりの新素材「ジュラルミン」に目をつけた。ジュラルミンはツェッペリン飛行船において先んじて実用化されていた。

ジュラルミンはアルミニウムに４％程度の銅などを混入させたアルミ合金であり、比重は鉄の1/3ながら強度は９割に達し「比強度」すなわち密度に対する引っ張り強度に非常に優れている。また工場によって製造されるジュラルミンは、木材のように切り出した木の個体差に左右されることなく、全てが均一の強度を

史上初の全金属製セミモノコック構造をもった単葉戦闘機ユンカースD.1（J.9）。活躍の場は無かったが、第一次世界大戦中に実戦配備された戦闘機の中で最も革新的だった〈筆者撮影〉

持つ。

ジュラルミンの表面は、その精製時に大気中の酸素との結合によって生じた「酸化皮膜」に覆われる。酸化皮膜は内部への酸化（腐食）の進行を防ぎ、ジュラルミン製の飛行機は屋外に長期間駐機しても長寿命を発揮できた。一方、木製布張りの飛行機は雨に濡れようものならばあっという間に腐食した。

ユンカースはいくつかの試作機を経て、実用機としては史上初となるジュラルミンの全金属製単葉戦闘機ユンカースD.I（社内呼称ユンカースJ.9）を1917年に完成させた。ユンカースD.Iは堅牢なセミモノコック構造、そして空気抵抗の小さい厚翼の片持ち単葉翼を持つ。複葉機全盛の第一次世界大戦世代の戦闘機の中にあって、まさにユンカースD.Iは傑出した存在だった。

しかしその登場はあまりにも早すぎた。単葉翼は強度に劣るという不安感（アインデッカーは実際よく空中分解した）や全金属製機への偏見もあり、ドイツ軍の主力となるには至らなかった。

搭載するBMW IIIaエンジンもまた、今すぐ使える複葉戦闘機フォッカーD.VIIに優先して回されてしまったため、結局のところユンカースD.Iは革新的な設計こそ有していたが、観測気球狩りなどに投入された程度で戦績にも乏しく傑作機と言うには物足りない活躍しかできなかった。

「全金属製単葉機」というフーゴ・ユンカースの理想は、第一次世界大戦が終結してから実現した。彼の設計したユンカースF.13は史上初の全金属製旅客機として航空史にその名を刻む。そして1930年台における最高傑作旅客機の一つJu52を生んだ。Ju52は軍用機としても第二次世界大戦のドイツ軍主力輸送機としても活躍し、ユンカースの考えが正しかったことを実証した。

真に実用的な意味でのアルミ合金単葉戦闘機の登場は、レシプロエンジン性能の向上でさらなる高速化が可能となり、速度の二乗で増加する空気抵抗に打ち勝つ頑丈な機体が必要とされた1930年代まで待たなければならない。

現代ではアルミ合金にかわり新しい素材「炭素繊維強化複合材」が主流を占めつつある。炭素繊維強化複合材は金属ではないので、全く腐食しないうえに軽く強いという特徴から多くの戦闘機に使用されている。

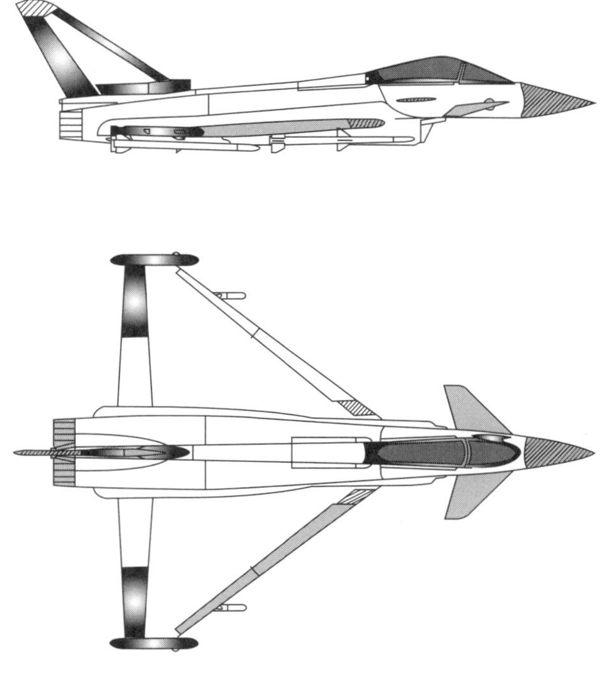

現代ではアルミ合金にかわって、新たな炭素繊維複合材が主要な構造材として用いられるようになった。ユーロファイター・タイフーンは表面の７割に炭素繊維複合材を用いている

炭素繊維（Carbon Fibre Composites ／ CFC）
強化プラスチック（Glass Reinforced Plastic ／ GRP）
軽量合金（Aluminium Alloy）
チタニウム（Titanium Alloy）
アクリル（Acrylic）

◆1-10

画期的な片持ち翼機

「ドイツ軍において良好な状態にある航空機1700機を連合国へ引き渡すこと。—まず、すべてのフォッカー D.VIIと夜間爆撃機を優先する」
——第一次世界大戦 休戦協定第4条

固定翼機の翼はライト兄弟以前のグライダーの時代から、可能な限り薄く造られていた。そのほうが空気の抵抗が小さいと思われたからだ。ところが飛行機の実用化によって翼理論が確立されると、実はそうではないことが明らかになった。

滑空機や第一次世界大戦前の速度の遅い飛行機では「薄翼」は理想的な翼型だったが、100km/h、200km/hと速度が高まるにつれ、流線型に整形された十分な厚みを持った主翼「厚翼」は、当時主流であった薄翼よりもずっと抵抗が小さく、より多くの揚力が得らる「揚抗比」に優れていた。

厚翼の効果を真っ先に利用したのはドイツだった。全金属製機の歴史を切り開いたユンカースD.Iも厚翼の効果を狙った機体であるが、実用戦闘機として成功した代表的な機種がフォッカー Dr.I（写真p.21）およびフォッカー D.VIIだ。

フォッカー Dr.Iはイギリス製のソッピース・トライプレーンの影響を受けて設計された厚翼の三葉機で、1917年の血の四月直後に初飛行した。

車輪の間に設けられた小さい翼を含めれば実質四枚もの主翼を有しており、特徴的なシルエットとレッドバロンことリヒトホーフェン最後の乗機であったことから、第一次世界大戦機としては抜群の知名度と名声を獲得している。

フォッカー Dr.Iは一見すると空気抵抗が大きいように思えるかもしれない。ところがキャメルやスパッドS.VIIよりも抗力が小さかった。厚翼はそれ自体が揚抗比に優れているだけではなく、主翼を内部構造だけで支える「片持ち翼」とすることができ、胴体と主翼をつなぐ「ピアノ線」が不要になった。

ピアノ線によって生じるする抗力などは一見大したことないように思えるが、ピアノ線は飛行機の前進によって空気を受けると、その後ろに「渦」を作り出し、

様々な形状の模型が並べられているが、これらは「全て同じ空気抵抗」である。たった１本のピアノ線（１番左）が整形された厚翼に匹敵する抵抗を生み出す

その直径の10倍の厚さを持つ整形された主翼と同等の抗力を生み出す。そのためイギリスでは張線の断面を流線型とするような涙ぐましい努力さえ行なわれていた（フランスはそこまでやると生産工数が増えてしまうからと割り切っていた）。

フォッカー Dr.Iが搭載したオーベルウルゼル Ur.IIエンジンは、ロータリー式であったため110馬力しかなかった。にもかかわらず、速度性能はより強力なエンジンをもつアルバトロスD.IIIを上回る178km/hを達成できたのは、片持ち翼がいかに空気抵抗を軽減できたかを証明している。

また、コンパクトな機体に三葉翼の組み合わせは翼面荷重（翼面積に対する機体重量）を小さくできた。厚翼の産み出す大きな揚力とあわせて優れた上昇性能を持ち、また高い旋回性能を実現でき、さらにロールレート（横転速度）も良好だった。抜群の運動性能によって、不用意に格闘戦を挑んできた相手を返り討ちにできた。

フォッカー D.VIIはフォッカー Dr.Iの10倍の数が生産され、アルバトロスDシリーズを更新しドイツ最後の主力戦闘機となった。第一次世界大戦最後の年である1918年１月に実戦デビューを果たすと、あらゆる連合国軍機よりも高い性能を有していることが明らかになった。

フォッカー D.VIIはスパッドS.VIIと同等の速力200km/hを発揮できたが、1918年時点ではすでにフランス軍最優秀機232km/hのスパッドS.XIIIが登場しており、明らかに劣った。それでもフォッカー D.VII空中において最も強い戦闘機の一つだった。

その最大の理由はフォッカー D.VIIの「操縦が簡単」であったことだ。戦闘機は空中戦において急旋回を行なう場合、操縦桿を手前に大きく引き、主翼の迎え角（AOA）を大きく取る。ところが迎え角を大きく取りすぎると、主翼の上面を流れる空気の流れは剝離し、機は「失速」し飛行能力を失ってしまう。特に薄翼は迎え角に対して極めて弱く、ほんのわずかな迎え角でも前触れ無く突如として失速してしまう特性があった。パイロットには失速の一歩手前を見極める熟練

WW1戦闘機の上昇力比較

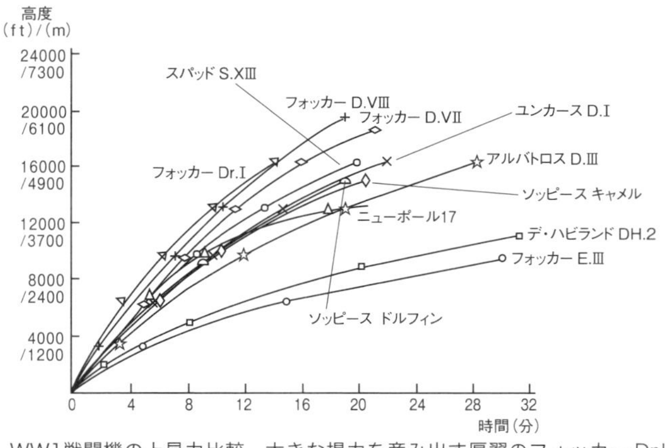

WW1戦闘機の上昇力比較。大きな揚力を産み出す厚翼のフォッカー Dr.I とD.VIIそしてD.VIII（厚翼単葉）は抜群の上昇力を持っていた

の技が要求された。

一方で厚翼のフォッカー D.VIIは他機よりもに迎え角に強く、失速しにくかった。つまり大きな迎え角をとって揚力を高めることができ、機敏な旋回を可能とした。また失速自体も緩やかであり、機の振動などによってその予兆を知ることもできた。これによってパイロットは失速を恐れずに空中戦を挑むことができたのである。

ドイツ軍のパイロットは連合国軍に比べて相対的に飛行時間が多かったものの、それでも十分な訓練を受けているとはいいがたく、戦い方を覚える前に戦死していったから、特に操縦しやすさ・扱いやすさは何よりも重要だったのである。

フォッカー D.VIIは強かった。しかしフォッカー D.VIIがいかに強力でも、すでにドイツの劣勢は決定的であり、５倍の数の敵機を相手にいつまでも対抗できるものではなかった。第一次世界大戦の空の戦いは連合国軍の勝利に終わろうとしていた。そんな情勢にありながらもフォッカー D.VIIとそのパイロットは奮闘した。1918年８月８日のドイツ軍全体における航空機損失数は８機だったが、対する連合国軍は91機を損失している。

1918年11月11日。連合国とドイツはフランスのコンピエーニュの列車内において休戦協定を結び、第一次世界大戦はドイツの敗北によって終結をみた。

終戦を確実なものとするため、休戦協定にはドイツ軍の各種兵器を連合国へ引き渡すよう明記されていたが、大砲5,000門、機関銃２万5,000梃といった諸条件の中において、フォッカー D.VIIだけが唯一名指しで、全機の引き渡しを要求された。連合国軍にとってフォッカー D.VIIは最後の最後まで恐るべき戦闘機だったのである。

〈筆者撮影〉

第一次大戦最高傑作機 フォッカー D.VII

フォッカー D.VIIはドイツ最後にして第一次世界大戦最高の傑作戦闘機のうちの一つである。アルバトロスDシリーズの後継機として開発され、1918年1月に初飛行。4月に実戦へと投入された。

アインデッカーやDr.I同様、フォッカーお得意の鋼管フレームの胴体構造を持つが、主翼等は木製となっている。設計上における最大の特徴が厚翼を取り入れたという点にある。主翼を支えるピアノ線が無くすっきりした外見が特徴だ。

厚翼の特性によって本機は失速の発生が遅いため、特に低速において優れた旋回性能を発揮できた。いささか誇張された表現であろうが、高い迎え角をとっても飛行能力が失われない姿をして「まるでプロペラに吊るされているようだ」とも形容された。

エンジンは180馬力の水冷式メルセデス D.IIIaを搭載。初期にはエンジン排気が弾倉内部の弾丸を自然発火させ、火災を引き起こすという重大な欠陥もあったが、これは解消している。

連合国軍のスパッドS.XIIIやS.E.5といった戦闘機では既に200馬力超のエンジンが実用化されており、特に速度面においてはフォッカー D.VIIが一歩劣ったが、革新的な設計により操縦が簡単で容易に最大性能を発揮可能であったことから、多くのパイロットに愛され、そして同時に連合国軍のパイロットらには恐れられた。

エンジンをより強力な232馬力のBMW IIIaに換装したフォッカー D.VIIFは決定版となり、空戦性能が著しく向上した。特に上昇力は3000mまで12分53秒から8分41秒と劇的な改善をみている。しかしBMW IIIaエンジンは数が限られていたため、初期型のフォッカー D.VIIが数の上での主力となった。

・先進的な厚翼の設計
・操縦性極めて良好
・登場が遅すぎた
・火災が多発

真珠湾奇襲攻撃へ発進せんとする零戦。空母「赤城」艦上にて。航空機はついに国家の存亡をも左右する兵器となった

第2章
究極のレシプロ戦闘機
第二次世界大戦 1919～

第一次世界大戦の反動によって、終戦から10年あまりの間、戦闘機の進化は停滞した。そして1930年代に入ると、古典的な第一次世界大戦型の複葉機から近代的な単葉戦闘機へ短期間で変革を遂げる。

1939年に第二次世界大戦が始まると理論上の限界にまで速度性能を高めた「究極のレシプロ戦闘機」が登場し、ついに「音の壁」が見え始める。またレーダーや無線通信機など電波を利用した「電子戦」が始まった。

◆2-1

黄金時代の到来
民間機が技術を牽引

『飛行機は、我々のために地球の素顔を明らかにした』
――アントワーヌ・ド・サン＝テグジュペリ〈作家『人間の土地』〉

過去例を見ない大戦争は英仏を中心とした連合国の勝利に終わった。「すべての戦争を終わらせる戦争」とも言われたこの世界大戦が、よもや20年後には早くも「第一次」という接頭語を必要とすることなど、多くの人にとっては思いもよらぬことだったが、ともかくヨーロッパでは社会全体が戦時から平時へと急速に移行した。

軍事に傾注されていたエネルギーは抑圧から開放され、復興へと向けられた。特に戦争によって著しく技術の向上を果たした航空分野は、凄まじい勢いで多くの産業が成立する。

余剰となった戦闘機は二束三文で市場に払い下げられた。5,000機あまりが生産された戦闘機、イギリス製S.E.5aなどは、わずか5ポンドで買えた。当時の為替レートで日本円にして約60円。米俵にして6俵（360kg）をようやく買える程度の額だ。S.E.5の自重は639kgであるから、第一次世界大戦を代表する名戦闘機であるにも関わらず、コメより安かった。

運良く大戦を生き延びたパイロットの中には、戦闘機やその他の軍用機を購入しアクロバット飛行の展示によって生計を立てる「バーンストーマー」や、航空郵便、貨物、そして旅客を運ぶ現在のエアライナーの礎となる運送業をはじめるものが現われた。また冒険飛行によって地図の空白地は急速に狭まり、都市間の航空航路が開拓された。戦争の終結によって航空に民需が発生したのである。

軍縮によって軍隊からの仕事が無くなってしまった民間企業は、これまでの戦闘機等の開発・製造で培った技術を民需へと投入し、またそれによってさらに航空機開発技術が向上した。ここに1920〜30年代の「航空黄金時代」が花開いた。

一方で大戦中はわずか半年で時代遅れとなった戦闘機の開発ペースは一気に鈍

1929年のシュナイダートロフィー優勝機スーパーマリンS.6A水上機。性能向上型のS.6Bは２年後に再び優勝を果たす。レーサー機は航空技術の発展にはほとんど寄与しなかった〈筆者撮影〉

化する。戦闘機の開発・生産が無になったわけではないが、１機種あたり数十機、よくて数百機と、ほんの数年前までは数千機を大量生産したのに比べれば、細々とした生産ペースであった。

新しい機種の開発は、主戦場から離れていたが故に戦禍に巻き込まれずにすみ、同時に航空技術の発展にも取り残されてしまったアメリカや日本において活発に行われ、次第に英仏との差を詰めてゆくこととなる。

航空の黄金期は先進国同士の大戦争がなかった。その結果、各国の航空技術を競い合う舞台は空中戦に代わり、「エアレース」が主体となった。特にヨーロッパおよびアメリカにおいて開催されていた、水上機による「シュナイダー・トロフィー・レース」は、エアレースにおける最高峰の大会であり、最大で50万もの観客を集める世界的イベントとなった。

シュナイダー・トロフィー・レースは国家の威信が掛かっていた。レーサー機開発には国から補助金が供出された。そして文字通り日進月歩の進化で次々と速度記録を更新していった。1920年大会で優勝したイタリア製サヴォイアS.12の平均速度は173km/h、優勝はならなかったがニューポールドラジュNiD29 SHVは最高速度275km/hを達成し、第一次世界大戦後最初の世界記録を刻んだ。

1925年大会に勝利したアメリカ製カーチスR3C-2は平均速度374km/h、最高速度395km/h（この機の架空の戦闘機型はアニメ映画「紅の豚」に登場している）。1927年大会優勝のスーパーマリンS.5は平均速度453km/h、最高速度514km/h、そしてシュナイダー・トロフィー・レース最後の大会となった1931年の勝者スーパーマリンS.6Bは平均速度547km/h 最高速度656km/hと、わずか11年の間に飛行機の最高速度は２倍以上も向上した。

飛躍的な速度性能の進化はエンジンの出力向上や、航空力学の発達による流線型を有する機体設計にあった。サヴォイアS.12の搭載エンジンはアンサルド4E25 500馬力。スーパーマリンS.6Bの搭載エンジンであるロールス・ロイス「R」は2,350馬力にも到達していた。機体も木製フレームの羽布張りから、全金属製の単葉翼となった。

この時代、水上機が最高速度記録の最先端にあった理由は、高ピッチのプロペラと小さな主翼を採用できたことにある。

プロペラ機は低速であるほど、プロペラブレードの「ピッチ（迎え角）」を小さくしたほうが効率よく推力を発揮できる。逆に高速時はピッチを大きくした方が効率がよい。また空気抵抗を小さくするには可能な限り翼面積が小さい方が良い。しかし翼面積を小さくし過ぎると、低速飛行するに十分な揚力を得られなくなってしまう。

水上レーサー機は無限の水面上を長時間・長距離滑水できたので、低速時の加速力を無視して極端に高ピッチなプロペラと、小さな主翼の設計が可能だった。

しかし、水上機の優位はそう長くは続かず、プロペラピッチを任意に設定できる「可変ピッチプロペラ（恒速プロペラ）」が開発されたこと、主翼内部前縁に「スラット」、後縁に「フラップ」を格納し、離着陸時にのみ張り出す「高揚力装置」が開発されたことによって、飛行場を使用せざるを得ない陸上機も滑走距離が短縮され、不利とはならなくなった。むしろ陸上機が「引き込み脚」を備えるようになると、巨大なフロート（浮き）を必要とする水上機は抵抗の面で遅れを取り、水上機の時代は終焉を迎えた。

これらのレーサー機は航空技術を牽引したというよりも、民需で開発された技術を応用し発揮する場であった。特にエンジンはレーシング用に極限までチューンナップされ、極めて慎重な調整が必要であり、耐久性にも劣ったため、軍民問わずとても製品として実用機に活かせるようなものではなかった。

ただ、エンジンの開発、及びそのエンジンの性能を100%絞り出すために設計された機体の開発によって得られた「経験」は、実用機に活かされてゆく。代表的な例がスーパーマリンS.6Bである。

スーパーマリンS.6Bの設計者レジナルド・ミッチェルは、後にイギリス最高傑作戦闘機スピットファイアを手がけることになる。またスーパーマリンS.6Bが搭載したロールス・ロイス「R」レシプロエンジンは、第二次世界大戦における最優秀レシプロエンジンの一つとして名高い「マーリン」及び「グリフォン」の開発へと繋がり、やはりスピットファイア等に搭載されることとなる。

◆2-2

旅客機より遅い暗黒時代の戦闘機

『大航空時代の始まりは私達のものです！　こんなに面白い時代に生まれることができて、私はとても満足しています』

——アメリア・イアハート〈女性飛行冒険家〉

新しい技術をふんだんに取り入れた民間機は次々と偉大なる記録を生み出し、飛躍的な発展を遂げた。一方で戦闘機のそれは暗黒時代だった。

1920年代の戦闘機としては珍しく大量生産された機種にイギリスのブリストルブルドッグがある。ブルドッグは1927年５月27日に初飛行し、443機も生産され（それでも第一次大戦機と比べると一桁少ないが）、1930年代初期のイギリス空軍主力戦闘機として第二次世界大戦の直前まで活躍した。

搭載エンジンであるブリストル「ジュピター」は、ロータリー方式から脱却した初期の星型空冷式エンジンとして、第一次大戦後から第二次大戦まで、軍民問わず多くの機体に搭載された傑作だ。

1930年にイギリス空軍へ導入されたブルドッグMk.IIは440馬力のジュピターVIIFを搭載し、最大速力は287km/hだった。第一次世界大戦世代の戦闘機はせいぜい200馬力、末期に300馬力のエンジンが開発されたばかりだったから、馬力が２倍にも達している。

「戦闘機の速力はエンジン馬力の倍数の立方根に比例する」ので、エンジン馬力が２倍になれば速度は1.26倍に増える計算となる。実際の例でみてみよう。コメより安かった第一次大戦世代のS.E.5aは200馬力のエンジンを搭載し速度は222km/hだった。ブルドックMk.IIはS.E.5aからエンジン馬力が2.2倍になったので、計算上の速力はS.E.5aの1.30倍、288km/hとなるはずで、実際の速度287km/hとほぼ合致していることが分かる。ブルドッグMk.IIaはエンジン出力に相応しい速度を有していたと言えるが、同世代の民間機に比べると恐ろしく低性能だった。

ブリストル ブルドッグMk.II。戦間期を代表する戦闘機だが、その設計はロータリーエンジンをやめた以外に第一次世界大戦からほとんど進歩が無い〈筆者撮影〉

ブルドッグと同じ1927年に初飛行し、1930年代初期に活躍した傑作旅客機にロッキードベガ５がある。ベガ５はパイロット１名と乗客６名が搭乗可能だった。ベガ５は450馬力の空冷星型エンジン、プラットアンドホイットニー「ワスプ」を単発搭載する。速力は298km/hだった。

信じられるだろうか？　ほぼ同等のエンジンを搭載したブルドッグMk.II、ベガ５。かたや単座戦闘機、かたや７人乗りの旅客機である。にもかかわらず、旅客機のベガ５のほうが高速だったのである！

ブルドッグMk.IIが同世代の戦闘機に比べて低性能だったわけではない。20年代後半に登場した他の同世代戦闘機もボーイングF2Bは425馬力で254km/h（1926年初飛行）、中島三式艦上戦闘機は420馬力で239km/h（1930年初飛行）、フィアットCR.20は420馬力で270km/h（1926年初飛行）と、この時期の戦闘機は総じて旅客機よりも遅いという特徴は共通している。

こうした1920年代戦闘機の低性能は、エンジンの出力が向上した他は「第一次世界大戦型」から脱却できなかったことにある。多くの機種は木製羽布張りの機体構造に薄翼と張線の組み合わせによる複葉翼機だった。目立った進化はほとんどなかったどころか、英仏があれほど恐れたフォッカー D.VIIの性能の原泉たる厚翼すら取り入られなかったのであるから、大戦終結の反動による軍縮の時代であったとはいえ、あまりに保守的にすぎたと言えよう。

対してロッキード・ベガはどうか。ベガは航空技術の革新をふんだんに取り入

ロッキード ベガ５旅客機。ブルドッグと打って変わって美しく成形された設計を持つ。特にエンジンを覆うNACAカウリングの抵抗減少効果は絶大で、当時の戦闘機を凌駕するスピードを誇った〈筆者撮影〉

れた。胴体は木製セミモノコック構造、主翼は厚翼・片持ち式の単葉翼だ（皮肉にもこれらは第一次大戦中の戦闘機で既に実用化されていた）。流体力学の発達によって流線型の美しいラインを持ち空気抵抗が低かった。そして最も注目すべき点が、機首部の空冷星型エンジンをすっぽりと覆う「NACAカウリング」が適用されたことだ。

ブルドッグMk.IIとベガ５の機首部を見比べてみてほしい。ブルドッグのそれはエンジンのシリンダーが剝き出しであるのに対し、ベガには覆いが設けられていることが分かると思う。この覆いが「NACA（ナカ）カウリング」だ。

NACAカウリングの名はNACA（アメリカ航空諮問委員会）によって発明されたことに由来する。NACAカウリングはシリンダー剝き出しの状態に比べ、なんと６割も空気抵抗を減少させる効果があった。シリンダーは見た目以上に空気抵抗が大きかったのだ。しかもエンジンの冷却にほとんど悪影響を与えなかった。

ベガも開発当初はシリンダー剝き出しであったが、NACAカウリングの効果が明らかにされると真っ先にこれを採用し、大成功を収めたのである。NACAカウリングは1920年代における航空技術の発展においてもっとも重要な発明の一つであった。

そして、NACAカウリングには空気抵抗減少に加えもう一つ無視できない効果があった。「美しさ」が明らかに増したのである。

◆2-3

レシプロ戦闘機最大の革命 ポリカルポフ I-16

『社会主義祖国への熱烈な愛、忠誠心、向上心は空中戦に影響を与える。我々の空の戦士は大祖国戦争（第二次世界大戦）の過酷な年において、タラーンの如き英雄的な戦術を用いて敵を破壊し祖国を擁護した』

——ソ連国防省「戦闘機のドッグファイトと編隊運用」

1930年代に入ると、民間主導で開発された数々の新技術は、遅ればせながらようやく戦闘機へと適用されるようになる。その先陣を切ったのは航空黄金時代の中心であったヨーロッパやアメリカではなく、意外にもロシア革命後に成立したばかりのソビエト連邦だった。

ロシア人航空技師のニコライ・ポリカルポフは、ソ連の独裁者スターリンによる恐怖政治の被害者として投獄されていた。彼は監獄の中で複葉戦闘機ポリカルポフI-5戦闘機を設計し、1930年に初飛行させた。獄中と聞けばなんとも奇妙に思えるかもしれないが、ソ連ではよくあることだった。

I-5もまた第一次世界大戦型に過ぎない典型的な時代遅れの設計だったが、それ相応の性能はあり、成功作となったため、1931年にポリカルポフは釈放される。

ポリカルポフはI-5の発展型戦闘機の開発に取り組んだ。I-5の発展型戦闘機はポリカルポフI-15として実現する。1933年10月に初飛行したI-15は複葉機として一つの到達点といえる戦闘機であり、再設計されたI-153などは第二次世界大戦が終わるまで長らく使われ続けた。

ポリカルポフは保守的なI-15とは反対に挑戦的な設計を持つI-16の開発も同時に行なっていた。I-16は長らく投獄されていたポリカルポフが、世界水準へと挑戦するために、多くの新機軸が盛り込まれた。その結果I-16は戦闘機の歴史において最も革命的かつ、極めて大きな意義を持つこととなる戦闘機の一つとなった。I-15の初飛行から遅れること２ヵ月、1933年12月30日に試作機が初飛行する。

I-16が革命的であった最大の所以が、金属製の厚翼片持ち翼による「低翼単

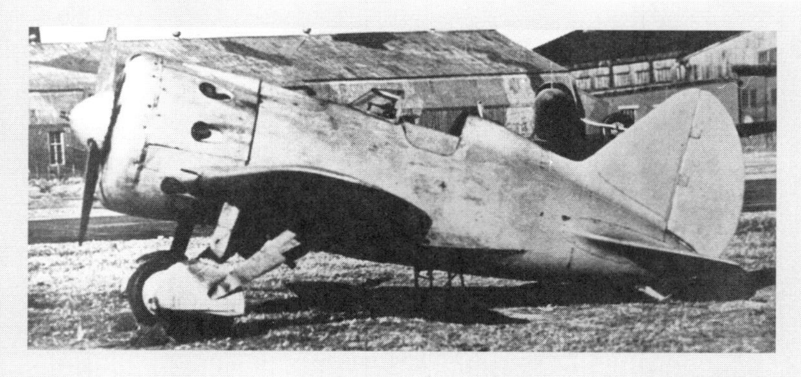

最初の近代戦闘機
ポリカルポフ I-16

ソビエト連邦製のポリカルポフI-16は1930年代から第二次世界大戦まで活躍した単葉戦闘機である。

単葉翼、引き込み脚、NACAカウリング、可変ピッチプロペラ、セミモノコック構造、閉鎖式コックピット、防弾鋼板、主翼内機銃を有したI-16の登場はまさに革命的であった。以降登場したほとんどの戦闘機がI-16の特徴を引き継いでおり、第二次世界大戦世代の完成されたレシプロ戦闘機の祖ともいえる存在である。

実のところI-16によって確立された新技術というものはほとんど存在せず、多くは既存の技術である。また金属の使用は主翼に限定され、胴体は未だ木製であったこと、せっかくの閉鎖式コックピットをパイロットの反対により開放式としてしまったことなど、いくらか保守的な部分も見られたが、将来標準となる技術を世界で初めて一つに統合し、兵器として完成させた、ポリカルポフ設計陣営の先見性は高く評価されるべきであろう。

引き込み脚は手動方式で、離陸後は操縦桿を右手から左手に持ち替え、右手でハンドルを回して引きこむ必要があり、そのため離陸直後はふらふらと上昇してゆくのが特徴的であったという。

I-16の操縦は非常に困難であったとされるが、これは戦闘機としての操縦性の高さを実現するために意図的に静安定性を損なわせていることにより、特に横転（ローリング）性能は抜群だった。I-16が横転急降下すると、その空気抵抗の小さな機体を追いかけられる戦闘機は無かった。

最初期のエンジンはブリストル・ジュピターをライセンス生産した480馬力のM-22を搭載し、後期の主力型I-16 Type 24では1000馬力のM-63に換装された。

NACAカウリングによって覆われたエンジンの前面には開閉式のシャッターが設けられており、寒冷地ロシアでの運用において過冷却を防ぐ工夫がもりこまれている。

・低抗力の機体設計と速度性能
・操縦桿の操作に俊敏に反応
・不安定で操縦困難
・長く使われすぎた

葉」であるということ、そして車輪を機内に格納する「引き込み脚（収納式降着装置)」を備えていたということだ。金属製単葉翼と引き込み脚のその抵抗減少効果たるや、現代の戦闘機にすら継承されている特徴であることからも理解できよう。さらに木製ながらセミモノコック構造の胴体をもち、空冷星型のM-22エンジンは「NACAカウリング」によって覆われた。コックピットは外気から遮断された「密閉式風防」を持っていた。

こうした各種技術は決してI-16によって確立されたものではなく、すべて民間機では当たり前になっていた既存のものである。

しかし戦闘機において、これらの要素を一つに統合した設計はI-16が初めてだった。その結果としてI-16は従来の戦闘機とは似ても似つかぬ、驚くほど洗練されたシルエットとなった。これまでの多数の張線と複葉翼で構成された第一次世界大戦型の「古典派」から脱却し、「近代戦闘機」への第一歩を踏み出したのである。

もちろん、ソ連以外の国においても航空黄金時代に培った技術の導入は進んでいた。例えば1933年に実用化されたアメリカ陸軍のボーイングP-26ピューシューターは胴体が流線型に整形され、低翼単葉翼の設計をもつ。しかしその主翼は片持ち翼ではなくピアノ線で支えられている。また脚部も固定式であるし、エンジンもNACAカウリングではなく、抵抗軽減効果の小さい「タウネンドリング」で覆われている。1934年に実用化されたアメリカ海軍のグラマンF2F艦上戦闘機はNACAカウリングを持ち、引き込み脚を採用している。しかしF2Fは複葉機である。

アメリカのP-26やF2Fでみられるように、ソ連以外の国では緩やかに第一次世界大戦型からの脱却が行なわれていた。I-16の後にも第一次世界大戦型と近代型の中間にあたる戦闘機が多数開発されているが、I-16はそれらの機をまとめて全て旧式化させてしまった。

レシプロエンジンとプロペラを組み合わせた戦闘機は、I-16をもって成熟期に達したのである。近代戦闘機誕生のための土台は全て揃っていたとはいえ、何の手本もなく世界で１番最初に完成形へたどり着いたポリカルポフI-16は、戦闘機史においてもっとも偉大な機種の一つであると言える。

最初期の量産型I-16 Type 4は諸般の事情により既に旧式となっていた480馬力のM-22エンジンを使わざるをえなかった。このM-22エンジンはブリストル・ジュピターをソ連がライセンス生産したものだ。ブルドッグMk.IIは440馬力のジュピターを搭載したから、I-16 Type 4とブルドッグMk.IIはほぼ同等の戦闘機と言って良い。しかしその速度性能たるや段違いだった。I-16 Type 4の最大速力362km/hに対してブルドッグMk.IIは287km/h。実に75km/h、1.26倍も高速化した。

米海軍のグラマンF2F-1艦上戦闘機。複葉機だが引き込み脚に密閉式風防（写真では後部にスライドさせている）を持つ。胴体の形状は第一次世界大戦型から著しい進歩が見られる

「戦闘機の速力はエンジン馬力の倍数の立方根に比例する」という法則を思い出してほしい。ブルドッグMk.IIはS.E.5の2.2倍の出力のエンジンを持ち、ほぼ計算通りの性能だった。ブルドックMk.IIで362km/hを達成するには1.26の３乗倍、すなわちちょうど２倍の880馬力エンジンが必要となる。

ボーイングP-26ピューシューター。米陸軍初の全金属製・単葉翼戦闘機だが、固定脚であるなど「第1.5次世界対戦型」から抜け出せないでいる〈筆者撮影〉

I-16は、それをたった1.1倍の480馬力で達成してしまった。いかにI-16の空気抵抗が小さく、ポリカルポフが成し遂げた革命が偉大なものであったかが分かるだろう。

また、他にも主翼内部に機銃を収めた、大威力の20mm機関砲を搭載した、パイロットを保護する防弾鋼板を搭載したことなど、後年の戦闘機で常識となる要素をいち早く取り入れた。

I-16は1930年代後半に勃発した戦争においてその真価を発揮した。1936年のスペイン内戦においては、ナショナリスト派へと供与されたI-16は、ファシスト派のドイツ製ハインケルHe51、イタリア製フィアットCR.32（いずれもI-16と同年に初飛行した複葉戦闘機）を圧倒し、優位を保った。

1939年のノモンハン事変ではソ連軍機が大日本帝国陸軍機と交戦。複葉機の

川崎航空機九五式戦闘機をものともしなかった。I-16に対抗できる帝国陸軍唯一の戦闘機が中島飛行機 九七式戦闘機であった。九七式戦は固定脚ながら近代戦闘機として必要な要素の多くを備えた強力な戦闘機である。

九七式戦は特に格闘戦に強く緒戦は九七式戦が有利だったが、I-16が急降下性能を活かした一撃離脱に徹するとソ連側が有利になった。両軍の損失は戦闘機以外を含め日本176機、ソ連207機とほぼ対等だが、日本は1300機撃墜、ソ連は600機撃墜と実数の数倍の戦果をカウントしており、どちらも相手に圧勝したという実感を抱いていた。

面白いことに1939年の冬戦争だけは、ソ連軍のI-16は大幅に性能に劣るはずのフィンランド軍のブルドッグMk.IIに負けている。フィンランド人パイロットは巧みな戦術で絶望的とも言える性能差を見事覆した。

新たな時代の到来を告げたI-16に気を良くしたソ連はこれを大量生産し、1930年代前半に開発された戦闘機としては異例の1万292機（練習機型のUTI-4を含む）が出荷された。だが高性能すぎたI-16はソ連軍の慢心を呼ぶ。スターリンによる大粛清の国内大混乱も手伝い、後継機開発に遅れを取ってしまった。第二次世界大戦の独ソ戦（1941～）勃発時点においても、ソ連の主力戦闘機は性能向上型のI-16であった。

その結果I-16は、ドイツのメッサーシュミットBf109、日本の零戦（中国軍のI-16交戦）といった、I-16によって成し遂げられた革命を完全に踏襲した新鋭機に対して、手痛い敗北を喫することとなる。

1941年のドイツ軍大攻勢「バルバロッサ作戦」では、モスクワの一歩手前まで侵攻されるも、新鋭機ラボーチキンLaGG-3、ヤコブレフYak-1、ミグMiG-3の数はまだ少なく、I-16がソ連の主力として運用され続けた。もはや通常の空戦ではドイツ軍に敵わぬI-16に残された最後の有効な手段は、ドイツ軍爆撃機に対する体当たり攻撃であった。この体当たり攻撃は「タラーン（破城槌）」と呼ばれた。

ドイツ軍の攻勢は「ロシアの冬将軍」到来とともに停止した。そして翌1942年。長らく続いたI-16の生産は終了し、順次後継機に更新されていったのである。I-16は最後の最後まで祖国を護りきった傑作機だった。

◆2-4

無線機による「共有状況認識」の拡大と戦術の確立

『編隊を決して２機未満に分割してはならない。ペアを維持すること。２機編隊は“資産”である。もし分割するというのであれば、今すぐに戦闘機以外の楽しい飛行機に乗り換えよ』

——トーマス・マクガイア〈アメリカ陸軍エース、38機撃墜〉

ヒトラー率いるナチス・ドイツは1936年のスペイン内戦においてファシスト派を支援し、コンドル軍団と称する義勇軍を派遣した。敵対するナショナリスト派の保有するI-16の猛威に、コンドル軍団のHe51は苦戦を強いられた。そのためドイツはI-16に対抗すべく、開発されたばかりの新型戦闘機を派遣した。後にドイツを代表する傑作戦闘機として知られるようになるメッサーシュミットBf109である。

Bf109は単葉翼・引き込み脚をもったドイツ初の実用戦闘機で、I-16から遅れること２年半後の1935年５月28日に初飛行した。I-16より進んだ設計が盛り込まれており、太い胴体を有するI-16とは正反対に、極限まで絞りこまれた細い胴体が特徴である。

1937年７月にBf109Bが実戦投入されるとナショナリスト派のI-16の優位性は消えてなくなった。最高速度460km/hに達するBf109Bはスペイン内戦の空中戦を優位に戦い、ファシスト派の戦勝に大きく貢献したのである。

1939年に故国ドイツへと凱旋したコンドル軍団は、26人のエースパイロットを生んだ。トップエースは14機の撃墜を成し遂げたウェルナー・メルダースである。メルダースは第二次世界大戦勃発後、史上初となる100機撃墜を達成する。

メルダースはスペイン内戦におけるドッグファイトの教訓から「ロッテ（分隊）」「シュヴァルム（鳥の群れ）」と呼ばれる、戦闘機戦術を開発した。ロッテとは２機編隊を意味する。指揮官たる編隊長（リーダー）とその僚機（ウイングマン）によって構成され、２機で周囲を監視することで互いの死角をカバーしあ

メッサーシュミットBf109。34000機の世界最多生産を誇り第二次大戦最後までドイツ空軍の主力戦闘機を務める。エンジンのサイズまで極限にまで絞込まれた胴体が特徴的〈筆者撮影〉

う。また、敵機に対して攻撃を行なう場合は編隊長がやじりとなって射撃を担当し、僚機は攻撃に集中する編隊長の背後を守る。編隊長の攻撃が失敗した場合は僚機が二の矢となる。２機が相互に連携することによって、敵機の早期発見を確実とし、生存性の確保や攻撃の成功率を高めた。

一方シュヴァルムは４機編隊を意味し、２個のロッテで編成される。基本的にロッテを拡大した戦術であり、２個のロッテが相互支援を行なう。

メルダースによるロッテ・シュヴァルム戦術はドイツ空軍へと採用され、第二次世界大戦時には標準的な空戦戦術へと発展した。ロッテ・シュヴァルムはすぐさま他の国にも波及し、取り入れられていった。イギリス、ソ連、そして1941年12月の太平洋戦争勃発以降はアメリカ、帝国陸軍、次いで帝国海軍も導入した。日本ではドイツの例に倣い、そのままロッテ戦術・シュヴァルム戦術と呼んだ。

ジェット戦闘機の空中戦においてもロッテ・シュヴァルムは生き続けており、ミサイルやレーダーの登場により編隊間隔こそ数kmと広がり、僚機も攻撃へ参加するようになったが、現代でも有効であり続けている。航空自衛隊ではロッテを「エレメント」、シュヴァルムを「フライト」と呼び、２機編成を最小単位としている。これはアメリカ空軍の呼称を引き継いだものだ。

編隊戦闘の重要性自体は第一次世界大戦の頃から認識されていた。フォッカー・アインデッカーのエースだったベルケも自身のベルケの格言で以下のように

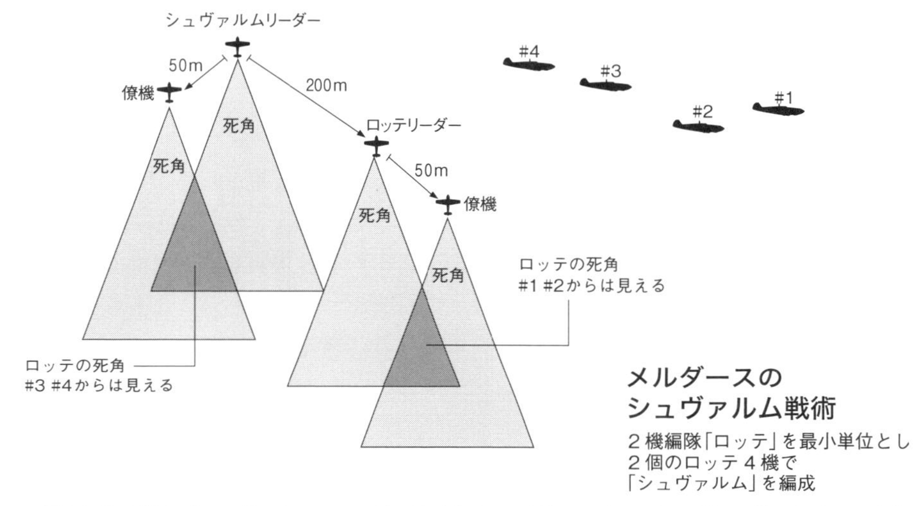

相互に死角を補う「シュヴァルム」の一例。並び方はこの限りではないが、2機＋2機の編成は現代戦闘機にも受け継がれている

述べている。

「原則として4機または6機の編隊で飛行せよ。ただし2機以上で同じ敵を攻撃してはならない。」

ロッテ・シュヴァルム戦術とは、ベルケの格言を発展させたにすぎない様に感じるかもしれない。しかしベルケの時代とBf109では一つの大きな相違点があった。「無線電話機」の有無である。

第一次世界大戦における編隊内のパイロット同士による意思疎通は、せいぜいのところ事前に取り決めた何種類かのハンドサインか、ボディランゲージに限られた。お互いに目視していればそれでも通じるかもしれないが、一度空中戦に入ってしまえばそのような余裕は無かった。つまり第一次世界大戦中における編隊戦闘とは、基本的に個人技の集合体、その結果としてチームプレイが生まれていたに過ぎなかった。

一方Bf109Bは無線機を通じ、空中戦に入ろうとも音声で編隊内の意思疎通をとることができた。ロッテ・シュヴァルムは編隊長が僚機を指揮することを可能にした点で、ベルケの格言とは大きく異なっている。また、僚機も視認している敵機の存在を無線で編隊長に知らせ、情報を相互で共有することによって、戦場の様子を正しく知覚する「共有状況認識」を得ることができた。

一人の人間はどんなに多くてもせいぜい2個のMk.Iアイボールセンサー（眼球）しか使うことができないが、無線機を活用することで、ロッテなら4個、シュヴァルムなら８個のMk.Iアイボールセンサーで情報を収集できたのである。仮に背後から接近する敵機があったとしても、編隊の別の機がそれを目撃し警告を行なえば、適切な回避行動によって生還できるチャンスは増大することになる。

1930年代の革命によってその姿を一変させた戦闘機は、飛行性能を大幅に引き上げることに成功した。それに比べると機内の片隅に収納されるだけの無線機は、あまりにもちっぽけで目立たないかもしれない。だが、無線機も間違いなく革命を起こした装備と言って良い。状況認識において敵よりも優勢であれば、戦闘機が性能面で多少劣っていても、高確率で勝利できるのである。どんなに優れた飛行性能も適切な戦術のもとに発揮されなければ無意味である。

状況認識を制するものは空中戦を制す

空中戦を語る上でよく使われる言葉に「状況認識」がある。状況認識とはその字のごとく、味方や敵軍の位置や状態を知覚することを意味し、英訳のSituation Awarenessの頭文字をとって「SA」などとも呼ばれる。

戦闘機同士の空中戦は今も昔もたいてい不意打ちによる先制攻撃で勝負が決し「撃墜された側の８割は自分を撃った敵の存在に気が付いていなかった」とされる。これはつまり「空中戦に勝利する権利を得られるのは先に敵機を発見した側のみ」とも言い換えることもでき、勝者と敗者を分ける最大の要因は状況認識にあることを表している。

状況認識を得るためのもっとも古い手段が人間の肉眼だ。視力の良いパイロットほどいちはやく敵機を見つけ出すことができ、優れた状況認識を持つことができた。偉大なエースパイロットたちは例外なく目が良く、相手が無防備な状態で一撃を喰らわせて多数の撃墜を成し遂げた。エースとは正々堂々の立ち合いに強かったのではなく、通り魔的な不意打ちの天才だった。

戦闘機の操縦（自動車の運転も同じだが）は、監視・判断・決定・行動の繰り返し（OODAループ）を無限に行うことによって成り立つ。まず監視が不十分であれば行動（回避や旋回）が必要であることすら認識できない。

現代はレーダーなど様々なセンサー・電子機器が登場しており、肉眼では確認できないはるか遠方まで状況認識を拡大することを可能としている。状況認識を得る手段としての肉眼の価値は相対的に低下しており、航空自衛隊の戦闘機パイロットは裸眼で視力0.2以上かつ矯正視力が1.0以上あればよく、メガネの戦闘機パイロットも珍しくはない。

現代の空中戦は各種レーダー等センサーで状況認識を集め、同時に電子妨害で相手の状況認識を低下させる「電子戦」が最重要であり、コンピューターがほぼ自動でそれをこなす。今も昔も「状況認識を制するものは空中戦を制す」「先手必勝」という原則にかわりはない。

◆2-5

レーダー管制の登場

「仮に１機の爆撃機を阻止するのに１機の戦闘機が必要であるとし、敵側が1000機の爆撃機保有しているとする。爆撃目標と成り得る自国の防護対象が20箇所ある場合、敵は自由に破壊目標を選定することができるのに対し、自軍は20箇所全てに1000機、すなわち２万機の戦闘機を必要とする。飛行機は攻撃的な兵器であり防御には適さない」

――ジュリオ・ドゥーエ〈『制空』〉

戦闘機の歴史においてしばしば「戦闘機無用論」という理論が登場する。そもそも「○○無用論」とは、実際にそれが無用になっていないからこそ存在する言葉であり、本当に無用となったものは「甲冑無用論」「長槍足軽無用論」とは言わない。

そして戦闘機も現代に至るまで一度たりとも無用になった試しは無いが、1920～1930年代においてはそうした考え方は世界中に広まっていた。

戦闘機が無用であるというその根拠は爆撃機の高性能化にあった。第一次世界大戦終結後、勇敢な冒険飛行家達によって長距離飛行の記録が次々と誕生したが、これはそのまま爆撃機の戦闘行動半径が広まることを意味した。同様に速度も著しく向上、侵攻してきた爆撃機への対処猶予時間が短くなり、中には戦闘機と同等以上の速度によって、振り切ることさえ可能なものも登場している。こうした爆撃機を戦闘機で迎撃するのは困難であると考えられた。

また戦闘機によって爆撃機を阻止し得たとしても、攻撃側は自由に目標を選べるのに対して防御側は全ての防御対象の上空で戦闘機を戦闘空中哨戒させねばならず、10倍から20倍の兵力が必要であると思われた。そのため戦争は政治経済中枢部に対する爆撃機の先制攻撃で決し、戦闘機は無用である。という考えは正しいように思えた。ところがそうはならなかった。「レーダー」の登場である。

イギリスは第一次世界大戦時に、ドイツ軍のツェッペリン飛行船やゴータ

ダウディングシステム

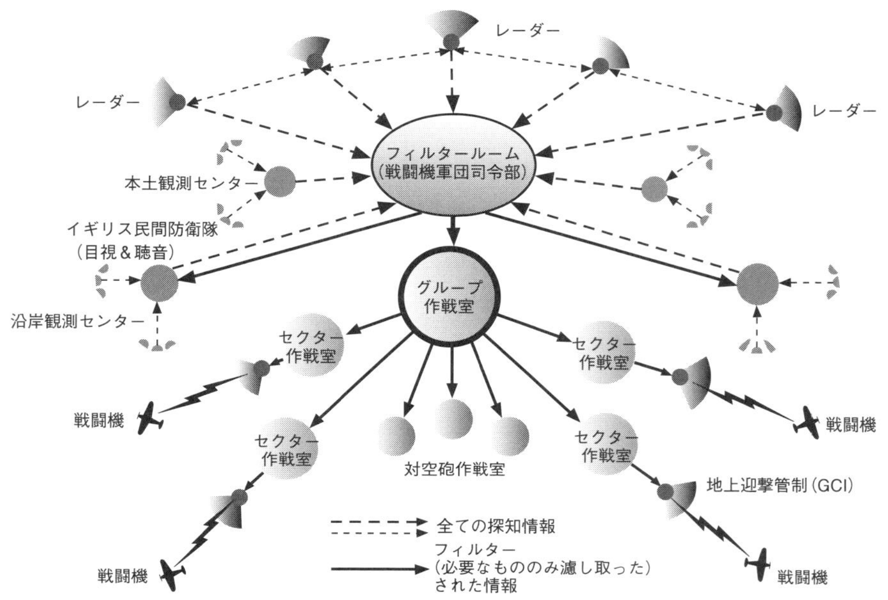

「ダウディングシステム」は英空軍が構築した世界初の近代的防空網だ。レーダーの性能もさることながら、このような地上迎撃管制組織を作り上げた点も特筆に値する

G.IV爆撃機によって、市街地への空襲被害を受けた。物理的な損害よりも心理面で大きな打撃を被った影響から、イギリスは本土の防空を国防の最重要課題としていた。

1930年代に入りナチス・ドイツの拡張政策によってヨーロッパ情勢が緊張する中、イギリス空軍は単葉かつ引き込み脚を有す近代的な戦闘機ホーカーハリケーンMk.Iおよびスーパーマリン スピットファイアMk.Iの生産を進めるとともに、来襲する爆撃機を早期に探知する手段の整備を行なった。

まずイギリスが試したのは空中聴音機で、第一次世界大戦中に実用化された。これは読んで字の如く巨大な反響板を設置し、聴力に優れる視覚障害者らも動員し飛行機の騒音を探知した。実際、第二次世界大戦においても運用されている。

空中聴音機は、条件さえ良ければ20-30km離れた飛行機の音も聞こえたが、距離30km先の400km/hで接近する飛行機を探知できたとしても、音が聴音機に届くまで90秒の時間を要し、そのわずかな時間で10kmも接近されてしまう。残された時間的猶予はわずか180秒である。空中聴音機は飛行機の速度が100km/h台だった時代ならまだしも、1930年代に入るとほとんど意味をなさなくなってい

各レーダーサイトの情報を集めた英空軍戦闘機軍団のフィルタールーム。彼我の勢力が一目瞭然であり、敵爆撃機編隊に対して正確かつ効率よく戦闘機を向かわせることができた

た。せいぜい秒速330m/sでしかない音では遅すぎる。もっと早期に探知する方法が必要とされた。

1935年、イギリス空軍は技師ロバート・ワトソン・ワットに対し「デス・レイ（殺人光線）による敵機パイロットの殺害」の研究を依頼した。ワトソン・ワットは仕事率・電力の単位である「ワット」の由来となったジェームズ・ワットの子孫である。

これに対しワトソン・ワットは、殺人光線ではなく「電波による飛行機の検出は可能」という画期的な方法をイギリス空軍へ提案した。ワット自身は電波の軍事利用を研究していたわけではなく、電波を用いた電離層の研究中に偶然飛行機が通りかかった際、大きなエコー（反射波）が観測されたことに由来するものだった。意外な提案にイギリス空軍は大きな興味を持ち、即座に実用試験を命じた。

そして1936年、ワトソン・ワットは「チェインホーム（CH）」と呼ばれる最初の「RDF」を完成させた。RDFとは「電波による探知・発見」の頭文字で、後に「電波による探知・測距」の頭文字をとった「RADAR（レーダー）」と改称される。

初期のチェインホームレーダーは周波数が12Mhzだった。レーダーの精度や探知距離は一般的に周波数が高いほど「指向性」が高められ有利となるが、チェインホームレーダーのそれはかなり低い部類に入り、探知誤差は12度もあったが、それでも探知距離は110kmにも達していた。

チェインホームレーダーは急ピッチで建造され、1939年の第二次世界大戦勃発までにはグレートブリテン島の東岸・南岸全域をカバーするに至った。また各地チェインホームレーダーは「フィルタールーム」と呼ばれる管制室と電話で結ばれた。フィルタールームには巨大な盤上に地図が置かれ、各チェインホームレーダーサイトからの報告に従い、敵機編隊を駒として配置した。

フィルタールームは正確な状況認識を視覚情報（ピクチャー）として得ることにより、戦闘機を指揮するセクターコントロールルームに速やかに緊急発進を命じた。セクターコントロールルームは無線通信を活用し、戦闘機の編隊を敵機編隊へ誘導する地上迎撃管制（GCI）を行った。まったくアナログな手法であるが、近代的な「防空システム」の完成と言ってよかった。このイギリスの防空網は考案者の名をとって「ダウディング・システム」と呼ぶ。

同じ頃、ドイツでもまた「フレイヤ」と呼ばれるレーダーが開発された。フレイヤはチェインホームよりも周波数が一桁上であり、指向性が高く性能に優れた。しかしながらイギリス空軍のような高度な防空網の組織は構築されておらず、運用面では劣っていた。

◆2-6
レーダーが勝敗を決した
バトル・オブ・ブリテン

「レーダー網なしでは、バトル・オブ・ブリテンの勝者たりえなかったかもしれない……私はそう言えると思います」

——ウィリアム・ダグラス〈イギリス空軍、戦闘機軍団最高司令官〉

1939年9月1日第二次世界大戦が始まった。第二次世界大戦においてレーダーによる戦闘機のGCIを最初に行なったのはドイツだった。1939年12月18日、ドイツの北海沿岸部に配置されていたフレイヤレーダーはイギリス空軍爆撃機が飛来しつつあることを約150kmの距離で探知する。イギリス空軍爆撃機編隊はヴィッカース・ウェリントン22機で、軍港ウィルヘルムスハーフェンを標的としていた。

イギリス軍爆撃機を探知したレーダーサイトは警報を発するが、よりにもよってそのフレイヤレーダーは海軍管轄下のものだった。通信指揮の問題から戦闘機を運用するドイツ空軍へ警報は伝わらなかった。ドイツ空軍の対応は信じられないほど遅く、せっかく早期探知に成功した時間的余裕を活かすことができなかった。

ようやく発進したドイツ空軍戦闘機の総数はBf109およびBf110が100機あまり。これも誘導がうまくゆかず半数が接敵に失敗した。それでも40〜50機あまりの戦闘機がウェリントン爆撃機を襲った。この時フレイヤレーダーが最初に探知してから1時間が経過していた。

それでもウェリントン編隊は半壊し、帰還できたのは22機中10機に過ぎなかった。なおドイツ空軍は襲来機数よりも多い38機撃墜を記録している。史上初のレーダー管制による戦いは多くの示唆を含んでいた。まず護衛戦闘機の無い爆撃機編隊は生き残れないこと、レーダーは配置しただけでは意味がなく、指揮・通信を結合した防空システムとして完成させてはじめて機能すること等である。

1940年に入ると、第一次世界大戦の一進一退の戦いが嘘だったかのように、

スーパーマリン・スピットファイア。独軍のBf109よりも性能面で上回り「英国の救世主」として今を持って愛され続けている。美しい楕円翼が特徴的〈筆者撮影〉

ドイツはわずかな期間でフランスを占領。ヨーロッパ大陸から敵対勢力を一掃した。

破竹の勢いのドイツが次の目標として定めたのは、グレートブリテン島において、頑強に抵抗を続けるイギリスを屈服させることだった。

ドイツが英仏海峡を渡り、グレートブリテン島南へ上陸を果たすには、まず飛行場や工場を攻撃することによってイギリス空軍を壊滅させ、グレートブリテン島南部および、英仏海峡上空の航空優勢を確保することが不可欠であった。敵国本土を直接叩くには爆撃機を用いるしか無いから、この作戦はドイツ空軍が主力となって行なう。

そして1940年７月、当時世界最高だったドイツとイギリス両国の空軍は竜虎相打つ。第二次世界大戦において最も重要だった航空戦「バトル・オブ・ブリテン」が始まった。

ドイツ空軍はグレートブリテン島に存在するイギリス空軍の飛行場や航空機工場に対して猛爆撃を加えた。一方イギリスはこれを阻止するために空軍の主力戦闘機ハリケーンMk.Iと、新鋭機スピットファイアMk.Iによって迎撃作戦を行なった。

イギリス・ドイツ両軍の戦闘機の性能を比較すると、スピットファイアMk.I

ホーカー・ハリケーン。鋼管羽布張りであるなど設計思想は古かったが、その分生産しやすくバトル・オブ・ブリテンの主力機として活躍。その後は戦闘爆撃機化した〈筆者撮影〉

が1,310馬力のロールス・ロイス　マーリンII/IIIを搭載し最大速度582km/h。Bf109E-3は1085馬力のダイムラー・ベンツDB601Aを搭載し最大速度555km/hであり、スピットファイアMk.Iがほんのわずかに優勢だった。ただスピットファイアMk.I（ハリケーンも）は、エンジンの機構上マイナスG（機首下げ）の基本戦闘機動（BFM）を行なうと燃料供給が滞りエンジンが停止した。Bf109E-3にそうした欠点はなかったので、「プッシュオーバー」ができた。スピットファイアMk.Iがこれを追撃するには、ハーフロールして背面になり、それから機首上げせねばならず、数秒間の遅れを生じさせた。またBf109E-3は20mm機関砲搭載による高い攻撃力を持ち、総合的に見れば、両者の戦闘機はほぼ対等に近かった。そして戦術の面では、イギリス空軍はドイツ空軍が開発した4機編隊によるシュヴァルム戦術を「フィンガーフォー」という名称で（しぶしぶ）取り入れていた。

バトル・オブ・ブリテンは終始イギリス空軍が優位に戦った。チェインホームレーダーとダウディングシステムは、ハリケーンやスピットファイアを的確にドイツ空軍爆撃機へ指向させることができ、迎撃作戦を効率的に実施したのである。ドイツ空軍はチェインホームレーダーの存在を知っており、ユンカースJu87スツーカ急降下爆撃機による攻撃を試みたが、イギリス空軍の頑強な抵抗から多くのJu87を喪失する。そしてチェインホームレーダーの破壊に徹底を欠いてしま

胴体下に落下増槽を搭載したヴォート F4Uコルセア。増槽の実用化は航続距離を著しく増大させた。戦闘前に増槽を投棄すれば機動性に悪影響は無い。なお現代機は捨てない場合が多い〈US NAVY〉

った。

イギリス空軍の高度な迎撃作戦によってドイツ空軍は許容範囲を大きくこえた出血を強いられ続けてしまう。苦戦の理由はイギリス側の巧みなGCIが何よりの要因だが、主力戦闘機たるBf109Eにも重大な弱点があった。Bf109E-3はスピットファイアMk.Iはともかく、イギリス空軍の主力としてスピットファイアMk.Iの２倍の数が配備されていたハリケーンMk.Iよりも高性能だったが、大陸から海をこえてグレートブリテン島まで進出するのには、560kmの航続距離ではあまりにも短すぎた。往路、戦闘、復路にそれぞれ1/3ずつ燃料を消費すると仮定すれば、Bf109Eの戦闘行動半径はわずか190kmで、ロンドン上空にまでなんとか到達するのが精一杯だった。それ以上遠い目標に対する爆撃作戦が行なわれる場合は、爆撃機の護衛を途中で切り上げて引き返さなくてはならなかったのである。

ドイツ空軍のハインケルHe111、ユンカースJu88、ドルニエDo17といった双発爆撃機は、Bf109Eの護衛を満足に受けることができず、護衛戦闘機無しの丸腰で目標へ向かわざるを得なかった。当然イギリス空軍はこの隙を逃さず、その結果は前年のウィルヘルムスハーフェンでウェリントン爆撃機が受けた被害を、今度は逆にドイツ空軍が被ることとなる。

ドイツ空軍には護衛任務に十分な航続距離を有す「駆逐機」と呼ばれたBf110Cも配備されていた。Bf110C-1は最大速力545km/hとハリケーンMk.Iより高速だったが、双発戦闘機であるため大きく重くドッグファイトを戦うに十分な機動性に欠けた。Bf110Cはスピットファイアはおろかハリケーンにも太刀打ちできず、戦闘機としての用をなさなかった。最後は「Bf109をもってBf110を護衛せよ」という本末転倒な命令まで出される始末だった。

スピットファイアMk.Iも航続距離は668kmしかなく、後に戦闘行動半径の短さが弱点となるも、この時点においてはイギリス本土上空で戦えたからそれほど問題とはならなかった。

バトル・オブ・ブリテンは、ドイツがイギリス本土上陸を「無期限延期」したことにより、イギリス空軍の勝利となった。もっとも苛烈な戦闘が繰り広げられた1940年７月～10月の間にイギリス空軍は1,087機を失いドイツ空軍は1,652機を失った。このうち戦闘機はハリケーン601機、スピットファイア357機の合計957機、Bf109 533機、Bf110 229機の合計762機であるから、戦闘機対戦闘機のドッグファイトに限ればドイツ空軍が僅差で勝る奮闘をみせた。

しかし、ドイツ空軍戦闘機パイロットの戦術上の任務はドッグファイトではなく爆撃機の護衛である。ドイツ空軍の戦闘機パイロットらは、本来の役割を軽視していた点も否めない。

そして、イギリス空軍を撃滅するという戦略目標の達成もかなわなかった。

Bf109はバトル・オブ・ブリテン直後に登場したBf109E-7において、ようやく「落下増槽」の装備が可能となり、致命的な弱点だった航続距離が改善された。しかし遅きに失した。

第二次世界大戦以来負け知らずだったドイツは、イギリスの高度な防空網を突破することができず、バトル・オブ・ブリテンで第二次世界大戦開戦以来初めて敗北を喫してしまった。そしてバトル・オブ・ブリテンこそが第二次世界大戦の天下分け目の戦いであった。以降、イギリス本土から出撃したイギリス空軍、および後に参戦したアメリカ陸軍の爆撃機によって、ドイツは国土を焼かれることとなる。

◆2-7

日出づる国の勃興

「翼強ければ国強し」

――日本 逓信省航空局

日本は第一次世界大戦の戦勝国となった。しかし、地獄の航空戦を経験したヨーロッパ諸国に比べると、日本のそれは幸にも不幸にも低水準の戦いだった。

1914年の青島攻略戦において、ドイツ軍に1機のみ配備されていたエトリッヒ・タウベをなんとか撃ち落とそうと、帝国海軍のモーリス・ファルマン機と、帝国陸軍のニューポール単葉機で追撃を仕掛けた程度で（ファルマン機は推進式のため機銃前方射撃が出来た）、それも高性能なタウベを相手に追い付くことさえかなわなかった。

「目には目をタウベにはタウベを」――日本本土から民間人所有のタウベを急遽取り寄せるも、結局1914年中に青島は陥落し実戦には間に合わずに終わる。空中戦らしい空中戦はこれが唯一の事例である。時期的に「フォッカーの災い」以前であるから仕方のないことかもしれない。

むろん日本もヨーロッパにおいて日進月歩を続ける戦闘機の状況を知っていたから、手をこまねいて見ていたわけでもなかった。帝国陸軍の沢田秀中尉は日本初の国産戦闘機となる「会式七号小型機（会式七号駆逐機とも）」を開発した。会式七号小型機はカーチスエアクラフト製複葉推進式機を手本に設計された機体で、90馬力の水冷エンジンと機首部に機関銃を搭載した。しかし1917年3日、沢田中尉みずから試験飛行を行なっている最中に墜落し、殉職。機も失われてしまった。

日本が本格的に戦闘機の導入を開始したのは第一次世界大戦終了直後で、帝国陸軍は1919年にフランスからジャック・P・フォール大佐以下57名にも及ぶ「フォール教育団」を招聘し、軍事顧問として戦闘機を含む航空機の運用指導を受けることとなった。この時、同時にフランスよりスパッドS.XIIIおよびニューポール24を導入し、ここに日本は最初の戦闘機を手にした。ヨーロッパの視点で見れば、日本は第一次世界大戦の終結によって激減した戦闘機の需要を支えた貴重な大口顧客であったと言える。

会式七号小型機。機首に固定機関銃を有す日本初の戦闘機。1917年に初飛行するも設計者の沢田秀中尉もろとも墜落。制式化されず

スパッドS.XIIIは「丙式一型戦闘機」として、ニューポール24は「甲式三型戦闘機」の名で帝国陸軍に制式採用される。が、しかし帝国陸軍はよりにもよって第一次世界大戦最高の戦闘機の一つである丙式一型を差し置いて、性能に劣る甲式三型を好み、中島飛行機でライセンス生産し308機を調達している。両機の速度性能は丙式一型が222km/h、甲式三型が187km/hと比較にならないが、一方で甲式三型は軽量小型で運動性に優れていた点が高く評価されたためだ。

第一次世界大戦後期にはすでに高速度を活かした戦い方が確立しつつあった。時代の流れに反した帝国陸軍の軽戦闘機志向は、第二次世界大戦に入ると取り返しのつかない失態を生む結果となる。

丙式一型戦闘機および甲式三型戦闘機の後継機として、1920年のシュナイダー・トロフィー・レースにおいて速度世界記録を更新したNiD29の戦闘機型が、「甲式四型戦闘機」として制式採用されている。110機が輸入されたほか、さらに中島飛行機によって608機が生産されている。セミモノコック構造の胴体が製造や整備において大きな負担となった。が、とにもかくにもフランスを手本とし、帝国陸軍における戦闘機の運用基盤が整えられた。

一方の帝国海軍は帝国陸軍の先例にならい、イギリスからウィリアム・フォーブス・センピル卿以下30名の「センピル教育団」を1921年に招聘し、指導を受けた。同時に、建造中の航空母艦「鳳翔」への艦載を目的とした艦上戦闘機の国産に着手し、三菱内燃（後に三菱重工）にこれを発注した。

帝国海軍から艦上戦闘機開発のオーダーを受けた三菱内燃は、このとき自社において戦闘機を開発する技術力を有していなかった。そのため、ソッピース社からハーバート・スミス技師を招聘している。スミス技師はパップやキャメルなどを設計した、当時最高の航空技師の一人である。

三菱内燃 一〇式艦上戦闘機。外国製エンジンを搭載し、外国人による設計だったが日本初の実用国産戦闘機にして艦上機となった

三菱内燃はスミス技師の主導の下に帝国海軍初の艦上戦闘機にして、日本初の国産実用戦闘機となる「一〇式艦上戦闘機（当初は十年式艦上戦闘機と呼んだ）」を完成させた。一〇式艦戦は300馬力のイスパノスイザ８エンジンを搭載。最大速度は215km/hを発揮し、第一次世界大戦末期の戦闘機に匹敵する性能を有していた。

イギリス人による設計の戦闘機と、イギリス海軍の思想を受け継いだ空母は揃ったが、帝国海軍にはこれらを運用する経験を欠いていた。最初の着艦試験もイギリス人の助力を請うこととなった。元イギリス海軍大尉ウィリアム・ジョルダンの操縦によって、1922年２月５日に一〇式艦戦は空母「鳳翔」への着艦に成功する。その翌月３月16日には吉良俊一大尉によって日本人初の着艦を実施した。

一〇式艦戦は実戦へと投入されることはなかったが、「鳳翔」と並びその開発と運用で得られた貴重な経験は、後に続く艦上機や、より大型で本格的な空母「赤城」等へと活かされたのである。

帝国陸海軍の戦闘機は外国からエンジンや戦闘機を輸入し、それを手本として開発を行なうことにより、急速にその技術力を高めていった。また、中国大陸において勃発した数度の武力衝突は、実戦における運用経験をもたらした。1932年の第一次上海事変では、一〇式艦戦の後継機にあたる複葉機、三式艦上戦闘機が新鋭空母「加賀」を発進し、中国軍のアメリカ製ボーイングP-12複葉戦闘機と交戦。生田乃木次海軍大尉ら３名によって帝国陸海軍を通じ最初の空中戦による撃墜を記録している。

日本の戦闘機が真の意味で外国からの自立を果たしすのは、人類社会が再び世界大戦への道を歩もうとしつつあった1930年代も半ばを過ぎた頃で、その走りとなった機種が帝国海軍の三菱「九六式艦上戦闘機」である。

九六式艦戦は固定脚だがジュラルミン製のセミモノコック構造を持ち、主翼は厚翼の片持ち翼でそのうえ単葉機という、古典機から脱却した設計の機体で、まさに海軍航空隊に新たな時代の到来を告げる画期的な戦闘機だった。そのうえ、

三菱 九六式艦上戦闘機。日本初の全金属製セミモノコック単葉戦闘機。こと空母艦上機としては随一の性能を誇る優秀な機体だった

エンジンも空冷星型９気筒の中島製「寿」を搭載。寿は国内で設計および開発されたエンジンである。九六式艦戦は1936年に帝国海軍において制式採用された。

帝国海軍とその航空隊の恩師でもあるイギリス海軍は、第一次世界大戦後に新設されたイギリス空軍が航空機開発の実験を握っていたことも有り、かなり悲惨な状況だった。九六式艦戦と同時期のその主力艦上戦闘機は1933年に導入されたホーカー ニムロッド。ニムロッドは古典的複葉機だった。

ニムロッドの後継機として1939年に導入されたグロスター シー・グラディエーターもまた半近代的な複葉機で、九六式艦戦と同世代のアメリカ海軍グラマンF3Fもまた複葉機であったから、九六式艦戦はこと艦上戦闘機に関しては当時世界でもっとも先進的な機体であった。九六式艦戦の成功は「零戦」へと繋がる。

ヨーロッパの先進国から手取り足取り航空機の開発・運用技術を学びはじめた日本は、それからわずか十数年で、ついに世界水準に追い付いたのである。

日本人初のエース
バロン滋野

第一次世界大戦中、何人かの日本人がヨーロッパにおいて空中戦を経験している。その中でも特筆すべき武勲をたてた人物が、エース・滋野清武男爵である。

1882年生まれの滋野はフランスで操縦を学び、自らの飛行機「わか鳥（亡き和香子夫人に由来する）」を設計するなど、日本人として最も経験豊富な航空の第一人者となった。

1912年、滋野は教官として帝国陸軍に招かれるが、そこは彼にとって能力を活かせる場所ではなかった。陸軍に於いて航空の一切を取り仕切っていたのは日本初の飛行を記録した徳川好敏大尉である。徳川の経験は15飛行時間。一方で滋野は民間人ながら100飛行時間を超えていた。徳川に滋野を使いこなすだけの度量はなく、露骨な嫌がらせを加えるなど追い出しをはかり、これに怒った滋野は辞任してしまう。

1914年に再び渡仏した滋野を待っていたのは第一次世界大戦だった。滋野は1915年1月に外国人義勇兵としてフランス軍に志願。大尉・パイロットとして任官した。軍のパイロットは滋野の才能を発揮する最高の仕事だった。偵察機パイロットからキャリアをスタート。機銃手と共同で30分に渡る空中戦の末ドイツ機を撃墜し、その武名を全軍に轟かせるなど、早くからエースの片鱗を見せた。

フランス軍における滋野の勤務評定は「勇敢で模範的なパイロット」というものであり、戦闘機の操縦者としてニューポール17に機種転換する。優秀すぎる民間人であるが故に帝国陸軍に爪弾きにされた滋野は、皮肉なことにフランス軍にとって重要な人材となり、フランス人パイロットを部下として率い戦った。

スパッドS.VIIに機種転換した滋野は、1916年8月にフランス軍の精鋭中の精鋭、シゴーニュ飛行隊へ配属される。滋野はジョルジュ・ギンヌメール（撃墜数54機 戦死時仏軍一位）、ルネ・フォンク（75機撃墜 終戦時仏軍一位）らと肩を並べ戦い、激戦を生き延びるだけでなく、ついには公認5機、非公認8機の撃墜を達成し見事にエースとなった。

翌1917年8月。滋野の肉体はついに限界に達し、熱病を発し後送される。滋野は度々最前線勤務への復帰を願い出るも、そのまま終戦を迎えた。

第一次世界大戦後、滋野は日本に帰国する。折しも帝国陸海軍は英仏から航空技術の導入を進めていた。滋野は平均余命2週間の戦場を2年も生き延びた世界でも屈指のエースである。さぞ陸海軍に歓迎されたかと思いきや、その存在は完全に無視されていた。滋野は退役フランス軍大尉とはいえ、日本では民間人に過ぎない。その滋野に空中戦の教えを乞うなど、帝国軍人の矜持が許さなかった。

1924年、日本の民間航空の発展に尽さんとしていた滋野は病魔に侵され、42歳にして短い生涯を終えた。結局、滋野が得た貴重な経験は、日本の戦闘機隊創設に活かされることはなかった。もし重戦闘機スパッドS.VIIにおける一撃離脱戦術が日本軍に継承されていたならば、太平洋戦争において主流を占めた時代遅れな軽戦闘機主義は無かったかもしれない。あまりにも惜しい早世であった。

◆2-8

ゼロ・ファイター

「開戦当初、日本の零戦は太平洋戦線のすべての連合軍戦闘機の性能を凌駕していました」

――ロンドン 帝国戦争博物館

1940年7月24日、イギリス空軍とドイツ空軍がバトル・オブ・ブリテンの死闘を繰り広げていたちょうどその頃、日本では三菱「十二試艦上戦闘機」という名の新鋭機が完成を迎えようとしていた。十二試艦上戦闘機は帝国海軍の飛行機命名規則にのっとり、神武天皇即位を起源とする皇紀の2600年から下二桁をとって「零式艦上戦闘機」と名付けられた。日本人ならば知らぬ者のない「ゼロ戦（零戦）」の誕生である。

零戦は登場当時、間違いなく最高の戦闘機の一つだった。全金属製モノコック構造、単葉かつ低翼の主翼を有し、さらに降着装置も機内に収納可能で、最初の実用型である零戦一一型の最高速度は533km/hに達していた。これはハリケーンMk.Iよりも高速である。

また上昇力と旋回率は特に低速域において比類なき能力を有しており、軽量かつ大きな主翼の「低翼面荷重」の設計は、こと低速での格闘戦に限ればスピットファイアMk.IやBf109Eをはるかに凌駕した。そして航続距離は3,502kmと欧州の戦闘機に比して桁違いの性能を有している。

零戦に纏わる有名な歴史のIFに「もしドイツ空軍に零戦が配備されていたならば、バトル・オブ・ブリテンの結果は違っていた。」というものがある。これは、まともに爆撃機の護衛を行なえなかったBf109に対し、零戦ならば爆撃機が任務を終えてイギリス本土を離れるまで全行程を護衛できるから、現実の歴史よりもずっと爆撃機の損失は少なく済んだであろう。という仮定である。

むろんバトル・オブ・ブリテンのさなかに制式化されたばかりの零戦一一型を、ヨーロッパへ派遣することなど実現性は皆無であるが、日本のみならず世界中で

カーチスP-40ウォーホーク。日本では行き過ぎた零戦伝説からひどく過小評価されているが、事実は零戦相手に優勢に戦った〈筆者撮影〉

大人気な歴史のIFである。

実用化後すぐに日中戦争へ投入された零戦一一型は、中国空軍機のI-15やI-16といった旧式機を圧倒し、海軍を大いに喜ばせている。

1941年12月８日、太平洋戦争が勃発する。日本はアメリカを始めとする連合国軍と交戦状態に突入した。日本は真珠湾奇襲攻撃による開戦以降、フィリピン、マレー半島、インドネシアとイギリス・オランダ・アメリカの植民地域だった東南アジアを驚くべき早さで占領した。

零戦は空母艦上及び飛行場で運用される海軍の主力戦闘機として、アメリカ陸軍のロッキードP-38ライトニング、ベルP-39エアラコブラ、カーチスP-40ウォーホーク、海軍のグラマンF4Fワイルドキャットと同世代の戦闘機と戦った。ちょうどこの頃は零戦がもっとも活躍したとされる期間とも合致したため、戦後になると「零戦不敗神話」が戦争初期の日本の快進撃の象徴として広く定着した。

「零戦不敗神話」では、アメリカ製の戦闘機は零戦に対して全く刃が立たなかった。零戦は常に優勢に戦い、空戦は圧勝に次ぐ圧勝であった。と、語られることが多い。零戦を運用した航空隊における空中戦の様子や撃墜戦果、損害数は、戦闘詳報や行動調書といった公文書に記録されており、たしかに零戦は戦争序盤において無敵の活躍であったことが記されている。

世界を驚愕させた
三菱 A6M零式艦上戦闘機

零戦（れいせん／ぜろせん）は全金属製・単葉翼・収納式降着装置を有する日本初の近代戦闘機であり、帝国海軍の艦上機として1940年７月に制式採用された。

940馬力の「栄」エンジンを搭載し、533km/hにも達する世界水準の速度性能を誇った。主翼桁への超々ジュラルミン（ESD）の採用等によって機体重量は極めて軽量であり、広い翼面積とあわせて翼面荷重が非常に小さい。圧倒的な上昇力を誇り、剛性低下式操縦索の採用によって操縦性・旋回性能にも優れた。

制式採用と同時に日中戦争でデビューを果たすと、I-16やI-15といった旧式戦闘機を一方的に葬るだけでなく、太平洋戦争が勃発後はかつての師であった米英の戦闘機と対等に戦った。こと１対１の格闘戦に限れば零戦に匹敵する戦闘機は戦場に存在しなかった。

しかし、防弾を施さなかったことから、操縦席に被弾すればパイロットは即死、燃料タンクならば炎上と損失に拍車を掛ける結果を生んだ。

栄エンジンの高出力化もうまくゆかず、数度にわたる改修の結果、防弾や急降下制限といった問題は解消されたものの、ほとんど性能向上は果たせなかった。そして最悪の弱点が無線機の不通であり、状況認識に劣った。

後継機「紫電」や「烈風」の開発遅れから、終戦まで１万機以上が生産され主力として使われ続けた。良くも悪くも零戦は「日本の終着駅」であった。

・低速における抜群の旋回性能と上昇力
・長大な後続距離
・まったく通じない無線機
・性能向上できなかった

ところが、戦闘詳報に記載された撃墜戦果は誤認が多く、連合国軍の実損害記録の数倍に達していた。つまり実際は撃墜していないものを「撃墜確実」と判定していたのである。連合国軍の戦闘機やそのパイロットは、日本の奇襲による準備不足の中でも健闘しており、連合国軍戦闘機も一方的にやられていたわけではなかった。

零戦は同世代のアメリカ機に対して不敗ではなかったが、高性能なアメリカ機と対等以上に戦った最高の戦闘機のうちの一つではあり、日本の快進撃を空から支えた。この事実はアメリカにおいて驚きと衝撃をもって受け止められた。

実のところアメリカは太平洋戦争開戦前から零戦の存在を知っていた。中国空軍の軍事顧問であったアメリカ陸軍のクレア・リー・シェンノートは、日中戦争で確認された「日本が開発した強力な新鋭機」の情報を、アメリカ本国へと報告していたのである。

太平洋戦争前の1941年３月10日付けの日本機識別書には以下のように書かれている。

「100式戦闘機（またはゼロと呼ばれる）、単葉、閉鎖コックピット、収納式降着装置、単座、20mm機関砲×2、機関銃×2、14気筒空冷エンジン、爆弾なし、無線電話機装備、速度568km/h 、航続力6-8時間、上昇力に優れる、上昇限度10,000m 、急降下戦術を使用し格闘戦はしない、空母運用能力が有る」

これは概ね的を射たものであったが、本国アメリカでシェンノートの報告を真剣に受け止めるものは少なかった。東洋の発展途上国に過ぎない日本が自分たちと同等の戦闘機を開発できるわけがない。という偏見から、無視してしまったのである。そして、零戦の推定性能が真実であったことは、太平洋戦争序盤の手痛い教訓によって思い知らされることとなった。

◆2-9

ミッドウェイ　共有状況認識欠如が招いた敗北

「今日、我々がなしたゼロへの勝利はF4Fの能力に依らない。日本軍のいくつかのミスと、我々のチームワークによって達成された」

――ジョン・サッチ〈アメリカ海軍パイロット〉

アメリカ海軍のジョン・サッチは、シェンノートの報告を真剣に受け止め零戦対策を真剣に研究した数少ない人物の一人である。サッチは零戦への対抗戦術「ビームディフェンス」を開発する。これは後に「サッチ・ウィーブ」と呼ばれる。ウェーブ（波）と勘違いされやすいが、ウィーブ（織物）である。

サッチ・ウィーブは2個の2機編隊によって零戦を挟み撃ちにする戦術だ。例えばA編隊が零戦の攻撃を受けそうならばA編隊は迷わずに逃げる。追いつかれそうな場合は急降下で逃げる。そしてB編隊はA編隊を追う零戦を背後から一撃を仕掛ける。A編隊とB編隊は無線で連絡を取り合い、相互に背後をカバーし合うことによって零戦を死の罠に誘い込んだ。

つまりサッチ・ウィーブとはアメリカ軍において導入されたロッテ、シュヴァルム戦術そのもののことである。サッチ・ウィーブは1942年6月4～5日の「ミッドウェイ海戦」において、サッチ自らの手によって実戦で試されることとなる。

6月4日。空母「赤城」「加賀」「蒼龍」「飛龍」の4隻からなる帝国海軍の南雲機動部隊は、ミッドウェイ島を空襲した。各空母9機ずつ36機の零戦二一型からなる帝国海軍の戦闘機隊は、ミッドウェイ島で待ち受けていたアメリカ海軍／海兵隊のブリュースターF2Aバッファロー20機とF4Fワイルドキャット6機と戦った。

帝国海軍は敵機を全機F4Fと誤認していたようだが、赤城飛行機隊は11機撃墜損害なし、加賀飛行機隊が9機撃墜被撃墜1機、蒼龍飛行機隊は4機撃墜損害なし、飛龍飛行機隊は18機撃墜損害なしと報告しており、公式戦果の上では39機

アメリカ海軍の対零戦戦術「サッチ・ウィーブ」

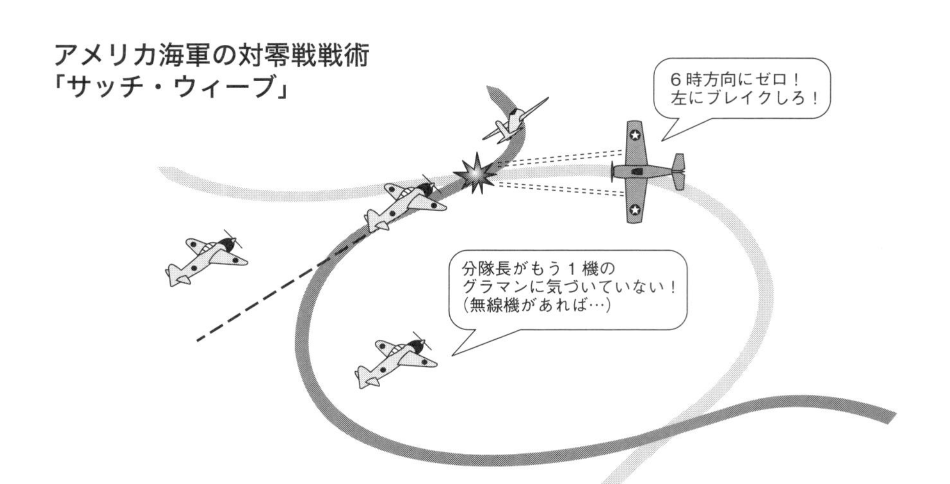

２機ないし４機が共有状況認識を活かしつつ連携し、零戦を挟み撃ちにするシュヴァルム・ロッテ戦術の一形態である。無線機に不備のある零戦は近代的な戦術に対応出来ず劣勢に立たされてしまう

撃墜し１機被撃墜で圧勝した。

アメリカ軍側の損害記録ではF2Aが13機被撃墜、F4Fが２機被撃墜であるから、比較的信頼度の高い両者損害ベースで比較しても15対１となり、少なくともこの戦いにおいて帝国海軍の零戦隊が圧勝したという事実に揺るぎはない。

なおF2Aはアメリカ海軍初の近代的艦上戦闘機だったが、零戦にまったく歯が立たなかったことから、この戦いを最後にアメリカ軍では使われなくなった。

翌６月５日。今度は日米の空母艦上戦闘機同士の戦いが始まる。アメリカ海軍の空母「ヨークタウン」を飛び立ったジョン・サッチ率いる４機のF4F-4部隊は、零戦15機と戦った。

F4F-4の速度性能は515km/hと零戦二一型の533km/hよりもやや遅く、上昇力や旋回性能も零戦二一型に及ばなかった。そして数の上で劣勢であったにも関わらず、１機のF4F-4損失と引き換えに５機の零戦を撃墜してしまう。この日、空母ヨークタウンのF4Fと零戦は、両軍損害機で11対１とF4Fが圧勝した。

サッチ・ウィーブは零戦の弱点を巧みに突いた戦術だった。零戦は400km/h以上の高速では操縦桿が酷く重くなり、旋回がほとんど不可能になった。零戦は低速でのドッグファイトは圧倒的に強かったが、急降下を多用した一撃離脱に弱かったのである。

もうひとつの弱点はさらに重大である。零戦が搭載した九六式空一号無線電話機は、ノイズ対策や接地の不具合から、全く用をなさなかった。搭乗員の中には

グラマンF4Fワイルドキャット（手前）、F6Fヘルキャット（奥）艦上戦闘機。両機とも多くの戦いで日本軍機を圧倒し、太平洋の空を制した〈筆者撮影〉

軽量化のため無線機を外し、アンテナの支柱を折ってしまうこともあったという。つまりヨーロッパでは当たり前となっていた、無線機による共有状況認識の拡大や指揮統制を実現できず、零戦はシュヴァルムのような編隊による空戦が不可能だった。

ミッドウェイ島空襲の大勝からたった１日である。相手がF2AからF4Fへと変わったにせよ、昨日は15対１で勝利した精鋭無比の南雲機動部隊の零戦隊が、今日は１対11で負けてしまった。サッチ・ウィーブは見事なまでにその有効性を実証した。

この日の戦いは帝国海軍にとっても散々であった。空母上空で護衛にあたっていた零戦隊は、アメリカ海軍TBDデバステイター雷撃機が低空から接近するのを確認すると、全機が迎撃のため低空へ殺到した。そして零戦隊が低空へ降りた隙に、SBDドーントレス急降下爆撃機が上空から接近、空母に対して急降下爆撃を敢行した。一瞬のうちに空母「赤城」「加賀」「蒼龍」が爆弾を受け大破炎上し、後に攻撃をうけた「飛龍」共々、海戦に参加した四空母全てが沈没、学校の歴史教科書に載るほどの歴史的大敗を喫した。

ミッドウェイの敗因は様々であるが、そのうちの一つにレーダーの有無があった。もし帝国海軍にレーダーがあったならば、空母に致命傷をあたえることになるSBDの接近を早期に探知できたはずだ。

しかしレーダーを搭載していた戦艦「伊勢」「日向」は遥か後方にあり、空母部隊に随伴していなかった。「伊勢」「日向」が空母の護衛にあたっていたとしても、無線機を持たない零戦を迎撃管制によってSBDへ指向させる手段がなく、結局これを阻止する手段に欠いていた。

1940年のバトル・オブ・ブリテンはレーダーと無線機を活用した近代的な防空網「ダウディング・システム」によって、イギリス軍は勝利した。それとは真逆に、ミッドウェイ海戦はレーダーと無線機の不備によって、帝国海軍は敗北したのである。そしてこの二つの戦いは第二次世界大戦の天王山となり、戦争の趨勢を決定づけた。

零戦を圧倒した「サッチ・ウィーブ」はミッドウェイ海戦後に米軍の標準的な戦闘機戦術となる。組織的な戦いに対抗できない零戦は、F4Fのみならず、これまで圧勝していたとさえ思われていた相手にさえ、劣勢を強いられるようになってしまう。

零戦は強い戦闘機であった。しかしその能力を引き出すための戦術が第一次世界大戦レベルだった。太平洋戦争最初期は歴戦のパイロットの個人的な能力で補うことができたが、それも素人の米軍パイロットのチームワークの前に敗れ去ったのである。

太平洋戦争勃発からわずか半年。ミッドウェイ海戦で沈んだ４空母とともに、零戦の優勢は崩れ去った。

◆2-10

日はまた昇る

「百パーセント死を命ずるような戦術を取らざるを得ない戦況では、もう司令官はじめ、幕僚なども不要である。したがって、最上級者から順番に、特攻攻撃に出るべきではないのか。これによってこそ、部下も納得し、喜んで死地に赴くであろう」

――小福田晧文〈帝国海軍パイロット〉

1943年、F4Fの後継機として2,000馬力級エンジンを搭載し、613km/hの速度を誇るグラマンF6Fヘルキャット艦上戦闘機がアメリカ海軍・海兵隊に配備された。零戦はもはや飛行性能の面でも太刀打ちできなくなってしまった。

1944年のマリアナ沖海戦では帝国海軍が米海軍へ先制攻撃を仕掛けるも、レーダー迎撃管制をうけたF6Fによって、「マリアナの七面鳥撃ち」とも言われる大敗を喫してしまう（この時、多くの零戦は爆弾を装備していた）。

アメリカ軍は太平洋戦争において全軍合計で約9,000の日本軍機を、空戦によって撃墜したと主張する。このうち過半数の5,156機はF6Fの戦果である。むろん日本軍の場合と同様に撃墜戦果には誤認を多く含んでいると見るべきだが、F6Fの損失は約270機に過ぎない。日本軍機はF6Fへ手も足もでなかったという事実に疑いの余地はない。

太平洋戦争末期になると日本軍の無線機も徐々に改善され、陸軍海軍ともにロッテやシュヴァルムが導入されていた。本土防空戦ではレーダーを活用した迎撃管制が行なわれている。

また戦闘機においても1944年に実用化された帝国陸軍の中島飛行機 四式戦闘機「疾風（はやて）」は2,000馬力級エンジン「ハ45」を搭載し、戦後の米軍による試験では高度6,000mで687km/hの速度を叩き出す高性能ぶりを発揮。F6Fはおろか高度を限れば大戦後期の米軍主力機ノースアメリカンP-51マスタングやチャンスヴォートF4Uコルセアよりも高速で、日本軍最優秀戦闘機としての評価を得ている。「疾風」と同じエンジンを搭載する海軍の川西航空機「紫電」もまた零戦の事実上の後継機として奮闘、紫電を再設計した通称「紫電改」は、ほんの短い期間だったがF6Fと対等に戦えたこともあった。

「疾風」は「大東亜決戦機」と呼ばれ、陸軍自慢の新鋭機だったが、エンジンの故障が頻発し、その高性能は張子の虎だった。これは「疾風」に限らず「紫電」や川崎航空機陸軍三式戦闘機「飛燕」など、高性能を目指した多くの戦闘機に共通する欠陥だった。結局日本は最後まで海軍は零戦、陸軍は一式戦闘機「隼」と、1000馬力級エンジンを搭載し500km/h台の性能に劣る戦闘機に依存するほかなかった。

また陸海軍ともに歴戦のベテランがあらかた戦死してしまう。ミッドウェイ海戦以前、空母の零戦パイロットは最低でも700飛行時間の経験を有していた。これが1945年には、人材不足から90飛行時間の訓練で実戦投入されるようになる。一方アメリカ海軍の艦上戦闘機パイロットは、開戦当初の305飛行時間から525飛行時間へ大幅に延長された。

日本軍がドッグファイトに打ち勝ち、航空優勢を確保する術は完全に断たれた。航空優勢を得られないということは、偵察機も爆撃機も輸送機も飛ばせず、航空作戦そのものが行なえない。そして相手の爆撃機を阻止することもできないから、手の打ちようが無くなってしまった。

1944年10月25日。何もかもうまくいかぬ中にあって、帝国海軍はアメリカ空母を１隻撃沈、１隻撃破という久々の大戦果をあげた。爆弾を搭載した零戦をパイロットもろとも敵艦に体当たりさせるという戦術「特別攻撃隊」によって。「神風特攻隊」の始まりである。

ドッグファイトに勝てぬ日本軍は、最終手段として特攻を拡大させるが、アメリカ側も「Kamikaze」対策に抜かり無かった。特攻機はアメリカ海軍の艦隊の外側に配置されたレーダー・ピケット艦によって早期探知された。通報を受けたF6Fや新型のF4U 、F4Fの性能向上型FM-2等の艦上戦闘機に迎撃され、大多数は標的とする空母を目視する前に撃ち落とされてしまった。この艦隊防空システムを構築した人物は、サッチ・ウィーブを開発したジョン・サッチである。

特攻機がレーダーと艦上戦闘機の迎撃を潜り抜け、アメリカ艦隊に接近できたとしても、今度は「近接信管」付き高射砲弾の雨が待ち受けていた。近接信管は標的の近傍に到達した時点で砲弾を起爆させ、爆風破片効果によってダメージを与えた。パイロットに自殺を強いる特攻は、艦隊防空強化によって全くと言って良いほど効果をあげられなくなった。

特攻によって敵艦への体当たりに成功したものはわずか１割。大型の正規空母は一隻も撃沈できずに終わった。むしろ飛行機とそれ以上に貴重なパイロットを使い捨てにする、軍にとってもまさに「自殺行為」だった。

中島 四式戦闘機「疾風」のカタログ性能は大戦末期にも通用する水準だったが、実戦でそれを発揮できることはほとんどなかった

そして1945年８月15日、日本はポツダム宣言の受け入れを表明。９月２日に降伏調印式が行なわれ第二次世界大戦は終結する。その後、日本は1952年まで一切の航空活動が禁じられてしまった。太平洋戦争における敗戦と、その後７年にも及ぶ航空禁止令の影響によって、日本は戦闘機の開発競争から完全に脱落した。1945年に実用化された陸軍の川崎五式戦闘機（愛称は無かった）以降「純国産」の戦闘機は一機たりとも実用化されていない。

1977年より航空自衛隊に配備された戦後初の国産超音速戦闘機、三菱F-1は「現代に蘇ったゼロ戦」とも称されたが、零戦と違ってエンジンはヨーロッパより導入したものだ。また空戦能力も同世代機の水準にはなかった。

目下現役の三菱F-2は2000年に実用化され「平成のゼロ戦」と称されたが、F-16を原型とした日米共同開発機だ。F-2の開発計画「FS-X」はもともと独自開発が見込まれていたものの、どちらにせよエンジンはアメリカ製に頼らざるをえなかった。2014年に完成し2016年に初飛行した防衛省技術研究本部／三菱 ATD-X先進技術実証機「X-2」は、再び「平成のゼロ戦」と呼ばれている。先進技術実証機はエンジンも機体も完全な国産であるが、これは次世代戦闘機に必要とされる技術を開発するための試験機であり、戦闘機ではない。

2010年、防衛省は2040年ころに実用化を見込む将来型戦闘機「i3ファイター」なるコンセプトを公表した。あくまでもコンセプトであり開発計画ではないが、仮に開発されたならばやはり「ゼロ戦」と呼ばれるようになるだろう。奇しくも2040年は最初に「ゼロ戦」と呼ばれた零式艦上戦闘機の実用化からちょうど100年である。

i3ファイターは開発予算に5,000億円～8,000億円が必要と見込んでいるが、新型機開発に予算超過は付き物で１兆円は確実に超えることになるだろう。たかが100機前後を生産するにはあまりに高すぎであり、純国産戦闘機実現への道のりは果てしなく厳しい。現実的には、次の「ゼロ戦」はどこかの国と共同開発することになるか、無人戦闘機（UCAV）になるだろう。

第一次世界大戦中に戦闘機開発技術に立ち遅れた日本は、20年あまりの追走を経て、ほんのひと時であったが世界の頂点へ手が届いた。しかし太平洋戦争では工業力の低さに泣かされ限界を露呈、そして敗北によってすべてを失った。大日本帝国が開発した数々の名機たち、そのほとんどは現存していない。アメリカやイギリスでは毎年エアショーでスピットファイアやP-51が「数十機編隊で」飛行している。

空対空特攻作戦

カミカゼ—死を厭わぬ自殺攻撃を意味する形容詞として、世界中の言語の辞書に見られる単語である。言うまでもなくその語源は、飛行機による敵艦船への体当たり攻撃「神風特攻隊」にある。

体当たり攻撃を軍の主導によって行なったのは日本だけではない。特に爆撃機を標的とした空対空の体当たりは他国でも実施されている。

例えば独ソ戦初期においてソビエトが実施した「タラーン」である。タラーンは少なくとも561回以上行なわれたとされ、中でもボリス・コブザン大尉はタラーンのみで４機を撃墜するという特筆すべき戦果をあげている。第二次世界大戦末期にはドイツ空軍も「エルベ特別攻撃隊」を組織し爆撃機への体当たり攻撃を行った。日本においても震天制空隊がB-29への体当たり攻撃を実施している。

タラーン及びエルベ特別攻撃隊は、標的たる爆撃機を護衛する敵戦闘機を振り切るために、武装や防弾鋼板を取り外すなどして軽量化はかり飛行性能を向上させた。震天制空隊もまた軽量化が行われていたが、これはB-29の高高度飛行能力に対抗する上でも軽量化が必須であり、結果として体当たりが唯一の攻撃手段となった。

空対空体当たりが「神風」と大きく異なるのは生還を前提としていることだ。脱出によってコブザン大尉のように複数機を撃墜する者もいた。だが、やはりそれでも死亡率は高かった。

「神風」を含むすべての体当たり作戦において、パイロットのような特殊な技能を持つ人間を多数犠牲にしてまで、それに見合う何かしらの戦略的な優位性を得たのか？　と、言うと何もなかった。戦闘機における最も高価値な部品はパイロットである。パイロットは死なない限り再利用が可能であるし、経験豊富なパイロットは後進を育成するためにも貴重な人材だ。

パイロットを失う体当たりは人道的見地ならずとも、割にあわない攻撃だった。ソビエトも戦況が安定するとタラーンを禁じている。体当たりは死に物狂いの作戦だったかもしれないが、同時に苦し紛れでもあった。

◆2-11

過給器とハイオク燃料が性能差を生んだ

「フィリピンの艦船へ対する特攻は必殺を狙ったものですが、東京（震天制空隊）のはそうではなくて、高度がとれないのです。（高高度を飛翔する）B-29に届かないので、届く手段として武装を外し軽装にして、攻撃手段は仕方なしに体当りするのです」

——山本茂男〈帝国陸軍パイロット、第10飛行師団参謀〉

第一次世界大戦世代と第二次世界大戦世代の戦闘機用エンジンにおいてもっとも大きな違い、それは「スーパーチャージャー」の有無にある。スーパーチャージャーは「過給器」とも呼ばれる。

レシプロエンジンは空気の濃い地上でもっとも大きな馬力を生み出し、飛行高度があがり気圧が下がる（空気が薄くなる）ほど馬力が低下、最後はエンジンの運転が不可能になってしまう。スーパーチャージャーは、この空気が薄くなることによる馬力の低下を軽減するための装置である。

スーパーチャージャーは「インペラー」と呼ばれる回転する羽根車によって、エンジンのシリンダーに圧力の高い（濃い）空気を強制的に送り込む。この空気の圧力を「過給圧」ないし「ブースト圧」と呼び、過給圧が高いほど馬力を発揮できる。インペラーの回転はエンジンの出力から一部を抽出することによって行なわれ、おおむね100から200馬力を割いている。

当然抽出した100から200馬力は本来プロペラを回転させるためのもので、可能ならばプロペラの回転に使った方が効率がよい。これを軽減するのに、排気ガスの圧力でタービンを回し、タービンによってインペラーを駆動する「ターボチャージャー」が設けられたエンジンもある。ターボチャージャーは本来ならばそのまま捨ててしまう排気ガスのエネルギーを利用するため、より多くの馬力をプロペラに伝達できた。

エンジンは過給圧が高いほど出力も高められる。特に空気の薄い高高度では顕著であり、スーパーチャージャーやターボチャージャーの性能差がそのまま戦闘機の性能に直結した。ところが過給圧を高めすぎると、エンジンは「ノッキング」を発生させやすくなってしまう。ノッキングとは異常な燃焼により打撃（ノック）音と強烈な振動がシリンダー内部において発生する現象で、エンジンにダメージを与える。

ノッキングを防ぐには優れた「オクタン価」の高い、いわゆるハイオクガソリンを必要とした。イギリスは第二次世界大戦勃発当時オクタン価87の燃料を使っていたが、バトル・オブ・ブリテンの直前にオクタン価100の燃料を供給できるようになった。その結果スピットファイアMk.Iのロールスロイス・マーリンIIIは過給圧が高められ、1,030馬力から３割増しの1,310馬力まで向上した戦闘緊急出力が使用可能となり、Bf109E-3をしのぐ性能を発揮した。（ただしエンジンの寿命は低下した）。

イギリスやアメリカはオクタン価100のガソリンを使用できたので過給圧を高められたが、日本やドイツはハイオクガソリンが入手ができず、オクタン価87、92といった質の低いガソリンしか使えなかった。その結果、日本やドイツは過給圧を高めることができず、特に高度8,000m～10,000mといった高高度での空中戦で馬力が大きく目減りし、ドッグファイトや爆撃機の迎撃で性能を発揮できず、大きなペナルティを受けることとなる。

ノッキングを防止しつつ過給圧を高める方法として、水メタノール噴射がある。水メタノール噴射は吸気に水とメタノールの混合液を噴射しその液体が蒸発する気化熱で温度を下げる装置で、自然発火を防ぎノッキングを発生させにくくした。また、吸気の温度が下がることで空気の密度が上昇し、過給圧も高められた。なおメタノールは不凍剤であり燃料として使うわけではない。

またドイツでは亜酸化窒素（ニトロ）噴射も使われた。亜酸化窒素も吸気の温度を下げる効果があり、酸素量も増加できたから高高度では特に効果を発揮した。水メタノールも亜酸化窒素も容量が限られているので、戦闘時など一時的に用いる。

アメリカやイギリスのエンジンはインペラーを２枚備え、一度圧縮した空気を再度圧縮する「二段式スーパーチャージャー」やターボチャージャーを実用化し、さらに高い過給圧を実現できた。日本やドイツは二段式スーパーチャージャーやターボチャージャーをなかなか実用化できなかった。また、仮に実用化に成功していたとしても、オクタン価の低い燃料しか供給できなかった日独では、その能力をフルに発揮できなかった。

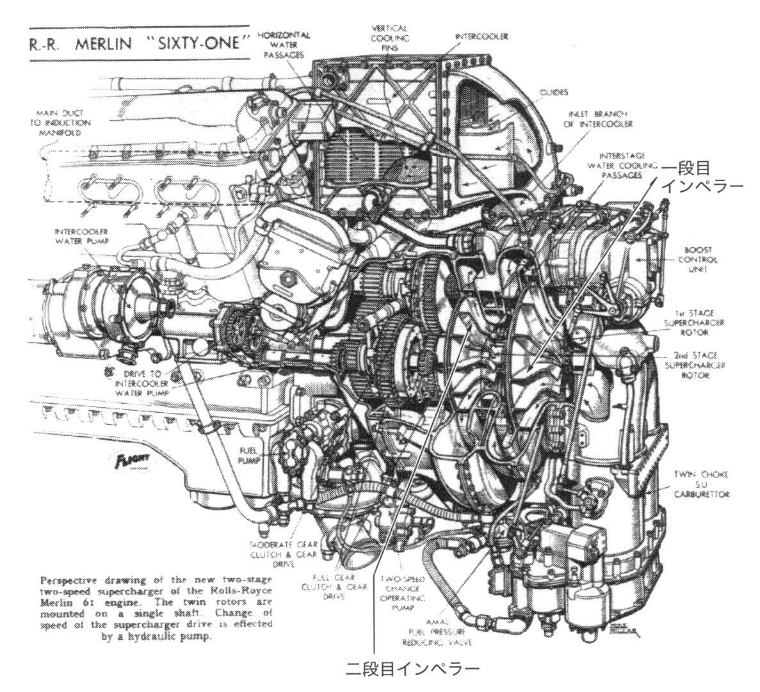

ロールスロイス「マーリン61」の二段式スーパーチャージャー。２枚のインペラー（羽根車）が空気を圧縮し、特に高高度での出力を向上させる

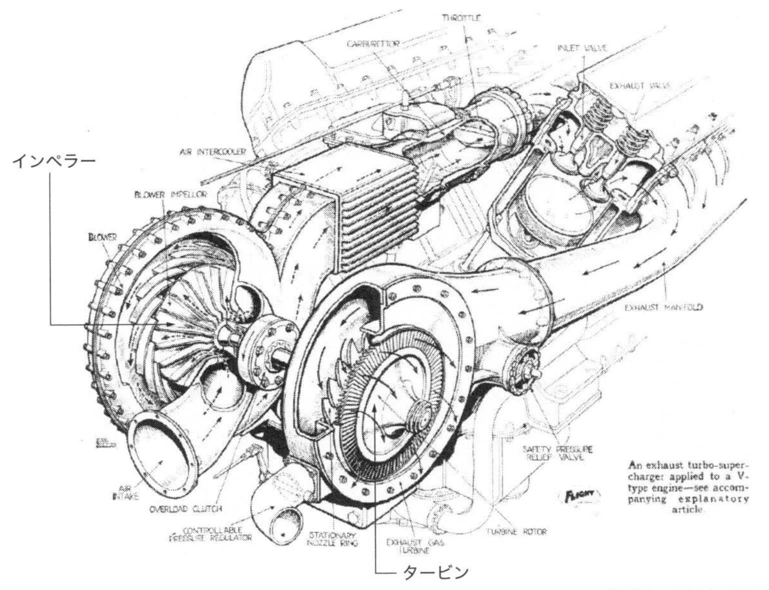

「ターボチャージャー」は排気ガスでタービンを回転させ、インペラーを駆動し空気を圧縮する

◆2-12
成層圏の死闘

「アドルフ・ヒトラーはヨーロッパ中に要塞を築き上げましたが、その要塞に屋根を置くのを忘れていました」

——ウィストン・チャーチル〈イギリス首相〉

ドイツ空軍のフォッケウルフFw190A 、帝国陸軍の中島四式戦闘機「疾風」は6,000mまでは高性能だったが、両者のエンジンBMW801とハ45は一段式スーパーチャージャーであったため、それ以上の高高度では出力が大きく目減りした。第二次世界大戦後期になると、日本やドイツ本土はアメリカのボーイングB-17フライングフォートレスやボーイングB-29スーパーフォートレスのようなターボチャージャー搭載大型爆撃機が、7,000mから10,000mもの高高度から飛来するようになった。これらを迎撃するには必然的に戦闘機も高い高度へ上昇しなくてはならなかったが、そこにはより良い過給器を持ち高高度性能に優れたアメリカ製護衛戦闘機が待ち構えていた。

フォッケウルフFw190A。大戦中期以降、Bf109と並びドイツ空軍の主力となった。攻撃力に優れ、戦闘爆撃機としても活躍している〈筆者撮影〉

ヨーロッパではイギリス本土からB-17またはコンソリデーテッドB-24リベレーター等の爆撃機及び護衛戦闘機が発進し、ドイツの工場や都市を爆撃した。当初はターボチャージャー付きエンジンを持つP-38ライトニング、リパブリックP-47サンダーボルトといった戦闘機が爆撃機を護衛した。P-47は多少の被弾をも

左列上からノースアメリカンP-51マスタング、ロッキードP-38ライトニング、リパブリックP-47サンダーボルト（と現代機のF-22）。米陸軍に勝利をもたらした〈筆者撮影〉

のともしないタフな戦闘機であったが、ドイツ本土まで爆撃機を護衛するには航続距離が不足していた。一方P-38は航続距離こそ十分だったが、双発機で空中戦向きではなかった。

ドイツ空軍は索敵用の「フレイヤ」と追尾用の「ウルツブルク」と呼ばれる二種類のレーダーを活用した「ヒンメルベッド」システムと呼ばれるレーダー迎撃管制によって、Bf109GまたはFw190Aを爆撃機へ差し向けた。

1944年２月、アメリカ軍によって行なわれたドイツ諸都市への爆撃作戦では、１週間で4,230ソーティー（出撃機数）にも達する爆撃機が出撃した。ドイツ空軍必死の迎撃作戦によってアメリカ軍は大きな損害を出しており、226機もの爆撃機を喪失している。出撃回数に対する損害率は5.3%だった。

ところが1944年３月にノースアメリカンP-51Dマスタングが配備されはじめると状況は一変する。P-51DのエンジンはパッカードⅡ製水冷12気筒のV-1650-7。これはスピットファイアにも搭載されていたロールス・ロイス「マーリン」の発展型であり、戦闘緊急出力は海面高度で1,680馬力。二段式スーパーチャージャーによって、高度7,860mにおいても1,210馬力を発揮でき、この時P-51Dの速度性能は710km/hにも達した。

P-51Dはレシプロ戦闘機の最終到達点である。「層流翼」のような先進的な設計を投入したことによって、抵抗係数はこれまでのあらゆる戦闘機の中においてもっとも小さく、素晴らしい速度性能と2,655kmにも達する航続距離をも実現した。

航続距離が長く、空気が極めて薄い成層圏（高度約8,000m以上）でも性能低下が小さいP-51Dは、あらゆるドイツ軍戦闘機よりも優秀で、爆撃機を護衛する作戦には最適の戦闘機だった。また、アメリカ軍の戦闘機パイロットは総じて献身的で、目的意識が高く、ドッグファイトの誘惑に駆られることなく、身を挺して爆撃機を守った。

P-51Dが護衛任務に投入された３月22日のベルリン爆撃では、首都爆撃という猛烈な反撃を受ける作戦であったにも関わらず、爆撃機750機中わずか12機しか損失しなかった。損害率は1.6％と激減した。以降P-51Dは第二次世界大戦最高のレシプロ戦闘機として、ドイツ機のみならず日本機も圧倒しつづけ、ドッグファイトの勝利者となった。

レーダーを妨害するウィンドウ（チャフ）を散布するイギリス空軍のアブロ ランカスター爆撃機。ドイツへの爆撃はアメリカが昼間を、イギリスが夜間を担当した

◆2-13

極限にまで進化したレシプロ戦闘機

「性能の良い飛行機は、数の優位性よりも重要です」
――ジョニー・ジョンソン〈イギリス空軍エース、37.5機撃墜〉

戦争による技術の進歩とはおそろしいもので、第二次世界大戦によって戦闘機の進化は再び加速した。さすがに半年で性能遅れとなった第一次世界大戦ほどではないにせよ、1940年夏のバトル・オブ・ブリテンでは500km/h台の戦闘機が主力として戦ったのに対し、戦争末期の1945年ともなると、2,000馬力前後のレシプロエンジンを搭載した戦闘機は速度性能700〜750km/hにもなった。

しかし第一次世界大戦と大きく異る点がひとつある。第一次世界大戦においては、革新的な技術の導入により一気に時代をひっくり返すような戦闘機が度々登場したのに対し、第二次世界大戦では戦争勃発前にほとんど基礎的な技術はほぼ完成されていた。ひどく極端に言えば第二次世界大戦世代の戦闘機とは「I-16の性能向上型」であった。

ゆえに機体の設計に関しては既存機から小さな改善しか行なわれなかった。性能向上はもっぱらエンジンの出力向上による。たとえばBf109などは大戦初期のBf109E、中期のBf109F、後期のBf109G、末期のBf109Kと小さな設計変更はあるものの基本的に同一の設計を受け継いでおり、合計で34,000機も生産された。これは戦闘機の生産数としては史上最多である。Bf109E-3はDB601Aエンジンを搭載し最大速度555km/h、Bf109K-4はDB605DCエンジンを搭載し1972馬力で720km/hにも達している（ただしBf109K-4は、燃料の問題等から、スペック値は出せなかった）。

Bf109に限らず、1930年代後期から40年頃に登場した大戦初期の主力機は、エンジンの換装を中心とした性能向上を受け、最後まで運用された。イギリスのスピットファイアやハリケーン、日本の零戦や「隼」、アメリカのF4F、P-40、ソ連のLaGG-3、Yak-1などがそうだ。これらの中には、零戦や「隼」のように高馬力のエンジンを用意できず、新設計の戦闘機に見劣りするようになったものも少なくないが、スピットファイアMk.24やBf109K-4のように、最後まで強力な主力戦闘機であり続けたものもあった。

第二次世界大戦末期から戦後に登場した「究極のレシプロ戦闘機」としては、ドイツのフォッケウルフTa152H-1、アメリカのP-51H 、P-47N 、F4U-5といった既存機の性能向上型から、新規開発機ではアメリカのグラマンF8Fベアキャット、イギリスのスーパーマリン スパイトフル、ホーカー シーフューリー、などがある。いずれも2,200〜2,400馬力のエンジンを搭載し速度は750km/h前後である。特にP-51Hなどは2,270馬力で783km/hにも達している。

2,000馬力超のエンジンを搭載した各機種はレシプロとプロペラの限界を極めた戦闘機だったが、登場が遅すぎたため、上記のうち大戦への投入された機種はTa152H-1を除けば無かった。また1945年５月８日にドイツが降伏、同年９月２日に日本が降伏し、第二次世界大戦が連合国の勝利によって終結すると、急激な軍縮と「ジェット化」の波に飲まれ、究極のレシプロ戦闘機の中には、工場から出荷された瞬間にスクラップ行きとなるものさえあった。

ただし、第二次世界大戦の終結とともにレシプロ戦闘機が世の中から急に消えていったわけではなく、初期のジェットエンジンは推力の割に極めて燃費が悪かったこともあって、燃費の良さを活かして対地攻撃にその活路を見出した機種もある。例えばアメリカ海軍のF4U艦上戦闘機はその代表格だ。F4Uは自身よりも後に登場したF8Fを差し置いて空母に残り続け、なんと1953年まで生産されている。

F8Fはコンパクトで運動性の良い戦闘機を目指して設計され、実際に性能もよかった。それがかえって仇となり爆弾・ロケット弾搭載力が要求される対地攻撃には不向きだったのだ。なおF8Fは1989年に「リノ・エアレース」用に、チューンナップされたレーサー機仕様F8F「レアベア」が850.25Km/hを叩き出しており、レシプロ機の最速記録を樹立している。

ジェット戦闘機の登場後も中小国においては依然としてレシプロ戦闘機が主力として運用された。Bf109などはチェコスロバキアでアヴィアS-199として、スペインではイスパノ・アビアシオンHA1112として、1950年代に再生産されている。

そして1940年代後期から50年代に多発した各地の独立戦争においても、レシプロ戦闘機は実戦へ投入された。第一次インドシナ戦争（1946年〜1954年）やインドネシア独立戦争（1945年〜1949年）では、帝国陸軍が残していった「隼」が

「究極のスピットファイア」Mk.24。731km/hを叩き出し、もはやバトル・オブ・ブリテンの頃のMk.Iとは別の機体と言えるほどの進化を果たした〈筆者撮影〉

多数運用されている。その後も第一次中東戦争（1948年～1949年）、朝鮮戦争（1950年～1953年）、第二次中東戦争（1956年）ほか数多くの戦争においてレシプロ戦闘機は空中にありつづけた。中にはレシプロ戦闘機でありながら亜音速ジェット戦闘機を撃墜するという、離れ業を成し遂げたパイロットも少なからず存在している。

歴史に残るレシプロ戦闘機同士による最後の空中戦は、中米のエルサルバドルとホンジュラスが交戦した「サッカー戦争」であった。

1969年７月17日、ホンジュラス空軍のフェルナンド・ソティロ・エンリケス大尉はF4U-5コルセアに搭乗し、エルサルバドル空軍のF-51D（P-51D）およびFG-1D２機の合計３機を撃墜した。FG-1Dはアメリカのグッドイヤー社で生産されたF4U-1Dであり、皮肉なことにレシプロ機の空中戦は「コルセア対コルセア」の同機種対決でその幕を閉じた。

一方そのころ地球の裏側、中東では、マッハ２級戦闘機同士の空中戦が繰り広げられていた。エンリケス大尉による撃墜の３日後の７月20日には、イスラエル空軍のミラージュⅢにより、エジプト空軍のMiG-21とMiG-17が撃墜されている。

レシプロ戦闘機がその役割を終えたのは1984年。ドミニカ空軍のP-51Dが退役し、ついにレシプロ戦闘機の歴史は終わりを告げた。

第二次大戦最高傑作機
ノースアメリカン
P-51マスタング

P-51マスタングは第二次大戦最優秀機として広く讃えられる、究極のレシプロ戦闘機である。ノースアメリカン社はアメリカの航空機メーカーであるが、まず英空軍向けの新型戦闘機として開発が始まった。

P-51は早くから優れた性能を発揮したが、英国との縁もありロールスロイス製「マーリン」を搭載するタイプが製造されると性能が劇的に向上し、アメリカを代表する戦闘機へと発展することとなる。P-51シリーズは累計15,000機以上が出荷された。そのおよそ半数を占める決定版となるタイプが、バブルキャノピー（涙滴型風防）化されたP-51D（写真）である。

長大な航続距離によって爆撃機の護衛を務め、爆撃機のクルーからは「小さなお友達（リトルフレンズ）」と信頼された。

飛行性能はさることながらK-14ジャイロ照準器は命中精度に非常優れ、また対Gスーツをはやくも実用化するなどシステム面でも他の追随を許さなかった。

それでいて生産性の面においてはP-47サンダーボルトの半額強という非常に高いコストパフォーマンスを発揮。整備においてもそれほど手の掛からなかったから、まさに言うことなしの理想的な戦闘機であった。

P-51シリーズはアメリカの象徴として2016年現在も300機近くが現存しているとみられるが、信じられないことに174機は飛行可能な状態を維持し続けている。２億円もあればオンラインショップで購入できる。

・極めて小さな空気抵抗による高速性
・爆撃機護衛に最適な長航続距離
・操縦がやや難しかった
・弱点と言える短所が殆ど無い

◆2-14

軽戦闘機と重戦闘機

「あなたがフェアな戦いをしているということは、適切に作戦を立案しなかった結果です」
――ニック・ラッポス〈シコルスキーエアクラフト主任テストパイロット〉

戦闘機の性能を決める最も重要な部品は「エンジン」だ。エンジンによって限界性能が決まり、1,000馬力のエンジンならば、機体をどう設計しても1,000馬力以上の能力を引き出すことはできない。機体の設計とはエンジンの性能を様々な能力に効率よく割り振ってゆく作業であると言える。そしてその割り振りによって機体の特徴が決まる。

馬力と空気抵抗による速度性能は「$\sqrt[3]{(\text{エンジン馬力} \div \text{空気抵抗})}$」の式で求められる「パワー値」にほぼ比例する。

1,000馬力のエンジンを搭載し500km/hの速力を発揮可能な戦闘機は、2,000馬力エンジンを搭載すると630km/hにまで性能が向上する。それ以上に高速化を目指すならば、「空気抵抗（抵抗面積）」を削減しなくてはならない。

空気抵抗（抵抗面積）は機体固有の「零揚力抵抗係数」と主翼面積の積で求められる。零揚力抵抗係数は小さいほど空力学的に洗練された設計であると言える。また主翼面積が小さいほど高速化が実現できる。

最初の戦闘機フォッカー E.IIIは零揚力抵抗係数が0.0771と非常に大きく、単葉翼で主翼面積が小さいにも関わらず抵抗面積が1.24平方mと非常に大きかった。E.IIIはプロペラ同調装置付き機銃を搭載した以外に設計面で優れた点が無かったと言える。

第一次世界大戦の劇的な航空技術の発達によって、E.IIIからわずか３年後の大戦末期世代機スパッドS.XIIIでは、零揚力抵抗係数0.0367にまで低下している。スパッドS.XIIIは複葉機で主翼面積が広いが、抵抗面積は0.77平方mと、フォッカー E.IIIに比べて空気抵抗2/3にまで小さくなった。同時にエンジン馬力はE.III

の100馬力から235馬力へ2.35倍向上しているので、パワー値すなわち計算上の速度性能はE.III（140km/h）比で1.55倍の217km/hである。実際のスパッドS.XIIIは222km/hだから、ほぼ計算値に近いことがわかる。

第二次世界大戦機は第一次世界大戦機よりも遥かに洗練された、流線型の設計を持つようになった。その結果、零揚力抵抗係数はP-51Dで0.0161にまで低下した。抵抗面積も0.35平方mにまで減っている。エンジンは1,680馬力。フォッカーE.IIIが登場してからわずか30年の間に、戦闘機の空気抵抗はおよそ28%まで減少し、エンジン出力は17倍にも達した。パワー値はE.III比で3.89倍にもなり、計算上の速度性能は547km/hだ。実に407km/hも高速化している。この数値は空気の濃い海面での計算値であるから、高高度ならば700km/h以上で飛行できる。なおマッハ２級超音速戦闘機もその性能を発揮可能なのは高度10,000m以上に限られ、海面高度ではマッハ１をわずかに上回る程度となる。

戦闘機が著しい高速化を果たした反面、背後を取り合う格闘戦において重要な旋回性能はどんどん失われていった。ある機種が発揮可能な最大旋回性能を「瞬間旋回能力」と呼ぶ。旋回能力は１秒間に何度曲がるかを表わした「旋回率」で表す。誤解されやすいが「小回り・大回り」はそれほど関係がなく、旋回半径が大きくても、旋回率が優れるほうが有利になる。

瞬間旋回能力は機体重量を主翼面積で割った値「翼面荷重」に大きな影響を受ける。零戦11型は機体重量2,339kgで主翼面積22.4平方mなので、翼面荷重は104kg/平方mとなる。これは主翼面積１平方mあたり104kgの重量を支えていることを意味する。P-51Dは192kg/平方mだから、零戦はP-51Dよりもずっと瞬間旋回能力に優れた戦闘機であると言える。第一次世界大戦世代とくらべると、その零戦もずっと瞬間旋回能力に劣る。

抵抗値の減少とパワー値

		エンジン(馬力)	零揚力抵抗係数	翼面積(平方m)	空気抵抗(平方m)	パワー値
第一次世界大戦世代	フォッカーE.III	100	0.0771	16.0	1.234	4.3
	ニューポール17	110	0.0491	14.8	0.724	5.3
	フォッカーDr.I	110	0.0323	18.7	0.604	5.7
	スパッドS.XIII	220	0.0367	21.1	0.774	6.6
戦間期世代	P-6E	650	0.0371	23.4	0.869	9.1
	P-26A	600	0.0448	13.9	0.623	9.9
第二次世界大戦世代	零戦32型	1130	0.0215	21.5	0.463	13.5
	スピットMk.XIV	2050	0.0229	22.5	0.515	15.9
	Bf109G-10	1830	0.0230	16.2	0.371	17.0
	P-38L	1600×2	0.0268	30.4	0.816	14.7
	F6F-5	2000	0.0211	31.0	0.654	14.5
	P-51D	1680	0.0161	21.7	0.349	16.9

わずか30年弱の間に馬力は20倍向上、抵抗は４分の１近くまで減少した結果、速度の比の目安となるパワー値は４倍近く向上した。

中島一式戦闘機「隼」帝国陸軍初の近代戦闘機。ほとんど零戦と同じ運命を辿り太平洋戦争を通して活躍するが、陸軍は後継機が有ったぶん、生産数は零戦の半分の5,000機強に留まる

少しでも高速化を果たすためには、可能な限り主翼を小さく設計し、抵抗を減らすことが望ましい。だが、主翼面積を狭くしてしまうと、同時に翼面荷重が高まってしまい、旋回性能は下がってしまう。旋回性能を高めることを第一とし、軽い翼面荷重を目指した設計の戦闘機は「軽戦闘機」と呼び、逆に翼面荷重は重くなっても良いので、速度性能を重視した戦闘機は「重戦闘機」などと呼ぶことがある。第一次世界大戦で速度を重視した一撃離脱戦術が確立されて以降、軽戦闘機は次第に少数派になっていった。

中島二式単座戦闘機「鍾馗」。ドイツ人パイロットをして「本機を使いこなせば世界一の空軍になる」とも賞賛された重戦闘機だが、結果として使いこなせずに終わった

一撃離脱戦術に徹するにしても、結局最良の射撃ポジションは敵機の背後である。どのような形のドッグファイトにしても、旋回性能は依然として重要だった。Bf110やP-38といった双発機はエンジンを2個搭載しているぶん馬力はあったが、機体自体が大きく重く、翼面荷重が高すぎて旋回性能に劣り、あまりドッグファイトに強い戦闘機とは言えなかった。

日本は海軍の三菱「雷電」や、陸軍の二式単座戦闘機「鍾馗」など重戦闘機も手がけている。特に「鍾馗」などは「疾風」が登場するまで「最も強力な日本軍戦闘機」と、アメリカ軍から高い評価を受けていた。当の日本人は一撃離脱戦術への理解も低く、「雷電」や「鍾馗」のような重戦闘機をあまり好まず、旋回性能を求める傾向から過度に零戦や「隼」のような低翼面荷重機を好んだ。

その零戦や「隼」もその前任機九六式艦戦や九七式戦よりも相対的に重戦闘機だったので当初は好まれていなかった。特に陸軍は格闘戦でI-16を圧倒した（ように誤認していた）九七式戦を愛し、高性能な「隼」の導入を無駄に遅らせてしまった。太平洋戦争開戦時、海軍の主力機は近代的な零戦に切り替わっていたのに対し、陸軍の主力は依然として固定脚で準近代的な九七式戦だった。

イタリアもまた同じような失敗をしており、第二次世界大戦勃発の年である1939年、信じられないことに複葉機フィアットCR.42を実用化させた。CR.42は確かに低翼面荷重だったが、案の定弱かった。

戦闘機の翼面荷重はその高速化とともに徐々に重くなっていったが、軽いも重いもやり過ぎは、どちらの場合もまり良い結果をもたらさなかったのである。

CR42は「最強の複葉戦闘機」の一つ。最高速度440km/hに達したが、同世代の単葉戦闘機に比べて100km/hも遅かった

◆2-15
エネルギー管理と基本戦闘機動（BFM）

「エネルギーとは銀行預金のようなものです。（高度に変換し）預けることも引き出すこともできます。しかし、決して増えることはありません」
——不明

瞬間旋回能力は低い速度で、高い荷重倍数（G）を掛けた旋回を行なうほど高まる。ところがGを掛けると、機体の失速速度が「水平飛行時の失速速度×$\sqrt{G}$」で、どんどん高まってしまう。つまり9Gを発揮する場合、失速速度の３倍の速度が必要である。逆にあまりにも速度が高いと、今度は同じGを掛けても旋回率が低下してしまう。瞬間旋回能力は、9G旋回が可能な最小速度（7G制限の場合は7G）においてのみ実現できる。瞬間旋回能力を発揮可能な速度を「コーナー速度」と呼ぶ。コーナー速度は軽戦闘機ほど低速になる。

もし零戦とP-51Dが零戦のコーナー速度で旋回競争を行えば、零戦は圧勝するだろう。だが逆にP-51Dのコーナー速度だった場合、その差はほとんど無くなるか、P-51Dが勝つ。零戦の絶対的な瞬間旋回能力は多くのアメリカ軍戦闘機に勝っていたが、逆に高速度ではアメリカ軍戦闘機が勝ったので、アメリカ軍パイロットは零戦と戦う場合、常に400km/h以上を保つことで零戦を旋回で振り切ることも可能だった。格闘戦は自機が最も高い性能を発揮できる速度で戦うのが原則である。

瞬間旋回能力は読んで字のごとく、あくまで瞬間的に発揮可能であるにすぎない。零戦もP-51Dも、たとえF-15のような強力なエンジンパワーを有す現代ジェット戦闘機でも、瞬間旋回能力を発揮すると急激に減速してしまう。減速すると失速しGを掛けられなくなるので、極めてゆるい旋回しかできなくなる。

減速せず永久に発揮可能な最大旋回能力を「維持旋回能力」と呼ぶ。維持旋回能力はエンジンパワーが強力で、軽い機体ほど高くなる。馬力を機体重量で割った「馬力重量比（または馬力荷重とも）」、ジェット戦闘機なら推力を機体重量で

速度を高度に変換し減速するBFM「ハイ・ヨーヨー」

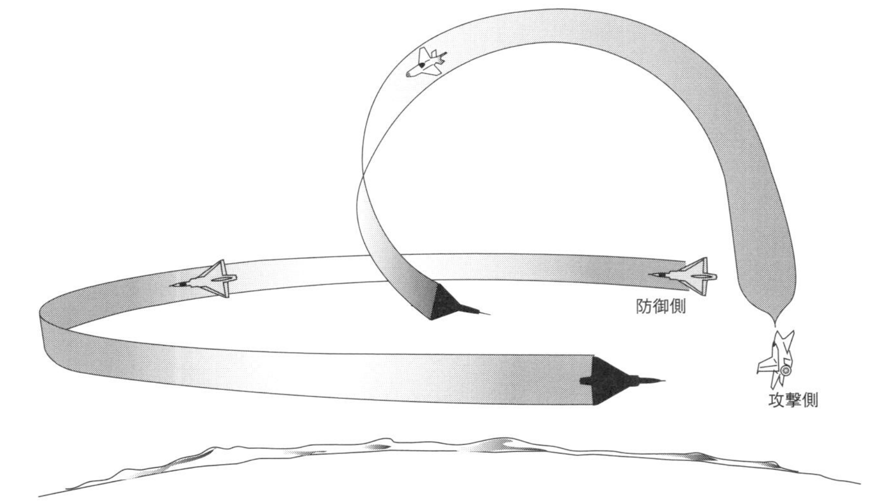

攻撃側が速度エネルギー過大である場合、上昇しつつ旋回することで減速し旋回率を高められる

高度を速度に変換し加速するBFM「ロー・ヨーヨー」

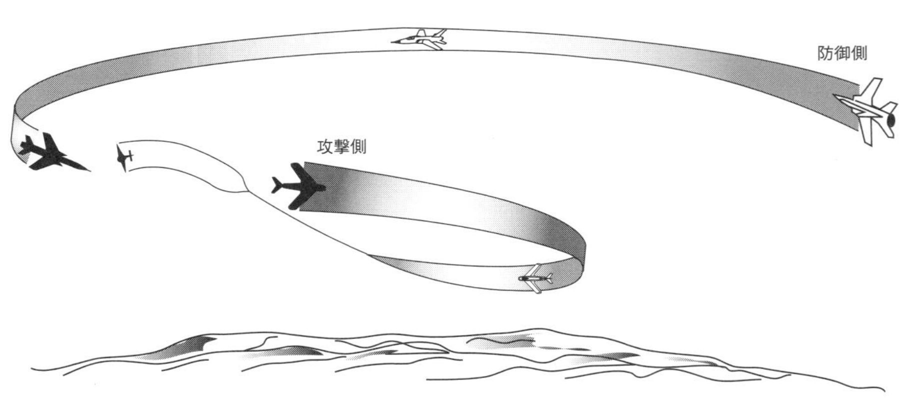

攻撃側の速度エネルギーが不足している場合、降下しつつ旋回することで加速し、旋回率を高められる

速度エネルギーの優勢を活用した垂直BFM

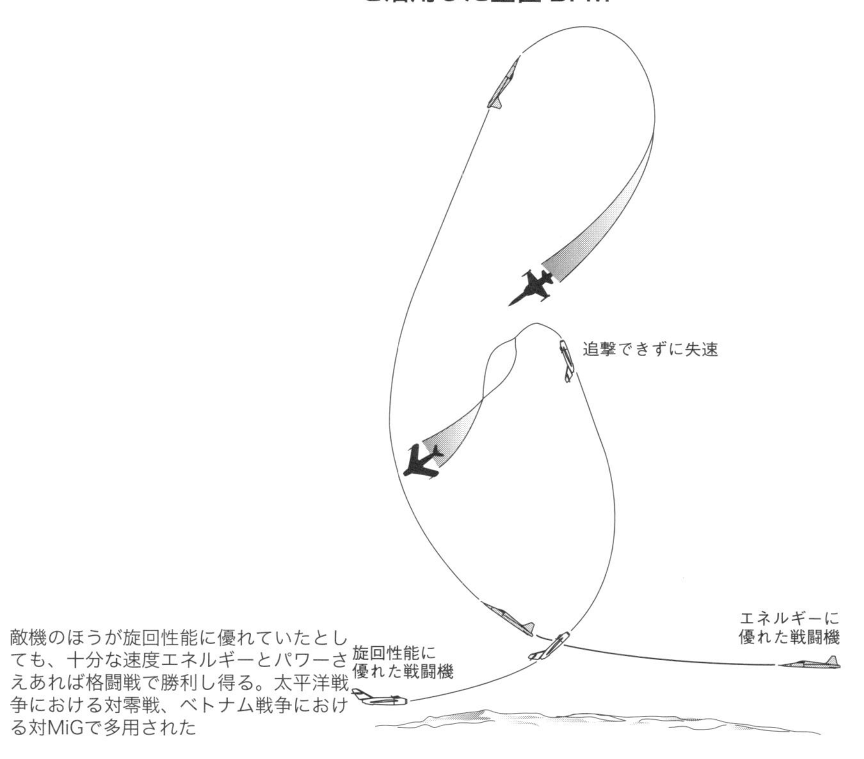

敵機のほうが旋回性能に優れていたとしても、十分な速度エネルギーとパワーさえあれば格闘戦で勝利し得る。太平洋戦争における対零戦、ベトナム戦争における対MiGで多用された

オーバーシュートを狙うBFM「ローリングシザーズ」

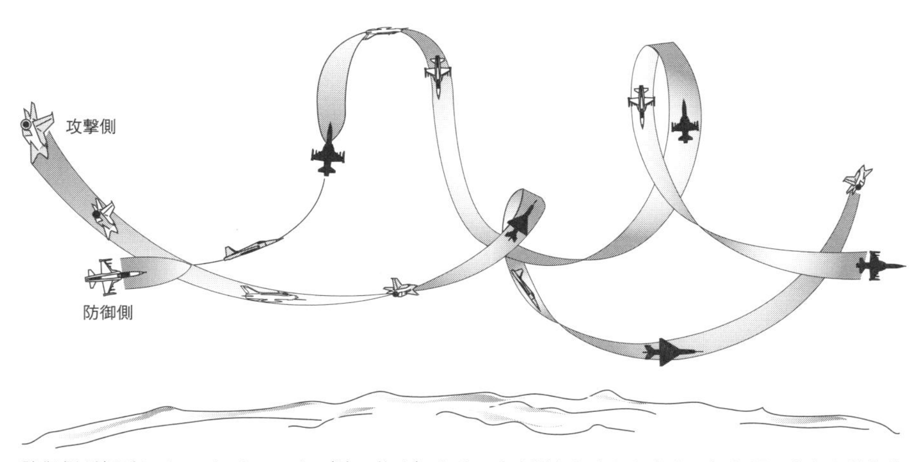

防御側が相手にオーバーシュート（追い抜き）させ、攻守逆転しようと左右に切り返しを行う防御的BFM。攻撃側も同様の機動を行うと、両者が何度も交差するシザーズ（はさみ）機動に突入する

割る「推力重量比」に大きく依存している。戦闘機は可能な限り速度の低下を防ぐため、ドッグファイト中は原則的にフルパワーで戦う。

ドッグファイトとは、有限の「速度エネルギー（速度E)」を旋回に変換しながら戦っているとみなすことができる。消耗した速度Eを増やすには水平飛行して加速すれば良いわけだが、ドッグファイト中の水平飛行は自殺行為であるし、それ以前に速度Eが切れ機動性を発揮できなくなった時点で撃墜されることになる。

そこで、もう一つの「高度エネルギー（高度E)」の出番となる。戦闘機が降下を行なえば地球の重力に引っ張られて加速する。結果として速度Eを高められるので、強いGによる旋回を継続することができる。この場合、高度Eを速度Eに変換したとみなすことができる。

飛行速度がコーナー速度よりも遥かに高く、減速したい場合は上昇すれば速度Eを高度Eに変換することもできる。そうすれば必要なときに、今度は高度Eから速度Eを引き出すことができる。エンジンパワーをゆるめ無駄に速度Eを捨ててしまうよりも、ずっと効率的だ。

高度Eと速度Eは等価であり、この二つの「エネルギー管理」をうまく行なうことが非常に重要である。ドッグファイトにおいてエネルギーの喪失とは死を意味する。第二次世界大戦では、少しでも相手に対してエネルギーで優位に立つべく、頭上を抑えようと戦闘機の飛行高度はどんどん高くなっていった。

エネルギー管理を含み、ドッグファイトの基本となる戦術を「基本戦闘機動（BFM)」と呼ぶ。最適なBFMは状況や機種によって大きく異なるため、万能なBFMというものは存在しない。戦闘機はBFMを無数に組み合わせ、僚機と連携することによって、ドッグファイトを戦っている。

パイロットに対しては十分なBFM訓練が不可欠である。BFM訓練を怠ると戦闘機は最大性能を発揮できなくなってしまう。古今東西多くのドッグファイトにおいて、BFM訓練の差が勝者と敗者を分ける要因となった。

なお「紫電」は「自動空戦フラップ」を備え、一時的に瞬間旋回能力を高めることができた。自動空戦フラップはGに応じて自動展開し旋回をやめると格納されるのだが、フラップは失速速度を下げると同時に大きな抵抗をうみ出すため、これを使うと貴重な速度を落としてしまうというデメリットもあった。同様の機構はF-16のフラッペロン（フラップとエルロンの役割を同時に行なう）などがあるが、F-16では飛行制御コンピューターによって常に最高の性能を発揮できるようになった。

◆2-16

機関銃と機関砲

「（射撃するには）もっと接近しろ。あまりにも接近しすぎたと思ったならば、もっと接近しろ」

――トーマス・マグアイア〈アメリカ陸軍エース、38機撃墜〉

戦闘機はプロペラ同調装置と機関銃とともに第一次世界大戦を契機に誕生し、現在もなお機関銃は戦闘機の武装として装備され続けている。多くの第一次世界大戦世代機は7.92mm機銃１～２梃を搭載した。

第二次世界大戦世代の戦闘機ではエンジン馬力に余裕が出てきたことや、厚翼が当たり前となったため主翼内部にもさらに多くの機関銃を格納可能となった。機種によるが３梃以上の機関銃を搭載するものがあらわれた。たとえば、ハリケーンMk.IやスピットファイアMk.Iではブローニング7.7mm機関銃を８梃も搭載し、ハリケーンMk IIBにいたっては12梃にまで増えている。

7.7mmや7.92mmという数字は銃口の直径「口径」を表わしている。口径が大きいほど弾丸自体も大きいことを意味し、命中した際の破壊力が大きくなるため、攻撃力を重視し12.7mm 、15mm 、20mm 、30mm 、37mm 、40mmというような大口径のものを装備する機体があらわれた。こうした大口径機関銃を「機関砲」と呼ぶことがある。

機関銃と機関砲の区別は国によって様々で、例えばアメリカの基準では20mm以上を機関砲とするが、日本陸海軍は20mmを機関銃に分類している。本書では20mm以上を機関砲、それ未満を機関銃と呼ぶ。

弾丸は単なる金属の塊ではない。発光しながら飛翔し射線を示す「曳光弾」や、弾丸内部に炸薬を仕込み命中時に爆発する「炸裂弾」、発火し火災を引き起こす「焼夷弾」、または両方の機能を備えた「焼夷炸裂弾」などを混載して使用することが普通だ。特に20mm以上の弾丸は非常に強力であり、当たりどころによってはたった一発で全金属製戦闘機の主翼をもぎ取るだけの威力を有している。

30mmともなると、B-17のような大型爆撃機でさえ無事ではいられない。

大口径機関砲は命中すれば強力である反面、発砲時の反動が強烈であったり初速が遅く連射も効かないので、命中させること自体が難しい。機関砲そのものや銃弾自体が物理的に大きい分スペースを占有し、弾数もあまり積めないうえに、重いという短所も抱えている。逆に機関銃は初速が高く連射も高速で、命中精度に優れる。しかし、炸裂弾等が用意されていないものが多く、命中しても一発あたりの威力が小さい。

ある戦闘機に対しどのような機関銃・機関砲を搭載するかは、投入される作戦によって様々である。例えばドイツ空軍のFw190A-8ならば、機首部にプロペラ同調装置付きのMG13 13mm機関銃２梃と弾丸800発装備し、さらに主翼内部にMG151 20mm機関砲を４門装備し弾丸750発を携行した。これはかなり強力な部類に入る武装だが、MG151と125発の弾丸を格納した「ガンポッド」を左右主翼下に装着し、13mm機関銃×2、20mm機関砲×6に増やすことができた。また外翼部のMG151をMk103 30mm機関砲と弾丸35発へ換装し、13mm機関銃×2、20mm機関砲×2、30mm機関砲×2とすることもできる。後にはMk103 30mm機関砲のガンポッドも登場した。

重武装化したFw190A-8は強力無比な攻撃力を誇った反面、重量が増加し旋回性能や速度性能といった機動性が低下し、ドッグファイト能力は逆に落ちてしまった。そのため対戦闘機が想定される場合は最初の武装のままとし、ガンポッド

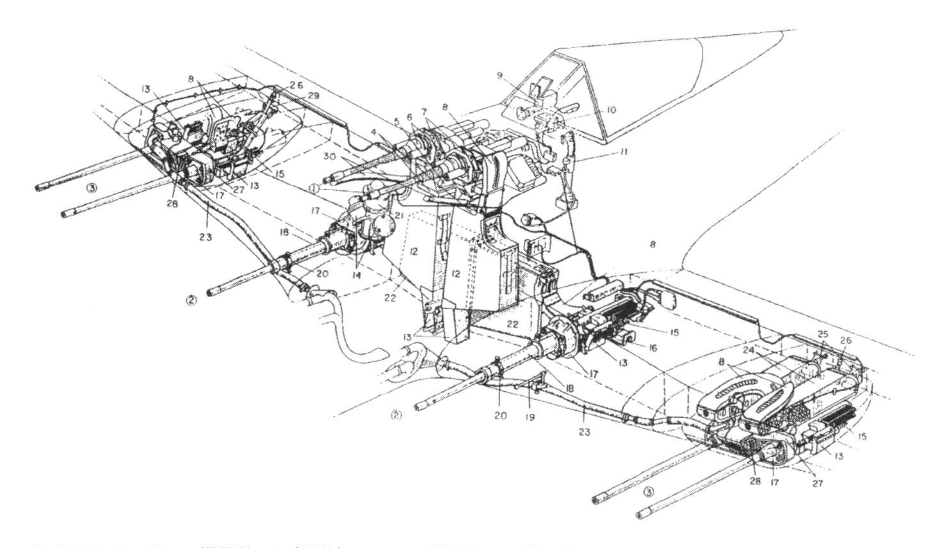

Fw190A-8　13mm機関銃×2（胴体）、20mm機関砲×6（主翼）

ソ連製の航空機関砲は優秀だった。左から「NS-23」23mm機関砲（カットモデル）、同「NS-23」、「ShVAK」20mm機関砲、「BTK-20」20mm機関砲、12.7mm多目的機関銃、「ShKAS」7.62mm機関銃〈筆者撮影〉

や30mm機関砲の搭載は対爆撃機や対地攻撃に限られることとなった。

ちなみにMG151機関砲は日本にも輸入され、「飛燕」に搭載された。開発会社の名をとって「マウザー砲」と呼ばれたMG151は、日本製の20mm機関砲よりも優秀であったので、これを搭載した「飛燕」はパイロットらに大変好評だったという。

一方で爆撃機を護衛することが多かったアメリカ陸軍・海軍の戦闘機は、M2 12.7mm機関銃を愛用した。M2 12.7mm機関銃は炸裂弾を有しておらず破壊力に劣ったが、対戦闘機のドッグファイトではそれほど大きな問題にはならなかった。

P-51Dならば6梃のM2を搭載し装弾数は1880発にも達している。M2の連射速度は最大850発/分（14発/秒）だから、6梃が一斉に火を吹けば1秒間に84発を撃ちこめた。P-51Dは新型のジャイロ照準器を装備していることとあわせて、命中精度が比較的高かった。

P-51DやFw190A-8の例のように、対戦闘機では12.7mmのような機関銃が有効であり、30mmといった大口径機関砲は対爆撃機や対地攻撃に効果的だった。20mm機関砲はその中間としてあらゆる目標に対応できた。

戦闘機を構成するあらゆる部品において、もっとも重要なものはパイロットである。パイロットは重要であると同時に一番脆い。12.7mm弾でさえパイロットの上半身に命中すれば即死するし、直撃しなくても破片が命中するだけで戦闘不能となる。

そのため第二次世界大戦世代の戦闘機ではパイロットを護るための防備が行なわれるようになる。四式戦闘機「疾風」ならば背中に13mmの防弾鋼板を備え、風防にも70mmの防弾ガラスが加えられた。また燃料タンクも火災を防ぐ「自動防漏タンク」を搭載した。自動防漏タンクに被弾し穴が空くと、タンクを覆うゴムが展張し穴を自動的に塞ぎ、火災を予防すると同時に、帰還する燃料の確保にも役立つ。7.7mm弾はこのような防弾装備を搭載した戦闘機に対しては無力であるばかりか、コンマ数ミリしかないアルミの外板にすら入射角度次第では弾かれてしまうため、7.7mm機関銃は次第に使われなくなっていった。

50mm 、75mmという極端に大口径な「大砲」を搭載した戦闘機も数機種誕生しており、イギリスのデ・ハビランドモスキートFB.MK18などは、75mm機関砲でドイツ海軍潜水艦を撃沈している。あまりにも巨大すぎる機関砲は使い難かったため、すぐに退けられた。実用的な機関砲は37mmないし40mmまでだった。

なお、アメリカ空軍において現役のAC-130スペクター攻撃機は105mm砲を搭載している。これは１発ずつ３人がかりで装填し、連射できないので「機関砲」ではない。

ドッグファイトにおける銃弾の命中率は１％を遥かに下回る。特に逃げまわっている相手には絶対に命中しない。「銃弾は基本的に命中しないもの」なので、ともかく大量に撃ちこむしかない。戦略的な見地から極論すれば、ドッグファイトとは戦場にどれだけ銃弾を打ち込んだか、投射弾量によって勝敗を分かつとも言える。

◆2-17

エクスペルテン
第二次世界大戦のエース

「達成したいくつかの記録の中で、私がもっとも誇りに思っていることは、一度も僚機を失ったことがないという事実です」
——エーリッヒ・ハルトマン〈ドイツ空軍エース、352機撃墜〉

６年近く続いた第二次世界大戦は、第一次世界大戦を遥かに上回る歴史上最大の航空戦が行なわれた。多くの戦場において、航空機は勝敗に決定的な役割を果たした。

戦闘機（その他の軍用機も）の性能が大幅に向上した結果、パイロットにはより高い能力が求められた。実戦において戦える技量を養うために十分な飛行時間の訓練を必要とし、まず150飛行時間の基礎・高等練習機での訓練を経て、戦闘機へ機種転換後さらに戦闘訓練を積み、最低でも250～300飛行時間を経てようやく戦闘が可能な技量を身につけた（なお、現在の航空自衛隊は、スクランブル任務に就くまで約500飛行時間の訓練を受ける）。

各国は戦闘機を何万と大量生産した。そしてその分パイロットも大量育成しなくてはならないから、アメリカやイギリスといった「勝ち組」は、ある程度戦績を積んだパイロットを本国に戻し、教官として後進の育成に当たらせた。実戦をくぐり抜けたベテランパイロットの貴重な経験や教訓は後進へと受け継がれ、平均的なパイロットの技量を大きく底上げした。

一方、ドイツや日本は戦況悪化が進むにつれベテランを本国に戻す余裕が無くなり、文字通り死ぬまで戦わせた。そして両国とも戦争末期になると燃料不足、人手不足からまともに訓練が行なえなくなり、100飛行時間前後の戦力にならない新人パイロットまで実戦に投入した。新人パイロットは飛ぶだけで精一杯であり、当然周りが見えていないから真っ先にやられたし、日本ではついに特攻要員として使い捨てにした。

こうした各国の実情はエース達の撃墜数にも如実に現われている。アメリカのトップエースは陸軍航空隊リチャード・ボングで、太平洋戦線においてP-38を駆り40機を撃墜した。海軍航空隊はF6Fで戦ったデイビッド・マッキャンベルの34機だ。イギリス空軍はハリケーンで戦い38機撃墜したジェームズ・エドガー・ジョンソン。日本は撃墜を「チームの戦果」と認めたため公式な記録は無いが、海軍の零戦操縦士、岩本徹三（80～202機）か西澤廣義（87～150機）が最多であるとされる。知名度では坂井三郎（64機）が最も有名であろう。

そして特筆すべきがドイツ空軍だ。空前絶後の352機を撃墜したエーリッヒ・ハルトマン、301機のゲルハルト・バルクホルンを筆頭に、200機代撃墜者は275機のギュンター・ラルら13人、さらに100機代で88人と、飛び抜けて多い。

ドイツ語で「エクスペルテン（達人）」とも呼ばれる彼らの驚くべき記録は、ドイツ空軍の撃墜認定が他国に比して適当であったことを意味しない。戦闘報告書においては自己申告のみの戦果は採用されず、証人（僚機や地上部隊の証言）、証拠（ガンカメラの映像や墜落機の残骸）を必要とした。

エクスペルテンの殆どがソ連と戦った東部戦線に集中していることから「性能に劣り数だけは多いソ連機を相手にしたから」という意見もある。確かに高高度でP-51を相手にしなくてはならなかった西部戦線よりかは戦いやすかったかもしれないが、I-16のような初期のソ連機はともかく、後期のYak-3やLa-7などはBf109やFw190に見劣りはしなかった。そしてエクスペルテンの活躍も戦争後期に集中している。

ドイツ空軍だけ飛び抜けている最大の要因は、やはり「死ぬまで戦った」点にあろう。ハルトマンは1,405ソーティー、バルクホルンは1,104ソーティー、ラルは621ソーティーのミッションをこなした。対してボングは200に過ぎず、それでもアメリカ陸軍としてはかなり多い方である。

第一次世界大戦では、第二次世界大戦のドイツ空軍と同じくパイロットらは死ぬまで戦った。だがリヒトホーフェンの80機が最多だった。ハルトマンらの戦果

Fw190A-8の防弾装備

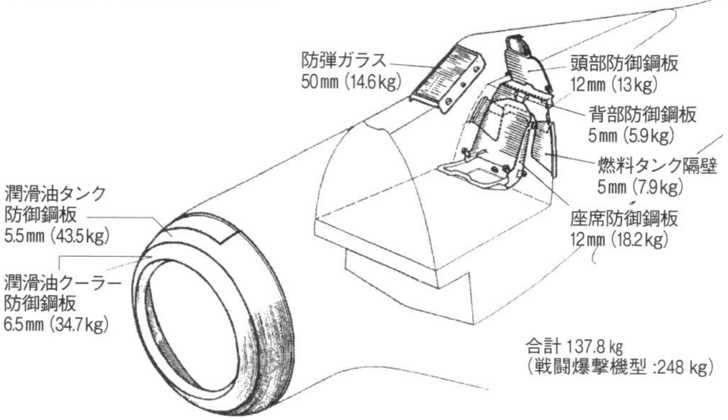

352機撃墜の黒い悪魔
エーリッヒ・ハルトマン

史上空前の352機撃墜を達成したドイツ空軍エース、エーリッヒ・ハルトマンは、第二次世界大戦終戦時においてもまだ23歳になったばかりの青年だった。高名なエース達はたいてい若いが、ハルトマンの場合は群を抜いて若く、200機以上の撃墜記録を達成した者中でも最年少である。JG52（第52戦闘航空団）の同僚らはハルトマンに対して親しみを込めこう呼んだ。「おい、ブービー（坊主）！」

ハルトマンの初陣は1942年10月14日。僚機として出撃した彼は功を焦り、護衛対象であるリーダー機を捨て単独行動の禁じ手を犯してしまう。当然、初心者が簡単に撃墜を達成できるわけもなく、何の戦果もあげられなかった。

興奮冷めやらぬハルトマンは、自機の後方から戦闘機が接近しつつあることに気がついた。暴走を見るに見かねたリーダー機が背後を守っていてくれたのだが、パニック状態のハルトマンは敵戦闘機に狙われていると誤認し、急降下して一心不乱に逃げた。燃料切れになるまで逃げた。かくしてハルトマン二十歳の初陣は、規則を破った上に燃料切れで不時着というこれ以上ない最悪の結果に終わった。

11月5日にようやく初撃墜を達成。1943年3月24日に5機目の撃墜を達成しエースとなると、ついに才能を開花させ信じられないペースで戦果を加算してゆく。9月20日には1日に4機撃墜し101機に達し、1944年2月26日には10機を撃墜し202機、8月24日には11機を撃墜し前人未到の300機超えを成し遂げる。

ハルトマンの戦い方は乗機Bf109の特性を最大限活かした一撃離脱。無理はせず生存を第一とし、極限にまで敵に接近し一撃を加え（破片を浴び何度も不時着した）即離脱した。

戦後、ハルトマンは10年間ソ連に抑留されるが、西ドイツ空軍に復帰し少将まで昇進した。

がリヒトホーフェンと比べても桁違いに多いのは「なかなか死ななかった」点にある。第一次世界大戦では後期のドイツを除けばパラシュートを装備しなかったし、外気に剝き出しの上半身に一撃でも銃弾を喰らえば重傷を負った。被撃墜とは、ほぼ死を意味した。

しかし第二次世界大戦世代の戦闘機は防弾鋼板や防弾ガラスによってコックピ

女性トップエース、リディア・リトヴァク。Yak-1を駆り13機撃墜。戦闘機乗りとしての能力に性差を示す証拠は無く、現代では女性パイロットも珍しくなくなっている

ット周りが特に厳重に防備されていたから、即死しにくかった。戦闘機の被撃墜要因トップである火災も、二酸化炭素消火器または自動防漏タンクを備え一発で火だるまになるようなことは少なくなっていた。そしてパラシュートの装着を義務化し、機を捨てて脱出することによって生きて戻ることができたのである。独ソ戦は両軍の距離が近かったから、なんとか友軍の支配地域にさえ到達できれば、基地へ戻れた。

ハルトマンでさえ、彼は一度も脱出しなかったが何度も不時着しており、多数の乗機を失っている。第一次世界大戦における撃墜数トップ20名中生存者９人、第二次世界大戦では13人だった。偉大なるエクスペルテンの記録は、敗者がゆえの厳しい現実の産物でもあったのだ。

パイロット不足の苦しい事情は日本軍も同じであるが、海上での戦闘が多く、広い太平洋において脱出したパイロットを探し出すことはとても難しかった（なお、アメリカは捜索救難に非常に力を入れていた）。そして防弾対策への理解も遅く、パラシュート装着義務も徹底を欠き、ベテランの死亡率を高める結果を生んでしまった。

ドイツ空軍以外で最も多くの公認戦果を記録したエースはフィンランド空軍のエイノ・イルマリ・ユーティライネンで、437ソーティーで94機撃墜（非公認含め126機）した。小国フィンランドも超大国ソ連を相手にしていたため非常に苦しかった。

またソ連空軍には美しき女性エースもおり、「白ユリ」ことリディア・リトヴァクは13機撃墜した。

「撃墜数」を信じるな

ドッグファイトは個人ないしチームの戦果として○機撃墜という明確な数値で公文書として記録される。ゆえに陸戦などと比べて誰が（どの編隊が）活躍したのかが非常にわかりやすい。結果として「エース」なる語が生まれ英雄視されたり、撃墜数を比較されたりするわけだが、ところがこの「撃墜数」という数字はそれそのものが全くあてにならない。なぜなら「撃墜確認」が非常に困難であるからだ。

自分が攻撃した敵機の機体が吹き飛び、黒煙を引いてスピンしながら落ちていったとしよう。ほとんどすべてのパイロットは１機撃墜を確信することだろう。だが多くのドッグファイトにおいては、墜落機を悠長に眺めている暇はない。状況認識を疎かにすれば今度は自身がやられる番になってしまうので、攻撃後はすぐに周囲を警戒しなくてはならない。

落ちてゆく敵機が地面に激突する瞬間までを確認できない場合、誤認が発生する余地を生む。落ちていったと思えたその敵機は、ただ必死に急降下で逃げただけだったかもしれない。またスピンして落ちていったとしても意図してスピンさせていたり、黒煙も撃たれた瞬間に射撃すれば発砲煙で作り出せるので、狡猾な「偽装撃墜」を試みていたのかもしれない。

逆に地面への激突やパイロットが脱出した瞬間を目撃したとしよう。これは敵機１機「撃墜確実」と報告されるだろう。しかし他に２人が同じ機を目撃した場合、本来１機であるはずが別々の３機「撃墜確実」と記録されてしまうこともあり得る。

僚機が撃墜を確認したと報告してもこれもあてにならない。僚機はリーダー機の部下であり、リーダーが撃墜したと言っているものを「私は見ていません」など口が避けても言えないはずだ。

このように「撃墜確実」であっても本当に確実であるケースは少なく、たいていは何らかの理由によって数倍は過剰に報告されることとなる。撃墜認定が厳しいとされたドイツ空軍は比較的誤差が小さいとされるが、それでも２倍に達することは珍しくなかったし、公式記録では出撃していない日に撃墜数だけが増えていることさえあった。

特に日本軍などは酷く実数の10倍は当たり前だった。

戦後に交戦当事者間の戦果記録と損失記録は突き合わせてゆくと、従来「勝ち戦」として知られていた筈の戦いが、本当は負けていたという事例も多い。エースの撃墜数もまた同様である。真実の撃墜数は誰にも分からない。

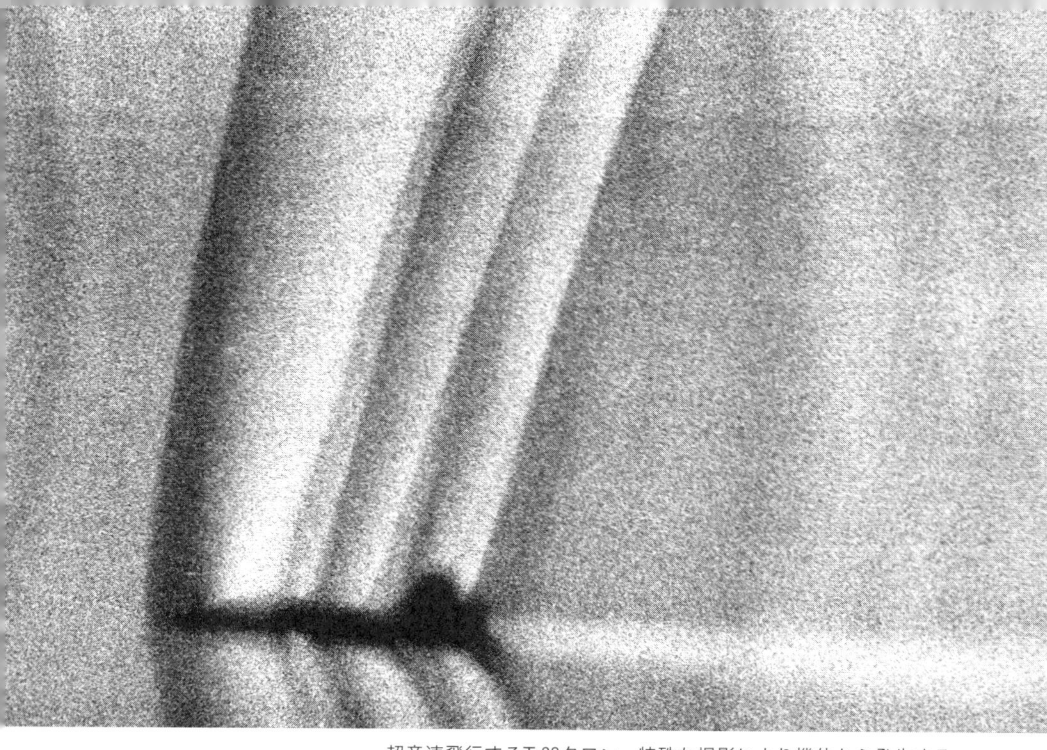

超音速飛行するT-38タロン。特殊な撮影により機体から発生する「衝撃波」が可視化されている。通常は見ることはできない。〈NASA〉

第3章
ジェット革命 超音速を目指して 1944〜

ターボジェットエンジンの発明はレシプロエンジンとプロペラの組み合わせを完全に過去のものとした。遥かに強力なパワーを発揮可能な新エンジンによって、戦闘機の速度は短期間でかつてないほど大幅に向上し、ついには音速の2倍にまで達した。戦闘機の基本は敵機の追撃である。追撃するためにも、振り切るためにもスピードは必要であり、果てしなき速度競争の行きつく先は、まだ誰にも見えなかった。

◆3-1

失望するための超音速飛行

「後日、私はこのミッションが失望で終わらせる必要があったのだと理解しました。空中に本物の壁など存在しないことは、超音速飛行に関する知識と経験によって知っていましたから」

——チャールズ・イェーガー〈アメリカ空軍エース テストパイロット〉

1947年10月14日。アメリカ陸軍大尉チャック（チャールズ）・イェーガーは、高度13,700mの成層圏において前人未踏の「音の壁」へ果敢に挑戦していた。

音の壁とは飛行機が音速（マッハ1）に近づくと、急激に大きくなる「造波抵抗」を揶揄した言葉である。造波抵抗は空気が圧縮される事によって生じ、その存在は1920年代から知られていた。人類は音の壁を越えることはできないとさえ思われていた。

だが音の壁という言葉は、もともと一般向けにやや誇張を含み造られた語であり、必ずしも造波抵抗を表現するに適した言葉ではなかった。実際は空中に壁などなく、十分な推力を持つエンジンさえあれば、音よりも速く飛ぶことも不可能ではないということもまた知られていた。実際に機関銃弾は音よりも速い速度で飛翔していたのだ。

イェーガーの操縦するマシンの名はベルXS-1。XS-1はブローニングM2 12.7mm機関銃弾に似た胴体形状を持っている。そして造波抵抗に打ち勝つことができるだけのパワーを発揮可能なロケットが搭載されていた。

空中においてB-29から切り離されたイェーガーは、XS-1が4基備える液体燃料ロケットのうちの3基を点火する。XS-1はいささか拍子抜けするくらい簡単にマッハ1.06を記録し、イェーガーは人類ではじめて音速を超えた男となった。ライト兄弟によって人類が「魔法の絨毯」を手にしてから16,000と7日目の快挙達成である。

だがイェーガーは少しがっかりしていた。マッハ1以上とそれ未満の間に何も

超音速に達したチャック・イェーガーとベルXS-1（X-1）。ノーズに描かれた「グラマラス・グレニス」とはイェーガーの妻グレニスの名をとったものであり、イェーガーが勝手に描いた〈NASA〉

ないことは知っていたが、「赤ん坊のお尻のように滑らかで、祖母でもレモネードを飲みながら楽しくフライトできる程だった」と後に語るくらい、本当に何もなかったので、尻すぼみな感覚を覚えていたのだ。

イェーガーはすぐにXS-1によるミッションの本質を悟った。それは超音速飛行に挑戦するのではなく、音速の世界に何もないことを確認し失望するためにあったのだと。

イェーガーによって一度「虚構の壁」が突き破られると、飛行機の速度記録向上はより加速度を高めていった。はじめての音速突破から7,659日目の1967年10月３日、ウィリアム・J・ナイトはノースアメリカンX-15でマッハ6.7（7,274km/h）を達成しており、有人飛行機の世界最高速度記録保持者となっている。

「音速」と「マッハ」とは？

落雷時、稲光が走ってから秒数をカウントし、雷鳴が聞こえるまでの時間から、落雷地点までの距離を推測する遊びがある。雷のたびにやってしまう人も少なく無いだろう。

これは大気中を音が伝播する速度「音速」が340m/s（1,224km/h）であることを利用したもので、稲光から３秒後に雷鳴が轟けば340m×３で1,020mすなわちほぼ1kmの距離の場所に落雷があったと算出できる。やったことのない方はお試しあれ。

音速に対する速度の比を「マッハ（Mach）」ないし「マック」と呼ぶ。マッハ1.0ならばちょうど音速、マッハ0.5ならば音速の半分、マッハ2.0は音速の倍だ。

音速は気圧や温度の影響をうけて一定ではない。国際標準大気と呼ばれる指標（1,013ヘクトパスカル、摂氏15度）における海面高度での音速は340m/s（1,224km/h）であるが、高度12,000m（摂氏－56.5度）では295m/s（1,062km）まで低下する。つまり1,200km/hで飛行した場合、海面高度ではマッハ0.98であるが高度1,2000mではマッハ1.13となる。

・亜音速

マッハ0.7〜0.8の音速に満たない速度を「亜音速」と言う。

・遷音速

マッハ0.8以上では機体が部分的に音速に達するようになり、音速を超えた部分からは「衝撃波」が生じる。音速と亜音速が入り混じったこの状態を「遷音速」と言う。マッハ1.2程度までこの状態が続く。なお亜音速と音速の境目を「臨界マッハ数」と呼ぶ。

・超音速

約マッハ1.2以上では機体の全体が音速に達する。この状態を「超音速」と呼ぶ。

高度別の音速（マッハ1）

高度 m	m/s	km/h	ノット
0	340.0	1224.1	660.9
2000	332.5	1197.1	646.4
4000	324.6	1168.5	630.9
6000	316.5	1139.2	615.1
8000	308.1	1109.2	598.9
10000	299.5	1078.3	582.2
12000	295.1	1062.3	573.6

◆3-2

原理上の限界に達したプロペラ機

「私は頭をコックピットから出し、“暖機運転するからプロペラに近づくな”と叫びました。この時、完全に忘れていました。私の飛行機はいかなるプロペラをも持っていなかったことに」

——フランク・ケリー〈ベルエアクラフト社テストパイロット〉

飛行機の世界最高速度記録が最初に300km/hを超えたのは1920年だった。1934年には時速700kmに到達しており、わずか14年間で400kmも高速化した。そしてさらに5年後の39年にはメッサーシュミットMe209が755km/hを達成した。これらの速度記録は一度きり飛べば良いレーサー機や特別仕様機によるものだが、第二次世界大戦中に劇的性能向上を果たしたエンジンによって、実用機である戦闘機もまた700km/h台に達した。

ところが700km/h以上ともなると、戦闘機もレーサー機もレシプロエンジンの馬力をいくら上げても速度性能はほとんど向上しなくなってしまった。突然にプロペラの推進効率が著しく低下してしまったのである。

これは回転するプロペラが音速に達し、プロペラの一部から「衝撃波」が発生し、推進効率を大幅に低下させてしまうことによるものだった。プロペラを使う限り避けては通れぬ限界であり、1920年代からすでに「音の壁」という言葉で知られていた。

時速700km台で飛行している戦闘機のプロペラが実際にどのくらいの速度に達しているのか、F4U-4コルセアを例にしてみよう。

F4U-4は高度8,800mで速力713km/hを発揮できた。このとき空冷星型2,100馬力のR-2800-18W「ダブルワスプ」は2,700RPMで運転されている。プロペラへ動力を伝達される際は、ギアを介して1：0.45の比で減速されるので、プロペラの実際の回転数は1,215RPMとなる。F4U-4のハミルトンスタンダード可変ピッチプロペラは4枚のブレードを持ちその直径は4mなので、プロペラの先端は

プロペラ先端が音速に達すると「衝撃波」が発生し推進効率が著しく低下

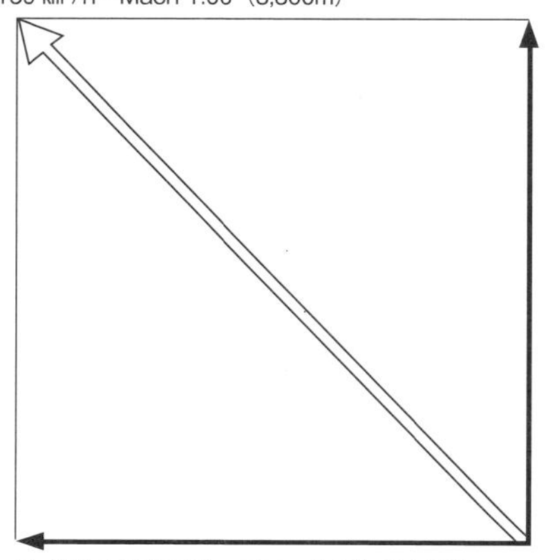

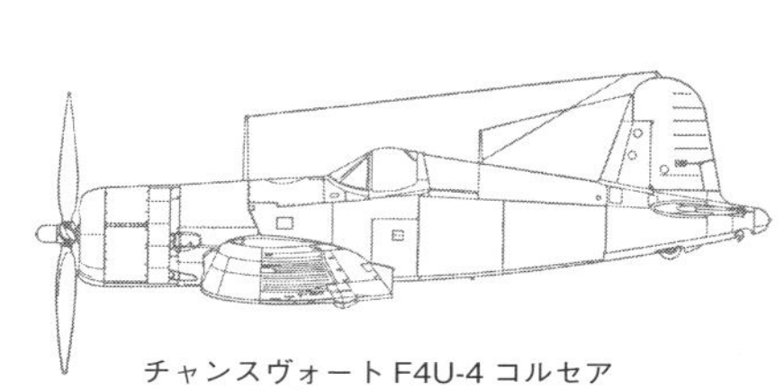

チャンスヴォート F4U-4 コルセア
714 ㎞ /h（高度 8,800m）

推進効率%
80
60
40
20
0　300　600　900　1200　1500
対気速度 ㎞ /h
プロペラ
高バイパス比ターボファン
低バイパス比ターボファン
ターボジェット

各推進装置による推進効率をあらわしたグラフ。プロペラは時速600km/h前後までは非常に優れるが、それ以上の速度で急激に悪化する。約700km/hからはジェットエンジンがより適した推進装置となる

914km/hで回転している計算となる。また、最高速713km/hで飛行すれば当然プロペラもまた713km/hで前進していることとなる。

プロペラの回転による914km/hと、機速による713km/hの、90度ベクトルが傾いた二つの速度を合成すると、実際のプロペラの先端は1,159km/hにも達している。高度8,800mでは音速は1,091km/hとなるので、プロペラの先端はマッハ1.06と音速をわずかに上回っている。

プロペラとは「回転する翼」であり、主翼の揚力と同じ原理で推力を発生させている。プロペラの表面に衝撃波が発生すると「衝撃波失速」をひきおこし、ブレード表面の気流が剝離し推力が生み出されなくなってしまう。

仮にこれ以上プロペラの回転数をあげても、音速に達し衝撃波を生じる部分が内側へと広がっていき、推力を生み出さない箇所ばかりが増えていってしまう。

燃費と高速度の両立を目指して開発されたXF-84Hサンダースクリーチ。スクリーチとは悲鳴の意で超音速プロペラが発する高音の衝撃波から命名された〈US AIRFORCE〉

プロペラの直径を長くしても同様だ。また、衝撃波を作り出すことによって生じる造波抵抗はマッハ１前後で極めて大となり、プロペラの回転に強力なブレーキとして作用し、エンジンの出力を大きく浪費させる。

以上、プロペラの回転が音速に達することによって生じる「衝撃波」の影響によって、いくら馬力のあるエンジンを搭載してもほとんど速度向上の効果は得られなくなってしまい、プロペラ機の速度性能は時速700-800km/hでその原理上の限界点に達した。

アメリカ空軍では1955年から56年にかけて、5,850馬力の「ターボプロップ」エンジンで衝撃波失速しにくい極薄のプロペラを超音速回転させる、リパブリックXF-84Hサンダースクリーチなる試作戦闘機を開発したが、プロペラから発生する強烈な衝撃波が遥か彼方まで響き渡るだけで、飛行速度自体は一度も音速に近づいたことはなかった。

さらなる高速を求めるにはプロペラを使わない、なにか他の原理による動力源が必要とされた。

◆3-3

オハインとホイットル「ターボジェットエンジン」の発明

「もしイギリスの専門家たちにホイットルのエンジンを理解する十分な見識があったならば、ヒトラーはドイツ空軍が勝つとは思わず、第二次世界大戦は勃発しなかったとおもいます」

——ハンス・フォン・オハイン〈航空技師〉

22歳のイギリス空軍少尉フランク・ホイットルは、レシプロエンジンとプロペラの組み合わせによる原理上の限界を打ち破り、速度800km/h以上を実現するための新しいエンジンについての研究を重ねていた。1929年のある日、ホイットルは画期的なアイディア——後に「ターボジェットエンジン」と呼ばれる——を突然思いついた。

ターボジェットとは大気中の空気を「エアインテーク（空気流入口）」から取り込み、「コンプレッサー（圧縮機）」によってを圧縮し、燃料を吹きかけ「チャンバー（燃焼室）」で燃焼、高圧・高速・高熱の空気流がタービン（風車）を通過、タービンで得られた回転によってコンプレッサーを動かす。タービンを抜けた空気流は「ノズル（排気口）」から排出、その排出した空気の反作用を推力として用いるエンジンである。この方法ならば800km/h以上の速度に達してもプロペラのような推進効率の低下は発生しなかった。

早速ホイットルはターボジェットエンジンの概念図をまとめ、空軍に報告した。ところが空軍はターボジェットエンジンを搭載した「プロペラの無い飛行機」に対していささかの興味も示さなかった。

この年イギリス空軍に配備されはじめた新鋭戦闘機ブリストル「ブルドッグ」は、木製羽布張り薄翼の複葉機でたくさんの張線をもち、その速度は300km/hに満たない第一次世界大戦の延長線上の機体に過ぎなかった。そんなご時世に800km/hを実現する新エンジンの開発を提案したのであるから、理解されないのもしかたがないことだったかもしれない。

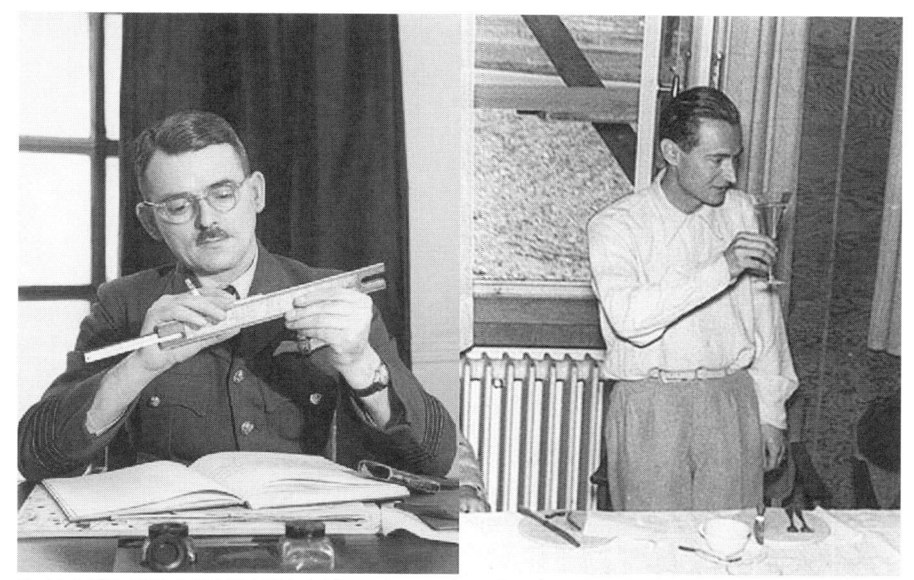

ライト兄弟に匹敵する功績を残したジェットエンジンの発明者フランク・ホイットル（左）とHe178の初飛行を祝うハンス・フォン・オハイン（右）

ホイットルは1931年にターボジェットの特許を取得するが、この特許でさえ機密指定すらされなかった。後に戦闘機のみならず、航空機という存在自体を根底から変えてしまったターボジェットという革命的技術に対し、この時点においては誰も注目していなかった。世界でただ一人ホイットルを除いて。1935年、ホイットルは特許更新費用５ポンド（現在の価値で約10万円）が支払えず、特許は失効した。

ホイットルはようやくターボジェット開発資金出資者と巡り会いパワージェッツ社を設立した。そして1937年４月12日に世界初のターボジェット「ホイットル ユニット（WU）」の運転にようやく成功する。これによってホイットルは「ジェットエンジンの発明者」となった。

一方そのころドイツでは、ホイットルよりも４歳年下の技師ハンス・フォン・オハインが、ホイットルのそれと全く同じ原理のターボジェットを発案していた。オハインは1936年、ハインケル社に自身の案を売り込むと、ハインケル社の社長エルンスト・ハインケルはすぐにその重要性を理解し、オハインを自社に招き入れるとともにターボジェットの開発をスタートさせた。オハインは特許を取得し、もちろんこれは機密扱いとされた。

イギリスとドイツ両国の若き技師のアイディアから始まった「ターボジェッ

史上初のターボジェット機ドイツのハインケルHe178。ターボジェットエンジンの開発自体はイギリスに遅れを取ったが、ジェット機の初飛行においてはドイツが先んじた

ト」という新たな可能性は、ほぼ同時に、しかも互いに相手についての情報を全く知らずに、その開発競争が始まったのである。

ターボジェットエンジンの発明者こそイギリス人のホイットルだったが、ハインケル社はドイツ屈指の航空機メーカーであったことから「ジェット機」開発に一歩先んじたのはオハインの方だった。オハインのターボジェットHeS3b（推力3.73kN）を搭載した、史上初のターボジェット機ハインケルHe178は、1939年８月27日、第二次世界大戦勃発の５日前に初飛行を実施した。これにより、オハインは「ジェット機の発明者」となった。

イギリスにおいてようやくジェット機開発の予算が付き、ホイットルのパワージェッツW.1（推力3.83kN）を搭載したグロスターE.28/39が、その初飛行を実施したのは1941年５月15日になってのことだった。イギリス空軍がターボジェットへの理解を示さなかったことにより、世界初のジェット機開発国という名誉をドイツに奪われてしまったのである。

◆3-4

戦闘機史上最大の革命
ジェット戦闘機Me262

「この戦闘機（Me262）は、おそらく最高のプロペラ戦闘機の代わりになりえるだろう。それが私の印象でした」
――アドルフ・ガーラント〈ドイツ空軍戦闘機総監、エース、104機撃墜〉

ハインケル社は実用戦闘機型He280を開発し、グロスターE.28/39よりも早い1941年３月30日に初飛行を行なっている。しかしHe280の実用化に向けた試験は難航し、メッサーシュミット社のMe262シュヴァルベに先をこされ、結局Me262が「世界初のジェット戦闘機」となった。

1944年に実戦へ投入された主力生産型のMe262A-1aは、ユンカースユモ004Bターボジェット（推力8.8kN）を主翼に双発懸架し、速度性能は実に870km/h。P-51をはじめに米英の戦闘機はせいぜい700km/h前後だったから、まさに桁違いの性能だった。Me262は対爆撃機用の迎撃戦闘機として活躍し、高い速度を維持した一撃離脱に徹しているかぎり、P-51のような護衛戦闘機を簡単に振り切ることができた。

プロペラが不要になった機首部にはMk108 30mm機関砲が４門集中搭載され、大型爆撃機の飛行能力を一連射で奪うことさえできた。また主翼下に24発搭載したR4Mロケット弾の破壊力は極めて強力だった。

結局、抜群の高性能を有すジェット戦闘機をもってしてもドイツの劣勢は免れなかったが、Me262は第二次世界大戦世代の戦闘機としては、もっとも高速で強力であり、頭ひとつ抜けた存在だ。

ハインケル社も胴体背部にターボジェットを搭載した、一風かわった小型戦闘機He162ザラマンダーを開発し、空軍に採用された。終戦間際に少数機が実戦へ投入されたのみで、Me262のような活躍はできなかった。

イギリス空軍ではMe262にわずかに遅れ世界２番目のジェット戦闘機グロスター・ミーティアを1944年に配備した。初期型ミーティアF.1の性能はレシプロ

史上初のジェット戦闘機 メッサーシュミットMe262 シュヴァルベ

メッサーシュミットMe262を見たナチスの指導者ヒトラーは、この高速ジェット機を爆撃機とするべきではないかと直感した。ヒトラーはMe262の爆撃機として運用するよう命令を出すも、現場が欲していたのは対爆撃機用戦闘機であった。Me262は結局のところジェット戦闘機として完成をみるが、ヒトラーの介入のせいもあって無駄に実用化時期を遅らせてしまった。

Me262の活躍は終戦までの僅か半年強、生産数も約1400機に留まり戦局に影響を与えることは無かったが、連合軍にとっては対処不可能な恐怖の戦闘機として恐れられた。Me262の戦果は最大で約450機撃墜と見積もられ、被撃墜は約100機であると言われるから、ドイツ劣勢の中にあって十分過ぎるほど奮闘したと言えよう。

ただしユモ004Bターボジェットは恐ろしく信頼性に欠けた。少しでも無理な運転を行うとエンジン停止、場合によってはタービンなどの高温部が溶け落ちた。また運用寿命も精々20〜30時間程度と短く、ほとんど使い捨てのエンジンであった。事実被撃墜機よりも遥かに多くの機がメカニカルトラブルによって損失しており、稼働率も低かった。

Me262は戦後のジェット戦闘機開発にも大きな影響を与えた。ロシアではMe262によく似たSu-9も開発されている。

写真下がMe262A-1a、写真上はロケット戦闘機Me163Bである。

・ジェットエンジンによる高速性能
・30mm機関砲の強烈なパンチ力
・極めて悪い旋回性能
・信頼性に劣ったエンジン

イギリス初のジェット戦闘機となったグロスター「ミーティア」。この機体「WA638」は1949年製ながら、マーチンベイカー社のテストベッドとして現役である。恐らく最古の現役ジェット〈筆者撮影〉

戦闘機よりも遅い660km/hで、実戦はV-1飛行爆弾の迎撃などに従事したに留まるが、1945年11月には第二次世界大戦後初となる975.46km/hの世界速度記録を樹立した。また双ブーム式がユニークなデ・ハビランド バンパイアは、ジェット戦闘機としては初めて空母への離着艦を実施している。

アメリカはイギリスより技術供与を受けベルP-59エアラコメットを完成させる。P-59は陸軍に採用されるが、レシプロ機よりも性能に劣ったため実戦への投入は無い。続いてロッキードP-80シューティングスターを実用化するが、これはMe262に劣らぬ866km/hに達する非常に優れた性能をみせた。P-80は対日戦への投入を目前に終戦を迎えた。また、アメリカ海軍向け艦上戦闘機マクダネルFDファントムも初飛行を行ない、戦争中の実用化は間に合わなかったが、大戦後に就役した。

ドイツ・イギリス・アメリカの次にターボジェット機の飛行に成功した国が日本である。中島飛行機「橘花」が1945年８月７日に初飛行を行なった。橘花は戦闘機ではなく特攻機となる運命にあった。第二次世界大戦中に純粋なターボジェット機の飛行に成功した国は以上４ヵ国のみであり、実戦に投入された機種はMe262、He162、ミーティアだけだった。

大戦中に完成したターボジェット戦闘機デ・ハビランド「バンパイア」。練習機型が評価目的で１機のみ航空自衛隊にも導入されている〈RAF〉

ロッキードP-80シューティングスター。胴体内部にエンジンを収容し側面のエアインテークから空気を取り入れるなど、後のジェット機の基礎となる設計を確立した〈US AIRFORCE〉

◆3-5

ロケットかジェットか ハイブリッドか

「私が静かに操縦桿を後ろへゆるめると、機は勢いよく上昇した一明るい青空の中へ、弾丸のように一直線に、次第に高く、高く」
――M・ツィーグラー『ロケット・ファイター』（大門一男 訳）

第二次世界大戦中は「ロケットエンジン」を搭載した戦闘機もあらわれた。ドイツのメッサーシュミットMe163Bコメートは、ロケットエンジンを搭載した戦闘機としては唯一実戦へ投入され、対爆撃機用の迎撃戦闘機として運用された。

ロケットエンジンはノズルから排出した気体の反作用で推力を得る点でジェットと同じだが、燃料と酸化剤を使用し空気を使わないという点で異なる（だからこそ宇宙へも行ける）。

Me163Bのロケットエンジン、ヴァルターHWK109-509の推力は16.65kN。その強力なパワーによってわずか２分半で高度9,000mにまで到達できた。これは現代のジェット戦闘機に勝るとも劣らない上昇力である。しかもその速度性能は960km/hとMe262さえはるかに凌駕した。

HWK109-509は石油を使用せず、燃料の「C液（ヒドラジン37％＋メタノール50％＋水13％）」と酸化剤「T液（過酸化水素）」を燃焼室で混ぜ合わせることによって爆発的なエネルギーを発生させる。それは文字通り爆発であり、C液とT液容器をうっかり間違えただけで、わずかに残っていたしずくが反応し死者を出した。T液／C液は劇薬だ。不運にもT液を浴びたパイロットの顔は髪も眉も髭も皮膚すらも溶けて落ちていた。Me163Bは破格の性能を有すスーパー戦闘機だったが、それにかかわる人間すべてを恐怖させた。

そしてその燃料消費量も破格で、Me163BはC液を1,040リットル、T液を120リットル携行するがこれをわずか７分で使い切る。したがってその戦闘方法は、燃料の半分を使って全力で上昇し、一旦エンジンを止めて上空から滑空しながら爆撃機へ一撃を加える。残る半分の燃料を使って再上昇、さらに一撃を加えた後

シュド・ウエストS.O.9000 トリダン1。翼端のジェットポッドで巡航、尾部の３基のロケットは戦闘緊急出力として使用した。武装はミサイル１発と極めて貧弱だった〈筆者撮影〉

に滑空して飛行場へ戻るというものだった。わずか７分の航続時間ではせいぜい基地の周辺40-50km程度しか活動できず、基地の真上を通る爆撃機しか迎撃できないが、少しばかりの戦果もあげている。

ちなみに零戦二一型の燃料（ガソリン）搭載量は機内525リットル＋増槽330リットルで全力運転でも２時間、節約すれば10時間以上飛行できた。

その他のロケット戦闘機としては日本においてMe163Bに独自の改造を加えた三菱「秋水」や、ソ連のベレズニヤク・イサイエフBI-1などが第二次世界大戦中に初飛行を実施した（どちらも死亡事故をおこしている）。

ロケットの強力なパワーと相反する短い運転時間を補うために、巡航時はレシプロエンジンやターボジェットを用い、戦闘緊急出力としてロケットを装備する混合動力（ハイブリッド）機も開発された。ソ連のヤコブレフYak-3RDは第二次世界大戦中のソ連主力戦闘機Yak-3を原型に2.89kNのロケットを追加した試験機で、1945年に時速782km/hに到達した。

また1954年にフランスで開発されたシュド・ウエストS.O.9000トリダンIは8kNのターボジェットを双発と12.2kNのロケットを３基搭載し、マッハ1.63を記録している。

結局これらのロケット戦闘機は実用性に欠け、ことごとく開発中止となってい

ライアンFR-1ファイアボール。機首のレシプロエンジンとターボジェットを組み合わせたハイブリッド戦闘機。米海軍機初のジェット機による離着艦を行なっている〈筆者撮影〉

る。ドイツのMe163Bだけが実用化され理由は、試作機が1,000km/hを記録したことやそのスタイルが、敗色濃厚となりつつあるドイツ空軍に強烈なインパクトを与え、藁にもすがる思いで採用に至ったのであろう。太平洋戦争がもう少し長引いていれば「秋水」も実戦投入されていたかもしれない。

ロケットを着脱可能なポッドに収め、離陸滑走距離の短縮や上昇力を高める目的でこれを装備した戦闘機は実用化されミラージュIII等がある。「ロケットポッド」を使った離陸補助をロケットアシストテイクオフ（RATO）と言う。

ターボジェットとレシプロの混合動力機も開発されており、爆撃機や哨戒機においていくつかの機種が実用化されている。戦闘機としてはアメリカ海軍のライアンFR-1ファイアボールが唯一である。FR-1はレシプロの燃費とターボジェットの高速性のいいとこどりを目指したというよりも（もちろんそうした目的もあったが）、長時間の海上飛行に対するターボジェットの信頼性への懸念から生まれた。事実、初期のターボジェットはよく故障したので、勝手知ったるレシプロと組み合わせることによって安全を担保したという寸法である。

FR-1は1945年に実用化された。1,350馬力のレシプロエンジンと7.1kNのターボジェットを搭載し速力は686km/h。レシプロ戦闘機であるF4U-4よりも遅かった。対日戦には間に合わず、実戦へ投入されることなく少数機が生産されたのみでそのままフェードアウトしてしまった。

なおイタリアはカプローニ・カンピニN.1、ソ連はミグ設計局MiG-13、スホーイ設計局Su-5と呼ばれる混合動力機を第二次世界大戦中に飛行させているのだが、これらはジェットエンジンの圧縮機をレシプロエンジンで駆動しており「ターボジェット」ではない。またMiG-13やSu-5はプロペラまで持っている。FR-1はレシプロエンジンが止まってもターボジェットは無関係に動き続けるが、これらの機はジェットも停止する。

混合動力機やロケット搭載機は淘汰され、戦闘機の新しいエンジンはターボジェット一本へ絞られていった。

推力の単位［N］(ニュートン)と推力重量比

レシプロエンジンの出力はプロペラを駆動するための仕事率「馬力」で表されるが、ジェットエンジンは直接的に推力を発生するので、その出力は力の単位N（ニュートン）で表記される。1Nの力は地球の重力において質量0.102kgの物質に掛かる重量0.102kgf（キログラム重）と同じである。

ユモ004Bターボジェットは推力8.8kNで、Me262は双発機なので合計推力は17.6kN＝1,794kgfとなる。これはすなわち1,794kgの重さを空中に静止させる力に等しい。

エンジンの推力を機体の重量で割った数値を「推力重量比（T/Wレシオ）」と呼び、ジェット戦闘機の加速力・上昇力・旋回力など機動性をはかる指針となる。Me262は重量6,400kgであるから、推力重量比は0.28となる。燃料を消費したり武装を減らすなど軽量になれば、当然この数値も増えて機動性も向上する。現代ジェット戦闘機の推力重量比は概ね0.8〜1.2程度で、1.0を超えれば垂直上昇しながら加速することさえ可能となる。

レシプロの馬力とジェットの推力はそのままでは比較できないが、推力とそのときの飛行速度から単純に馬力に換算した「推力馬力」によって、厳密ではないがだいたいの比較が可能となる。推力馬力は以下の式で求められる。

推力馬力＝飛行速度(m/s)×推力(kgf)÷75
Me262のユモ004Bの場合は244×897÷75＝2918馬力となる。

◆3-6

第二次世界大戦直後のジェット戦闘機

「その日、飛行場で大きな式典が開かれた。労働者達は世界初のジェット戦闘機を設計したソ連のデザイナーと、この前例のないマシーンで飛行した世界で第一号のソ連のパイロットを祝福した」

——イーリャ・マズルク〈ソ連空軍 パイロット〉

1945年5月8日。ドイツは降伏し第二次世界大戦におけるヨーロッパの戦いは終結した。Me262など優れた戦闘機を数多く生んだドイツの航空技術はアメリカ、イギリス、ソ連といった戦勝国に接収され、特にイギリス・ドイツに対してジェット機開発技術に後れを取っていたアメリカとソ連は、ドイツ人技術者を高待遇で招聘するなど、積極的にその技術の吸収をはかった。

ソ連は第二次世界大戦中、木材と金属を混交したレシプロ戦闘機の開発に秀で、ヤコブレフ設計局Yak-3やラボーチキン設計局La-7などはドイツ機に匹敵する高性能をみせた。ソ連ではソ連こそがジェット戦闘機を世界で初めて実用化した国である。ということになっていたが、事実は戦争期間中についぞジェット戦闘機を飛ばすことは無かった。

ソ連において真のジェット戦闘機完成一番乗りとなったのは、Yak-3をそのままジェット化したYak-15だった。エンジンはMe262で使用されたユモ004を国産化したRD-10を単発搭載した。

ところがYak-15は初飛行が認められなかった。やや遅れて開発が進んでいたミグ設計局のMiG-9をソ連最初のジェット戦闘機にすべしという政治的圧力が生じたためだった。

ミグ設計局を率いるのはアルチョム・ミコヤンとミハイル・グレビッチ。両者の姓の頭文字MとGを組み合わせ、MiG＝ミグ設計局と呼んだ（iはロシア語で&を意味する）。このうちアルチョム・ミコヤンの兄であるアナスタスがソ連共産党幹部であったため、完成済みのYak-15を地上に差し置く決定がくだされたの

ソ連初のジェット戦闘機ミグMiG-9。機関砲の搭載位置に問題があり射撃制限のある欠陥機だった。後継機MiG-15では同じ武装が搭載されるも、配置が見直されている〈筆者撮影〉

木製の名レシプロ戦闘機Yak-3をそのままジェット化したものがYak-15。Yak-15を前輪式としたのが写真のYak-17である。Yak-15はMiG-9より先に完成したが政治的事情により初飛行が差止めされていた〈筆者撮影〉

である。

MiG-9は新規設計機だったが、やはりエンジンはドイツ製のBMW003を国産化したRD-20を双発搭載した。そして1946年4月24日、まずMiG-9が初飛行を行い、次いで同日中にYak-15も初飛行を実施した。

両機ともにプロペラ戦闘機を上回る速度性能を発揮したが、MiG-9はエアインテーク（空気流入口）の直前に機関砲を配置したことにより、射撃を行なうとエンジンが発砲煙を吸入し停止してしまった。そのため射撃が禁止されるという酷い欠陥を抱えた。一方のYak-15もまた尾輪式が故にジェット排気で尾輪を焼いてしまう欠陥があり、Yak-15を前輪式としたYak-17、木材の使用をやめて全金属製かつエンジンの推力向上をはかったYak-23が開発されている。

ターボジェットという革命的なエンジンを手にした人類ではあったが、1940年代のジェット戦闘機はYak-15シリーズのように、まずはレシプロ戦闘機の設計をそのまま流用した戦闘機が少なくなかった。アメリカ海軍のノースアメリカンFJ-1フューリーとイギリス海軍のスーパーマリン・アタッカーは、それぞれ同社のP-51やスパイトフルからから層流翼の翼型を流用している。

またジェットエンジンの搭載方法は、Me262やミーティアのような主翼に懸架ないし格納する設計のものはほとんどなくなり単発・双発問わず胴体内に収納するようになった。特にP-80の搭載スタイルは以降現代に至るまで続いている。

◆3-7

ニーンと後退翼

「どんなバカが我々に軍事機密（ターボジェットエンジン）を売るというのか」

——ヨシフ・スターリン〈ソ連共産党書記長〉

話をソ連に戻そう。MiG-9及びYak-15シリーズによって、ソ連は高性能なジェット戦闘機を一応は手にした。とても戦闘には投入できない欠陥機ではあったが。ソ連はさらなる高速機を求め新戦闘機の開発に着手する。その新型機には以降戦闘機のみならず、ほとんど全てのジェット機が標準で備えることになる「後退翼」が用いられることとなった。後退翼とは主翼の胴体付け根から翼端にかけて、尾部側にむけて「後退角」を設けた主翼の形状である。

後退翼は音の壁、すなわち造波抵抗が生じる速度「臨界マッハ数」を、より高速に追いやることができ、また造波抵抗の強さも著しく軽減させた。後退翼の効果を最初に発見したのはドイツ人技師アドルフ・ブーゼマンだった。ブーゼマンは1935年に後退翼に関する講演を行なうが、全く注目を集めなかった。唯一ドイツだけがその価値に気づき、1939年に後退翼の効果を初めて実証した。

1945年のドイツ降伏後、ソ連は後退翼に関する技術資料を接収し、その劇的な造波抵抗の軽減効果を知ることとなったのである。10年前のブーゼマンの講演には著名な技術者・科学者が多数いたが、この時になってはじめてその重要性を理解した。

そして1947年、ソ連に願ってもない幸運が訪れた。イギリスから当時世界最高のターボジェットだったロールス・ロイス「ダーウェント」と「ニーン」が友情の印として贈られてきたのだ。ダーウェントの推力は15.6kN、ニーンはやや大型ながら22.2kNの推力を発揮し、ドイツから接収したエンジンとは比較にならないほど強力だった。ソ連はすぐさま両エンジンを国産化する。オリジナルよりも品質の低いコピーだったとはいえ、国産化できてしまうところがソ連の工業

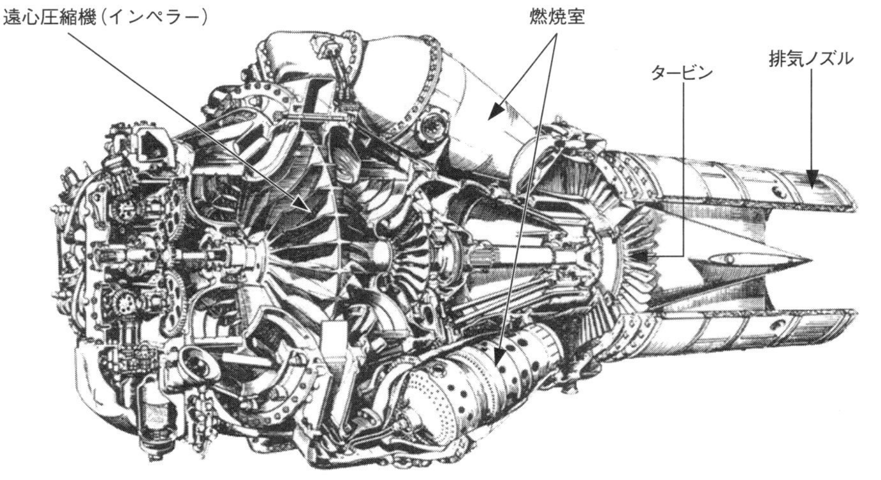

ロールスロイス「ニーン」。1枚の大きな圧縮機を備えた「遠心圧縮型」ターボジェット。このタイプの圧縮機は戦闘機用としては消滅した。何段も圧縮機を重ねた「軸流圧縮型」が現在の主流である〈NASA〉

力の恐ろしいところだ。

イギリス製エンジンを搭載したいくつかの後退翼戦闘機が開発されたが、その中でも特に優れた機体が1947年7月27日に初飛行したミグ設計局のMiG-15である。MiG-15はニーンを国産化したRD-45エンジンを単発搭載し、速力は1,075km/hという高性能を発揮した。1949年初頭に部隊への配備が始まり、レシプロ戦闘機や欠陥機MiG-9などを急速に置き換えていった。

おなじく1949年、アメリカでもまた後退翼戦闘機ノースアメリカンF-86Aセイバーの配備が始まった。F-86Aは海軍のFJ-1を原型に主翼を後退翼に換装するなどの再設計を施した戦闘機であり、速力は1,093km/hとMiG-15とほぼ同等の性能を有していた。F-86Aの後退翼もまたドイツの研究資料をアメリカが接収した結果生まれたものだった。MiG-15とF-86はどちらもブーゼマンの後退翼の血を引く、いわば姉妹であった。そしてこの後退

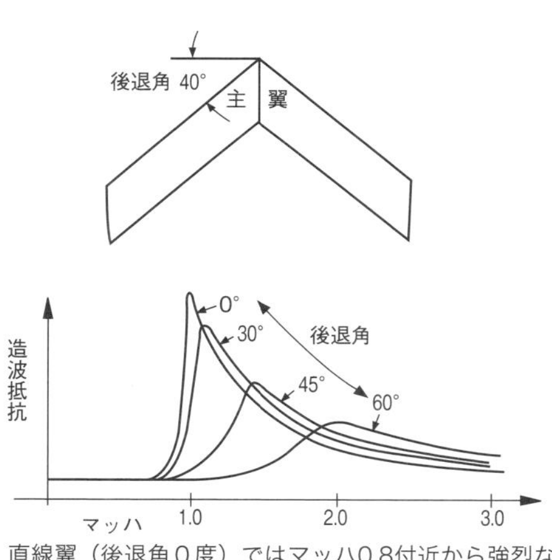

直線翼（後退角0度）ではマッハ0.8付近から強烈な「造波抵抗（音の壁）」が生じ、マッハ1でピークに達すると、その後は急激に減少する。後退角が大きい主翼ほど造波抵抗の発生開始速度が高速となり、同時にピークも小さくなる。ただし、減り方も遅くなる

翼姉妹は「東西冷戦」の到来により刃を交える運命にあった。

なおMe262は後退翼を採用しているが、これは重心を後方に移動させるために採用されたものである。後退角が浅すぎて造波抵抗軽減効果はなかった。

〈筆者撮影〉

後退翼戦闘機の誕生 ノースアメリカンF-86セイバー

ノースアメリカン社は運が良かった。P-51の主翼設計を流用した艦上戦闘機FJ-1の陸軍型を開発中に、ドイツからもたらされた後退翼のデータが届いたのである。そして主翼を後退翼化するなどの設計を盛り込んだF-86（当初はP-86と呼ばれる）を開発した。

一方でリパブリック社は運が悪かった。やや先行して開発が進んでいたF-84（P-84）サンダージェットは直線翼機として完成した。

両機はほぼ同時期に誕生したにもかかわらずF-86は速度性能において1100km/h以上と100km/hもF-84上回った（F-84は後に後退翼化されF-86と同等の性能を発揮した）。さらにダイブすることによって超音速飛行も可能であった。F-86E型以降エレベーターを持たず水平尾翼全体が稼働する「スタビレーター」となった。スタビレーターは水平尾翼面に衝撃波が発生しても操縦を可能とした。

航空自衛隊においてもF-86F型が導入され、太平洋戦争後の日本が手にした最初のジェット戦闘機となった。ブルーインパルスの初代使用機としても使われたほか、様々な日本映画において怪獣と戦い、長らく国民的戦闘機として愛され続けた。

写真左はライバルであったMiG-15、右がF-86であるが、F-86の方が一回り大きいことが分かる。

・後退翼の効果による造波抵抗の減少
・レーダー連動の照準器による高命中率
・決定打に欠けた６挺の12.7mm機銃
・やや劣った高高度性能

◆3-8

ジェットvsジェット

「崖っぷちの瞬間は逆方向へ切り返す。セイバーの油圧制御装置は滑らかに動くが、ミグはすぐに切り返せず外側に放り出される。スピードブレーキを開けば瞬間的ミグが飛び出てくるので、素早くブレーキを閉じフィフティ（12.7mm機銃）で打ち砕け」

――ハリソン・シング〈アメリカ空軍エース、10機撃墜〉

1950年6月25日、朝鮮戦争が勃発。朝鮮半島の北緯38度線より北を支配する北朝鮮が、韓国に対して奇襲攻撃を仕掛け、そしてT-34戦車を先頭に南侵を開始した。

北朝鮮空軍はソ連製のLa-7やYak-9等のレシプロ戦闘機で航空優勢を獲得し、イリューシンIl-10「シュトルモヴィク」襲撃機が近接航空支援を行うという、第二次世界大戦の独ソ戦で活躍した兵器が、戦場を朝鮮半島にうつしてそのまま投入された。

韓国空軍にはせいぜいT-6テキサン練習機が配備されている程度で、戦力と呼べるようなものは何もなかった。韓国陸軍も似たり寄ったりであったため北朝鮮軍を止める術はなく、瞬く間に半島南端の釜山目前にまで押し込まれた。

アメリカを筆頭とする国連軍は韓国を支援するために、アメリカ空軍F-80、アメリカ海軍艦上機グラマンF9Fパンサー、イギリス空軍のミーティアといったジェット戦闘機を投入し、北朝鮮空軍と戦った。

なおアメリカ空軍は1947年に陸軍・海軍・海兵隊と対等の組織として陸軍航空隊より独立した。その際に戦闘機の制式名称も、追撃機（Pursuiter）を意味するPから戦闘機（Fighter）を意味するFへと変更された。例えばP-80とF-80、P-51とF-51は同一機種である。

La-7等はレシプロ戦闘機としては傑作であったが、さすがにジェット機には全く対抗できず、航空優勢は早期のうちにアメリカ軍へと傾いた。またF-51、

F4U、ノースアメリカンF-82ツインマスタング、シーフューリーなどのレシプロ機も時に空中戦を行なっている。

国連軍の支援によって戦況はすぐにひっくり返り、10月頃には今度は北朝鮮が中国側の国境付近にまで撤退した。そして11月に入ると北朝鮮側にもついに正体不明機のジェット戦闘機を繰り出すようになる（同時に中国も参戦した）。

その正体不明のジェット戦闘機は、少なくともソ連製であることだけは容易に推測できたが、ラボーチキン機かはたまたヤコブレフ機か、名称すらも分からなかった。ただそのジェット戦闘機が恐るべき能力を有していることだけはすぐに判明した。後退翼を有していたのである。

不明機の名称は、ほどなくミグ設計局「MiG-15」であることが知られるようになるが、アメリカ軍にとってMiG-15の参戦は信じがたい出来事だった。そもそも当時のソ連製戦闘機といえばヤコブレフやラボーチキンであり、ミグ自体ほとんど実績がなかった。第二次大戦中はMiG-1/3を設計するが、これは成功作とは言いがたい戦闘機だった。

そしてなにより、MiG-15が後退翼機であったことがアメリカを驚かせた。ソ連が後退翼ジェット戦闘機を開発していることは既に知られていたが、アメリカでさえF-86を実用化して間もなかったし、ソ連の航空技術は一段劣ると見くびっていたから、まさかこのように早く実戦に投入してくるなど思いもよらなかったのである。まるで「零戦ショック」の再来だった。

後に撃墜されたMiG-15の破片を集めて解析することによって、MiG-15の搭載エンジンがロールス・ロイス「ニーン」であること判明する。ニーンはF9F-2（速力877km/h）や本家イギリスのスーパーマリン アタッカーF.1（速力950 km/h）にも搭載されていたものの、F9F-2もアタッカーも1,075km/hを誇るMiG-15とは比較にならないほど性能に劣った。しかもアタッカーはMiG-15登場時点では実戦配備すらされていなかった。

1950年11月８日。ついに「ジェット戦闘機VSジェット戦闘機」の戦いの火蓋が切られた。

中国軍の６機のMiG-15は鴨緑江北岸に位置する国境の町、丹東を離陸し一旦中国側で高度を取った（鴨緑江が中朝国境となっている）。そして鴨緑江付近でB-29を護衛するF-80Cに対して降下攻撃を仕掛けた。

F-80Cのパイロット、ラッセル・J・ブラウン中尉は鴨緑江北岸から接近するMiG-15に気がついていた。ブラウン中尉は北へ向けて旋回し、MiG-15の編隊へ突っ込んだ。「ヘッドトゥヘッド（向き合った状態）」での撃ち合いで被弾したものはなく、６機のMiG-15のうち５機は即座に反転し鴨緑江北岸へ引き返した。アメリカはたとえ追撃中であっても中国側への越境を禁じていたので、鴨緑江北岸からの一撃離脱はMiG側の常套戦術となった。

しかし、１機のみ南側へ降下離脱するMiGがあった。ブラウン中尉はこれを追撃する。MiG-15は零戦のような戦闘機で、軽量小型で速度、上昇、旋回力に優れるが、唯一急降下だけは不得意としており、南へ降下離脱する選択は中国軍パイロットにとって致命的なミスとなった。

F-80Cを振りきれないとみたのかMiG-15は上昇に転じる。しかし全てが遅かった。上昇によって減速したため両機の間隔は更に縮まり、ブラウン中尉はMiG-15を照準器に捉えた。そして６梃のM2　12.7mm機関銃を５秒間射撃する。弾丸はMiG-15を切り裂き、激しい炎を引きながら鴨緑江南岸に墜落した。史上初の「ジェットvsジェット」の空中戦はF-80Cとブラウン中尉の勝利となった。

幸いにもF-80Cは勝利したが、設計面での世代差は否定できず、この日アメリカ空軍はMiG-15と対等の性能を持つF-86Aセイバーの投入を決定する。

NATOコード

ソ連は積極的に軍用機や兵器の名称を公開しなかった。アメリカではソ連製航空機には「タイプ　1」のような仮の名称番号を順に与えていたが、これは非常に覚えにくかった。そのために、判別を助ける目的からソ連製兵器の命名規則を定めた「NATOコード」を導入することとした。

NATOコードは、戦闘機には「Fagot ファゴット」「Foxbat フォックスバット」のように頭文字が必ずFとなる愛称が与えられている。練習機や戦闘機の複座型は「Mongol　モンゴル」のようにMで始まる。爆撃機は「Bear ベア」などBで、輸送機は「Charger チャージャー」などCで始まる。空対空ミサイルは「AA-2 Atolアトール」AA-xの番号とAで始まる愛称、空対地／対艦ミサイルは「AS-10 Karenカレン」のようにAS-xとKの頭文字である。

現ロシアは名称を秘匿していないので新兵器にNATOコードを付与されることは無くなった。また過去の兵器も名称が判明しているので最近ではほとんど使われなくなりつつある。航空自衛隊のパイロットの間では、慣例的にロシア製空対空ミサイルをNATOコードで呼んでいる。

ロシア国内では当局がNATOコードを表記することは無いが、ロシアの博物館などにおいて稀にNATOコードを使用している場合がある。

◆3-9
ミグアレイの死闘

「F-86は強力で、よく好かれ信頼できる飛行機である。そしてもう一つの良い飛行機MiG-15と戦っており、どちらも高度によって異なった戦術上の利点を得ている。F-86がミグに対して際立って優勢だった原因はパイロットの質に帰している」

——イギリス空軍 中央戦闘機機構 F-86対MiG-15報告書

鴨緑江南岸のMiG-15出没空域は「ミグアレイ（ミグ回廊）」と呼ばれるようになった。F9FやF-80は熟練パイロットの優れた技量によって、辛うじてMiG-15との性能差をカバーしていた。

12月5日、待望のF-86Aがアメリカ本土から空母に積載され（輸送のため載せただけで発着艦できない）、板付基地（現福岡空港）を経由し朝鮮半島へやってきた。12月17日にF-86Aは初めてミグアレイへ出撃し、MiG-15を1機撃墜した。

以降ミグアレイでは2年半にも及ぶ激烈な空中戦が行なわれた。アメリカ側の主張ではF-86vsMiG-15の空戦において78〜104機のF-86を失い、792機のMiG-15を撃墜したとしている。一方ロシア側の主張ではMiG-15の損失335機（F-86以外に撃墜された機を含む）に対しF-86を574機撃墜したとする。これに中国・北朝鮮機の損失を加えるとMiG-15の損失は500〜600機に達する。両軍ともに相手側の損失数をはるかに上回る撃墜戦果を記録しているが、それは特にミグ側において顕著であった。

両軍の損害機で比較するならばキルレシオは5対1〜6対1でF-86が勝利した。アメリカ側にF-80や英軍のミーティアほかのジェット戦闘機、B-29やダグラスAD-4スカイレイダー等のレシプロ機の損失を加えればキルレシオは2対1程度となる。ミグアレイの死闘はまずF-86側の勝利と言って良い。

両機の性能向上型F-86FとMiG-15bisは速度性能はほぼ対等である。高度2万ft（6,000m）より下ではF-86Fが、それ以上とくに9,000mといった高高度では

ミグアレイにおける
MiG-15bisの「トロイカ・ペア」戦術

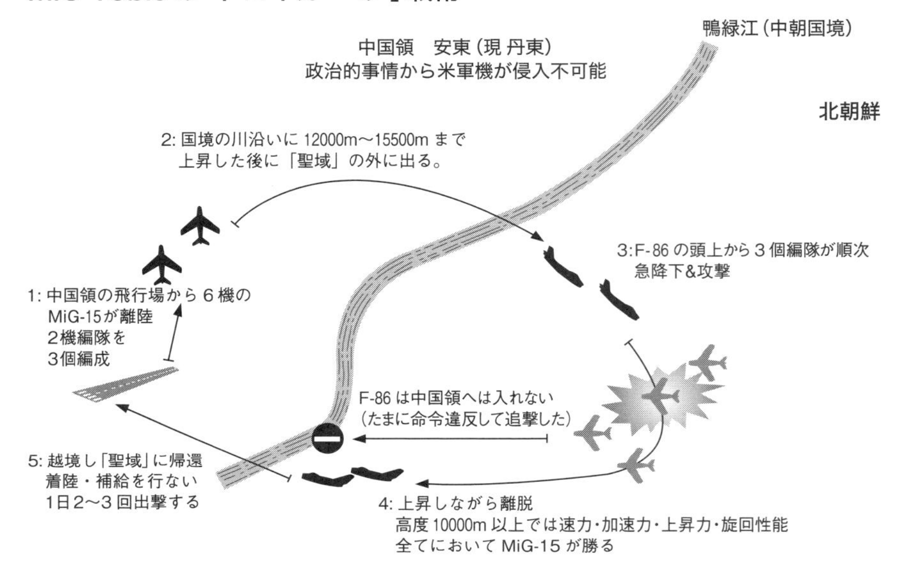

MiG-15bisが優れた。戦闘機としての運動性は軽量で小型なMiG-15bisのほうが翼面荷重が低く推力重量比も良好で、多くの点で勝っていた。航続距離は大型のF-86Fのほうがずっと優れた。しかしF-86Fはソウル南の水原など半島中部から離陸し遠路ミグアレイまで進出したのに対し、MiG-15bisは満州から離陸して少し南下すればそこが戦場だったから、事実上MiG-15bisが有利である。

武装の火力は両者で大きく違うが、F-86Fは第二次世界大戦時からの伝統的武装、12.7mm機関銃を6梃装備した。12.7mmは500m以下の距離では強力だったがそれ以上で致命的ダメージを与えることは困難で、より大口径の20mm機関砲を求める声が大きかった。これに対しMiG-15bisは対爆撃機用に37mmと23mm×2の大口径機関砲を搭載しており、37mm弾は1発か2発命中すればF-86Fは空中分解した。特にB-29には大変効果的で、日本軍が手も足も出せなかったこの超重爆撃機を白昼の作戦投入ができなくなるまでに大打撃を与えた。

第二次世界大戦後はジェット化・後退翼化と同時に各種装備品においても大きな進化があり、飛行性能以外の分野を充実させることで、事実上の戦闘能力は大きく増大した。F-86Fは「レーダー測距付きジャイロ コンピューティング サイト」、「対Gスーツ」、「射出座席」を搭載した。MiG-15bisは射出座席こそ有していたが、照準器は第二次世界大戦世代と変わらない固定式の光像式照準器であるし、対Gスーツもなかった。F-86Fは命中精度と高いGを掛けた旋回において有利だった。

以上のように両機ともにその性能は一長一短であり、その差はほとんどなかった。ミグの敗因は機体の性能差ではなく両軍の練度の差にあった。アメリカ空軍は第二次世界大戦経験者が多く若いパイロットも十分な訓練をうけていたが、中国人、朝鮮人パイロットは機関砲を一度も撃ったことがないというものがほとんどであり、彼らにはMiG-15の良好な高高度性能を活かし一回急降下攻撃しそのまま帰ってくることだけが求められた。結果として技量の差から一方的に撃墜された。

公式にはソ連は朝鮮戦争へ参戦していないことになっていたが、第二次世界大戦を生き抜いたベテランのロシア人も空中戦に参戦している。彼らが操縦するMiG-15はF-86にまったく引けをとらない活躍をみせた。

ソ連は朝鮮戦争への介入が第三次世界大戦の引き金となることを恐れたため、ロシア語しかできないロシア人パイロットらに「無線は朝鮮語のみを使用せよ」という無茶苦茶な命令を出してまで隠そうとしたが（すぐに撤回された）、アメリカ側も同じく第三次世界大戦を望んでいなかったので、ロシア語をしゃべるパイロットの存在を知っていて知らぬふりをしていた。

アメリカ空軍では特別技量に優れたロシア人パイロットを「ホンチョウ」と呼んだ。これは日本語で「ボス」を意味する語として広まった。ホンチョウとは「班長」である。朝鮮戦争における最高のホンチョウはニコライ・スチャーギンで21機を撃墜した。彼の撃墜戦果の中には第二次世界大戦のエース、グレン・イーグルストン（18機撃墜うち２機を朝鮮戦争で記録）も含まれており、21機という数字も第二次世界大戦後のエースで最多記録となっている。一方アメリカ側のトップエースは空軍のジョセフ・マッコネルで16機を撃墜した。

◆3-10

光像式照準器の誕生

「私は敵機が風防ガラス全体を覆ってから最小の射程で発砲した。そうすれば敵機の相対角度や、旋回したり何か回避機動をとられたとしても、全く無関係に命中した」

——エーリッヒ・ハルトマン〈ドイツ空軍エース、352機撃墜〉

戦闘機は基本的には機関銃等の武器を任意の場所へと運ぶ乗り物「ウェポンキャリアー」である。実際に敵機にダメージを与えるのは機関銃弾であり、ロケット弾であり、そして後のミサイルである。どんなに戦闘機の性能が優れていても、弾が当たらなければ何の意味もないから、正確に狙いをつけるための照準器（ガンサイト）もまた戦闘機とともに進化してきた。

アインデッカーなど最初期の戦闘機は機関銃の照準器をそのまま使っていた。機関銃の手前側に取り付けられた照門と、銃口近くの照星を重ね合わせ、その場所に敵機を置くように操縦して発砲する。原始的なこの方法は、いちいち目の焦点を変えなくてはならず、狙いにくかった。

そこで眼鏡式または望遠鏡式とよばれるスコープ型の照準器が搭載され、第一次世界大戦末期から第二次世界大戦が終結するまで長らく使われた。眼鏡式照準器は照門と照星を使用するよりも遥かに狙いやすかったが、それでも覗き込むのに前かがみの不自然な姿勢を強いられたし、視野が狭くて周りが見えなくなってしまった（射撃時は集中力が要求されるため視野の狭さはそれほど問題にはならないという指摘もある）。また、コックピットの前方から照準器が飛び出てしまうので、空気抵抗にもなった。

眼鏡式照準器とほぼ同時期にはガラスのハーフミラーに光の照準「レティクル」を映し出す、光像式照準器（リフレクターサイト）が登場する。光像式照準器自体は戦闘機が生まれるよりもはるかに前から存在していたのだが、これが眼鏡式にかわって本格的に用いられるようになるのは1930年代に入ってからであ

1944年の映画「加藤隼戦闘隊」のワンシーン。一式戦闘機「隼」の眼鏡式照準器をのぞく加藤建夫役の藤田進

り、第二次世界大戦中は一部を除き、ほぼすべて光像式照準器を搭載した。大戦後もMiG-15はこれを装備している。

光像式照準器は頭を動かしてもレティクルは一点をさししめし続けた上に、目の焦点を敵機に合わせたままでもレティクルはボヤケたりしない。従来の照準器よりもずっと狙いやすかったことから、以降すべての戦闘機に搭載された。現代戦闘機のヘッドアップディスプレイ（HUD）やヘルメット搭載ディスプレイ（HMD）も一種の光像式照準器であると言える。

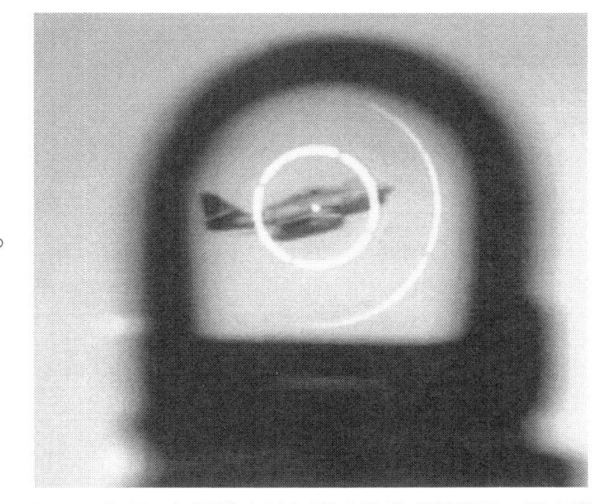

ハーフミラーに照準を映し出す光学式照準器。頭を動かしても照準はほぼ一点を指し示し続ける

第二次世界大戦中の平均的な射距離は200mであり、主翼内の機関銃はおおむねこの程度の距離で交差するよう内側に向けて設置されている。射撃は非常に難しく、200mの距離では光像式照準器をもってしても機関銃の命中精度は高いとは言えなかった。水平飛行中の間抜けな敵機に対して真後ろにつけ、相手が照準器内で静止した状態で撃てば理論上は

命中するはずだが、戦闘という緊張状態ではなかなか当たらなかった。

幾ら間抜けでも、狙いをそれた曳光弾がコックピットの周りを飛び交えば、攻撃されていることに気付く。そしてブレイク（急旋回）や、ジンキング（無秩序な左右旋回の切り返し）によって振り切ろうとする。動く相手を撃つには銃口を飛び出した弾丸が空中を飛翔し標的に命中するまでのコンマ数秒分、すこし前方を狙った見越し（リード）射撃が必要だが、ドイツ空軍きっての射撃の天才ハンス・ヨアヒム・マルセイユ（158機撃墜）のような名人でなければ、なかなか命中弾を送り込むことはできなかった。

多くの撃墜戦果をあげたエースほどむやみに射撃せず、空中衝突ギリギリまで距離を詰め、照準器いっぱいに敵機がはみ出るようになってから、はじめてトリガーを引いた。おおむね30-50mまで接近すれば、いちいち狙わなくても「撃てば当たる」状態となり、回避機動を取られたとしても（そして多くは無警戒のところを）一撃で仕留められた。

アメリカ陸軍の統計によると第二次世界大戦中、敵機を１機撃墜するには12.7mm機関銃弾を12,000〜15,000発要した。これは機関銃弾をフル装備した戦闘機約10機分に相当する。撃墜誤認の可能性を考慮すればその倍である。

大多数の平凡なパイロットにとっては１秒か２秒、100発程度の射撃チャンスに出会うことすら稀であり、まして命中弾は文字通り万に一つの「まぐれ当たり」でしかなかった。

◆3-11

画期的なレーダー測距ジャイロ式照準器

「機銃と酒はよく似ている。貴重で、役に立って、人気があって、しかも楽しいときた。だが……思慮分別なく使えば自滅する」

——アメリカ軍　不明

1939年、イギリスにおいて画期的な「ジャイロ式リード・コンピューティング照準器（以降、ジャイロ照準器と呼ぶ）」が初めて完成した。

ジャイロ照準器は基本的に光像式照準器と同じであるが、レティクルにジャイロが組み込まれており、必要な見越しを自動的に計算した上でハーフミラーに表示するという優れた機能を実現し、パイロットはレティクルと敵機を重ねるだけで命中弾を送り込めるようになった。P-51DやスピットファイアMk.XIVなどアメリカ、イギリス、それにドイツの大戦後期世代の戦闘機が搭載した。

ジャイロ照準器を使うには、敵機との距離を正確に計測する必要があった。P-51Dが装備したK-14ガンサイトならばまず照準器に取り付けられたダイヤルを回し、標的機の翼幅を照準器に設定する。ダイヤルには機種名が書かれているので、Fw190にセットすればならば10.5mとなる。次にもう一つのダイヤルで射撃したい距離を設定する。200mにセットすればレティクルの環は大きくなり、400mにセットすれば小さくなる。300mならばその中間となる（実際はフィート単位）。

200mにセットした際に照準器を通して見えるFw190とレティクルを重ねあわせ、環の大きさとFw190が全く同じならば、200mの位置にいることが分かる。この時、レティクルは正確な見越し角を表示しており、レティクルの中心点を敵機にあわせて撃てば弾丸は命中する。レティクルの環よりもFw190が少し大きく見えるならば200mよりも近いので、表示された見越し角よりを小さくして射撃すれば良い。

ジャイロ照準器は自機の機動から補正された照準を自動的に計算するが、ジャ

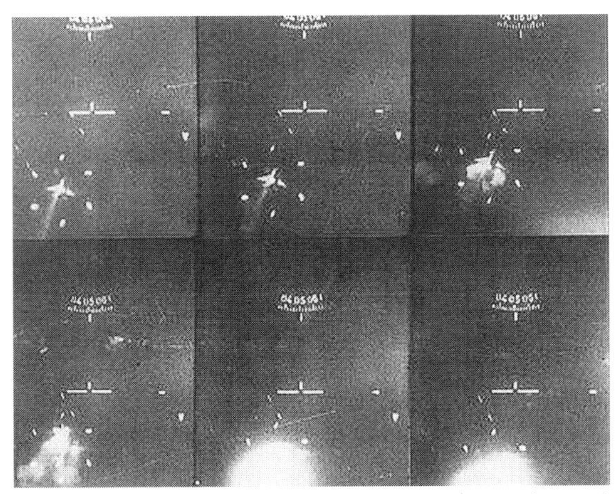

ジャイロ照準器。動くレティクルを敵機に重ねあわせ発砲すれば弾丸は命中する。写真は1982年10月５日、南アフリカ空軍のミラージュ F.1がキューバのMiG-21を撃墜したもの

イロ自体が安定するまで約３秒の時間を必要とし、その間一定のGを掛けた旋回を正確に続けなくてはならなかったが、動いている敵機にも命中させられたから、射撃機会に対する撃破率は改善され「エース・メーカー」とも呼ばれた。原理上、３秒以内で短く切り返すジンキングをおこなうような相手には命中しない。

最初に朝鮮戦争へと送られたセイバー、F-86Aの初期生産機はP-51DのK-14を発展させたK-18を装備していた。K-18も手動で距離を設定しなくてはならず、レシプロの時代よりも遥かに高速化したMiG-15を相手には、少々使いにくい照準器であった。そこで新たにレーダーを組み込んだ、「レーダー測距ジャイロコンピューティング照準器」の装備を急いだ。

この新型照準器は、これまで手動で行なっていた測距をレーダーが勝手に行ない、煩わしい手順をとらなくとも自動で見越し角を計算したレティクルを表示した。改良型A-1C（M）照準器ならば、F-86の機首部に搭載されたAN/APG-30レーダーが、正面に位置する距離140mから2,700mまでの敵機を正確に測距することができた。高度6,000ft（2,000m）以下では地面の反射で誤動作することが多かったものの、相対速度が速くなり、かつ撃破時に敵機の破片を吸い込む危険の大きいジェット機においてはハルトマンらのように50-30mまで接近しての射撃はあまりに危険だったので、相手が水平飛行か同一のGで３秒以上旋回している場合に限られるものの、500m～1,500mの射程距離を発揮できたメリットは、いまだ固定式のASP-3N光学照準器しか持たず、万に一つのまぐれ当たりしか期待のできないMiG-15に比べて極めて大だった。現在の航空自衛隊では1,500ft（500m）以下での射撃を禁じている。

なおF-86のレーダーは前方に位置する航空機との測距機能のみであり、索敵や無視界での射撃等はできない。

◆3-12

負担を軽減する対Gスーツ

「我々は最大9Gの強烈な重力に毎日晒されます。対Gスーツは体感で2G程度軽減する効果をもたらします」

——航空自衛隊　パイロット

ドッグファイトにおいては、機体の最高性能を発揮した急旋回が必要不可欠だが、急旋回は機体やパイロットに強力な遠心力を与える。遠心力は地球の地表面での重力加速度9.8m/s^{2}を1とした「G」で表すが、戦闘機では時に7～9G、つまり地球の重力の10倍近くの力で足元方向に引っ張られる。高速で旋回するほどGは強くなる。

極めて高いGはG-LOC（ジーロック：Gによる意識の喪失）を発生させる。G-LOCは体内の血液が足元へ滞留、脳に血液が回らなくなることによって発生し、軽度の場合は視野の色彩が失われるグレーアウト、徐々に視野が狭くなり最後は何も見えなくなるブラックアウトを生じ、最終的には失神する。

G-LOCを防ぐには下半身に力を入れ血液の滞留を防ぐ、特殊な呼吸法を行なう等の対処法があるが、第二次世界大戦期には既に戦闘機の旋回性能は人間の限界を迎えており、G-LOCの結果墜落したという事例は枚挙に暇がない。

人間の対G能力を高める取り組みでもっとも大きな成功を収めた技術が、パイロットに装着する「対Gスーツ」である。

対Gスーツは複数の空気袋からなっており、パイロットはコックピットに乗り込む際、対Gスーツと機体をホースで繋ぐ。そして上空で高いGを掛けた旋回を行なうと、ホースを通じて圧縮空気が送り込まれ、瞬時にして空気袋が膨らむ。高圧になった空気袋はコンクリートのように硬くなり、パイロットの太もも、ふくらはぎ、または腹を強く圧迫する。結果として下半身へ血液が流れにくくなり、強いGを発揮した旋回時においてG-LOC耐性を高める効果を発揮する。7G、8Gといった高いGになるほど補助効果は大きくなる。

下半身に取り付けられたGスーツ。第二次大戦時にP-51で運用されはじめ、1950年代頃にはほぼ完成された。左はF-22用のフルカバー対Gスーツ、右は従来型〈US AIRFORCE〉

対Gスーツあくまでも体感ながら1.5Gから2GはG-LOCを軽減できるという。軽減できた分はさらに強く操縦桿を引いた旋回が可能となるだけではなく、苦痛が小さくなるから状況認識も向上する。F-86とMiG-15は旋回性能自体はMiG-15のほうが優れたが、F-86のパイロットは対Gスーツを着用し、結果として人間側の限界を高めて不利を帳消しにすることができた。

Gスーツはその後長らく大きな変化はなく現代に至っているが、F-22ラプターのパイロットは新型のフルカバー対Gスーツ（FCAGS）を装着する。フルカバー対Gスーツは空気袋が全体でひとつになっており、圧迫する面積が従来の下半身全体の３割から９割に向上した。結果、さらに＋1Gの耐G-LOC効果をもたらすという。F-22は従来機よりも遥かに旋回力に優れており、それを発揮する手助けをする。

だが、この新しいフルカバー対Gスーツには功罪があった。アメリカ空軍は2008年以降、F-22において発生した原因不明なパイロットの意識障害に悩まされていた。墜落事故も発生し、事態を重く見た空軍は2011年５月３日から９月26日まで４ヵ月半にも及ぶF-22の飛行停止処置をとった。アメリカ軍の単一機種飛行停止としては史上最長だった。

当初、呼吸用の酸素を作り出す機上酸素発生装置（OBOGS：オボグス）の汚染が疑われたが、2012年7月24日にフルカバー対Gスーツへ空気を送り出す圧力弁が、高高度で故障したことに原因があると公式に発表された。現在では改良され問題は解消されている。余談であるが、濡れ衣を着せられたOBOGSを製造するハネウェル社は、F-22飛行停止中に株価が暴落した。

対Gスーツと並び大きな効果をもたらした技術が、座席を傾けることによって足元方向にGが掛からぬようにした「リクライニングシート」である。朝鮮戦争後の1954年、イギリスはミーティアを改造した「うつ伏せミーティア」を初飛行させた。うつ伏せは確かに耐G-LOCに効果があったし、コックピットも小さくできて「前面投影面積」を減らし抵抗も軽減できた。しかし、疲れる、操縦しにくいし、後方が全く見えない、等の欠点から、結局この案は放棄された。

反対に座席を後ろに少し傾けて設置すれば、うつ伏せ時のような欠点が無く同じ効果が得られるが、この極めて単純明快な解答に達するのにはさらに20年を要した。F-16は30度座席が後ろに傾けられ、半分寝そべるように搭乗するリクライニングシートになっている。以降多くの戦闘機がこのアイディアを導入している。

30度リクライニングされたF-16の射出座席。耐G能力を高めると同時にキャノピーも小さくできた

◆3-13

ゼロ・ゼロ射出座席

「ベイルアウトをためらうな！　生きて帰ることは我々に課せられた使命である」

——航空自衛隊 ある飛行隊の標語

機械的なトラブルや戦闘時の損傷によって、安全に着陸することが困難な状況と思われる場合、パイロットは緊急脱出しパラシュートによって降下しなくてはならない。これを「ベイルアウト」または「エジェクト」と呼ぶ。

第二次世界大戦機のベイルアウトとしてスピットファイアを例としよう。まずベイルアウトは速度が遅いほど危険が少ないので、失速速度に近づかない程度に減速し脱出するのが望ましい。これは昔も今も変わらない。しかし深刻な損傷や火災が発生した場合は、十分な減速を行なう前に一刻も早く脱出する必要がある。

高速飛行中の脱出は非常に難しく、まず風圧でキャノピーを開けること自体が難しくなった。スピットファイアではキャノピーを後方にスライドさせるのに、いったん持ちあげなくてはならないが、高速飛行中は人力では重すぎてびくともしなくなった（後にキャノピー投棄装置が追加され改善）。

キャノピーを開けることに成功したならば、速やかにハーネス・酸素マスクを外す。次に座席の上に屈むような態勢をとり、そのまま立ち上がるようにし可能ならば右側から飛び降りる。これはプロペラ後流が胴体を右回りの螺旋状に流れているためで、後流が背を押してくれる。錐揉みの場合は内側へむけて飛び降りる。飛び降りる際も高速時は強烈な風圧が容赦なく身体を拘束し、動けなくなってしまうことがあった。

ベイルアウトの機会は戦闘時が一番多く、そして戦闘時が一番飛行速度が高くなるから、戦闘機が高性能化するにつれ脱出は困難となってしまった。またベイルアウトしたとしても、パイロットには水平尾翼という恐るべき敵が待ち受けており、衝突しないことを祈るしかなかった。スピットファイアのような単発単座機ならまだしも、P-38ライトニングは双胴機という機構上、尾翼をクリアするために背面飛行でのベイルアウトが推奨された。それが不可能な場合は主翼の上に這い出て、後縁から転がり落ちるという曲芸をする必要があった。

こうした状況においてガス圧・火薬を用いたエジェクションガン（射出銃）でパイロットを座席ごと機外に放出し、かつ尾翼から十分に距離を取る「射出座席」が開発された。

マーティンベイカー Mk.10（グリペン用）ゼロゼロ射出座席の試験。ロケットモーターによって加速され、キャノピーを物理的に破砕しパイロットを機外に放り出す〈Martin-Baker〉

最初に射出座席を実用化したのはドイツで、夜間戦闘機ハインケルHe219ウーフーに搭載された。双発機であるHe219はコックピットのすぐ横にプロペラがあり、自力での飛び降りは困難だった。ジェット戦闘機への搭載もやはりドイツが最初で、He162は背中にジェットエンジンポッドを背負うというユニークな機構上、パイロットの吸い込みを防ぐ必要があったために射出座席を採用した。

第二次世界大戦後、射出座席はジェット戦闘機にとって必要不可欠な装備となるが、その実用化において偉大な足跡を残した航空メーカーが、スピットファイア用のキャノピー投棄装置も手掛けたイギリスのマーティン・ベイカー社である。

マーティン・ベイカー社が射出座席の開発事業を手掛けるようになったきっかけは、創業者ジェームズ・マーティンの強い意向にあった。友人にしてもう一人の創業者、ヴァレンタイン・ベイカーが墜落事故で殉職、マーティンは悲嘆に暮れ、こうした悲劇を二度と起こしてはならないと、射出座席の開発を始めた。

マーティン・ベイカーは1945年より地上での座席射出実験を行ない、1946年７月24日に最初の空中実験を実施した。テストパイロットのバーナード・リンチは高度2,438m（8,000ft）、速度514km/h（320mph）で飛行中のミーティアF.3から射出座席を作動させ、無事にパラシュート降下し着地してみせた。

リンチはその後30回にも達する射出実験をこなし、その献身的な働きによって、1949年にはついに同社初の実用射出座席「マーティンベイカー Mk.1」が誕生した。Mk.1は火薬式エジェクションガンだった。

Mk.2では射出後に失神しても自動でパラシュートが展開するようになり、Mk.6ではエジェクションガンに加えロケットモーターを備えており、たとえ地上静止状態で作動させたとしても、パラシュートを開くために必要な高度にまで

F-16用 ACESⅡ（エイセスツー）射出座席 動作順序

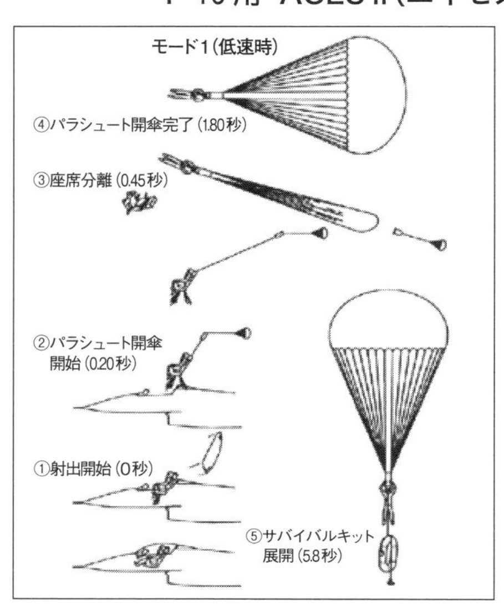

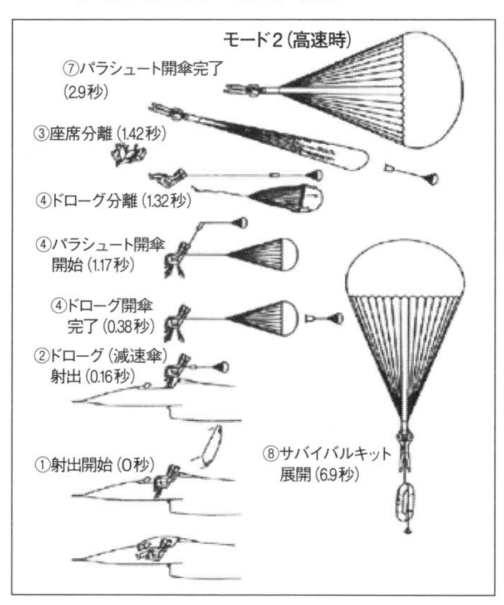

射出が可能となった。Mk.6のように高度ゼロ、速度ゼロで作動させても生還できるものを「ゼロ・ゼロ射出座席」と呼び現在の主流となっていえる。

最新鋭のMk.16はF-35、タイフーン、ラファールなどで使われている。タイフーンはキャノピーを投棄し射出するが、投棄に失敗しても射出座席そのものがキャノピーを突き破る。ラファールとF-35の場合はキャノピーを投棄せず突き破ることを前提としており、まず「キャノピー破砕システム」が爆薬でキャノピーを破壊し、強度を失った後に座席が貫通する。F-35ではゼロ・ゼロ状態から高度15,250m（50,000ft）、速度1,111km/h（600kt）までの射出をサポートしている。

マーティン・ベイカー製の射出座席は欧米の戦闘機ほとんどすべての機種に搭載されたことがあり、70,000座席以上が93ヵ国で運用され2016年６月現在までに7,497人もの命を救った。

ソ連ではミグ設計局がMiG-9用に最初の射出座席を実用化した。現在のロシア機はズヴェズダK-36D射出座席が搭載されている。K-36Dは超音速でのベイルアウトが可能で、1,300-1,400km/hでの生還を保証し、最大マッハ2.5までサポートされている。Su-27/MiG-29系列ほかヘリコプターにも搭載されている。

ただ、亜音速以上でのベイルアウトは風圧で重傷を負う可能性が高いので、F-111ではコクピットまるごとが総重量1,360kgのカプセル式となっており、カプセルごと射出する方法を採用している。

◆3-14

火事場の馬鹿力「アフターバーナー」

「スロットルを押し込みアフターバーナーを使うと燃料流量計の針が一気に飛び跳ねます。思わずめまいがするほどに」

――航空自衛隊　パイロット

アフターバーナー（A/B）はジェットエンジンのエンジンの推力を増強し、戦闘機の機動性を著しく向上させる装置である。「リヒート」（再燃装置）、「オーグメンテーション」（増強装置）とも呼ばれる。そのアイディアは非常に古くジェットエンジンが誕生する前の1936年には、発明者ホイットルがリヒートの名称で特許を取得している。1944年にミーティアF1のロールス・ロイス ウェランドにアフターバーナーを搭載し、飛行試験を実施した。

実用化は1950年になってからで、ロッキードF-94Aスターファイアがアリソン J33-A-33（A/B推力27kN）を搭載、ノースロップF-89Aスコーピオンがアリソン J35-A-21（A/B推力33kN）を搭載し就役した。僅差でF-94が史上初のアフターバーナー搭載実用戦闘機となった。どちらも直線翼の亜音速機である。

アフターバーナーを初めて実用化した迎撃戦闘機ロッキードF-94スターファイア。原型はF-80の練習機型T-33である。レーダーによって無視界による攻撃も可能とする〈US AIRFORCE〉

アフターバーナーは燃焼室からタービンを通過した高温高圧高速の排気ガス（大量の酸素が残余している）に対し、ノズルの手前のジェットパイプ内部で再度燃料を噴射し、燃焼させるための装置である。再燃焼によって排気ガスのエネ

アフターバーナーを点火し発艦するヴォートF7Uカトラス。アフターバーナーは莫大な推力を得られるが、あまりにも燃費が悪く、秒単位の時間しか使用することができない〈US NAVY〉

ルギーは大幅に増加し、その結果として推力を30%以上大幅に向上させる。

増強できる推力はアフターバーナーによる燃焼後と燃焼前ガスの温度の比の平方根に等しい。タービンからのガスが摂氏700度（973K）、アフターバーナーによって摂氏1,700度（1,973K）まで上昇しているとするならば$\sqrt{(1{,}973/973)}=1.42$。すなわち推力は42%向上する。

通常、ジェットエンジンのノズルは先細りになっており、排気ガスの圧力を速度に変換して推力を向上させているが（ホースから水を撒く際、先端を潰すと水流の勢いが増すのと同様の現象）、アフターバーナーを装備したエンジンは、燃焼器とタービンを通過したガスの流れが途中で滞らぬよう、アフターバーナー使用時にノズルを大きく開き速やかに排気する「コンバージェンス・ダイバージェンス・ノズル」となっている。

アフターバーナー付きのエンジンは、同型のアフターバーナーなしのエンジンに比べてミリタリースラスト（アフターバーナーを使用しない時の最大推力）はやや低下する。

1970年代以降の戦闘機に搭載されるようになった「低バイパス比ターボファンエンジン」では、燃焼室とタービンを通過しない空気流（バイパス流）があることから、ターボジェットエンジンに比べて残余の酸素量が多く、またガスの温

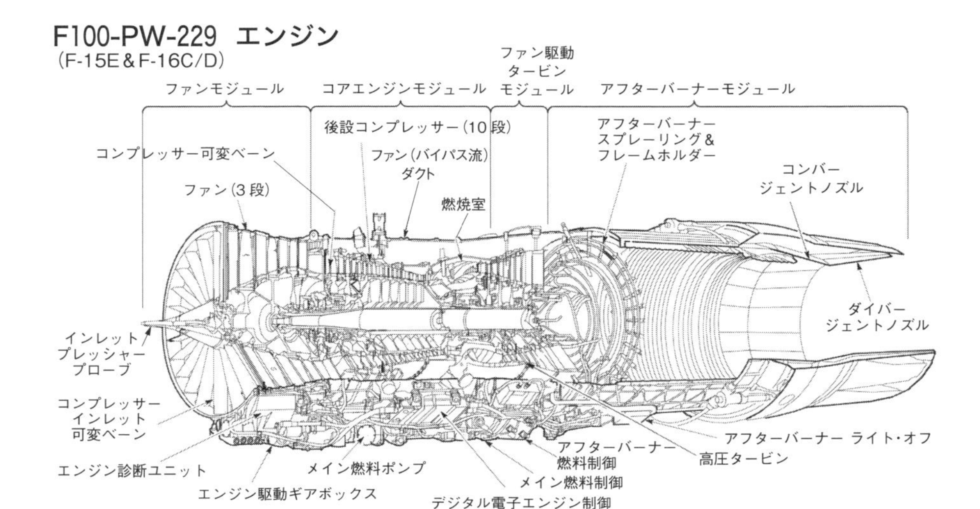

度も低いため、最大で70%もの推力向上を実現する。

著しい推力の向上は莫大な燃料の消費と引き換えであり、ミリタリースラスト時よりも５倍近く燃費が悪化してしまう。実例としてF-15J用のF100-IHI-200E（以下F100）ターボファンエンジンを見てみよう。

F100のミリタリースラストは65.3kN。1Nの推力を１秒間発生させるには20.7mgの燃料を消費するので毎秒1.35kgを飲み込んでいる。アフターバーナー使用時は60%増強された104.3kNの推力を発生する。このとき1Nあたり１秒間に59.5mgの燃料を消費する。燃費は毎秒6.21kgとなり、60%増しの推力の代償として4.6倍跳ね上がる。

F-15Jは双発であるから、アフターバーナー使用時の実際の燃費は毎秒12.42kgだ。これは灯油一斗缶（18リットル）を使い切るのに1.2秒と必要としない消費量である。F-15Jの機内燃料タンク6,300kgをもってしてもわずか507秒（８分27秒）で全燃料を消費し尽くしてしまう。

したがってジェット戦闘機は「常にアフターバーナーを使用した最大性能の発揮」は不可能だ。アフターバーナーは短距離離陸、格闘戦、追撃、離脱、上昇などにおいて、推力重量比を一時的に高め機動性を向上させるための、あくまで「緊急出力」として使用され、実戦ではほとんど秒単位の時間しか用いない。

◆3-15

最初に超音速に達した F-100スーパーセイバー

「きみの主人になれたものは、みなきみを愛している。そうでなかった人間はきみを憎み、恐れた。F-100にはその中間が無かった」
——ドン・ミラー〈ミシガン州兵空軍パイロット〉

朝鮮戦争終結を目前とした1953年5月25日。この日初飛行を行ったノースアメリカンYF-100Aは、同時に超音速飛行に成功した。

初飛行で超音速飛行という例は後にもあまりないが、ともかくチャック・イェーガーとロケット機XS-1による最初の超音速飛行から5年半目にして、ついに戦闘機も超音速に達した。YF-100AはF-100Aスーパーセイバーとしてアメリカ空軍に制式採用され、世界最初の実用超音速ジェット戦闘機となった。

F-100が超音速機となることができた最大の理由は、エンジン性能が著しく向上したことによる。1954年に就役した初期型のF-100Aはプラットアンドホイットニー J57-P-39ターボジェットを単発で備え、J57はミリタリースラストで43.1kNである。ほんの1年前まで朝鮮半島上空で戦っていたF-86FセイバーのJ47-P-39は、たったの26.3kNしかなかった。

J57は二つのタービンで圧縮機を駆動する「二軸式圧縮機」をもち圧力比は12、すなわち12倍に空気を圧縮した。空気を圧縮するほどより多くの推力を効率よく得ることが可能であり、F-86FのJ47は圧力比5.35である。10年前の第二次世界大戦時、スピットファイア用ロールスロイス・マーリンのスーパーチャージャーは圧力比たったの1.2だった。マーリンは日本やドイツが羨む高性能スーパーチャージャーを持っていたのに、それと比較しても10年で10倍に達したのである。

そして何よりアフターバーナーである。J57の推力は43.1kNからA/B時70.3kNへ一気に増強され、マッハ1前後にそびえ立つ造波抵抗を突き破ることができた。

J57シリーズはF-100以降、F-101、F-102、F8Uなど多くの戦闘機に搭載され

米雑誌Popular Science1953年12月のF-100スーパーセイバー特集。「これが世界最速の戦闘機だ。空軍は真の超音速兵器を手に入れた」鳴り物入りで登場したF-100は、戦闘機としては全く戦果をあげられなかった

たほか、発展型のJ75はF-105、F-106、XF-107、CF-105等にも搭載され、まさしく超音速時代を切り開いた傑作ターボジェットエンジンとなった。またJ57/75はアフターバーナーを外した民間型がボーイング707やダグラスDC-8などの最初の近代ジェット旅客機にも搭載されており、高速輸送の時代をも開拓した。

史上初の超音速ジェット戦闘機にしてF-100というキリのよい番号、そして名機F-86の名を次ぐ「スーパーセイバー」の名を冠し鮮烈デビューを飾ったことから、さぞF-100は高性能で活躍したのだろうと思いきや、F-100はドッグファイトにおける勝利には、未確認のものを除けばただの一度も恵まれることがなかった。

F-100に次いで超音速戦闘機となったミグMiG-19。MiG-15から続く一連のシリーズの最終型として軽量小型で高い旋回性能は失われておらず、戦闘機としての実戦経験はF-100を凌駕する〈筆者撮影〉

F-100は音速に達した最初の戦闘機だったが、それだけだった。F-100の就役からわずか1年後の1955年4月27日には、ロッキードYF-104Aがマッハ2に到達しており、ほんのわずかの間でF-100は速度に劣る機体となってしまった。F-100は対地攻撃機として役割が求められ、1960年代のベトナム戦争では爆撃に戦果を上げている。

アメリカに次いで実用超音速ジェット戦闘機の開発に成功したのがソビエト連邦だ、ミグ設計局MiG-19は1953年に初飛行を行ない、1955年に実用化された。MiG-19はMiG-17の発展型であり、MiG-17もまたMiG-15を原型とする同一ファミリーの戦闘機である。MiG-15/17では単発機だったもののMiG-19ではアフターバーナー付きのRD-9B（推力 A/B：31.9kN）を双発で搭載した。

ソ連で最初にアフターバーナー付きターボジェットを搭載したのはVK-1Fを単発そなえるMiG-17Fだ。MiG-17Fは急降下時に限られるものの超音速を出すこともできた。なおF-86も急降下時には超音速に達したが、水平飛行時に超音速を出せない機種は「超音速機」とは言わない。

三番手はフランスで、ダッソーブレゲー シュペル・ミステールが西欧初の超音速ジェット戦闘機となる。シュペル・ミステールもアフターバーナーを搭載した最初のフランス製戦闘機だった。

◆3-16

YF-102Aとエリアルール

「F-102の旋回能力には非常に感銘を受けました。多くのF-102パイロットは他の戦闘機よりも優れた旋回能力を主張するでしょう。これは空中戦能力を有していることを証明しています」

――ジョージ・アンドレ〈アメリカ空軍パイロット〉

マッハ１付近において文字通り音の壁の如くそそり立つ造波抵抗によって、ジェット戦闘機の速度性能は40年代後半からF-100登場まで1,000-1,100km/h（マッハ0.8-0.9）で足踏みすることとなったが、1950年代は信じられないペースで高速化していった。

それはかつての「航空黄金期」がレシプロエンジンの出力向上と、流体力学の成熟によって高速化が達成されたのと同様に、アフターバーナーによる著しい推力増加や、超音速に達すると途端に振る舞いを変化させる新しい「圧縮性流体力学」の研究が進み、造波抵抗を軽減させる技術が開発された結果であった。

アメリカ空軍ではF-100を最初の超音速ジェット戦闘機に割り当て、以降さらなる高速化を目指した超音速ジェット戦闘機を開発し、次々と就役させる計画を立案した。F-「100番代」の戦闘機「センチュリー・シリーズ」である。

そのセンチュリー・シリーズにおいて超音速を突破できない試作戦闘機があった。コンベアYF-102デルタダガーだ。その名の由来ともなった新技術「デルタ翼」を有し、既にF-100で超音速飛行の実績がある強力なJ57ターボジェットを搭載していた。

1953年10月24日にYF-102は初飛行する。YF-102は胴体に「ウェポンベイ（兵器倉）」を備えており、空対空ミサイル（AAM）を機内に収納することによって抵抗を軽減し、武装搭載状態でも容易に超音速飛行が可能なはずだった。誰もがYF-102の超音速飛行性能に期待をかけていた。

しかしその現実は厳しく、なんとYF-102は一度としてマッハ１に到達することはかなわなかった。YF-102に発生する造波抵抗が想定以上に大きかったのである。

YF-102が音速に到達できないその理由は、ちょうどこの頃NACA（アメリカ航空諮問委員会）において理論が確立された「エリアルール」によって判明した。エリアルールとは「断面積の法則」を意味する。飛行機を機首部から尾部にかけて連続的に輪切り（CTスキャンのように）とし、ある個所において断面積の変化が急激に増加ないし減少している場合、造波抵抗が著しく大きくなる現象を表した法則である。

YF-102は機首部から尾部まで胴体の断面積はほとんど変らないが、実際は胴体に主翼や垂直尾翼が取り付けられているので、これらを加算した場合、断面積が極めて大きく変動し、造波抵抗が強くなる元となっていた。

すぐさまYF-102にエリアルールを適用した造波抵抗軽減の設計が施され、改修型のYF-102Aが誕生した。YF-102Aでは断面積の変化を和らげるために、主翼の取り付け部から胴体を引き絞った「くびれ」が設けられている。くびれは主翼によって増加した断面積を胴体部を小さくさせることによって、差し引きで全体の断面積の帳尻合わせを狙ったものである。

エリアルールを盛り込んだ効果はてきめんだった。1954年12月20日YF-102AはYF-102の悪夢が嘘だったかのように上昇中のうちにあっけなく超音速に達し、速力は25%も向上した。YF-102AはF-102Aデルタダガーとして晴れて実用化されるに至った。F-102A以降の1950年代に誕生した超音速戦闘機は、胴体に「くびれ」が設けられた設計が大きな特徴となっている。

なおエリアルールとはあくまでも断面積の変化と造波抵抗の関係を理論化したものであり、くびれを設けること自体を意味しない。現代のジェット戦闘機は50年代機のようなくびれは無いが、コックピットやエアインテーク、主翼、尾翼などを配置することで急激に断面積が変化しないよう、エリアルールに則った設計が行なわれている。

左がコンベアYF-102、右が実用型のF-102A。F-102Aでは胴体の直径が途中で大きく絞られており、エリアルールに則った断面積変化を軽減する設計が盛り込まれている〈NASA-US AIRFORCE〉

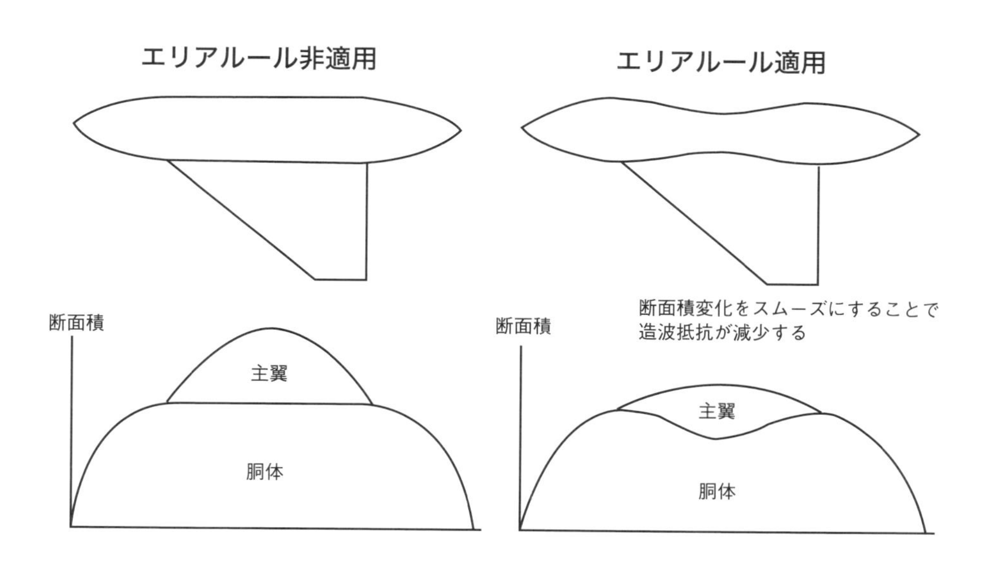

◆3-17

薄翼に回帰する戦闘機

「何と強く私はこれを求め、なんと熱烈にこの瞬間を待ったことだろう。私のうしろには既知だけがあり、私の前には未知だけがある。ごく薄い剃刀の刃のようなこの瞬間、そういう瞬間が成就されることを、しかもできるだけ純粋厳密な条件下にそういう瞬間を招来することを、私は何と待ちこがれたことだろう」

——三島由紀夫『F104』

第一次世界大戦におけるフォッカーDr.IとD.VIIによって揚抗比に優れた分厚い翼「厚翼」の利点が証明されて以降、第二次世界大戦頃にはすべての戦闘機が厚翼をもつようになった。「層流翼」のP-51はその到達点と言える。

層流翼は非常に分厚いが、主翼表面の空気が整然と流れる「層流境界層」を作り出し、風洞実験では抵抗が非常に小さかった。しかし、実用機は表面の加工が粗く、ことごとく「乱流境界層」となり、全く層流効果が無かった。これはP-51のみならず「紫電」等層流翼を有した他の戦闘機も同様である。

ところが、偶然にも層流翼には衝撃波が発生しはじめる速度、臨界マッハ数を高める効果があり、造波抵抗の発生を抑制できた。結果としてP-51は予期せぬ層流翼の効果の恩恵により高性能機となった。

戦闘機がジェット化されマッハ0.8以上に達すると、層流翼の効果もほとんどなくなり、臨界マッハ数を完全に超えてしまった。厚い翼の上面で加速された空気流は機速よりもいち早くマッハ１に達し、その表面は衝撃波を生み出した。衝撃波の直後では気流が剝離、すなわち失速して圧力が上昇し、揚力を激減させるとともに強力な造波抵抗を生んだ。これはプロペラが音速に達した際に推力を生み出さなくなった「衝撃波失速」そのものである。

衝撃波は主翼上面を平らとした薄い翼によって弱めることができたため、音速に達した戦闘機はこれまでとは反対に薄翼へと先祖返りすることとなった。その

【上】「最後の有人戦闘機」ロッキードF-104スターファイター（写真は原型機XF-104）。F-100の実用化からわずか１年でマッハ２の高速性能を発揮した。写真のパイロットは高高度与圧服を着用している〈US AIRFORCE〉
【右】F-104Gの主翼前縁。カミソリのように鋭く薄い。野菜を切ることさえできた。ただ超音速で飛行することのみを追求したため、格闘戦をやれるような能力はなかった〈筆者撮影〉

代表例ともいえる戦闘機が、最初のマッハ２級戦闘機にして「最後の有人戦闘機」とも言われたF-104だ。

F-104の主翼前縁はカミソリと揶揄されるほど薄く鋭角だ。そのかわりに亜音速以下ではほとんど揚力を発生させず、ほとんど単なる「板」となる。F-104は無双の高速性能と引き換えに劣悪な低速性能を合わせて持っていた。着陸進入速度は370km/h（200kt）。これは古今東西あらゆる実用戦闘機の中で最も高速である。

旧来からの厚みのある翼は亜音速以下で揚抗比に優れるが、遷音速から超音速では劣る。薄い翼は亜音速以下で揚抗比に劣るが超音速で優れるという両立しがたい特性があり、戦闘機のマッハ数が高まるにつれ厚翼は忘れられていった。

戦闘機という機種が誕生して以降、戦闘機の歴史は高速化の歴史でもあった。戦闘機に限らず爆撃機や偵察機、旅客機でさえ将来の1960年代、1970年代には超音速飛行が当たり前となる時代がやってくるように思われた。当然、超音速の時代ともなれば戦闘機の空中戦もまた超音速で行なわれるはずであった。

ところがそうはならなかった。「音の壁」は技術的にはとっくに克服されていたが、どうしてもアフターバーナーによる推力増強が必要だった。アフターバーナーは短時間で莫大な燃料を消費するので、安易にこれを使うことはできず、結局マッハ２以上の速度性能を誇る高性能機であっても、ほとんどの場合はマッハ１未満の遷音速から亜音速で飛行した。そのため超音速の空中戦はめったに発生することはなかった。1970年頃には亜音速での機動性を重視した「厚い翼」が再び現われるようになる。

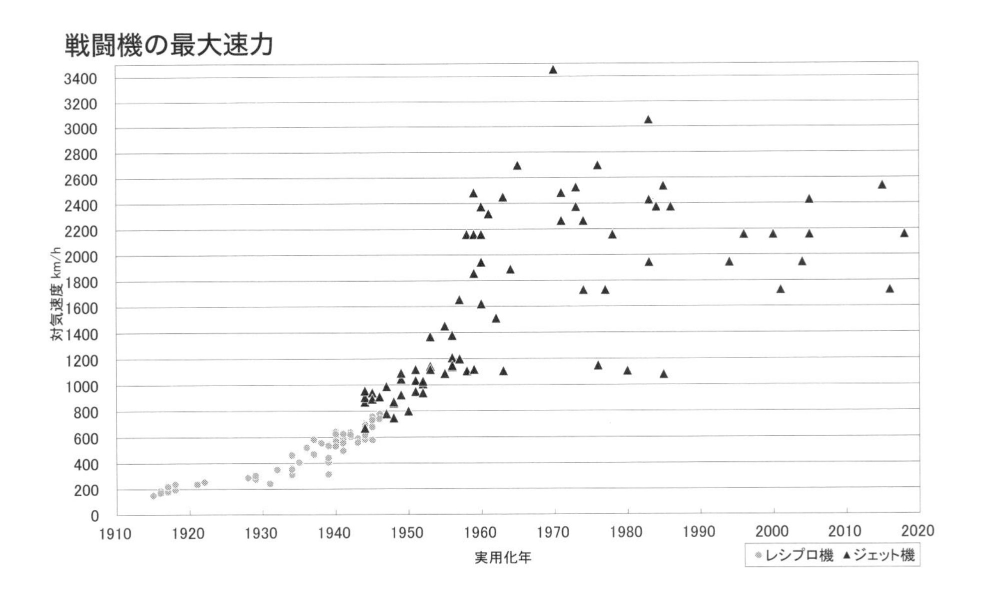

ウェポンベイからジーニー核弾頭ロケットを投下するF-106デルタダート。ソ連の核兵器搭載爆撃機を核兵器で制する構想だった。〈US AIRFORCE〉

第４章
迎撃戦闘機とミサイルの時代 1950〜

核搭載爆撃機への恐怖から各国は競って超音速迎撃戦闘機を完成させる。迎撃機に搭載される高性能レーダーと火器管制システムは「全天候戦闘能力」を実現。またミサイルの実用化は伝統的な武器である機関砲を追いやってしまった。もはや戦闘機対戦闘機は起こりえないとも思われたが、ドッグファイトは依然として存在し、その様相はリヒトホーフェンのころと何も変わってはいなかった。

◆4-1

核戦争時代のインターセプター

「飛行機は無着陸で世界をクルグル廻る。しかも破壊兵器は最も新鋭なもの、例えば今日戦争になって次の朝、夜が明けて見ると敵国の首府や主要都市は徹底的に破壊されている。その代り大阪も、東京も、北京も、上海も、廃墟になっておりましょう。」

——石原莞爾〈帝国陸軍、『最終戦争論』〉

1945年８月６日、広島へのウラニウム型原爆の投下、そして９日、長崎へのプルトニウム型原爆の投下は、現在のところ最初で最後の核兵器実戦投入例となっている。アメリカのB-29爆撃機に搭載されたたった１発の原爆が、20キロトン、すなわちTNT爆薬2,000万kg分のエネルギーを発し、広島と長崎の街を完全に破壊、何十万もの人々を殺傷した。

1949年にはソビエト連邦も核実験に成功する。ツポレフTu-4（B-29のコピー）がソビエト最初の核兵器搭載爆撃機となり、アメリカの核兵器独占は崩れ去った。

第二次世界大戦終結後、世界はソビエト連邦を中心とする共産主義(東側)陣営とアメリカを中心とする自由主義(西側)陣営に二分され東西冷戦がはじまった。

「もし冷戦が熱い戦争へとかわり、米ソが全面対決する第三次世界大戦に至った場合、両者が核兵器を無制限に投げ合う事態に発展し、世界は滅びるだろう」

こうした予測はまことしやかに語られ、米ソ両国は相手の核戦力を恐れた。結果として、自分が核兵器を使えば報復核攻撃を受けるという恐怖が生じ、冷戦中に核兵器が使われることは無かった。

核兵器の存在は米ソのみならず主要国空軍において一つの方向性を生じさせた。それは核兵器を投射可能な核搭載爆撃機と、核搭載爆撃機を阻止する迎撃戦闘機（インターセプター）への偏重である。

１万km近い大陸間を飛行可能な大型爆撃機は航続距離の問題から護衛戦闘機を付随できなかった。十分な護衛のない爆撃機は簡単に戦闘機の餌食となってしまうことは第二次世界大戦の戦訓から明らかであるので、アメリカではコンベアB-36ピースメーカー爆撃機に護衛戦闘機を吊り下げ、空中発進・回収を行なうパラサイトファイター「寄生戦闘機」が計画され、マクダネルXF-85ゴブリンのような機種も開発されたが、結局これは現実的ではなかった。

マクダネルXF-85ゴブリン寄生戦闘機。操縦席前のフックによって爆撃機と接続される。性能がひどく悪い上に空中で回収することは至難だった〈US AIRFORCE〉

したがって将来の核戦争では戦闘機対爆撃機が主となり「ドッグファイトは発生しない」はずだから、戦闘機の役割は爆撃機を阻止することに重点がおかれるようになる。

母機EB-29の爆弾倉からのびたアームに機首のフックを引っかけて接続したXF-85〈US AIRFORCE〉

1940年代後期から50年代初期にかけて実用化されたアメリカのボーイングB-47ストラトジェット、ソ連のツポレフTu-16バジャーのように、爆撃機においてもターボジェットエンジンの搭載と後退翼化された新型機が誕生した。こうした爆撃機は超音速の手前で一時的に速度向上が停滞していた戦闘機に匹敵するスピードがあったので、迎撃戦闘機は爆撃機を一度取り逃がしてしまえば追撃困難となる状況を強いられた。

核搭載爆撃機を１機でも撃ち漏らせば、いくつかの都市が消えてなくなる。夜間や悪天候のような視界が無い場合においても、確実に爆撃機を撃ち落とさなくてはならない。パイロットが標的を目視できないような状況でも、交戦を可能とする「全天候迎撃戦闘機」が必要とされた。

◆4-2

レーダーを搭載した WW2の夜間戦闘機

「私が発見した電波が、なにか役立つことがあるかというと、無いと思います」

——ハインリッヒ・ルドルフ・ヘルツ〈物理学者〉

夜間に爆撃機を迎撃するという作戦は非常に難しい。夜間爆撃は第一次世界大戦時にすでに行なわれていたが、迎撃側が爆撃機を発見する手段といえば、せいぜい地上のサーチライトと月明かり頼みであり、ほとんど効果があがらなかった。

第二次世界大戦ともなると地上にレーダーが設置され、戦闘機は敵爆撃機の付近にまで誘導を受けられたが、それでも数kmまで接近するのがせいぜいであり、結局のところパイロットは夜目を効かせて自力で探すしかなかった。

飛行機にレーダーを搭載し、夜間迎撃の成功率を高める試みに最初に成功したのはイギリス空軍だった。1939年にブリストルブレニムMk.IFが配備され、最初の実用「夜間戦闘機」となった。ブレニムMk.IFはバトル・オブ・ブリテンの最中だった1940年７月22日から23日の夜にかけてドイツ軍のドルニエDo17爆撃機を撃墜し、機上レーダーを使用した最初の勝利をあげた。ブレニムは元々双発爆撃機であるが、機動性が比較的良かったので昼間戦闘機ほどシビアな機動性の求められない夜間戦闘機としては十分に実用に耐えた。双発機は機首部にレーダーを搭載しやすいことも利点である。

イギリスに次いでドイツでも機上搭載レーダーが完成し、Ju88やBf110等の夜間戦闘機型が実戦投入された。ドイツは昼はアメリカ陸軍に、夜はイギリス空軍の襲来を受けた。ドイツ空軍における夜間戦闘機の戦い方は以下のとおりだった（Bf110G-4とする）。

ドイツは地上に設置された視程150kmの捜索用レーダー「フレイヤ」と、視程30kmの追尾用レーダー「ウルツブルグ」２基を組み合わせた「ヒンメルベット」地上迎撃管制（GCI）システムで上空を監視している。

まずフレイヤが敵爆撃機を探知し、その目標をウルツブルグが追尾し高度や速度を割り出す。もう一基のウルツブルグは友軍のBf110G-4を追尾し、Bf110G-4が敵爆撃機に対し最短時間で会敵できるよう、衝突コースを取るように誘導した。

ドイツ空軍の夜間戦闘機メッサーシュミットBf110G-2。「鹿の角」と呼ばれたFuG-202レーダーを持っており、４本のアンテナから発振された電波の反射波（エコー）の強弱によって敵を捜索した〈筆者撮影〉

Bf110G-4の機首部に搭載されたFuG 202「リヒテンシュタイン」レーダーは490Mhzで、４本の八木・宇田アンテナ（発明者である日本人名）からなり、大きな空気抵抗から速度性能は547km/hから510km/hへ37km/hも激減した。速度減の代償として得られたリヒテンシュタインの視程は、アブロランカスターのようなレーダー反射の大きい重爆撃機なら4.3kmにも達した。

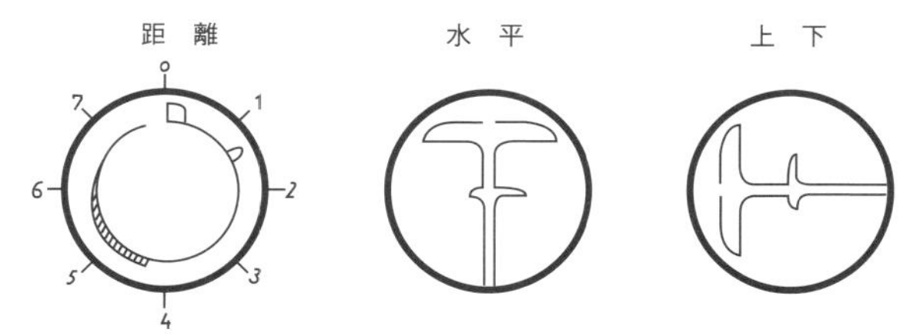

FuG-202のレーダー表示には３台のブラウン管を用いた。左画面は距離を表わし1,400mあたりに反応がみられる。中央画面は水平軸で右舷により強い反射波が観測されている。右画面は上下軸で頭上に強い反射波がある。従って敵機は右上方向1,400mに存在することが分かる。レーダー手はこの表示を元にパイロットを誘導した

ヒンメルベットの誘導によってリヒテンシュタインレーダー探知範囲内に敵を捉えると、Bf110G-4後席のレーダー手用ブラウン管に非対称の波形が生じる。その波形から敵機の位置を割り出し、今度はレーダー手がパイロットを誘導する。そして肉眼で目視可能な200m程度まで接近し射撃を行なった。Bf110G-4は機首部に機関砲を搭載しているほか、さらに斜め上に撃ち上げる「斜銃」を持っていた。斜銃は３人目の乗員である銃手が照準を行なう。

イギリスはドイツのレーダーを無効化せんと金属片「ウィンドウ（チャフ）」や「ジャミング（電波妨害）」のような手段を講じ、逆にドイツはこれらを無効化したり、敵爆撃機の敵味方識別装置が発する電波を逆探知するなど、効率よく迎撃せんと様々な対策に奔走し、ここに「電子戦」が始まった。

◆4-3
火器管制システムによって全天候戦闘機へ

「日本軍のあなたが本当にヤギを知らないのか？　ヤギはこのアンテナを発明した日本人ではないか！」

——イギリス人捕虜

大戦末期ごろには連合国軍もドイツ軍もレーダーの性能が大幅に向上していた（ただ終始米英がリードしていた）。アメリカの夜間戦闘機ノースロップP-61ブラックウィドゥが搭載したSCR-720レーダーの周波数は3Ghz、パラボラ型アンテナを備え、電波の指向性が非常に高まった。アンテナは機首部のレドーム（レーダードーム）内部に格納される。

SCR-720はパラボラアンテナを上下左右に首振りをすることで指向性の高い細い電波（ビーム）で空間をなぞり、さながら暗闇を懐中電灯で照らすようように航空機を索敵する「走査（スキャン）」を行なう。レーダーとは電波の速度が光速（30万km/s）で一定であることを利用し、極めて短い「パルス」として発振した電波が対象から反射して戻ってくるまでの時間を測ることによって、距離を測定する装置であるから、アンテナを向け電波を発振した方向とあわせれば、正確な位置を特定できる。

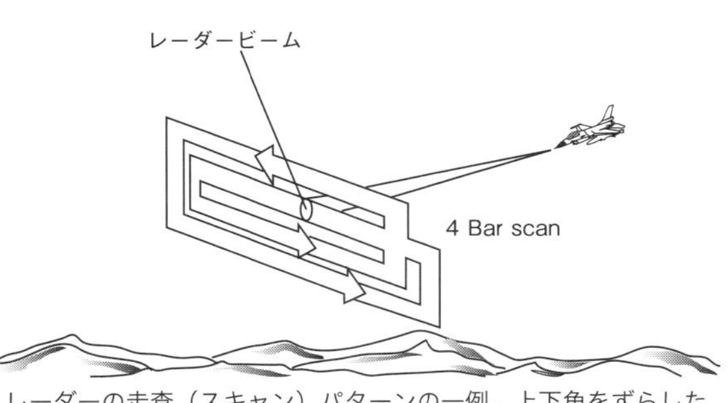

レーダーの走査（スキャン）パターンの一例。上下角をずらした水方向の走査を数度（図の場合は４回）行なうことによって、広い範囲を索敵する

SCR-720の視程は15km、分解能３度という高精度な索敵を実現した。また、レーダー手が直感的に相手の位置を理解しやすい「PPIスコープ」による表示も実用化された。

SCR-720のような新型のパラボラアンテナ型のレー

ダーはそのままジェット戦闘機にも搭載され、特にイギリスではミーティア、バンパイア、ベノム、シーベノム等多くの夜間戦闘機型が生まれている。これらのジェット夜間戦闘機も最終的には標的を視認することによって照準を行なう必要があった（Me262も夜間戦闘機型があったが、これは八木・宇田アンテナの旧型夜間戦闘機だった）。

ノースロップP-61ブラックウィドゥのSCR-720レーダー。パラボラ型アンテナとなっており、高い精度で敵機の位置を特定することができた

夜間であろうが悪天候であろうが、完全な無視界の状態においてレーダーのみで照準を行なえる「全天候戦闘機」はすぐに誕生した。その最初の機種はアメリカ空軍の夜間戦闘機F-94スターファイアとF-89スコーピオンの発展型、1952年に実用化されたF-94CとF-89Dである。

この２機種が特別であり得た理由はAN/APG-40レーダーに「火器管制システム（FCS）」が組み込まれていたことによる。火器管制システムはレーダーにコンピューターを組み合わせ、レーダーによって捉えた標的の情報を元にコンピューターがこれを計算し、正確な照準や飛行するべき針路を照準器等に表示した。またオートパイロット（自動操縦）によって照準を行なうことも可能だった。両機ともに初期型の武装は20mm機関砲であったが、「マイティ・マウス」ロケット弾に改められている。

制空戦闘機だったF-86を迎撃戦闘機化したF-86Dセイバードッグ（航空自衛隊も配備）もまた同じ火器管制システムとマイティ・マウスを搭載したが、F-94CとF-89Dが複座でレーダー手も搭乗したのに対しF-86Dは単座機という大きな違いがある。この頃のレーダーは雲や地面、ノイズまでがPPIスコープに輝点とし

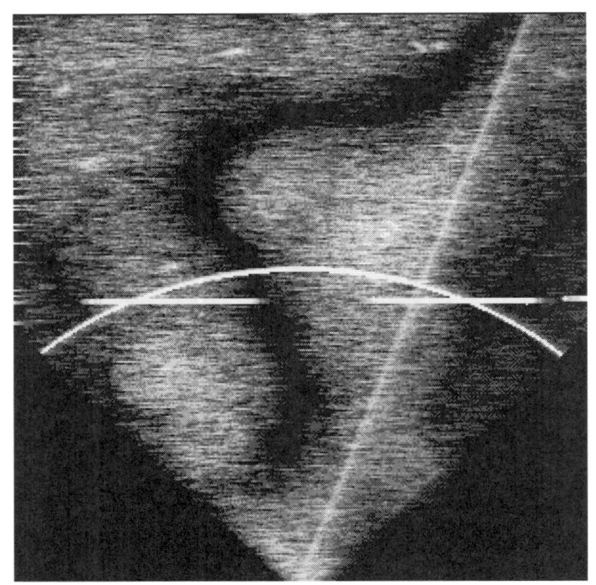
PPIスコープによるレーダー表示の一例。多数のノイズの中に一際強い光点が航空機である可能性が高い。彼我の相対的な位置が分かりやすい

て映り込み、その中から標的を探しだすという困難な作業が必要であったため、パイロットが操縦を行ないながらレーダーを操作するのは現実的ではなく、レーダーをまともに使うには複座である必要があった。

F-94やF-89とほぼ同時に誕生したアメリカ海軍初の全天候艦上戦闘機、ダグラスF3Dスカイナイトも複座型であるが、F3Dは前後二列の「タンデム」ではなく、戦闘機としては珍しい横並びの「サイドバイサイド」となっている。

火器管制システムの登場と同時に、バトル・オブ・ブリテンで大きな役割を果たした「ダウディングシステム」のような防空システムもまた大きな発展を遂げた。

1958年から徐々にアメリカ空軍へ導入が開始された「半自動式防空管制組織（SAGE：セイジ）」は、ディレクションセンター（指揮所）を中心にいくつものレーダーサイトがデジタル通信網で接続され、自動であらゆる航空機の情報を集積・処理した。

ディレクションセンターに設置されたSAGEの中核となるコンピューターは重量250トン、真空管65,000個、ビル１つ分もある史上最大のコンピューターであり、オペレーターは50～100個のコントロールパネルとディスプレイを通じSAGEにアクセス、警戒監視を行なう。また迎撃戦闘機に対して最適な針路のコマンドを送信、戦闘機はオートパイロットで飛行する。SAGEは現代的地上迎撃管制（GCI）システムの祖となった。

一方、ソ連は全天候戦闘機の開発に大きく乗り遅れた。第二次世界大戦時は日本でさえ夜間戦闘機「月光」のようなレーダー搭載機があったのに、ソ連には無かった。1952年にようやく最初のレーダー搭載実用戦闘機、ミグ設計局MiG-

ソ連初の全天候戦闘機ヤコブレフYak-25フラッシュライト。電波を透過する素材で作られた機首部の「レドーム」にパラボラアンテナが格納されている〈筆者撮影〉

17PFフレスコを手にした。しかしMiG-17PFの「イズムルト」レーダーは火器管制システムを通じた照準能力がない。完全無視界での交戦は不可能だったので、あくまでも夜間戦闘機に分類される。

ソ連最初の全天候戦闘機となったのがヤコブレフ設計局Yak-25フラッシュライトである。まるでMe262やミーティアのようなジェットポッドを双発主翼に搭載し、第二次大戦世代に戻ったかのような亜音速迎撃戦闘機で、機首部には立派なレドームがあった。しかしこれもまたレーダーが完成せず、当初はMiG-17PFと同じイズムルトを搭載。大きなレドームの中は単なる空洞に等しかった。照準能力と視程30kmを有する「ソーコル」レーダーの搭載がはじまり、全天候戦闘機として完成をみるには1955年を待たねばならない。ソ連製戦闘機の火器管制システムの能力不足は大きな弱点となってゆく。

また、ソ連ではソ連版SAGEと言える「ヴォーズドフ１」自動迎撃管制システムが迎撃戦闘機を誘導した。

米ソでは次第に対爆撃機にのみ傾注し、戦闘機対戦闘機のドッグファイトを忘れてゆく。

US AIRFORCE

空対空ロケット弾

戦闘機が装備する空戦用の兵装はずっと機関銃が主流であったが、機関銃の登場とほぼ時を同じくして、固形燃料ロケットモーターを有する飛翔体「ロケット弾」を搭載するものもあらわれた

推進装置を持つロケット弾は、機関銃で撃ち出すには砲身も反動も大きくなりすぎてしまうような大きな弾頭を、容易に投射可能とするメリットがある。主に対地攻撃用として使用され、第一次世界大戦時には対気球・対飛行船用として空対空用途においても実用化された。

機銃よりも弾速の遅いロケット弾は命中精度に劣るものの、直撃すれば大型機といえども一撃、命中しなくとも空中で炸裂、破片をまき散らし大打撃を与えることができた。第二次世界大戦では爆撃機への攻撃を目的に主にドイツ軍で多用された。

Me262は主翼下にR4M「オルカン」55mmロケット弾を24発搭載する。R4Mの弾頭重量は525g、同Me262のMk108 30mm機関砲の炸裂弾は炸薬量85gであるから、文字通り桁違いである。

第二次世界大戦後、レーダーによる索敵と照準を可能とした全天候戦闘機が登場すると、ロケット弾はその主要兵装としても用いられた。アメリカではMk.4 FFAR「マイティマウス」70mm（2.75in）ロケット弾が開発されている。マイティマウスはR4Mよりもずっと大きく、2.72kgの弾頭をもつ。

マイティマウスは航空自衛隊でも運用され、ノースアメリカンF-86Dセイバードッグは機内収納式ランチャーに24発を搭載したが、特筆すべきはアメリカ空軍のみが配備したF-89Dスコーピオンだ（写真の機）。F-89Dの直線翼両端に取り付けられた大型燃料タンクは、その前部がロケット弾ランチャーとなっており、マイティマウスを52発、両側合計で実に104発を収納した。

これだけの大量搭載よる一斉発射とレーダー照準をもってしても撃破確率は高いとは言えず、AIM-4ファルコンやAIM-9サイドワインダー等の誘導装置を有すミサイルが実用化されると、ロケット弾は空対空用途としてはその役割を終えた。

◆4-4

空対空ミサイル「明星」現わる！ 9・24温州湾空戦

「空中戦の勝利者は必ずしも戦いの最中に決しません。それ以前の戦闘機パイロットとして能力を高めるために努力した時間、エネルギー、思考、訓練の総量によって決まります」

――グレゴリー・ボイントン〈アメリカ海兵隊エース、28機撃墜〉

1958年9月24日9時58分。台湾、桃園航空基地では18機のF-86F「軍刀式」が出撃準備を完了し、離陸を開始せんとしていた。

台湾空軍第11大隊、李叔元 中校（中佐）はF-86Fのスロットルを最大に開き、離陸滑走を開始した。李叔元に続き僚機が次々と離陸する。

この日の出撃は訓練ではない。前月から続く「金門砲戦」によって台湾と中国（共産党軍）は継続した交戦状態にあった。中国大陸温州方面の航空偵察を行なうRF-84を護衛し、ミッションの遂行を手助けすることが彼らの戦術目的であり、全機に実弾が装填されていた。

李叔元は18機のF-86Fのうち6機編隊「アロー・フライト」を率い、最も会敵の可能性が高い前衛部隊として、RF-84の前方を飛んだ。残る12機はRF-84の後方を固める。

李叔元にとって部下5名は信頼のおけるパイロットであった。台湾空軍の戦闘機隊は多数の実戦経験者を擁し、その実力は「西側」でも有数の高レベルとして知られる。特に3番機のエレメントリーダー、錢奕強 上尉（大尉）は、4年前にF-47（P-47サンダーボルト）の2機編隊で6機のMiG-15と交戦。これを1機撃墜するという、レシプロ戦闘機による下克上を果たした実力者であった。

その李叔元らをして今回の出撃においては大きな懸念が一つあった。1～4番機の主翼付け根、左右に1基ずつを装着された「明星（ミョンソン）」と呼称する新兵器である。

「明星」は金門砲戦の勃発により、急遽アメリカ海兵隊から供与された新型の

「空対空ミサイル（AAM）」であり、制式名称はGAR-8と言った。これはのちにAIM-9Bサイドワインダー、台湾では「響尾蛇飛弾」と呼ばれるようになる。

「明星」しいてはAAMとはなにか？　敵を補足するシーカー（検知器）と誘導装置、推進装置と弾頭を持ち、勝手に敵機を追いかけて撃墜するという夢のような武装である。一体このAAMの何が懸念であったのか？

答えは簡単だ。李叔元らの中で「明星」を射撃したことのある者は一人もいなかったのである。「明星」は１ヵ月前に台湾へ到着したばかりであり、台湾空軍においてこれを発射可能な改造が施されたF-86Fは15機しかなかった。また射撃の訓練を受けたパイロットも８名のみで、それもわずか４回ほど射撃シミュレーションを行なっただけという速成ぶりだった。台湾へ「明星」を供与したアメリカ人でさえ、AAMをもってして実戦で敵機の撃墜を達成したものは誰一人存在しなかった。

「明星」が、空気抵抗と重量の増大をもたらすだけの獅子身中の虫であるか、それとも戦闘機にとって鬼に金棒となるか、その真価が問われる時がやってきた。

李叔元率いる６機のF-86F編隊は11,000m（36,000ft）を巡航し、10時34分に目標の大陸側温州空域に到達した。すると４時方向距離37km（20nm）に、ほぼ同針路に伸びる四条のコントレイル（飛行機雲）を発見した。この編隊は中国軍のMiG-17であり、李叔元も敵機であると直感したが、後続の護衛機編隊である可能性を捨てきれずにいた。

その瞬間、中国軍のMiG-17編隊は左旋回を開始した。李叔元は後続護衛機編隊に対して質問する。

「アローより、現在左旋回中の機はあるか、直ちに回答せよ」

５秒後、後続機からの回答は「否」であった。大陸側の温州上空にほかの友軍機は存在するはずもないから、この不明機編隊は敵機であると確信をもって識別した。

「アロー・フライト、サルボ！（増槽投棄せよ）」

まさに天佑とはこのことである。李叔元は直ちに中国軍編隊に向けて旋回、高度11,900m（39,000ft）でMiG-17を追撃し背後を取った。李叔元は相対距離3kmにおいて「明星」を発射、「明星」は左翼から火焔を引きつつ加速する。３番機の錢奕強も同時に別のMiG-17に対して「明星」を射撃した。

李叔元率いるアロー・フライトの試みは全てがうまく行った。後背に敵戦闘機が存在しようとは思いもよらぬ哀れなMiG-17のパイロット。その機体のジェットノズルをめがけて「明星」は飛翔する。この時MiG-17のパイロットがしっか

F-86F錢奕強機のガンカメラ。MiG-17が映っている。これを機銃によって撃ち落としており、錢奕強はサイドワインダーによる戦果とあわせてこの日は２機を撃墜した〈空軍軍史館〉

りと索敵を行ない、適切な状況認識によって回避行動をとっていれば、「明星」は間違いなく命中しなかったろう。空中戦における「チェッキング・シックス（背後に注意せよ）」の不足は死に直結する怠惰の罪である。

李叔元と錢奕強が放った「明星」は、４機のMiG-17のうち２番機と３番機にほぼ同時に見事命中した。直撃したのか、はたまた近接信管が作動したのか、起爆した弾頭の威力はMiG-17の飛行能力を奪うに十分だった。２機のMiG-17は炎上し、そのまま墜落した。錢奕強はもう１機に「明星」を射撃するが、これは外れる。その直後、２番機の傅純顯中尉が「明星」１発射撃し命中、撃墜する。

残る１機のMiG-17は逃げたものの同時に８機の敵増援が現われた。格闘戦に入り錢奕強は機銃で本日２機目、彼にとって通算３機目の撃墜を達成した。また３番機の宋宏焱上尉は「明星」を２発同時射撃し、うち１発が命中して１機を撃墜した。また後続護衛部隊も中国軍と交戦し、さらに５機を撃墜している。F-86Fは全機健在のまま基地へ帰投し、RF-84も偵察任務を成功させた。台湾空軍の戦術的大勝利である。

台湾空軍の公式記録では「9・24第一次（温州湾）空戦」は参加機数F-86F×18機、敵機数MiG-17×15機、９機撃墜確実、２機撃墜不確実、損害無し、アロ

MiG-17F。MiG-15を再設計しエンジンをアフターバーナー付きVK-1Fに換装、大幅な性能向上を果たした。2016年現在も北朝鮮空軍で現役

ー・フライトによって「明星」６発が射撃され４発命中としている。

この日はさらに「9・24第二次空戦」「9・24第三次空戦」と数度にわたり台湾・中国軍は激突し、金門砲戦期間中最大の空中戦が行なわれた。台湾空軍側の報告では延べ38機のF-86Fと53機のMiG-17が交戦し、F-86Fは損害なしにさらに２機撃墜、合計11機を撃墜確実とされる。

以上が台湾海峡で勃発した「史上初めてAAMが使用された空戦」の顚末である。まさに、AAMの時代到来を印象づけるものとなった。

冷静に空戦の結果を鑑みると、一連の9・24空戦における台湾空軍側圧勝の主要因は、間違いなく台湾空軍の錬度が相対的に優れた点にある。「明星」すなわちGAR-8が攻撃機会を増やし、撃破確率の向上を実現した点は確かであるが、9・24空戦が機銃だけで戦われたとしても、その結末は大差ないものであっただろう。

事実、9・24空戦の直前、８月14日から９月18日までの１ヵ月間において、台湾空軍は５度の空戦を戦いF-86Fの12.7mm機銃によって13機のMiG-17を撃墜している。

史上初めて実戦投入されたミサイル　AIM-9B/GAR-8

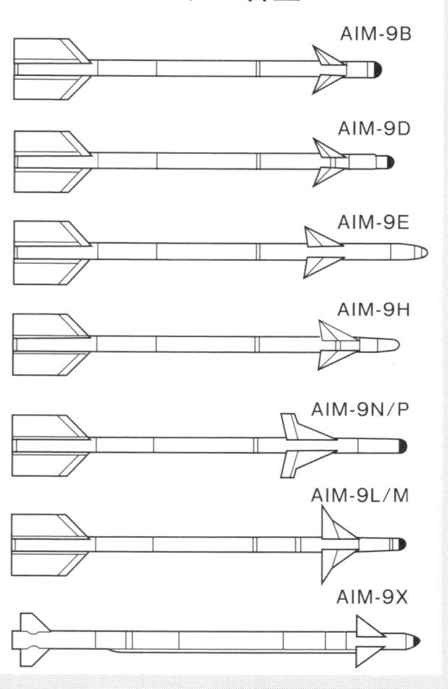

こんにち、AIM-9サイドワインダー・シリーズは世界で最も優秀で信頼性が高く、さらには「コンバットプルーブン」された短射程空対空ミサイルとされる。その最初の量産型が「AIM-9B」であり、1956年にAAM-N-7の名称でアメリカ海軍において実用化された。そして台湾空軍に供与され、1958年に史上初の空対空ミサイルによる実戦をおこなった。

AIM-9Bの全体重量は約70kg、固形燃料ロケットモーターを有しマッハ1.7まで加速飛翔する。射程距離は0.9km〜2kmである。弾頭は4.5kgの高性能炸薬。接触および近接信管によって起爆し半径9mに存在する航空機に対して爆風・破片によるダメージを与える。

ミサイルの先端には赤外線を検知する非冷却型硫化鉛（PbS）シーカーが備えられている。感知可能な赤外線波長が狭く、エンジンノズルなど高温部のみが発する極めて強い1umの近赤外線しか補足することができない。またシーカーの視野はわずかに3.5度である。正確に敵のノズルを真正面に補足しなくてはならない。妨害に弱く特に太陽をロックオンしてしまう例も少なくなかったという。また射撃時は2G以上の旋回をしてはならなかった。

翼面は後尾に備える安定板と操舵可能な先尾翼で構成される。ミサイルの進行方向と標的の方角を一定とし続ける比例航法によって、着弾予想点へと飛翔するように誘導される。最大12Gの運動が可能であり、11度／秒の追跡率を有すが、少しでも回避機動をとられるとあさっての方向へ飛んでゆくありさまで、標的が水平飛行しないかぎりほとんど命中は見込めなかった。

以上のようにAIM-9Bは制限が大きく、決して使いやすいミサイルとはいえなかったが、そもそも戦闘機搭載機銃が射角0.4度と、AIM-9Bよりも照準が絶望的に困難であることを考慮すれば、まさに空中戦の革命であるといえた。

AIM-9Bはソ連においてもコピー生産された。これにはK-13（NATOコードネーム AA-2“アトール”）の名称が与えられ、長らくソ連製戦闘機の主力空対空ミサイルとして運用された。

◆4-5

「ミサイル万能論」忘れ去られる機関砲

「さて、私が思うにだね。キミらの“オモチャ（戦闘機）”は次の戦争で何もやることがないよ。今の爆撃機はキミらの“豆鉄砲”にはちょっと速すぎるからね」

——リチャード・ノーグル〈アメリカ空軍 航空技師〉

もし第二次世界大戦がもう少し長引いていたならば、史上初めて実戦投入されたAAMはドイツのルールシュタール X-4となっていただろう。X-4は有線指令誘導で、搭載機のパイロットは飛翔するX-4を視認しながらX-4と敵爆撃機が重なりあうようリモコンを操作することによって命中を見込むというものだった。敵爆撃機が密集編隊で弾幕を張る「コンバットボックス」外から攻撃可能な1-3km程度の射程距離を持っていたとされるが、実戦投入を目前に終戦を迎えた。

ドイツのX-4空対空ミサイル。Fw190やMe262へ搭載され試射されたが、さすがに単座戦闘機でのリモコン操作は無理があったので、夜間戦闘機での運用が期待されていた〈筆者撮影〉

大戦後アメリカは1946年よりAAMの開発を開始した。目的は爆撃機に対する全天候の攻撃手段を得ることにあった。

1947年に最初のAAM-A-1ファイアーバードの試射が行なわれる。これは「ビームライディング誘導」、すなわち発射母機のレーダーが発振する電波（ビーム）に乗っかりなが

セミアクティブレーダー誘導方式

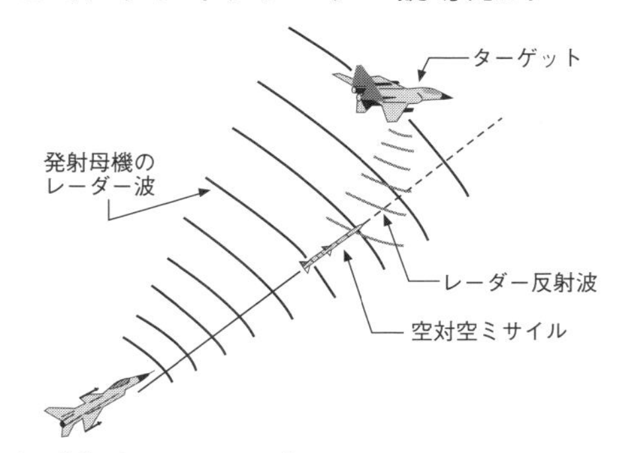

赤外線誘導方式

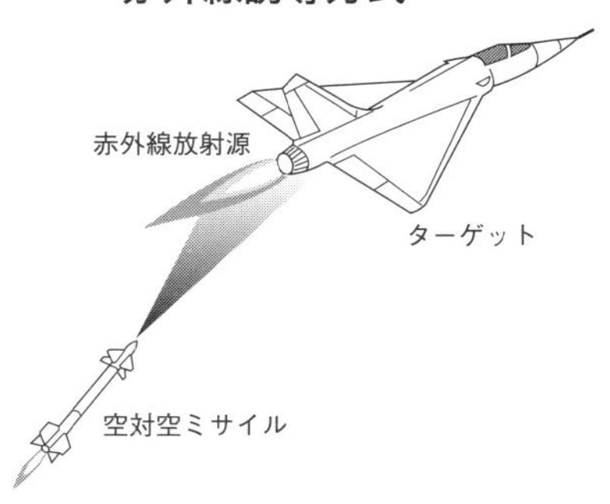

ら飛翔する。ファイアーバードは実用化には至らなかった。

次いで開発されたAAM-A-2ファルコンは1949年に最初の試射が行なわれるが、なんと戦闘機のFナンバーが与えられ「F-98」となった。ミサイルは無人戦闘機であるという理屈らしく、地対空ミサイル（SAM）ボマークにも「F-99」が割り当てられている。

AAMの比例航法

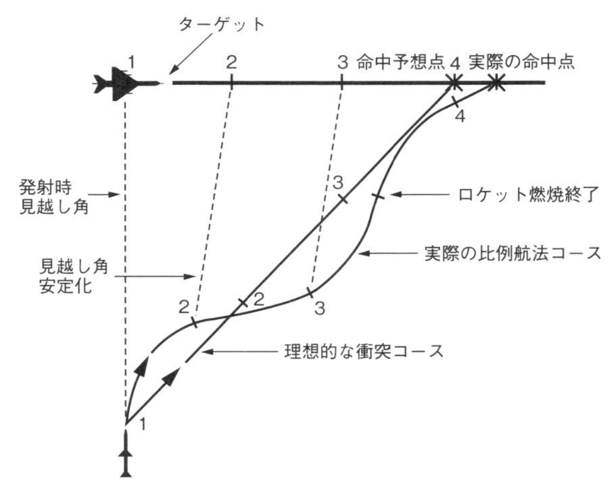

F-98もF-99もけっきょく再度名称変更となっておりファルコンはGAR-1として1956年に配備がはじまり、後にAIM-4と３度改名される。また同年中にはアメリカ海軍においてAAM-N-2スパローが就役、これも後にAIM-7と改名された。

余談であるがアメリカ空軍の戦闘機はF-95からF-99まで全て改名されており、初の超音速戦闘機をキリのよいF-100に割り当てたくて、無為に数を消費させたのでは、ともまことしやかに語られている。

AIM-4はセミアクティブレーダー誘導方式、これは発射母機のレーダーによってロックオンされた標的が反射する電波を、ミサイル先端部のシーカーが受信し誘導される。ビームライディング誘導と似ているが、セミアクティブレーダー誘導では標的の方位を正確に知ることができる。これにより「比例航法」による

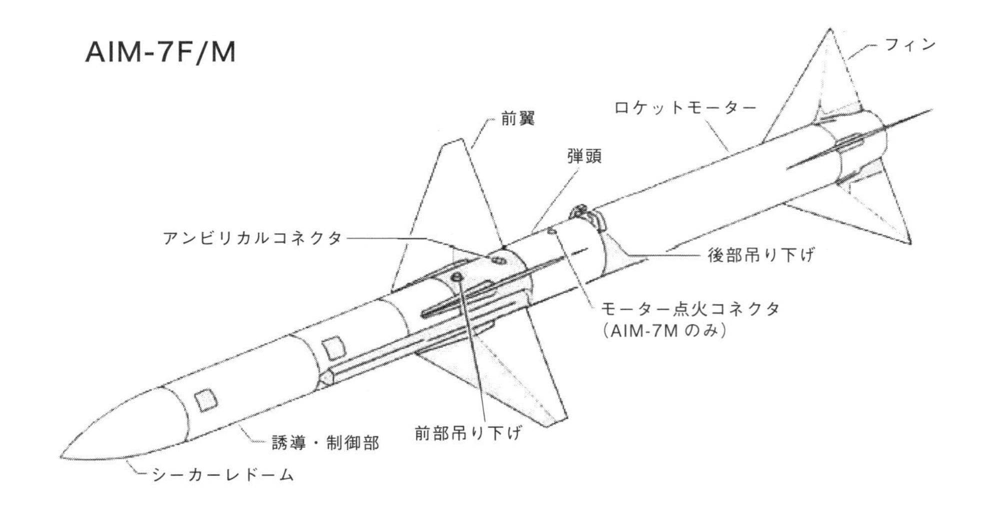

「衝突予想点」への飛翔が可能となった。

ビームライディング誘導は遠距離になるほど発射母機のビームの幅が広くなってゆくうえに、現在の位置に向かって飛翔するから、移動する敵機に対して常に操舵し続けなくてはならない。セミアクティブレーダー誘導はビームライディング誘導よりも高い命中率を期待できた。

AIM-4Bでは赤外線シーカーを有する赤外線誘導（IRH）方式となった。赤外線誘導はエンジンの高熱を探知するために敵機の背後をとらなくてはならなかったが、セミアクティブレーダー誘導と異なり発射後は外部の支援を必要としない「ファイア・アンド・フォゲット」すなわち「撃ちっぱなし」能力を有している。やはり比例航法によって命中予想地点へ飛翔する。赤外線シーカーは総じて探知可能な距離が短いため、短射程のAAMに用いられる事が多い。

AIM-4シリーズはまず最初にF-89とF-102が運用し、G型まで造られ1988年にF-106が退役するまで使用された。核弾頭のAIM-26、長射程型AIM-47（実用化されず）、AIM-47を発展させたAIM-54フェニックスと多くの派生形を生んだ。

AIM-4シリーズは対戦闘機には使い勝手が悪く、F-106を除いてより誘導性能に優れた赤外線誘導型AIM-9サイドワインダーに取って代わられることとなる。

AIM-7スパローは最初期型のAIM-7Aはビームライディング誘導で、まず海軍艦上戦闘機マクダネルF3HデモンとチャンスボートF7Uカットラスが装備した。1958年導入のAIM-7CスパローIII（AIM-7BスパローIIは計画のみ）以降はセミアクティブレーダー誘導となっている。射程11km。1963年からは新型シーカーとロケットモーターを持ったAIM-7Eが登場し射程距離は30kmにも延長されており、発射母機の強力なレーダーと組み合わせることによって従来の目視距離内（WVR）交戦を超えた、目視距離外（BVR）交戦を可能とした。

フランスは1956年に無線指令誘導のAA.20、ソ連は1957年にビームライディング誘導のK-5（AA-1アルカリ）、イギリスでは1958年より赤外線誘導型のファイアストリークが配備され、各国は競って最初のAAMを実用化した。

これらのAAMは全天候戦闘機や旧来の昼間戦闘機に装備されるが、米英ソではついに機関砲を捨ててミサイルのみで武装する機種もあらわれはじめた。ちょうどその頃に勃発した1958年の9・24温州湾空戦はミサイルのみを用いた空中戦の時代が到来しつつあることを示す潮目として評価され、機関砲を搭載しない戦闘機の正当化に利用された。

9・24空戦で戦果を上げたGAR-8（AIM-9）サイドワインダーをはじめ、この時代のAAMはまっすぐ飛んでいる相手にしか機能しない対爆撃機用の兵装であり、正常に動作する信頼性にも欠け、機関砲よりはずっとマシであったとはいえ総じて命中率は低かった。

しかし迎撃戦闘機重視や、AAMへの過大評価、古典的だが信頼のおける機関砲の軽視が進み、さらには「将来の防空はSAMが戦闘機の代わりとなる」というような考え方すらが広まった。

これらは俗に「ミサイル万能論」「戦闘機無用論」などとも言われ、あまりに行き過ぎた考えであった。少なくともこの時点において、AAMは完全に機関砲の代替となり得る能力を有してはいなかったのである。

しかし、それに気がつくには血の教訓を必要とした。機関砲を持たない戦闘機は、思ったほど当たらないミサイルによって、意外な苦戦を強いられことなる。

◆4-6

ドッグファイトを捨てた センチュリー・シリーズ

「美しき飛行機だけが、空を飛ぶことができる。自分が惚れられないような飛行機は創るな」
——クラレンス・ジョンソン〈ロッキード・スカンクワークス、航空技師〉

アメリカ空軍は1950年代には全天候交戦能力をもたらすレーダー、機関砲よりも射程が長く命中率が高いAAMを実用化し、そして超音速ジェット戦闘機センチュリーシリーズを揃えた。

もはや戦闘機同士が肉薄し背後から攻撃を加えるというような、前近代的な「ドッグファイト」は発生しない。次の「第三次世界大戦」は核兵器の撃ち合いとなるであろう。そうなると思われていたから、この時期のアメリカが欲していた戦闘機は核兵器を投射可能な「戦闘爆撃機」か、核兵器搭載爆撃機を阻止する「迎撃戦闘機」の２種類であり、基本的にどちらも「超音速で一直線に飛ぶ」機体だった。

ノースアメリカンF-100スーパーセイバーは当初ドッグファイトを想定した制空戦闘機だったが、速度が音速をやや超えられる程度なので戦闘爆撃機化し、空戦は求められなくなっていた。

マクダネルF-101ブードゥーは元々長距離超音速護衛戦闘機として計画されるが、偵察機・爆撃機・長距離迎撃戦闘機として使われ、特に偵察機として活躍する。

コンベアF-102デルタダガーはアメリカ初の超音速全天候迎撃戦闘機として開発され、そしてそうなった。パイロットは口をそろえて優れた旋回能力をもち格闘戦だって可能だと称えるが、ドッグファイトを求められなかった。また機関砲は持たない。

ロッキードF-104スターファイターは高性能な迎撃戦闘機だが、あまりに翼面荷重が高すぎてドッグファイトに不向きだった。機体が小さすぎてアメリカが欲

センチュリーシリーズ勢揃い。右から時計回りにF-106、F-105、F-104、F-102、F-101、F-100。この中にドッグファイトを戦える「制空戦闘機」は存在しなかった〈US AIRFORCE〉

していたSAGEのシステムを組み込めなかったので、その代わりに航空自衛隊を含め外国で主に運用される。

リパブリックF-105サンダーチーフは核爆弾の投射が第一に考えられ、爆弾庫を有する爆撃機に限りなく近い戦闘爆撃機だった。結局、核爆弾は使われず通常爆弾を多用した。

コンベアF-106デルタダートはF-102の派生型。完全にSAGEに組み込まれ高度に自動化された高性能迎撃戦闘機で冷戦終結間際までアメリカ本土を守った。原型機F-102譲りの旋回性能も発揮する機会は無かった。

1965年、アメリカはベトナム戦争（第二次インドシナ戦争）への本格介入「北爆」を開始する。アメリカ空軍は主力を担うセンチュリーシリーズを実戦に投入するが（F-106を除く）、1950年代後期から1960年代を通じ短い期間に次々と新型戦闘機を生み出したにも関わらず、センチュリーシリーズの中には、戦場において本当に必要とされたドッグファイトに打ち勝ち航空優勢を得るための「制空戦闘機」が一つもなかった。

レシプロ戦闘機の最高傑作P-51マスタングや、ミグアレイを制したF-86セイバーのような、かつて栄光を誇った戦闘機と戦うための戦闘機が完全に姿を消してしまっていたのである。

センチュリーシリーズはどれも個性的で確かに性能は良い。F-105はセンチュリーシリーズの中でも飛び抜けて武勲をたてており、ベトナム戦争航空戦の「主役」と言ってよいほど活躍した。ただそれは爆撃機としてである。F-102やF-106は格闘戦も可能な飛行性能を持っていたが、ドッグファイトで必須となる広い視界がない上に主武装AIM-4は対戦闘機には全く使い物にならなかった。F-102はわずかながら実戦のドッグファイトも行なっているが１機撃墜されたのみで戦果は無い。

深刻な主役不在の中、アメリカ空軍にとって幸いだったのは「必要だった戦闘機」がすぐそこにあったということだ。アメリカ海軍の艦上戦闘機マクダネルF4HファントムIIがそれである。

空海軍は互いに大きな対抗心を持っていることで知られる。だがF4Hの制空戦闘機たりえる優れた高性能はすぐに空軍パイロットらを魅了した。

1962年、空軍はF4HにF-110Aスペクターの名称を与え導入を開始する。同1962年にアメリカは全軍の航空機の命名規則を統一した。これによって海軍のF4HはF-4A/B、空軍のF-110はF-4Cと改称される。

皮肉なことにFナンバー100番代において最も使える戦闘機はライバル海軍の艦上戦闘機だった。

なお「センチュリーシリーズ」という語は通常F-100からF-106の戦闘機を指し、F-110やF-111、後のF-117は含めない（たまに含む人もいる）。

また開発中止となったものにマッハ３を目指したリパブリックXF-103迎撃機、背部のエアインテークがユニークな戦闘爆撃機ノースアメリカンXF-107、大型デルタ翼機でマッハ３級長距離護衛戦闘機のノースアメリカンXF-108レイピア、垂直離着陸機ベルXF-109があるが、どれもセンチュリーシリーズに相応しい個性的な機体であるも、実機が造られ飛行した機はXF-107のみとなっている。

US NAVY

近代ジェット戦闘機の祖
マクダネルF-4ファントムII

マクダネルF-4ファントムIIは同社の前作F3Hデモンから発展した艦隊防空戦闘機である。双発搭載する強力なJ79ターボジェットは優れた上昇力と速度性能を実現し、F-104が有していた上昇力・速度世界記録の多くを塗り替えた。また旋回性能良好で抜群の機動性を持っていた。

1958年の初飛行後まず米海軍が導入、次いで空軍、さらに航空自衛隊を含む世界各国へ輸出、5,000機以上が出荷された。すでに就役から半世紀が過ぎるも、未だ現役であるなど、当時の設計者ですら想像しなかったであろう大成功を収めている。現在航空自衛隊ではF-4EJ改が約40機程度残る。

F-4は空中戦能力もさることながら大型の機体は大量の爆弾搭載能力をもたらした。特にペイブウェイレーザー誘導爆弾を運用可能となると、従来機とは比較にならないほど強力な戦闘爆撃機へと生まれ変わった。空戦も一流、爆撃も一流にこなすF-4は現代の「マルチロールファイター」の元祖といっても良い。

当初固定機関砲を搭載しなかったことが大きな弱点となったが、F-4E型においてレーダー性能を犠牲にM61A1バルカン砲を搭載し、戦闘機として完成をみる。

あまりに先進的なF-4は、その就役当初は見慣れぬシルエットから「醜い戦闘機」扱いされていた。しかし時代がF-4に追い付くと、F-4は美の基準となり性能の基準となった。今ではF-4を醜いなどというものはどこにも見当たらない。

・強力なレーダー・複座によるBVR交戦能力
・エネルギー機動に卓越したBFM能力
・操縦が難しく、整備性も悪い
・当初は機関砲を持たなかった

◆4-7
航空母艦の三大革命

「ワシントンに世界的危機勃発の知らせが届いた際、皆が最初に“最も近い空母はどこにいる？”と尋ねる言葉を口にします。これは偶然ではありません」

——ビル・クリントン〈アメリカ大統領〉

戦闘機の速度がせいぜい100-200km/hであったころは機体も軽く、サッカーフィールド程度の原っぱがあればそのまま飛行場として機能した。時代を経るにつれ速く・重く・大きくなった戦闘機は次第に必要な滑走距離も伸び、整地された地面や、コンクリートおよびアスファルトの舗装さえ必要となった。戦闘機は高性能化と引き換えに、離着陸性能の著しい低下をもたらした。翼面荷重の上昇が最大の原因である。

飛行場で運用される陸上機ならばまだそれでもよかったが、狭い空母で運用される艦上戦闘機ともなると死活問題だった。第二次世界大戦によって世界三大海軍大国だった日米英のうち日本が脱落し、残る米英はいち早く艦上戦闘機のジェット化に成功するも、着艦においては低速で優れた操縦性能が必要であることから、低速性能を悪化させる副作用をもたらす後退翼の採用に遅れ、なかなか高速化を果たせないでいた。

コンベアXF2Yシーダート。1962年の米軍航空機命名規則統一時に未完成機にもかかわらず何故か「F-7」の名称が与えられた。恐らくそれだけ愛されていたのだろう〈US NAVY〉

「ミグショック」から２年。1952年になってようやく

米海軍の空母「ミッドウェイ」左は太平洋戦争時の状態。右はアングルドデッキ等が追加された近代化改装後（２回目）。1973年から1991年までは横須賀を母港としていた。現在はサンディエゴで博物館化している〈US NAVY〉

F-86の艦上戦闘機型、ノースアメリカンFJ-2フューリーと、グラマンF9Fパンサーを後退翼化したF9F-6クーガーが実戦配備された。イギリス海軍に至っては超音速が当たり前となった1957年にもなってようやく亜音速後退翼機のスーパーマリン・シミターを就役させている。

将来の超音速艦上戦闘機運用も困難が予想されたため、アメリカでは1952年には水上ジェット戦闘機、コンベアXF2Yシーダートを初飛行させている。XF2Yはダイブによってマッハ１を超え、史上唯一音速に達した水上機となっている。ただし水平飛行での音速到達は不可能だったので超音速機とはいえない。

超音速艦上戦闘機への扉は、空母側にもたらされた３つの革命的技術によって開かれた。イギリスで考案された「アングルドデッキ」「光学式着艦誘導装置」「スチームカタパルト」の実用化である。

アングルドデッキは「斜め飛行甲板」とも呼ばれる。これは着艦用の飛行甲板を５～10度ほど船体から斜めに配置したもので、飛行甲板上に着艦用と発艦用のスペースを個別に設けることを実現した。先行して着艦した機は発艦用スペースへ移動させてしまえば、２番機以降もフルに飛行甲板を使えたから、機体尾部の拘束フックが甲板上の拘束ワイヤーを捉え損ない制動に失敗しても、タッチ・アンド・ゴーで着艦をやり直すことができた。従来空母ではフックが引っかから

ダグラスF4Dスカイレイ。米海軍の全天候艦上戦闘機。実用型ではJ57（A/B:71kN）へ換装された。同エンジンのF-102Aに比べると速度面で後塵を拝している〈US NAVY〉

なかった場合、先行機に衝突しないようネット型のバリアーで絡めとるという荒業が必要だった。また、着艦しつつ発艦の準備を行なうことも可能とした。

光学式着艦誘導装置は、着艦のためアプローチ（降下進入）する機に対し正しいグライドパス（降下経路）を維持しているか、発光する標識で知らせ、困難だった着艦の成功確率を大きく上昇させた（なお日本では太平洋戦争前から同様の装置が既に実用化されていた）。

そしてスチームカタパルトはスチームアキュムレーター（タンク）内で水蒸気の圧力を高め、その圧力を開放することによってピストンを動かし、ピストンに接続された艦上機を短時間で加速し発艦させた。従来の油圧カタパルトや火薬カタパルトに比べて、より重い艦上機の発艦も可能とした。

これらの装置は既存の空母を改修する形で取り入れられ、そして1955年にアメリカ海軍に就役した空母「フォレスタル」は建造時から備えた。フォレスタルは「スーパーキャリアー（超大型空母）」と呼ばれた最初の艦で、後の「キティホーク級」「エンタープライズ級原子力空母」「ニミッツ級原子力空母」そして2016年に就役の「ジェラルド・R・フォード級原子力空母」に至る現代型航空母艦の基礎となる。

空母の改造が進む1951年にはアフターバーナーを備えたウェスティングハウスJ46-WE-8B（A/B：27kN）を双発搭載する艦上戦闘機チャンスボートF7Uカットラスが配備される。また同年マクダネルF3Hデモン、ダグラスF4Dスカイレイが初飛行した。F7Uは着艦性能に欠陥があり事故が多発（ヴォート社の前作F4Uコルセアもそうだった）。F3HとF4DはJ40エンジン（A/B：49kN）の性能が低く新エンジンに換装されるまでなかなか性能を発揮できず実用化は1956年まで遅れたが、F4Dは辛うじてマッハ１に達した。同じく超音速のグラマンF11Fタイガーも1956年に配備が開始される。

1950年代後半における米海軍主力艦上機。上からF8Uクルーセイダー、F9F-8Pクーガー（偵察型）、A-4スカイホーク、F3Hデモン〈US NAVY〉

空母の技術革新によって高速化・重量化の制限が緩和され、超音速化を果たしたとはいえ、艦上戦闘機はどうしても低速性能を重視せざるをえない宿命にある。ほとんど無制限に滑走距離を延ばせる空軍のセンチュリーシリーズとは違い、発着艦にも気を使う必要があった。

しかし低速性能重視は後に大きな利点をもたらした。揚力を多く稼ぐ必要のある艦上戦闘機は特有の大きな翼を持ち、低翼面荷重である。これはそのまま素早く旋回する能力に直結した。特に1957年実用化のヴォートF8Uクルーセイダー（F-8）、1960年のマクダネルF4HファントムII（F-4）はセンチュリーシリーズとは比較にならないほど優れた戦績を残している。

F8Uはベトナム戦争中もっともキルレシオに優れ「最後のガンファイター」と呼ばれた。ミサイルだけに頼らず20mm機関砲も使って戦うクルーセイダーは、アメリカ人好みの西部劇のガンマン（ガンファイター）だった。ただし、その実戦での戦果はもっぱらサイドワインダーによるものである。

そしてF4Hは空海軍の主力戦闘機としてベトナム戦争で最も多くの撃墜を記録する。F4Hは強力なF-104と同じJ79ターボジェットを双発搭載し、F-104やF-106が有していた上昇時間や速度などの世界記録を片っ端から塗り替えた上に、複座で全天候戦闘能力にも優れ、F-105よりも多くの爆弾を搭載可能、しかもドッグファイトでも強いという怪物であり、センチュリーシリーズよりもやや遅れて登場したこともあるが、次の時代の扉を開く傑作機だった。

◆4-8

日の沈んだ大英帝国

「我々は間違いなく、戦闘機が弾道ロケットと誘導ミサイル、V爆撃機（ヴァリアント、ヴィクター、ヴァルカン）へと置き換えられてゆく時代へ進んでいます」

——ダンカン・サンディーズ〈イギリス国防大臣〉

イギリスは第二次世界大戦に勝利した。勝ちはしたが燃え尽きた。かつて「日の沈まぬ帝国」とも形容された威勢は消えていた。1940年代は他国の追随を許さない世界一のジェット先進国であったにも関わらず、それを活かす機会を逃してしまう。最悪の失敗がロールス・ロイス ニーンやダーウェントといった最高のターボジェットを愚かにもソ連にプレゼントしてしまったことだ。

イギリスは米ソ同様ドイツから後退翼の情報を得ていたにも関わらず、最初の実用後退翼ジェット戦闘機スーパーマリン・スイフトが空軍に配備されたのは、既に朝鮮戦争が終結していた1954年だった。しかしこのスイフト、高高度で操縦性が著しく低下する欠陥があった。これは水平尾翼を根本から可動させ、水平尾翼そのものに昇降舵の機能を持たせる「全遊動式（オールフライングテール）」とすることで解決されたが、結局失敗作の烙印を押されてしまった。

ホーカー「ハンター」は亜音速の後退翼ジェット戦闘機としてはほぼ完成形といって良い。輸出型が多くの実戦に投入され戦果も上げている〈筆者撮影〉

同1954年、スイフトよりもわずかに遅れてホーカー・ハンターが就役する。ハンターは紛れも無く傑作機と呼べる高性能機で、イ

片目が潰れたカエルのような見た目の英海軍全天候艦上戦闘機デ・ハビランド「シービクセン」。開発が遅れに遅れたため、超音速の時代に入ってなお亜音速機であった〈筆者撮影〉

ギリスのみならず20ヵ国以上に輸出された。ただ、そのハンターもF-100やMiG-19といった超音速戦闘機の実用化に前後していたことを考えれば遅すぎた。

この後もマッハ１未満の亜音速機の就役が続いた。巨大なデルタ翼のグロスター・ジャベリンは1956年にイギリス空軍最初の全天候戦闘機として就役し、1959年にはバンパイア、ビクセンと繋いできたツインブーム（双胴）式最後の機体となるデ・ハビランド　シービクセンがイギリス海軍最初の全天候艦上戦闘機となった。シービクセンとF-4の実用化はたったの１年差である。アメリカ海軍機とは絶望的な差が開いていた。

イギリスは超音速ジェット戦闘機の実用化に遅れていたが、第二次大戦中にははやくもホイットルのアフターバーナー付きターボジェットを搭載した超音速実験機マイルズM.52の開発に着手していた。1946年、M.52はほぼ完成していたにもかかわらず中止され、ベルXS-1に「初の超音速機」の座を奪われてしまった。

超音速飛行の研究自体は継続して行なわれていた。実験機デ・ハビランドDH.108 スワローが1948年９月６日に超音速飛行を成功させている。ただし降下中であるが。

そして、ようやく登場したイギリス初の実用超音速戦闘機が、イングリッシュ・エレクトリック ライトニングである。ライトニングは1959年、イギリス空軍に配備されたマッハ２級の全天候・迎撃戦闘機で、1988年まで現役をつとめ

イングリッシュ・エレクトリック「ライトニング」。一度見たら忘れられないようなシルエットだが、優れた迎撃機だった。武装は赤外線誘導のファイアストリークないしレッドトップ〈筆者撮影〉

た成功作となった。

ライトニングは一度見たら忘れられないユニークな特徴を多く有している。まずロールス・ロイス「エイボン」ターボジェット（A/B：71.17kN）を「縦に」２基積んだ。胴体下面にはまるで腹がはち切れんばかりに増槽が半埋込み式で搭載されており、さらに極めてきつい後退角が付けられた「主翼の上に」も増槽を搭載した。実に珍妙な機体だが、とにかくライトニングでイギリスは初の超音速戦闘機を手に入れた。

しかしこのライトニングをもってついにイギリスは力尽きた。1957年４月16日に公表されたイギリス防衛白書で大幅な軍縮を行なうことが明らかにされた。この決定によってとりわけ軍用機開発は大打撃を受け、ライトニング以外の軍用機開発計画はことごとく放棄された。ライトニングは防衛白書公表2週間前の４月４日に初飛行を済ませていたため、すんでのところで命脈を保ったが、ライトニングを最後にイギリスは単独で超音速戦闘機の開発を行なうことはなくなった。

破格の大型迎撃戦闘機アブロ・カナダCF-105アロー。飛行性能はともかくあまりにも高価過ぎたため、カナダの体力にとってCF-105の巨体は分不相応であった〈DND〉

また防衛白書には今後戦闘機を段階的に廃止し、防空をSAMに切り替えることも明記されていたが、これは過剰なSAM依存であり、後にアメリカからF-4を買う羽目になっている。ただそのF-4は国産のロールス・ロイス「スペイ」ターボファンを搭載、加速力と引き換えにその他の性能は向上させるというジェット大国の意地をみせた。

同じくカナダも1959年に経済上の問題からSAMへの転換をはかり、独自の超音速迎撃戦闘機アブロ・カナダCF-105アローの開発を諦めてしまっている。CF-105は1958年に初飛行した超大型無尾翼デルタ機だ。実用機では全長26.1m、重量31t以上の機体を、桁違いに強力なオレンダ「イロコイ」ターボジェット（A/B：115.63kN）の双発でマッハ2.3まで加速可能な予定だった。

CF-105開発計画が中止された際、愚かなことにCF-105試作機、治具、青写真をことごとく廃棄してしまった。主翼、脚、機首、イロコイエンジン、試作機に搭載されたJ75エンジンなど、わずかの部品が現存するのみとなっている。この決定は現在も物議を醸している。

2006年、８年もの歳月をかけてCF-105のフルスケールレプリカが完成した。トロントのカナダ航空宇宙博物館が保有している。

◆4-9

ミサイル戦闘機同士の戦い F-4 vs MiG-21

「ベトナム戦争におけるドッグファイトの様相は、1915年にベルケの確立した基本原則から驚くほど何も変わっていません」
――ランダル・カニンガム〈アメリカ海軍エース、5機撃墜〉

北ベトナム空軍とアメリカ軍との戦い「北爆」が始まってから1年が経過した1966年春。北ベトナム空軍のフクイェン飛行場に待望のソ連製新型戦闘機がやってきた。

その新戦闘機の名はミグ設計局MiG-21フィッシュベッド。1955年に初飛行、1959年にソ連軍へ配備が開始されたソ連最初のマッハ2級戦闘機である。大推力ターボジェットの開発に遅れをとったソ連が、単発装備するツマンスキーR-11F2-300（A/B時56.41kN）によって最大限の飛行性能を得るために、極限にまで無駄を省き、必要な機能のみをまとめた簡素な有尾翼デルタ翼機だ。北ベトナムにやってきたMiG-21のうち多数を占めるMiG-21PF型はノーズコーンに「スピンスキャン」レーダーを搭載し、視程は20kmと短かかったがレーダー索敵・照準も可能で、AIM-9Bのコピー品であるK-13（AA-2 アトール）をわずか2発であるが携行する全天候戦闘機型である。なお機関砲を持たない。

北ベトナム空軍はソ連の全面的な支援を受けており、空戦戦術もソ連防空軍式のものを継承していた。ソ連防空軍式の空戦戦術とは一言で表すならば「SAMの一段目となること」すなわち、地上のレーダーによるGCIの指示に従い敵機へ接近しK-13を放ったら即時離脱するというものだ。ドッグファイトは原則回避するとされた。この戦術はソ連の自動迎撃管制システム「ヴォーズドフ1」を元に構築され、北ベトナムのレーダー防空網が非常に優れていたこともあり、有効に機能した。事実ベトナム戦争最初の空中戦勝利者は北ベトナム空軍だった。

MiG-21が配備される前年の1965年4月4日、北ベトナム空軍のMiG-17Fが奇襲攻撃によってアメリカ空軍のF-105Dを機関砲で2機撃墜してしまう。F-105D

戦闘爆撃機のみを狙った
ベトナム空軍のソ連式戦術

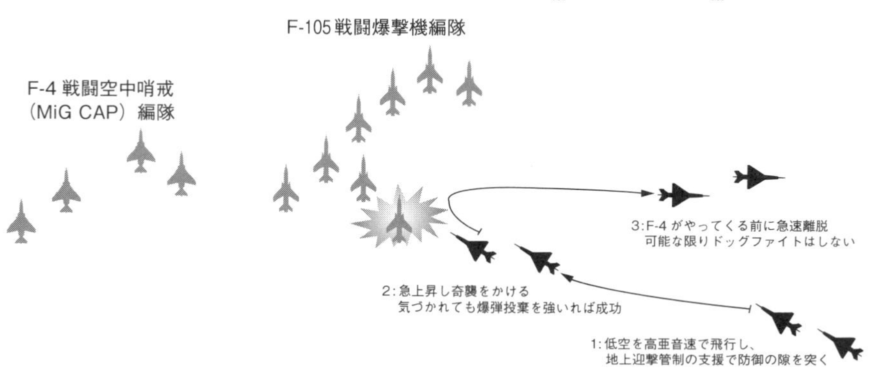

は攻撃されるまでミグの接近に気が付かず爆装したままだった。

また同日別の場所で発生した空戦ではMiG-17FがF-105Dとそれを護衛するF-100Dが戦ったが、F-100DではMiG-17Fを照準に捉えることは困難だった。F-100DがMiG-17Fを１機未確認ながら撃墜したともされるが、事実ならF-100が得た唯一の空戦勝利記録である。

超音速のセンチュリーシリーズが亜音速のMiG-17Fに手玉に取られた。しかも機関砲によって撃墜されるという結果は、アメリカ空軍にとって朝鮮戦争以来２度目の「ミグショック」だった。すぐに新鋭機F-4CファントムIIの投入が決まった。

F-4Cは強力なレーダーを機首部に備え、最大４発搭載するAIM-7Eスパローとの組み合わせによって最大で35kmの距離から敵機を攻撃する「目視距離外（BVR）」交戦が可能だった。

まさに目も眩むような高性能機であり、機関砲こそなかったがその全性能を発揮すれば些細な問題にすぎないように思われた。一応は胴体下に20mmバルカンを格納したガンポッドを搭載することもできたが、G制限や精度が低かったため、空対空射撃には不適だった。したがって空中戦訓練も正面から接近する敵に遠距離でスパローを撃ち離脱するという戦術を基礎としていた。MiG-17やMiG-21は機関砲ないし射程が短く相手の背後しかロックオンできないK-13ミサイルしか装備しないから、F-4Cの一方的な勝利が期待された。

しかし、それは机上の空論だった。北ベトナムのミグが律儀に真正面から現われるようなことは無く、レーダーGCIの誘導をうけて死角から接近しては、

目視識別後にもBVR交戦を可能とするF-4の戦術

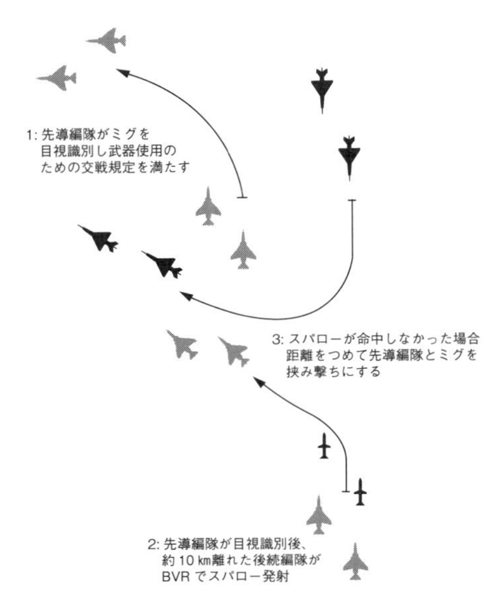

F-105などの爆弾搭載機に対し機関砲なりK-13の一撃を仕掛けた。そしてF-4の反撃を受ける前に逃げていった。ミグは可能な限りF-4と戦わず「カモ」だけを狙ったのである。

F-105は機動性に優れないが戦闘爆撃機、すなわち爆弾も搭載可能な戦闘機であるから、重い爆弾を投棄すればドッグファイトもできたし、ミグを返り討ちにすることさえ珍しくなかった。だが爆弾を捨てるという行為は北ベトナム空軍にとって「ミッションキル」すなわち相手の爆撃作戦を中止に追い込んだことを意味し、F-105を撃墜できなくとも戦術的勝利と言えた。

F-105はAIM-9を搭載するようになりベトナム戦争中、機関砲とあわせ25.5機ものミグを撃墜したが、それはほとんどMiG-17だった。MiG-21に対してはひどい有様で、特に1967年8月から68年2月にかけてはキルレシオ0対9と完封されてしまった。なおF-105は約800機が生産され半数の400機弱を戦闘によって損耗した。うち300機は高射砲とSAMによる。

アメリカにとって特に煩わしいMiG-21PFに対するF-4最大のアドバンテージは、優秀なレーダーとAIM-7による目視距離外戦闘能力だったはずだ。ところが、交戦規定（ROE）により「敵機を目視で識別しない限り攻撃してはならない」とされたため、F-4は手足を縛った状態で戦うことを強いられた。

BVR交戦用のAIM-7を目視距離内（WVR）交戦で使用したのであるから、最小射程ギリギリまたは時に割り込んでしまい、その命中率は信じられないほど低かった。アメリカ空軍のF-4C/Dは1965年から1968年3月までの間にAIM-7D/Eを331発発射した。うち弾頭が起爆（命中）したものは49発で命中率は14%、撃墜は25機だった。すなわち撃破確率はたったの7.56%である。AIM-7そのものの信頼性が低かったことよりも、使い方を間違っていたと言える。

一方MiG-21PFのK-13ミサイルもAIM-9Bのコピーである以上、少しでも機動する相手には全く命中せず、しかも2発しか搭載できない。それでもMiG-21PF

が活躍できたのは、ベトナム戦争の空中戦は侵攻するアメリカ軍機を、地元北ベトナム空軍が迎え撃つというかたちで行なわれたという理由が大きい。

MiG-21PFは常に防空システムからのGCI支援が受けられたので、アメリカ軍機に対して奇襲攻撃を仕掛けやすかった。アメリカ側もEC-121ウォーニングスター早期警戒機のような「空飛ぶレーダーサイト」で対抗するも、目標探知能力の不足（特に低空）からMiGの接近を必ず警報で知らせられるわけではなかった。

F-4もMiG-21も機動性の高い戦闘機であり、エンジンパワーの大きいF-4は特に垂直上昇を活用する戦術や、速度を殺さずに旋回し続けられる最大維持旋回率に優れ、軽量小型なMiG-21は最大瞬間旋回率に秀でた。どちらも飛行性能は非常に優秀だったが、機銃は搭載しておらず、ミサイルに頼りすぎドッグファイトを戦うための戦術にも欠いていた。

最高傑作超音速戦闘機
ミグMiG-21"フィッシュベッド"

〈筆者撮影〉

ソ連製MiG-21はミグ設計局らしい機首部に大きなエアインテークを持つ「こいのぼり型」胴体と、デルタ型の主翼からなる小柄な機体が特徴のマッハ２級戦闘機である。

1955年に初飛行し1959年に導入が始まった。2013年に中国生産型の「殲７型」最終号機が出荷されるまで、無数の発展型が登場し、総生産数は超音速機としては史上空前の１万機以上を誇る。2015年現在も1000機以上が世界中の空軍で活躍中である。まさに「超音速戦闘機の最高傑作」と呼ぶにふさわしいと言えよう。

一言にMiG-21といっても半世紀に渡り生産が継続したため、その派生型は多岐にわたる。レーダーを「ショックコーン」に搭載しなくてはならない機構上の制約から、全天候交戦能力こそライバル機であるF-4には遠く及ばなかったが、超音速戦闘機として最低限必要な能力をコンパクトに纏めた設計が功を奏し、MiG-21は中小国でも現実的に手の届きやすい超音速戦闘機となった。

MiG-21の全盛期である60—70年代のドッグファイトはWVRが多かったので、レーダーの不利はさほど大きな欠点とはならなかったが、惜しむらくはMiG-21の性能をBFMで最大限引き出した空軍が存在しなかったことで、MiG-21は常に敗者の側にあった。

・最小限の機体に最小限の能力
・安価で使い勝手がよい
・短い航続距離
・BVR交戦能力が皆無

◆4-10
「トップガン」誕生 ベトナム第二ラウンド

「1969年３月３日、米海軍は１％のエリート操縦士のための学校を設立した。その目的は失われた空戦技術訓練の習得。この試みは成功を収めた。戦闘機兵器学校と称するそれは戦闘機乗りにこう呼ばれている。“トップガン”と」

――映画『トップガン』冒頭

ベトナム戦争の空中戦は「北爆停止」によって1968年から71年にかけて小康状態となる。

アメリカは1965年～68年の３年間の空中戦による戦訓から、ミサイルに頼りきった迎撃戦闘機的な戦い方は、対戦闘機のドッグファイト戦術としてはふさわしくないことを学んだ。戦術の見直しを行なった結果、F-4同士が遠距離からミサイルを撃ちあって終わるだけという訓練も一新され、古典的な格闘戦も重視されるようになった。

旋回性能に優れていたF-106、軽量な超音速戦闘機ノースロップF-5フリーダムファイターや、亜音速攻撃機ながら機動性に優れたダグラスA-4スカイホーク亜音速艦上攻撃機を、それぞれMiG-21やMiG-17に見立て「仮想敵」とした、異機種空戦訓練「DACT（ダクト）」が行なわれるようになり、より実戦的な環境を再現した。海軍は1969年に映画の題材にもなった

ノースロップF-5EタイガーII。F-5Aの性能向上型。写真の機は米空軍の仮想敵飛行隊「アグレッサー」のもの。米軍では実戦配備されなかったが訓練用にMiG-21を模擬するのに最適だった〈US AIRFORCE〉

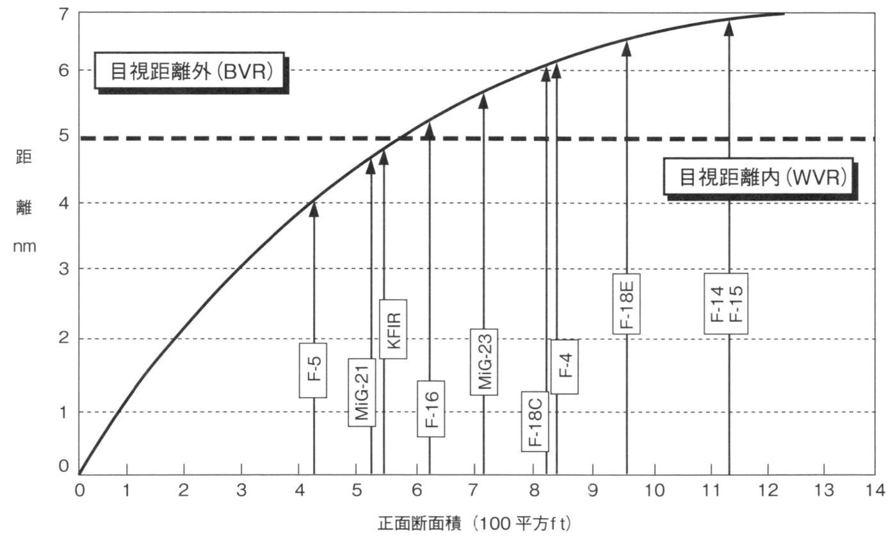

海軍戦闘機兵器学校「トップガン」を設立する。

さらに新型のAIM-7E-2スパローは機動性が大幅に向上し、旋回する戦闘機に対しても命中を見込めるようになり、通称「ドッグファイト・スパロー」と呼ばれた。BVR交戦も許可されたので、適切な状況下でドッグファイト・スパローを射撃できるようになった。短射程AAMも同様に旋回する戦闘機への誘導も可能な第二世代サイドワインダー AIM-9D/E/G/Jが配備された。さらに空軍はM61バルカン20mm機関砲を搭載したF-4Eの配備も開始した。

戦術の見直しやAAMの性能向上によってF-4は真の制空戦闘機に生まれ変わった。その効果は1971年から1973年にかけてのベトナム戦争第２ラウンドで大いに発揮され、特に72年以降は北ベトナムの新鋭機MiG-21MF（K-13搭載数が４発となり機関砲も追加）に対してもF-4が一方的に勝利するようになり、空中戦は完全にF-4が優勢となった。

ベトナム戦争を通じ、F-4は空対空戦闘によって143.5機を撃墜し（大多数をMiG-21が占める）、空軍３名、海軍２名のエースが誕生した。空軍による撃墜の半数以上はドッグファイト・スパローによるもので、海軍ではサイドワインダーが多かった。

また空海軍あわせて約50機のF-4を空対空戦闘によって失っている。キルレシオはおよそ3：1でF-4が勝利したが、全機種の空対空戦闘合計では撃墜193機、被撃墜92機でほぼ2：1となる。この数字はアメリカ側の記録に準拠しているので、72年以降の空中戦を除けば北ベトナム空軍とMiG-17、MiG-21そして少数あったMiG-19は、アメリカを相手にかなり対等近くに戦ったと言える。

なおベトナム空軍は26名のエースが誕生。グェン・ヴァン・コクはMiG-21PFで９機＋無人機１機を撃墜（全てK-13ミサイル）、グェン・ヴァン・バイは性能に劣るMiG-17Fで７機を撃墜している（全て機関砲）。

ベトナム戦争最多撃墜王 グェン・バン・コク

北ベトナム空軍第921飛行連隊「赤星（サオ・ドゥ）」は首都ハノイにほど近いフクイェン基地に駐留し、ベトナム戦争前期からソビエト連邦製新鋭機MiG-21を配備する、同国最強の戦闘機部隊だった。MiG-21は機体も少なかったがそれ以上にパイロットが不足していたため、彼らは繰り返し出撃し、一部のパイロットは驚くべきペースで撃墜数を増やしていった。

その中において特筆すべき戦果を挙げたエースがグェン・バン・コクである。グェン・バン・コクはソ連でMiG-21の訓練を受けた後に帰国し実戦へと投入された。

グェン・バン・コクにとって最初の戦果は1967年４月30日午前９時のことだった。彼は編隊で飛行するF-105Dを発見する。雲をうまく利用して護衛機F-4の隙をつくことに成功、F-105Dを照準に捉え距離2,000mからK-13を発射した。完全な奇襲攻撃となりK-13はF-105Dに命中。炎上・墜落した。

そして1969年までの間に４機のF-105、３機のF-4、F-102、OV-1、合計９機の飛行機を撃墜し、さらにファイアビー無人機も撃墜している。

そのすべてが機関砲を搭載しないMiG-21PFによる戦果で、赤外線誘導型のK-13ミサイルを使用した。ミサイルのみで武装する戦闘機による撃墜数としては世界最多であり、同時にミサイルを用いた撃墜数においても世界最多である。もちろんベトナム戦争におけるトップエースでもある。

北爆停止後は教官として後進の指導にあたった。後に空軍中将にまで昇進し退役した。2016年現在も健在である。

グェン・バン・コクも搭乗したMiG-21PF #4326は現存している。タンソンニャット国際空港内の空軍博物館において露天展示されており、機首部に13個の撃墜マークが記されている。うち７つがグェン・バン・コクによるものとされる。

◆4-11
復活した航空大国フランス

「ミラージュで飛んでいたときは楽しかったですね。確かにF-16の高性能ぶりは大変なものですが、あの感覚を与えてくれません」
——ギオラ・イプシュタイン〈イスラエル空軍エース、17機撃墜〉

第二次世界大戦が始まり1年もしない1940年春、フランスはドイツに降伏した。フランス空軍機はドボアチンD520戦闘機がBf109Eとほぼ対等に戦うなど善戦するも、あまりに早すぎるドロップアウトから究極のレシプロ戦闘機誕生に立ち会うことはできなかった。しかし急速なジェット化を迎える大戦終結と同時に再スタートを切ることができたのはフランスにとって不幸中の幸いだった（日本は大戦を経験し戦後は52年まで航空機の開発が禁止されたのと逆である）。

まず最初にイギリス製のニーンを搭載した亜音速機ダッソー ウーラガンが1949年に初飛行し、1952年に実用化された。ウーラガンはフランス初のジェット戦闘機にして、以降フランスの戦闘機を一手に担うダッソー社最初の実用機だった。ウーラガンを後退翼化したダッソーミステールを1954年に実用化。実質的に別の機体とも言えるほど再設計されたミステールIVはF-86、MiG-15、ハンターと対等の性能を誇った。

戦闘機の開発と平行して国産ターボジェット、スネクマ「アター」の開発にも成功する。以降アターはフランス戦闘機のエンジンとして性能向上を重ねた。

そしてダッソー シュペル・ミステールが1955年3月2日に初飛行しその翌日に超音速飛行を達成。試作機はロールス・ロイス エイボンを搭載したが、1957年に配備された実用型ではアターに換装され、ついにフランスは自国製のエンジンと設計による独自の超音速戦闘機を手にした。

さらなるマッハ2級戦闘機に挑んだフランスはダッソー ミラージュIIIを開発し1961年に実用化した。このミラージュIIIはマッハ2の速度性能に加え全天候交戦能力を持ち、コンパクトな機体は軽快で機動性に優れたから、使い勝手がよ

ダッソー「ミラージュⅢ」。「無尾翼デルタ」の形状は、小規模な機体かつ小さなエンジンパワーで超音速飛行性能を発揮するのに最適だった。未だに現役機が多数残る〈筆者撮影〉

く多くの国に輸出された。特にイスラエル空軍のミラージュIIICJがMiG-21などソ連製戦闘機を圧倒し、類まれな能力を持つ戦闘機であることを証明している。ミラージュIIIの成功によって「ミラージュ」の名称はフランス・ダッソー社製戦闘機のブランド名として長らく使われることになる。

ミラージュIIIの派生型ミラージュ５では、レーダーを簡素化し全天候戦闘能力を削除した代わりに燃料増と戦闘爆撃機としての能力が付加された。ミラージュ５はイスラエルへと輸出される予定だったが、政情の変化から1968年に禁輸としてしまう。戦闘損耗分を補いたかったイスラエルは非合法手段をとった。諜報活動によってミラージュ５とアター09Cエンジンの設計図を入手。IAI（イスラエル航空工業）によって生産した。IAI製ミラージュ５を「ネシェル」と呼ぶ。

さらにイスラエルはミラージュIII/5を基本にカナードを加えるなどの再設計を行ない、エンジンをアター09Cからより推力が大きいアメリカ製J79に換装したIAI「クフィル」を1976年に実用化させた。推力がA/B時61kNから79kNと大幅増だったこともありクフィルはミラージュIIIよりも高性能で、外国にも輸出された。クフィルは当時人種差別政策で世界的に孤立していた南アフリカでも派生型が製造される（イスラエルが技術支援した）。1986年にアトラス「チーター」が南アフリカ空軍へ配備された。

ミラージュIIIと一連の派生型は2,000機以上が出荷され、すべての大陸に余すことなく拡散した。こうした事情からミラージュIII系は実戦経験が非常に豊富で撃墜・撃破数は500機以上。超音速ジェット戦闘機の「撃墜王」となっている。また超音速核爆撃機ミラージュIVの母体ともなった。

イスラエルが独自開発したミラージュ IIIの派生型IAI「クフィル」。飛行性能でミラージュ IIIを上回る。アメリカも本機をF-21ライオンとして仮想敵用に採用した。写真は米の民間軍事会社ATAC所有機〈筆者撮影〉

ダッソーの次回作、ミラージュF1もミラージュIII同様に必要な能力を小さな機体に纏めた機体で、ミラージュシリーズ唯一の非デルタ翼機である。1973年に実用化。BVR交戦能力を持つ上にF-4ファントムに対してさえ優勢に戦っている。ミラージュIIIほどではないが多くの国にも輸出された。

ダッソーが自社資金で開発した「シュペルミラージュ4000」は1979年に初飛行した。F-14やF-15に対抗し大型戦闘機の輸出市場に打って出たが、誰も興味を示さず（フランス空軍さえ）１機も売れなかった〈筆者撮影〉

そして再びデルタ翼に回帰したミラージュ2000、ラファールと続く。実用化はしなかったが垂直離着陸機ミラージュIIIV、ミラージュF.2（後にF.1となる）、可変後退翼機ミラージュG、大型双発戦闘機シュペルミラージュ4000なども開発している。

戦闘機開発から脱落したイギリスとは全く逆に、フランスはアメリカやソ連に次ぐ、第三の戦闘機大国としてその地位を確固たるものとしていた。第一次世界大戦で数々の傑作戦闘機を生んだフランスは今も健在である。

◆4-12

中東戦争 熱砂のガンファイト

「機関砲はミサイルとは違う。条件が整っていれば、弾は必ず命中する」
——イスラエル・バハラブ〈イスラエル空軍エース、12機撃墜〉

ベトナムにおいてミサイルのみで武装した米ソ製戦闘機が交戦していた頃、ユーラシア大陸の反対側で勃発した第三次中東戦争（1967年６月５日～６月10日）、消耗戦争（1967年７月１日～1970年８月７日）、第四次中東戦争（1973年10月６日～10月26日）は、ベトナムにおける空戦とは全く違う様相を見せた。

一連の戦争による空戦は、主にイスラエル空軍とエジプト空軍の戦いで、エジプトの友好国であるシリアほかアラブ諸国の空軍もイスラエルと戦った。

エジプト空軍の主力戦闘機はソ連製のMiG-21F-13（全天候戦闘能力なし）、MiG-21PF、MiG-21MF等。一方のイスラエル空軍の戦闘機はフランス製のミラージュIIICJで、「シャハク」と呼んだ。

両者のうち特異だったのはイスラエル空軍で、パイロットはAAMというものを全く信用していなかった。シャハクはフランス製ミサイルR530、または国産のシャフリルを搭載できたが、皮肉を込めて「増槽」と呼んだ。発射しても当たらずに落ちるという意味である。彼らにとっては２門搭載するDEFA30mmリボルバー式機関砲こそがもっとも信頼する装備だった。

イスラエル空軍における戦闘機パイロットの空戦戦術は、戦闘機の機動性を最大限活用し、敵機の死角たる背後に遷移し機関砲で一撃を加えるというもので、マッハ２級の超音速ジェット戦闘機であるミラージュを配備しながら、その戦い方はかつてのレシプロ戦闘機の延長線上にあった。

エジプト空軍を支援するソ連は、北ベトナムでの事例と同様に自国製レーダーとGCI、戦闘機（MiG-21）を輸出し、ヒット＆ラン戦術を指導した。北ベトナムが超大国アメリカを相手に善戦していた事実から、ソ連はエジプト空軍の実力には自信を抱いていた。小国イスラエル空軍を相手にエジプト空軍が、ひいてはソビエト空軍がよもや負けることはあるまい。と。

かくして第三次中東戦争が始まると、ソ連の自信はズタズタに引き裂かれた。シャハクは完膚なきまでにMiG-21を打ちのめしたのである。イスラエル空軍によるとドッグファイトでエジプト機58機を撃墜し、損害はたったの10機であったとされる。このうちシャハクによる戦果は48機を占め、うち15機はMiG-21だった。

第三次中東戦争初日、イスラエル空軍による開戦劈頭の奇襲攻撃でエジプト空軍は450機を地上撃破され半壊した。写真には破壊されたMiG-21と、撮影機である偵察型ミラージュIIIの影が写る

また、イスラエル空軍は開戦同時の奇襲攻撃で450機ものエジプト空軍機を飛行場から飛び立つ前に地上撃破している。敵機を破壊するには空中にあるものを狙うよりも、飛行場で破壊したほうがずっと効率が良い。「鳥を絶滅させるならば巣を狙え」は航空戦の鉄則である。ドッグファイトはあくまでも航空戦の蛇足である。

第三次中東戦争後の３年にわたる消耗戦争では、シャハクは106機を撃墜し、損害はわずか４機だけであったとされる。ほとんどが機関砲による戦果である。

第四次中東戦争の頃になるとイスラエル空軍はミラージュ5Jをコピーした「ネシェル」や、アメリカからF-4E「クルナス」も導入した。そして第四次中東戦争の空中戦の結果は撃墜277機に対して損害は４機だった。

第四次中東戦争では新型の第二世代サイドワインダーAIM-9D/Gやシャフリル２といった信頼性の高い赤外線誘導ミサイルが登場し、AIM-9D/Gは132発が発射され53機を撃墜（撃破率40%）、シャフリル２は176発が発射され89機を撃墜（撃破率51%）するなど、戦果の過半数はミサイルが占めるようになる。

６年間の空中戦を累計すると、イスラエル空軍は主にミラージュによって441機を撃墜し損害は19機、すなわち撃墜比は23：1であった。誤認も少なくないだろうから、いくらか割り引いてみてもイスラエル空軍の圧倒的な勝利に疑いの余地はない。

この勝因はミラージュの性能よりも、機関砲を主武装としたドッグファイトを重視したイスラエル空軍の戦術によるところが大である。こうした戦い方は赤外線誘導ミサイルを用いた場合にも優位に作用する。イスラエル空軍はまず兵装交戦範囲（WEZ）の広いAAMで初撃をしかけ、命中しなかった場合は距離をつめて機関砲を用いるという二段構えの策をとり、非常に効果的だった。F-4Eの導入時にスパローも調達しているが、F-4EももっぱらWVRで交戦した。

「エジプト空軍には最高の戦闘機と訓練を与えている。勝てないのはアラブ人の気質が足りて無いからだ」

ソ連のブレジネフ書記長がエジプトのサダト大統領に対し言い放った。ソ連空軍はエジプト人に全敗因を押し付けた。しかし、ブレジネフの言が正鵠を射たものではなかったことはすぐに証明された。1970年７月30日、イスラエル空軍は囮作戦によって、ソ連軍事顧問団の操縦するエジプト空軍のMiG-21MFをおびき出した。その結果４機ないし５機のMiG-21MFを一方的に撃墜してしまった。ロシア人がやっても結果は同じだった。ブレジネフに侮辱されたエジプト空軍のパイロットにとって、この日の敗北だけは胸がすく気持であったに違いない。

アメリカを相手にした北ベトナム空軍は善戦したのに、エジプト空軍はイスラエル空軍に手も足も出なかった。両者の結果がこうも対照的な結果となったのは、北ベトナム空軍の場合は侵攻してくる米軍機を相手に、防空システムの有利を得られた点にあった。つまりGCIの誘導によって接近、ミサイルを放って離脱という、いわば戦闘機を「SAMの一段目」とするソビエト空軍式の戦術は奇襲が成功しやすく、米軍機は水平飛行中にミサイルが直撃して初めて攻撃を受けていることに気づいた。

一方中東では極めて狭い地域で両軍が激突したため、両軍の戦闘機とも同等のGCIの支援を受けた。その結果対等に近い条件でドッグファイトが発生し、格闘戦が生起しやすい環境にあった。そして高い練度を有すイスラエル空軍パイロットはミラージュの性能を最大限引き出し、その高機動をもってK-13ミサイルのWEZすなわち自機の背後を取らせずに、先制攻撃を仕掛けた。またK-13は機動する相手には命中しない。結果として戦闘機の機動性を重視し、機関砲射撃に優れたイスラエル空軍に軍配が上がり、迎撃戦闘機的な戦い方のエジプトは敗北したのである。

ミラージュに対してMiG-21が性能的に劣っていたわけではない。MiG-21F-13やMiG-21MFは機関砲を搭載していたし、水平尾翼を持たないミラージュよりも低空での操縦性は勝っていた。ただ、パイロットの練度と戦術から、優秀な

MiG-21本来の実力を発揮できなかった。

空中戦の優劣は戦闘機の性能以外の部分で決着がつくことが多い。もしイスラエル空軍とエジプト空軍の戦闘機をそっくり入れ替えても結果は変わらなかったであろう。

超音速機の撃墜王 ギオラ・イプシュタイン

イスラエル空軍においてシャハクおよびネシェルに搭乗したギオラ・イプシュタインは、超音速ジェット戦闘機によって最も多くの撃墜を記録したトップエースである。

イプシュタインは抜群に目が良かったことで知られ、「鷹の目」とあだ名された。条件が良ければ38km（20nm）先の戦闘機を目視できたという。これはレーダーによって測定された正確な数値である。

最初の戦果は第三次中東戦争時で1967年６月６日に撃墜したSu-7だった。消耗戦争中にさらにMiG-17、Su-7を撃墜、1970年３月25日には激しいドッグファイトの末２機のMiG-21を撃墜しエースとなった。

第四次中東戦争ではイプシュタインは信じられないような戦果をあげる。1973年10月18日にMi-8ヘリコプターを撃墜すると、その翌19日にたった１日で４機のSu-7/20を撃墜した。翌20日には４対22の圧倒的劣勢のドッグファイトを戦った。10機のMiG-21に集中攻撃をうけるも巧みにこれを回避し、４機のMiG-21を返り討ちにした。たったの３日間で９機撃墜である。

イプシュタインの活躍はまだ終わらない。４日後、さらに３機のMiG-21を撃墜した。この時増漕１本と180発の機銃弾が残っていたため、彼は地上迎撃管制に敵機の居場所を質問した。しかし、もうどこにもMiGはいなかった。この日第４次中東戦争は停戦を迎えた。

戦後イプシュタインは予備役となるも、クフィル、F-16と機種を乗り継ぎ、1997年に59歳にして戦闘機パイロットを引退した。生涯撃墜数は17機＋未確認１機。うち12機を機関砲で葬った。まさにジェット戦闘機に乗るために生まれてきたような男だった。

◆4-13

機関砲 王政復古の大号令

「なんで“ミサイル（ミッスル）”と言うか知っていますか？　ミスばかりして当たらんからですよ」

——ベン・リッチ〈ロッキード スカンクワークス航空技師〉

AAMはその登場以来、ベトナムや中東での実戦経験や改良によって70年代に入るとドッグファイトにおける主流武器となった。だが、同時にAAMは機関砲を代替するものではないことが明らかとなった。機関砲は機関砲に適した使い方があり、ミサイルでは攻撃できない状況も数多く発生した。

たとえば敵機の近くに僚機がいた場合だ。絶好のサイドワインダー射撃のチャンスを得てもサイドワインダーは敵味方関係なしに熱源をロックオンするから、不用意に射撃しては僚機を撃墜してしまうかもしれない。こうした場合、サイドワインダーの射撃を意味する「フォックス・ツー」を無線でコールし、僚機はアフターバーナーを切るという戦術も多用されたが、誤射の可能性は捨てきれない。

他にも相対距離数百mの超接近戦ではミサイルの最小射程を割り込んでしまうので命中は期待できなくなるし、AAMを最も多く装備可能なF-4でさえ最大８発（AIM-7×4 AIM-9×4）だったから、機関砲がなければミサイルを撃ち尽くした後に丸腰となってしまった。

一方、機関砲はレーダー照準ならば最小500m（破片のリスクを考えなければ0m）～最大1,500mの射程をもつ。サイドワインダーと違って、必ずしも背後をとらなくても射撃できた。WEZが狭いため射撃機会自体少なかったが、射撃機会に対する撃破確率はむしろサイドワインダーをも上回ったのである。

こうしたや問題・利点から機関砲はその価値が再確認された。アメリカ空軍が「ミサイル万能論」から脱却し機関砲のありがたみを再び認識するようになったきっかけは、皮肉なことにドッグファイトに弱いF-105だった。

F-105は賢明にもジェネラルエレクトリックM61バルカン 20mm機関砲を搭載

ほとんどの米軍戦闘機が装備するM61A1バルカン 20mm機関砲（写真は航空自衛隊の装備）。6つの砲身を回転させつつ、装填、発砲、排莢を高速で繰り返す。秒間100発もの連射速度を持ち、弾幕を張る。最大射程1,500m〈筆者撮影〉

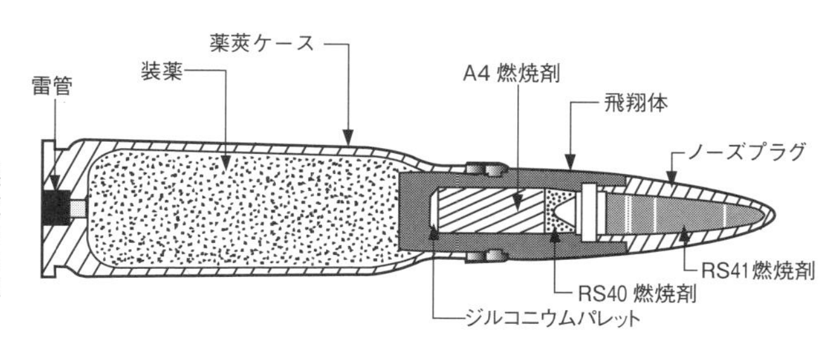

M61A1用のPGU-28貫通・焼夷・炸裂弾。複数の効果を発揮するPGU-28は現在の主力として用いられているが、航空自衛隊はこれを調達せずJM56A3焼夷榴弾等を装備している

していた。F-105は邪魔な爆弾さえ捨てれば、高翼面荷重機特有の強力な加速力によって、一目散に逃げるMiG-17Fを簡単には逃さなかった。M61によって11機も撃墜している。アメリカ海・空軍ではM61が戦闘機用標準機関砲として半世紀の長きにわたって装備されてゆくこととなる。

ソ連では主力機であるMiG-21への機関砲搭載が喫緊の課題となった。全天候戦闘機型MiG-21PFは、その開発にあたり重いレーダーを搭載する代償として、初期型のMiG-21F-13では装備していたNR-30 30mm機関砲を撤去していた。そのMiG-21PFはF-4の４分の１、２発しかK-13を搭載できないので、いくら通り魔的な一撃離脱戦術を徹底していたにしても少なすぎた。機関砲を持たない問題はアメリカ以上に深刻だった。

スホーイSu-15TMフラゴン迎撃戦闘機。看板で半分隠れてしまっているが、胴体下に２本のガンポッドが装備されている。固定機関砲は無い。翼下のミサイルはR-98 BVR-AAM〈筆者撮影〉

MiG-21はまずGSh-23L 23mm２連装機関砲を格納したガンポッド搭載能力が付加され、そしてMiG-21SM/MFのような60年代後期のタイプ以降ではGSh-23Lが固定武装として復活した。ソ連本土を護る迎撃戦闘機も同様にスホーイ設計局Su-9やSu-11では機関砲がなかったが、スホーイ設計局Su-15ではガンポッドの装着が可能となった。

AAMのみで武装した戦闘機は1960年代を最後にほとんど開発されなくなり、旧来機にも機関砲を格納したガンポッドが搭載されるようになった。1970年代からはミサイルの性能が著しく向上し、機動する標的を撃墜可能な誘導性能を得た。一方、機動する相手には絶対に命中しない機関砲は、かつてのような唯一無二の絶対権力者ではなくなってはいたが、主要武装の地位を回復した。

◆4-14

ソビエト連邦防空軍
母なる祖国の長距離迎撃機

「私は民間のボーイング機であることを確認していました。しかしそれは容易に軍事転用できることも知っています。私は迎撃管制にボーイング機であることを言わなかったし、聞かれもしませんでした」

――ゲンナジー・オシポヴィッチ〈ソ連防空軍パイロット、B.747撃墜〉

ソ連にはふたつの空軍があった。まずは「空軍（VVS)」。そしてもう一つが「防空軍（PVO)」である。空軍と防空軍は別組織であり、防空軍は、その名が示すとおりソ連本国の防空を担った。

ソ連の戦闘機は「前線戦闘機」と「迎撃戦闘機」の２種類に分類される。前線戦闘機はMiG-15/17/19/21のような昼間戦闘機、またはスホーイ設計局Su-7のような戦闘爆撃機が該当し、主に空軍が運用した。いずれの前線戦闘機も軽量小型で機動性を重視し、その反面航続距離や兵装搭載量は小さい。

迎撃戦闘機とは、他国の同名機種とおなじく対爆撃機を主な用途とする全天候交戦闘機を意味し、「ヴォーズドフ１」自動迎撃管制システムとともに防空軍が運用した。アメリカのF-106がSAGEに組み込まれ門外不出だったように、ヴォーズドフ１の管制を受ける迎撃戦闘機もまたほとんどの機種が輸出されておらず、その能力は長らく秘密のベールに包まれていた。

ソ連防空軍の迎撃戦闘機は主に２つの敵があった。まずアメリカ空軍／海軍、イギリス、フランスの核搭載爆撃機。アメリカ空軍では1951年にボーイングB-47ストラトジェット、1955年にボーイングB-52ストラトフォートレスが就役し、1960年にはマッハ２のコンベアB-58ハスラーが就役した。さらに1964年にはマッハ３の偵察機ロッキードSR-71ブラックバードの存在が明らかにされ、次いでマッハ３級爆撃機ノースアメリカンXB-70ヴァルキリーが控えていた。ソ連よりもアメリカのほうが爆撃機の拡充に力を入れていたから、ソ連にしてみればより強い脅威を受けていた。

史上最大の戦闘機ツポレフTu-128Pフィドラー。「鉄のカーテン」を担うソ連防空軍長距離迎撃戦闘機の最終型である。ヴォーズドフ１自動迎撃管制システムの指揮下で戦い、格闘戦は一切想定していなかった〈筆者撮影〉

もう一つの敵があまりに広大な国土だ。しかもソ連は世界中から鼻つまみ者の社会主義国の総帥であるから、極東、北極海、欧州とあらゆる方向からの爆撃機侵入が予測された。1960年前後に「ミサイル万能思想」にどっぷり浸かっていたソ連は、SAMによってその長い国境に防空の壁を建設しようとする。しかしさすがにそれは困難だったため、イギリスやカナダとは違い賢明にも戦闘機を廃すという考えまでは実行にうつさなかった。

ソ連はSAMも充実させつつ、同時に航続距離に優れた長距離迎撃戦闘機によって祖国の防空を強化した。長距離迎撃戦闘機は前線戦闘機のようにエンジンパワーの不足を軽量化によって補うには限界があり、相対的に飛行性能には劣っていた。

ソ連最初の長距離迎撃戦闘機は1955年にソ連最初の全天候戦闘機となったヤコブレフ設計局Yak-25フラッシュライトである。Yak-25の一見時代遅れに見える特徴的なエンジンポッド式の設計は、機内に燃料タンクのスペースを設け航続距離を重視したためだった。この思想を引き継ぎ、アフターバーナー付きターボジェットによって超音速能力を獲得したのが1960年実用化のYak-28Pファイアバーだ。Yak-28は戦術爆撃機型のブリューワーも配備された。

長距離迎撃戦闘機として究極の進化を遂げた機種がツポレフ設計局Tu-128フィドラー超音速迎撃戦闘機である。Tu-128は「史上最大の戦闘機」である。1961年にその姿がモスクワ・ツシノエアショーで確認されたとき、この軍用機が戦闘機なのか爆撃機なのか誰も確定的なことを言えず、NATOコードでさえ最初は爆撃機を意味する頭文字Bの「ブラインダー」が与えられていた。Tu-128は1964年に実用化され、SAMの防備が薄いシベリア方面の防空に就いた。

機動性を優先した軽量迎撃戦闘機スホーイSu-9フィッシュポッド。MiG-21とよく似ているが、1機も輸出されず防空軍のみが運用した。Su-11、Su-,15も同様である〈NARA〉

これらの長距離迎撃戦闘機は2,500km前後の航続距離に加え、火器管制システム開発技術に劣ったソ連がレーダーを大型化することによってカバーする「余力」を生み、Tu-128の「スメルシュ」は500kgの重量で視程50-60kmあり、セミアクティブレーダー誘導型のR-4R（射程25km）とその赤外線誘導型R-4T（射程15km）を４発装備した。なお、ソ連軍は誘導方式が異なる同一ミサイルを混載し妨害を無効化する戦術を好んで多用した。

防空軍には長距離迎撃戦闘機だけではなく、前線戦闘機のように優れた機動性を優先した迎撃戦闘機も配備された。ミグ設計局の前線戦闘機に全天候交戦能力を付加したタイプ（MiG-21PF等）、そして1959年実用化のスホーイ設計局Su-9フィッシュポットとその発展型Su-11フィッシュポットがある。Su-9/11は安定性が悪く事故が多発した欠陥機だったが、MiG-21に匹敵するマッハ２以上の速度と高い上昇力を持っていた。

Su-9とMiG-21は同時期に平行して開発され、とても良く似ている。これはソ連の軍用機開発システムが原因である。ソ連の軍用機開発は西側諸国のように航空機製造会社が行なうのではなく、軍の要求に対して「中央設計局（TsKB）」がその要求を満たすために必要な技術、搭載機器、エンジンを決定し、その傘下のミグやスホーイ、ヤコブレフ等の「試作設計局（OKB）」が実際に軍用機の開発を行なった。

Su-9とMiG-21は、ソ連の航空工学をリードする「中央流体力学研究所（TsAGI：ツアギ）」による有尾翼デルタ翼機研究の成果が投入されたから、必然的に似たような形状となった。MiG-15とラボーチキン設計局La-15ファンテール、ミグ設計局MiG-29フルクラムとスホーイ設計局Su-27フランカーなども、ツアギ発のデザインを持っているため非常によく似ている。

短距離迎撃戦闘機の最終進化形が1965年実用化のスホーイ設計局Su-15/Su-15TMフラゴンである。Su-9/Su-11の発展型であるが双発エンジンとされ、推力重量比が1.0に迫り卓越した上昇力と、非武装状態ならマッハ2.5、武装状態でマッハ2.1の速度性能をもち、登場時点で世界最速の迎撃機だった。またエアインテークも側面に移されたことにより、機首部のレドームに大きなレーダーを搭載できた。

Su-15は1978年に大韓航空のボーイング707をR-60（AA-8エイフィッド）短射程赤外線誘導AAMで攻撃し、第２エンジン（左翼内側）を大破させ強制着陸させた。さらに1981年には同じく大韓航空機のボーイング747にR-98R/T（AA-3アナブ）セミアクティブレーダー誘導／赤外線誘導BVR AAMの２発を放った。R-98の弾頭はR-40の13倍の40kg高性能炸薬。「ジャンボジェット」を操縦不能に陥らせるに十分な破壊力であり、撃墜した。

◆4-15

「マッハ３」世界でもっとも速いサーキット

「1980年代の終わりまでに新しい“オリエント・エクスプレス”は、ダレス空港（ワシントンD.C.）を離陸し音速の25倍の速度まで加速、低軌道まで到達、東京へ２時間以内に飛んで行けます」

――ロナルド・レーガン〈アメリカ大統領〉

1960年ころには米ソともにマッハ３クラスを目指した迎撃戦闘機の開発が始まっていた。アメリカは1962年にロッキードA-12ブラックバード偵察機を原型としたロッキードYF-12を初飛行させ、ソ連は1964年にミグ設計局MiG-25フォックスバットを初飛行させた。

1965年。ブラックバードとフォックスバットの２機種のマッハ３級迎撃戦闘機は航空黄金時代のエアレース「シュナイダー・トロフィー」よろしく国家のプライドをかけて、人類史上最速となるマッチレースに挑んだ。

３月16日、MiG-25（機種名はYe-266で登録された）は2,000kgペイロードを背負い1,000kmクローズドサーキットにおいて2,319.12km/hを記録し世界記録を樹立した。これはペイロード1,000kg、または無しにおいても世界記録であり、その能力を証明した。

しかし、１ヵ月半後の５月１日、アメリカはYF-12によって2,000kgペイロード1,000kmクローズドサーキットで2,718.006km/hを達成し、MiG-25の記録をあっさり塗り替えてしまう。この日はさらにペイロード無しクローズドサーキット500kmで2,644.22km/h、15/25kmストレートコースで3,331.507km/hの絶対速度記録も樹立した。

なお1,000km及び500kmクローズドサーキット速度記録とは所定の荷重を搭載し１周1,000kmまたは500kmのルートを飛行し、その所要時間から平均速度を算出する。15/25kmストレートコースは空中に15～25kmの任意の距離で直線コースを設定し、コースの両端から１度ずつ２回飛行しその所要時間から平均速度を

ロッキードYF-12Aブラックバード。実用化されていればTu-128やMiG-25を上回る史上最大にして史上最速の戦闘機だった。搭載予定だった長距離AAMは後にF-14用フェニックスへと進化する〈US AIRFORCE〉

算出する。なお2回目の飛行は1回目を終えて無着陸かつ1時間以内に行わなければならない。いずれもFAI（国際航空連盟）が認定する。

アメリカの嘲笑うかのような挑戦にソ連は黙っていなかった。5ヵ月後の10月5日、MiG-25はペイロード無し500kmクローズドサーキットで2,981.5km/hを記録しYF-12の記録を打ち破った。さらに10月27日には2,000kgペイロード、1,000kmクローズドサーキットへ再挑戦し、2,920.67km/hを記録し再び世界の頂点に返り咲いた。

両者の戦いはまだ終わらない。いったん期間をあけて1976年7月27日、YF-12同様にA-12から派生したSR-71偵察機がペイロード無し1,000kmクローズドサーキットで3,367.22km/hを叩き出し、翌28日に今度は15/25kmストレートコースで3,529.56km/hを記録する。

2016年現在、離着陸可能な有人ジェット機としてはブラックバードが絶対速度記録を有し、フォックスバットは500km絶対速度及び1,000kmのペイロード有りのレギュレーションにおいて王者となっている。両機の記録を破る飛行機はまだ登場しそうにない。

MiG-25もYF-12もマッハ3を実現するためには超えなくてはならない一つの壁があった。それは「熱の壁（サーマルバリアー）」である。超音速飛行において発生する高圧の衝撃波は「断熱圧縮」によって非常に大きな熱を発生させる。また機体表面を流れる空気流も摩擦熱を発する。これらの「空力加熱」によって機体温度が摂氏600度にまで達したのである。ヒューゴ・ユンカース以来航空機の主要構造材だったアルミ合金は融点が摂氏660度と低く、熱で著しく強度を低下させたので使用することができなかった。

そこでYF-12はチタン合金をつかった。チタン合金は比強度でアルミ合金を上回り、しかも融点は摂氏1,668度だったから、まさに高速機に最適だった。しかしチタン合金は加工が難しく機体製造コストを著しく悪化させてしまった。一方でMiG-25は重いが熱に強い鋼鉄をあえて使った。MiG-25は重すぎで戦闘機らし

NARA

史上最速の実用戦闘機
ミグMiG-25“フォックスバット”

アメリカは半ば公然と高高度偵察機によってソ連領空を侵犯していた。ソ連にとっては忌々しいことこの上なかったが、アメリカはさらにマッハ３で飛翔する偵察機（A-12）や爆撃機（XB-70）を開発せんとしており、MiG-25はこれを阻止するための迎撃戦闘機として生まれた。最高速度マッハ3.2。実用上はマッハ2.83に制限されたが、それでも実用された戦闘機の中においてトップに君臨する。

双発搭載するツマンスキーR-15BD-300ターボジェットエンジンはアフターバーナー使用時110kN。コンプレッサーはわずかに５段しかなく、圧力比も7.1でしかない。亜音速以下ではとてつもなく燃費の悪いエンジンだが、超音速飛行においてはエアインテーク部において流速を亜音速にまで減速し、同時に圧縮を行ない、実質的な圧力比は数倍になった。高速飛行時はアフターバーナーによって大部分の推力を発生させる「ラムジェット」に近い機構を有している。

高速飛行に特化したエンジンと断熱圧縮に強い鉄製の機体をもつMiG-25は、ただ速く飛ぶためだけの迎撃機である。17,660リットル（F-15の2.3倍）という莫大な燃料を搭載しているにも関わらず、航続距離は超音速巡航1,300kmしかなかった。

1976年９月６日。防空軍のヴィクトール・ベレンコが米国への亡命をはかり、MiG-25Pを操縦し函館に強行着陸した。突如日本にやってきた新鋭機は日米の手で解析され「速度以外を全て捨てた」戦闘機であることが明らかになった。

・史上最速のマッハ3.2の速力
・視程80kmのレーダーによるBVR交戦能力
・時代遅れの速力重視
・格闘戦が不可能な劣悪な運動性

い機動はできなくなったが（荷重制限わずか4.5G）、量産性を損なわぬための合理性を優先した選択だった。

結局YF-12は高コスト過ぎたこと、マッハ３の迎撃戦闘機を必要とする爆撃機がソ連に無かったこともあり、開発計画は中止されてしまった。一方ソ連はMiG-25の主敵としていたマッハ３級爆撃機ノースアメリカンXB-70ヴァルキリー計画が中止された後も開発が続き、実用化された。

MiG-25の存在は1967年のモスクワエアショーで初公開されるが、西側諸国はYe-266の名称で数々の世界記録を打ち立てた「MiG-23フォックスバット（MiG-25であることが判明したのは70年代だった）」が軽量なチタン製だと思い込んでいた。直線的なフォルムの設計が加工の難しいチタンを採用した証拠であるともっともらしい評論まで行なわれ、最大離陸重量も30t以下（実際は40t）で広い主翼から低翼面荷重で旋回性も抜群だろうと過大評価していた。

また1971年にはソ連のエジプト派遣軍事顧問団が中東に持ち込んだ偵察型MiG-25Rが、マッハ3.2でイスラエル占領下のシナイ半島を飛翔し、迎撃にあがってきたイスラエル空軍のF-4ファントムを寄せ付けさえしなかったこともあり、西側諸国を震撼させた。そして特にアメリカ空軍の次世代戦闘機、マクダネルF-15イーグルの開発に大きな影響を与えることとなる。また大きな機首部の性能向上型「スメルシュ」レーダーは最大視程80km、R-40R/Tセミアクティブレーダー誘導／赤外線誘導型BVR AAMは最大射程30kmを有し、MiG-25はまさに当代最高の迎撃戦闘機だった。

しかし、MiG-25はあまりにも速すぎた。熱の壁問題を解決しマッハ３以上で飛行するために他のすべてを捨てた機体であるのに、速すぎて戦う相手がいなかった。そもそもマッハ２の戦闘機でさえ普段は亜音速で飛行し、一時的にアフターバーナーを使って音速を少し上回る程度でしか飛ばなかったから、明らかな過剰スペックだ。1970年代以降「戦闘機の最大速度性能は全く意味のない数字」となり、速度性能一辺倒の迎撃戦闘機の時代が終わろうとしていた。

1915年に最初の戦闘機フォッカー・アインデッカーが誕生して以来、戦闘機史とは飽くなき「速度競争の歴史」でもあった。そしてちょうど半世紀が過ぎた1965年に行なわれた、YF-12とMiG-25によるマッハ３のエアレースは、速度競争の歴史の最後を飾るに相応しい終幕となった。YF-12とMiG-25は速度競争の最終勝利者として「人類最速戦闘機」の称号をほしいままにしている。

◆4-16
可変後退翼の熱病と衰退

「この世に存在するあらゆる手段をもってしても、この重過ぎる飛行機（F-111B）を我々が欲しいものに変えることは不可能です！」
――トーマス・F・コノリー〈アメリカ海軍 作戦部航空作戦次長〉

ドイツ発の航空技術であった後退翼は、遷音速以上の性能を目指す戦闘機の全てに適用された。戦闘機が高速化するほど後退角のきつい設計が盛り込まれたが、後退翼には低速性能を悪化させるという大きなデメリットがあり、離着陸時の必要滑走路長は増大する一方だった。

亜音速以下での特性に優れた旧来の直線翼、高速性能発揮には必須の後退翼、この両方のいいとこ取りする手段としては「可変後退翼」が知られていた。可変後退翼とは、離着陸時においては直線翼であるが、高速時は主翼の後退角を増す機構をもった主翼で、第二次世界大戦時にはすでにドイツのメッサーシュミットP.1101が完成間近であった。

主翼は機体重量のすべてを担う部分であるから、強度を保ちつつ取り付け部を可動させることの困難さ、後退角を変化させることによる空力中心移動など技術的課題も多く、すぐには実用化されず、1964年になってようやく可変後退翼を持つ史上初の実用戦闘機、ジェネラルダイナミクスF-111が初飛行し、1967年にアメリカ空軍へ採用された。

F-111は本来「F-4の再来」を目指し空軍・海軍共通戦闘機として設計されたが、F-105のような戦闘爆撃機が欲しい空軍と、艦隊防空迎撃戦闘機が欲しい海軍の要求が競合し合った結果、その機体重量は計画値の10トン増しにも達していた。

海軍は艦載機型F-111Bをひどく嫌ってさじを投げ、1974年に完全な新規設計の可変後退翼機、グラマンF-14トムキャット艦上戦闘機を実用化させる。F-14は迎撃戦闘機として生まれたが、ドッグファイトも主任務とする。余談だが、ト

可変後退翼の角度を変えるジェネラル・ダイナミクスF-111アードバーク。あらゆる速度で理想的な後退角を実現できる可変後退翼は、戦闘機としてよりも、爆撃機として有効に機能した〈US AIRFORCE〉

ムキャットの「トム」とはF-111Bの開発を中止させ、F-14の生みの親となったトーマス・F・コノリー提督の愛称「トム」から来ている。

ソ連でもミグ設計局MiG-23フロッガー、スホーイ設計局Su-17/20/22フィッター戦闘爆撃機が1970年に配備が開始されている。特にフロッガーはMiG-23SM型からF-4Eに匹敵するBVR交戦能力をもっており、ソ連の迎撃戦闘機・前線戦闘機を事実上一つに統合した高性能機である。

さらに1974年にスホーイ設計局Su-24戦闘爆撃機、1975年実用化のミグ設計局MiG-27戦闘爆撃機、1979年実用化のイギリス・ドイツ・イタリア共同開発パナビア トーネードIDS戦闘爆撃機とその迎撃戦闘機型トーネードADVなど、1970年代は続々と可変後退翼機が就役した。

艦上戦闘機であるF-14を除けばみな短距離離着陸（STOL）を目的としており、特にトーネードなどは戦闘機としては珍しいスラストリバーサー（逆噴射装置）まで備えるなど徹底している。

F-111やSu-24、トーネードIDSなどの戦闘爆撃機では地球の丸みや山などを利用しレーダー探知を避ける超低空の地形追随飛行（NOE）において、強い後退角に設定した際に主翼面積を減らせることができ、高翼面荷重とすることで気流の影響による揺れを軽減できる効果もあった。

ミグMiG-23フロッガー。後退角は16、45、72度の３段階を手動で選択する。16度は離着陸時のみ、格闘戦時は45度とする。最大角72度とすると良好な加速力が得られたという〈US AIRFORCE〉

F-14もまた離着艦が必要な艦上機として、高速性能と低速性能を両立することのできる可変後退翼はまことに都合がよかった。F-14の主翼は直線翼の状態で20度、最大68度ではデルタ翼のような形状となる。さらに空母格納時は75度まで後退する。

ほとんどの可変後退翼機は手動で角度を変更し、離着陸時専用に用いる機能であるが、F-14はMSP（マッハ可変プログラム）と呼ばれるコントローラーが速度や機体に掛かるGによって自動的に変化させる。より多くの揚力を必要とする高G旋回発揮時に後退角を和らげるなどの制御が行なわれ、ドッグファイトでも大きな効果をもたらした。F-14は迎撃戦闘機でありながら、速度や加速力だけではなく、旋回性能にも優れた機体となった。トーネードADVも同様の機構を持つ。

可変後退翼はまるでいいこと尽くしのように思えたが、残念ながら戦闘機に革命を起こすには至らなかった。主翼を稼働部とするデメリットがあまりに大きかったのだ。まず可変させる機構そのものが重量物だったし、動く主翼に高圧の油圧配管を設けるのも一苦労だった。そして決定打となったのがカネが掛かりすぎるということで、製造費だけではなく、維持費まで高

英独伊共同開発パナヴィア「トーネードADV」ADVとは防空型の略称。BVR AAMスカイフラッシュ（ドッグファイトスパローの発展型）を装備する。1985年に英空軍へと導入開始され、英軍からは退役済み〈筆者撮影〉

く付いたことから嫌われてしまったのである。

可変後退翼は戦闘機史において速度競争の時代が終わろうとしていたちょうどその時期に実用化された。そして一時の可変後退翼ブームが去ると、その後一切開発されなくなった。海軍先進戦術戦闘機計画（NATF）において、F-22ラプターを可変後退翼の艦上戦闘機化するという開発案もあったが、結局着手すらされなかった。

なお「可変翼」という言葉は可変後退翼のみを指すものではなく、主翼を変形させる機構そのものを言う。史上初めて可変翼をもった飛行機はライト・フライヤー、戦闘機ならばフォッカー・アインデッカーである。フライヤーやアインデッカーはロール軸の制御のために主翼をひねる「たわみ翼」となっている。その後は「エルロン」の普及によってたわみ翼は廃れるが、NASAではたわみ翼と同じ働きをする空力弾性翼（AAW）の試験をF/A-18で実施している。

◆4-17
シンプル・イズ・ベストの軽戦闘機

「飛行は頭をつかっておこない、筋肉を使ってはならない。これが戦闘機パイロットが長生きするための方法です。頭を使わず筋肉を使うパイロットは年金を貰えません」

——ウィルヘルム・ヴァッツ〈ドイツ空軍エース、237機撃墜〉

1960年代から70年代初頭は冷戦期における大空中戦時代だった。ベトナム、中東に加えインドとパキスタンの間においても多くのドッグファイトが発生した。第二次（1965-66年）/第三次（1971年）インド・パキスタン戦争では一風かわった戦闘機が意外な活躍を見せた。インド空軍のイギリス製のフォーランド「ナット」と、それを改良したヒンドスタン航空機（HAL）「アジート」である。

1950年代初期、ナットはジェット化以降大型化・高価格化する戦闘機（大型化は第一次世界大戦からであるが）への命題に挑戦するという目標から開発が始まった。結果、ナットは「史上最小のジェット戦闘機」となり、航続距離も1,000km以下、武装もAAMは無く30mm機関砲２門しかなく、アフターバーナーも装備しないユニークな戦闘機として誕生する。

ナットは超音速を出せないが、亜音速での機動性が非常に良かった。運用重量は3,539kg（P-51Dより遥かに軽い）、翼面荷重279kg/平方メートルに0.6の高い推力重量比があったからドッグファイトに強かった。２度の印パ戦争で特にパキスタン空軍のF-86を相手に優勢に戦ったことから「セイバー殺し」というニックネームまで付けられており、一説にはミラージュIIIEPをも撃墜したとも言われる。

パキスタン空軍にもナットと同じく軽量小型を目指した戦闘機はあった。ミラージュIIIやF-104である。ミラージュIIIEPはハンターやSu-7に勝利し、印パ戦争でもその優秀さを実証した。F-104は軽いがナットとは逆に速度のみを追求した。そのため翼まで小さいので翼面荷重が高い。同世代のMiG-21とのドッグフ

史上最小の戦闘機フォーランド「ナット」。写真の塗装は英空軍型だが、英国ではもっぱら練習機やアクロバット機として使われた〈筆者撮影〉

ァイトではキルレシオ0：4で完敗し（うち１機は機銃、３機はK-13）、「最後の有人戦闘機」のニックネームが泣く散々たる結果だった。かつてのBf110やP-38のように、F-104は制空戦闘機として使うにはあまりに極端すぎた。

アメリカが国をあげて迎撃戦闘機に突っ走った50年代、アメリカのノースロップ社は安価で手間がかからず、ドッグファイトに強い軽戦闘機こそ本当に必要な戦闘機なのではないか。という考えから、F-5Aフリーダムファイターを開発し1959年に初飛行させた。

ナットもそうだったが自国の空軍はF-5Aに全く関心を持たなかった。だがこのF-5Aは全天候戦闘能力こそ無いが、20mm機関砲を２門とサイドワインダーを装備しマッハ1.6の速力と良好な機動性を持ち、MiG-21やミラージュIIIのような優秀な軽戦闘機だった。そしてそれが功を奏した。F-5はアメリカにとって「自国の迎撃戦闘機・戦闘爆撃機としては不要だが、同盟国に安く売るには最適」だったため、生産機のほとんどすべてが世界中にばらまかれることとなる。

1972年、次世代機F-15が初飛行して２週間後の８月11日。エンジン推力を18kN×2から22kN×2へ向上させ全天候戦闘能力を追加したF-5EタイガーIIを初飛行させる。高価なF-15を導入する国は限られていたから、F-5Eもやはり売れた。結局F-5シリーズはアメリカ空海軍に１機も実戦配備されなかったにも関わらず、2,000機以上を出荷している。

アメリカはF-5をMiG-21を演じる仮想敵として訓練用につかった。仮想敵は優れたパイロットが担当する。F-14やF-15といった後の高性能機を相手に多対多の状況ならば全く引けをとらない戦いもできた。F-5は小さく見えにくいので奇襲を仕掛けやすかった。

F-5シリーズは2014年現在も各国で推定492機が現役であり続けているほか、アメリカ空軍はF-5Aの使いやすさを早くから評価し、練習機型T-38タロンを1,000機以上導入した。現在も450機あまりが現役である。

2009年に「T-38vsF-22」というタイトルの興味深い動画がYoutubeにUPされた。動画の内容はT-38のヘッドアップディスプレイ（HUD）カメラを42秒間ばかり映しだした短いクリップであったが、そこにはT-38に機銃で「撃墜」されるF-22ラプターの姿があった。状況の説明が一切無いので何があったのかは不明。酷くF-22に不利な設定で訓練が行なわれた可能性もあるので、この動画から何かを評論することはできないが、少なくとも50年も前に設計されたT-38が最新鋭のF-22を撃墜したという事実に代わりはなく、世界中で話題となった。

ノースロップはF-5の大成功から後継機需要を狙って軽戦闘機開発に傾注する。ちょうどアメリカ空軍が軽戦闘機開発計画をスタートするとF-5で培った技術を投入したYF-17コブラでこれに応え、1974年に初飛行させるもF-16に敗北してしまう。幸いYF-17は海軍に拾われることになるが艦載機開発経験が無かったため、マクダネル・ダグラス社に海軍型の権利を売りF/A-18として実現させた。

ノースロップはF/A-18から陸上戦闘機として不要な能力を省き軽量化、これをF-18Lとして輸出専用機とするつもりだった。ところがマクダネル・ダグラスが裏切りF/A-18を海外へ売り込み始めた。F-18Lはカタログ上においては高性能だったが実機が存在しなかった。一方F/A-18のアメリカ海軍における運用実績は大きく評価され、F/A-18は輸出に成功するもF-18Lは失敗するという散々な結果になってしまう。

ほぼ同時期には究極のF-5とも言えるF-20タイガーシャークを開発し1982年に初飛行させた。エンジンを単発ながら76kNとするなど大幅な性能向上を計り、F-5Eに比し維持旋回率は50%も改善されていた。ところが今度はアメリカ空軍で実績もあり進んだ設計思想を持つF-16の輸出が承認され、やはり1機も売れなかった。

結局F-5の系譜で軽戦闘機の雄に君臨するというノースロップの野望はF-20を潰され、F/A-18だけを他社に奪われるという散々な結果に終わった。

◆4-18

「速度の二乗」への挑戦
垂直離着陸機への道

「あと50年は人間が空をとぶことができない。私は1901年に（初飛行成功の２年前）、弟のオービルにこう漏らしました」

——ウィルバー・ライト〈航空技師〉

地球上に存在するあらゆる物体は「万有引力の法則」から、６兆kgの１兆倍の地球質量によって発生する「重力」をうける。すべての飛行機は主翼の上面に生じる負圧「揚力」を利用して重力に打ち勝ち、空中を飛翔する。この飛行機の原理はライトフライヤーから現代のロッキード・マーティンF-35、超大型機エアバスA380に至るまで不変である。揚力は「速度の二乗に比例」して増加するという特性があるため、数十トン〜数百トンある大型機であっても十分な速度さえあれば飛翔が可能となる。

主翼の揚力を利用した飛行はとても効率が良く、エンジン推力の何倍もの重量を飛ばすことさえできる。しかし、揚力が速度の二乗に比例するということは、低速ではほとんど揚力は発生せず、地上静止時はゼロになってしまうということでもある。飛行機はこうした特性から、離陸する際は十分な速度と揚力を稼ぐための加速を必要とし、逆に着陸時は減速が必要だ。この加減速を行なうためのスペースが「滑走路」であり、「飛行場」である。

飛行場は戦闘機ほか飛行機の運用に欠かせない重要な施設だ。重要であるからこそ戦時ともなれば真っ先に空襲を受ける。飛行場を攻撃されて酷い目に遭った例は事欠かない。一発でも爆弾を受け、クレーターを生じてしまった滑走路はもう使用不可能となり、穴を塞ぎ仮舗装するまでの数時間は離発着ができない。子爆弾を多数ばら撒くクラスター爆弾だったならば不発弾や地雷処理も行わねばならず、丸一日だ。同時に駐機中の戦闘機も絶好の目標となる。

可変後退翼によるSTOL能力の向上は、爆撃を受けて破壊された滑走路の使用可能部分や、簡素な設備の臨時飛行場における運用が想定したものである。

「もし、垂直離着陸（VTOL）が可能で離着陸滑走を不要とする戦闘機があったならば……」

こうした考えに到達するのにそれほど時は必要とせず、プロペラと複葉翼の時代から既にVTOL戦闘機の可能性への挑戦は行なわれていた。が、不幸にもあらゆる試みは、固定翼がもたらす揚力の効率の良さを再確認するにとどまり、ことごとく失敗に終わった。

なぜVTOLは成功しなかったのか。その理由は機体を浮揚させるためには全重量と同じだけのエンジン推力が必要だったことにある。推力重量比が1.0未満、すなわち推力が機体重量よりも少しでも小さければ、1cmたりとも地球から離れることはない。そして通常は前方への加速に利用する推力を、どのようにして上向きとするかも問題だった。人類による地球への挑戦は以下の方法が試みられた。

1．テイルシッター

テイルシッターとはテイル（尾部）、シッター（座る者）を組み合わせた語であり、機体を垂直に立て真上を向いて離陸し、そして着陸時は離陸を逆再生したかのように真上を向いてゆっくり接地する方法である。テイルシッターは40年代において多くのVTOLコンセプト機が発案された。

ドイツのバッヘムBa349ナッターは実機が製作され試験飛行も行なわれ、「あやうく」実用化しかけた。Ba349の離陸は宇宙ロケットと全く同じで、一基のメインロケットと四基の補助ロケットによって打ち上げる。Ba349は降着装置を有しておらず、パイロットは出撃の都度、空中で脱出を強いられるという危険な運用が行なわれる予定だった。Ba349はMe163のような短時間のみ飛行可能な迎撃戦闘機だった。

テイルシッター機コンベアXFY-1ポゴ。5,100馬力のターボプロップエンジンで機体を吊り下げた。離着陸には成功したが、テイルシッター特有の離着陸時の視界の悪さ解決されなかった〈US NAVY〉

同じくドイツのフォッケウルフ トリプルフリューゲルは３枚のプロペラブレードの先端にジェットポッドを備え、そのジェットの噴射でプロペラを回転させた。この方法ならばプロペラを回転させることによる反作用トルクは発生しないという利点もあったが、アイディア倒れとなった。

イギリスのスーパーマリン「技術報告書4040号（TOR.4040）VTOLファイター」はレシプロエンジンを搭載し、二重反転プロペラで反作用トルク（プロペラを回転させることによる反作用）を相殺しながら垂直上昇するという「比較的常識的に思える」方法で、米ソでも同様の案が計画された。

TOR.4040のアイディアを実現化した機体として、1954年に初飛行したアメリカ海軍ロッキードXFV-1サーモン、コンベアXFY-1ポゴがある。サーモン、ポゴともにジェットエンジン（正確にはガスタービン）でプロペラを駆動するターボプロップエンジンと二重反転プロペラを持つ。ポゴはVTOLに成功したが、サーモンは補助輪をつかった通常の離着陸しかできなかった。1955年にはターボジェットを持つライアンX-13バーティージェットもVTOLに成功している。

これらのテイルシッターは共通して「着陸時に後ろが見えない」という大きな問題点があった。結局採用されたものはない。

2．ZELL（ジール）

ZELLとは「ゼロ距離発射」を意味する。ZELLは補助ロケットを用いてガイドレールから戦闘機を射出する。初速を得ることができるので主翼の揚力も利用可能。また既存機に補助ロケットを取り付ける改修だけで済むから、F-84G、F-100D、F-104G、MiG-19S（SM-30）といった実用機での試験が行なわれた。

また、F11Fを潜水空母から射出する計画（弾道ミサイルのように垂直に射出する）、ノースアメリカンXF-108レイピア、フランスのノール1500グリフォン、アブロカナダCF-105アローといった実用化しなかった試作機でも採用が見込まれた。ZELLが滑走路を必要としないのは射出時のみで着陸時は滑走路が必要である。

西ドイツ空軍のF-104G。補助ロケットで射出し離陸。胴体下に抱えた核爆弾を「自国内に投下し」ソ連軍の戦車師団を足止めするつもりだった〈筆者撮影〉

ロケット自体はSTOLで使われたがVTOL機として実用には至っておらず、想定された作戦も通常の戦闘機としての運用ではなく、確実に核攻撃を行なう手段などにおいて注目された。

リフトジェット方式で唯一制式化されたヤコブレフYak-38フォージャー艦上戦闘機。ペイロードを増やすと航続距離100km程度となり、空母の周囲を飛行する以外何もできなかった

3．リフトジェット

リフトジェットは機体をリフト（持ち上げ）させる専用のジェットエンジンを言う。この方式を採用したVTOL機では、水平飛行用の通常のジェットエンジンと、VTOL専用のリフトジェットを両方備える。リフトジェット方式はVTOL機の開発において本命視されていた。ゆえに非常に多くの機が開発され飛行試験を行なっている。

ダッソー・バルザックVとその発展型ミラージュIIIVなどは胴体内に８基ものリフトジェットを備えるというとてつもない戦闘機で、通常のアフターバーナー付きターボジェットで超音速飛行も可能という超高性能機だった。

しかし多数搭載したリフトジェットは離着陸時以外は使い物にならなず死荷重となり、機内のスペースを食いつぶしたから燃料もあまり搭載できず、航続距離に制限を抱えた。そして合計９基のエンジン整備が大変であった。さらに原型機ミラージュIIIの均整のとれた美しいスタイルも消えていた。

メインエンジンから動力を抽出してファンを駆動する「リフトファン」もあり、これはF-35Bで使われた。

4．ベクタードスラスト

ベクタードスラスト（推力偏向）とは、エンジンのノズルを水平ないし下向きとする可変機構を設けることによって、一つのエンジンを離着陸時ないし水平飛行の両方に用いる。ベクタードスラストは実現が難しかったことや、どうしても使用可能な推力が弱く、機体を小さくせざるを得ない弱点もあった。ホーカー・シドレーハリアーはこのタイプ。VFW VAK191Bとヤコブレフ設計局Yak-38などのように、リフトジェットと併用することが多い。F-35Bはリフトファンにベクタードスラストをあわせもつ。

5．ティルトジェット／ローター

ジェットまたはターボプロップエンジンを収めたポッドの傾き（ティルト）を、水平ないし下向きとする可変機構を設けることで、一つのエンジンを離着陸時ないし水平飛行の両方に用いる。ベクタードスラストに似ているが、エンジン自体を傾ける点が大きくことなる。

ドイツのEWR VJ101C戦闘機。翼端にティルトジェットを備え、水平飛行と離着陸時で角度変えた。また胴体内にリフトジェットも備えている。制式採用されず〈筆者撮影〉

EWR VJ101Cはリフトジェットに加え、翼端のエンジンポッド「ティルトジェット」を可変させる持つ。戦闘機ではないがベル／ボーイング V-22オスプレイがティルトローターの垂直離着陸輸送機として実用化されている。

6．フロー・スイッチャー

フロー・スイッチャーは推力偏向に似ているが、ノズルやエンジン自体を傾けるのではなく、フラップなどを用いてエンジン排気を下向きに変えるというもので、ロックウェルXFV-12がある。XFV-12は一度も離陸できずに醜態を晒した。VTOL機ではないが輸送機ではC-17やAn-72が優れたSTOLを実現しているほか、日本でも「飛鳥」が飛行試験を実施している。

◆4-19

奇跡の傑作　ジャンプジェット「ハリアー」

「レザージャケット：1,450ペプシポイント　サングラス：175ペプシポイント　ハリアー戦闘機"バスよりマジ速い"：70,000,000ペプシポイント　ペプシを飲んでゲットしよう」
——ペプシコーラTVコマーシャル（ハリアーを渡さなかったことで訴訟となる）

VTOLへの挑戦は数々の奇妙な設計を生み、そしてそのほとんどが消え去っていった。20世紀中において事実上唯一の成功作となったVTOL戦闘機がイギリスのホーカー・シドレー「ハリアー」である。

ハリアーの成功は皮肉にもライトニング以外の軍用機開発を死に追いやった1957年イギリス防衛白書によって、ホーカー・シドレーP.1121超音速戦闘機の開発が中止されてしまったことから始まる。それをきっかけに同社の興味がVTOL機開発に向かったのである。ホーカー・シドレーは開発費のほとんど自社資金で賄った。

新開発のベクタード・スラスト付きターボファン、ロールス・ロイス「ペガサス」を単発搭載した試作機P.1127は、1960年10月21日「ロープによって機体と地上をつなぎとめたまま」垂直上昇し、見事初飛行に成功した。11月19日に最初の「自由飛行」を実施し、はれて籠の中の鳥から飛行機となった。

ベクタード・スラスト式ゆえに推力が小さすぎたこともあり、1964年初飛行の再設計型「ケストレル」を経て、85kNのペガサス6を装備した機体が、ハリアーGR.1としてイギリス空軍に配備されるに至るには1969年まで待たねばならなかった。

失敗作の山が築かれていたVTOL機開発において、ハリアーだけが成功作となった最大の理由は、ベクタード・スラストを採用したという点にある。リフトジェットのような無駄な重量が発生しなかったので相対的に飛行性能に優れた。

レーダーを搭載し全天候戦闘機となった艦上戦闘機型「シーハリアー」も開発

英空軍のハリアー GR.5。エアショーでのVTOLデモ。ノズルが完全に下向きとなっている。VTOL戦闘機は陸上機として大成することはなかったが、軽空母でも戦闘機の運用を可能とした〈筆者撮影〉

ロールスロイス「ペガサス」ターボファン。前方のノズル（左側）からはファンによって圧縮された低温の空気を排出し、後方のノズル（右側）からは燃焼室を通過した高音のガスを排出する〈筆者撮影〉

された。イギリス海軍では1978年に正規空母「アーク・ロイヤル」とF-4ファントムが退役し艦上戦闘機が消えてしまったが、軽空母「インヴィンシブル級」が1980年に就役、同時にシーハリアーはその艦上機としての任に就いた。

一連のハリアーシリーズは、スペイン、インド、タイ、イタリアにも輸出され、これらの国では艦上戦闘機として運用されている。VTOL機であるハリアーは、戦闘機が欲しいが大型の正規空母は持てない海軍にとって魅力的な選択肢となった。

基本的にハリアーはSTOVL（短距離離陸・垂直着陸）運用がなされる。STOVLによってハリアーの航続距離・兵装搭載能力は大幅に増した。シーハリアーならば、多くの燃料とミサイルや爆弾を搭載した状態では飛行甲板を加速して主翼の揚力を稼ぎ、揚力と推力を加算した上で発艦・上昇する。また飛行甲板の先端には「スキージャンプ」と呼ばれる上り坂が設けられており、発艦を補助した。燃料とペイロードを消化した着艦時のみ垂直に降下する。

アメリカ海兵隊もマクドネル・ダグラスがライセンス生産したハリアーをAV-8として導入した。また、マクダネル・ダグラスはペガサスエンジンの推力はほとんどそのままながら、空力的な改善を施すことで最大離陸重量を高め、航続距離やペイロードを倍増させたAV-8BハリアーⅡを開発し、これは1985年米海兵隊が配備を開始したのみならずイギリスにも逆輸入されている。なおアメリカ海兵隊のAV-8が艦載される海軍の強襲揚陸艦にはスキージャンプが無い。

ソ連においてもヤコブレフ設計局Yak-38フォージャーが1976年に実用化され、ソ連海軍の航空巡洋艦「キエフ級」で運用された。Yak-38は実用化されたがとても成功作とはいえない機体だった。ベクタード・スラストのメインエンジンに加えリフトジェットを２基搭載したことが祟り、航続距離や搭載量がシーハリアーの半分以下と性能面に著しく劣り、そのうえ３基のエンジンのうちどれか一つでも故障するとベイルアウトを余儀なくされるという危険な戦闘機で、四分の一が墜落している。NATOコードのフォージャーとはまがい物の意。もちろん「ハリアーの」という悪意が多分に込められている。

STOVL型F-35Bが短距離離陸（STO）で発艦しようとしている。エンジンノズルを可変させている。またリフトファンの一枚扉を開いている。両開きの扉はエンジン用補助エアインテーク〈US MARINES〉

ヤコブレフ設計局はさらに超音速・全天候・VTOL戦闘機Yak-41（Yak-141）を開発し1987年に初飛行させたが、冷戦終結によって実用化には至らなかった。しかし、Yak-41のアフターバーナー付きノズルを有するベクタード・スラスト方式はF-35B開発の参考ともなった、Yak-38やハリアーは機構上アフターバーナーを持たず超音速飛行能力は無い。

なおF-35Bの垂直離着陸はほとんど自動化されているので非常に簡単である。スロットルレバーに取り付けられたキーを１回前方ないし後方へクリックすると１ノットずつ加速・減速し、真ん中をクリックするとホバリングとなる。またスティックを前に倒すと降下し後ろに引くと上昇する。

筆者はシミュレーター上でレクチャーを受けながら強襲揚陸艦への着艦を成功させている。

WW2の英空軍エース
アドルフ・マラン（撃墜32機）の
「我が空戦十則」

1．敵の白目が見えるまで待て。確実に照準に捉えた場合のみ、１秒から２秒のバースト射撃を行なえ。

2．射撃時は他のことを考えるな。全身を引き締め操縦桿を両手で握り、照準に集中せよ。

3．鼻の穴から指を抜け！　常に周囲を厳に警戒せよ。

4．高い高度は戦いの主導権を握る。

5．常に旋回し、そして攻撃のため敵を正面に捉えろ。

6．即時決断せよ。それはベストの戦術ではないかもしれないが、即時決断はベターである。

7．戦場において30秒以上の水平飛行は絶対にするな。

8．もし攻撃のために急降下する場合、常に編隊の一部を割いて上空を護らせよ。

9．「主導権」「積極果敢」「統制」「チームワーク」これらの言葉は空中戦において重要な意味を持つ。

10．素早く接近し、強烈なパンチを放ち、即逃げろ！

F-16のコックピット。肉眼による状況認識が再評価された結果、全方位視界を得られる「バブルキャノピー」が久々にパイロットのもとに帰ってきた〈US AIRFORCE〉

第5章
制空戦闘機の復古 1976〜

1970年代に入ると再び制空戦闘機の時代が到来した。しかもその制空戦闘機は、かつての迎撃戦闘機以上の全天候戦闘能力を兼ね備えており、いよいよミサイルも命中を期待できるようになった。そして多様なセンサーなどアビオニクス（機上電子機器）は対戦闘機・対爆撃機・対地攻撃・偵察などあらゆるミッションを可能とする「マルチロールファイター」を生む。その一方で超音速飛行能力はさほど重視されなくなっていった。

◆5-1

ドッグファイトに打ち勝つ 制空戦闘機 F-15とF-16

「マクダネル・ダグラスF-15は高性能、超音速、全天候、エアスペリオリティ・ファイターです。この戦闘機の主要な任務は空中戦です」
――F-15A/B/C/D 操縦マニュアル序文

1960年代。アメリカ空軍内において行き過ぎた戦闘爆撃機重視・迎撃戦闘機のミサイル万能論に警鐘を鳴らす勢力があった。「戦闘機マフィア」と呼ばれた彼らは、機動性に優れ格闘戦にも勝利できる、ドッグファイトに強い戦闘機こそ理想であるという考えを持っていた。

アメリカ空軍はベトナム戦争において「思ったよりも勝てなかった」（キルレシオ10対１程度の勝利を期待していた）ことから、戦闘機マフィアの懸念は現実のものとなった。

戦闘機マフィアにとって最も許せない戦闘機が、次期戦術戦闘機（TFX）F-111だった。格闘戦ができない事実上の爆撃機であるF-111とは違う「本当に強い戦闘機」を求め、アメリカ空軍は新型機の開発計画を開始した。そして1976年に「エアスペリオリティ・ファイター」すなわち「航空優勢（制空）戦闘機」マクダネル・ダグラスF-15イーグルを実戦配備する。F-15は戦闘機マフィアの中心人物、ジョン・ボイドの「エネルギー機動戦（EM）理論」に基づき設計された。

戦闘機にとって「速度は命」である。しかし本当に速度一辺倒すぎる戦闘機はドッグファイトに弱い。サイドワインダーを撃ち込むにも強い赤外線を放つエンジン排気口、すなわち後背を捉える必要があり、ドッグファイトでは旋回性能が重要だ。特に超音速戦闘機同士のドッグファイトではマッハ２のような最高速度は全く意味がなく、ほとんど亜音速で行なわれていたから、音速以下の速度における旋回性能を高める必要があった。

戦闘機の主翼はこれまで薄くなる一方だったが、F-15で再び厚みを取り戻し亜音速で大きな揚力を得られるようになった。またその主翼は冗談交じりで「テニスコート」とさえ呼ばれるほど広大だ。F-15は大きく重い戦闘機ではあるが、それ以上に主翼が大きい。主翼面積は56.5平方m、重量20,000kgで翼面荷重は354kg/平方mである。F-104は薄翼で、ただでさえ亜音速ではほとんど揚力を生み出さない上に、翼面荷重は500kg/平方mに達している。F-4Eは旋回性能にも優れるが、それでも382kg/平方mである。

F-15の設計で画期的だった点が胴体だ。F-104やMiG-21、F-4といったこれまでの機種は「筒」型の胴体にコックピットやエンジンを格納し、主翼を取り付けたような形状であるが、F-15の胴体はとても平べったい。F-15の胴体からは揚力が発生した。つまりF-15は胴体そのものが翼に近く、計算上の翼面荷重以上に優れた旋回性能を発揮できたのである。これは海軍のF-14も同様だった。

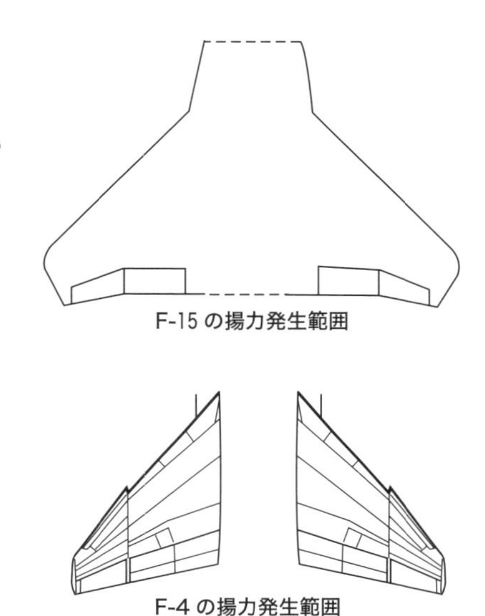

F-15は胴体全体から揚力が発生する。主翼のみから揚力を得ていた従来機と比較し、翼面荷重の数値以上に高い旋回性能を獲得している

F-15は訓練中に他機と激突し、右翼を根本から完全に喪失したにもかかわらず、無事に着陸してしまったことがある。この事故においてF-15が飛行能力を喪失しなかった理由はマクダネル・ダグラス社の技師すら分からなかった。一因としては胴体から発生した揚力もあったのだろう。（パイロットは着陸してから右翼がなくなっていることに気が付き、本人が一番仰天したという）

そして双発搭載するF100-PW-100ターボファン（A/B：105.9kN）は極めて強力で、推力重量比はついに1.0を上回った。すなわちエンジンパワーだけで機体の全重量を浮かせることすらできる。優れた推力重量比は低翼面荷重が産み出す旋回性能を長時間発揮可能であり、卓越した維持旋回能力を実現した。

上昇力においてもF-4やMiG-25が有していた世界記録を片っ端から塗り替えてしまう。3,000mまで27秒（F-4：34秒）、12,000mまで59秒（F-4：77秒）、20,000mまで122秒（MiG-25：169秒）ほか3,000～30,000mまで8個の記録を樹立した。

そのうえ新しいターボファン方式のエンジンはこれまでのターボジェットに比

マクダネル・ダグラスF-15イーグル（中央）、ジェネラル・ダイナミクスF-16ファイティングファルコン（左右）。米空軍はF-4に代替する「制空戦闘機」を手に入れた〈US AIRFORCE〉

べて亜音速での燃費が良く、アフターバーナー使用時の推力増強割合も高い、騒音も低いと良いこと尽くしだった。その反面スロットル操作の反応や超音速での推進効率は落ちている。ターボジェット搭載機は民間機ではほぼ絶滅し、戦闘機もF-15以前のごくわずかの機種しか残っていない。

F-15の最高速度はマッハ2.5。本来ならもっと低くて良く、はっきり言えば無駄な速度性能だった。しかし、ソ連のマッハ３級戦闘機MiG-25へ対抗するという目的がそれを許さず、高い速度性能を目指したがゆえに「可変エアインテーク」などを設けなくてはならなくなった。F-15はたびたびMiG-25と交戦しているが、結局最大速度性能を活かした空中戦は一度もなかった。

F-15はその登場時点において抜群ともいえるドッグファイト能力を持っており、後の実戦において遺憾なく証明されることとなる。1979年６月27日の最初の実戦以来、2016年現在までに累計115.5機を撃墜している（うちMiG-25は５機）。しかも「ドッグファイトで一度も撃墜されたことがない」ので115.5対０というパーフェクトなキルレシオを達成し、F-15は長きにわたって「世界最強の戦闘機」と言われ続けた。（訓練中ならば航空自衛隊のF-15JがF-15Jを誤射し撃墜している）

完全無欠のF-15も唯一、高コストであることだけが弱点であった。また、戦闘機マフィアにとってF-15でもまだ大きすぎると感じており、小型でより機敏かつ安価な、格闘戦専用の軽量戦闘機を求めた。その結果、ジェネラル・ダイナミクスF-16ファイティング・ファルコンを生み、1978年にアメリカ空軍へ配備された。

F-15の高機動性は「大きな主翼に大パワー」という保守的なアプローチによって達成された。いわばF-15とは「完成されたF-4」であった。一方F-16はF-15と同じエンジンを１基のみ搭載し、F-15よりも一世代進んだ概念の設計が盛り込まれた。「ブレンデッド・ウイングボディ」は主翼（ウイング）と胴体（ボディ）の境目を滑らかにブレンドし、主翼と胴体の継ぎ目を消し去った。また、人間ではなく飛行制御コンピューターが操縦を行なう「フライ・バイ・ワイヤ」の採用によって、F-15以上の機動性を実現する。

F-16は、強力だが高価で数を揃えられないF-15を補完し、1980年代から2000年代にかけて数の面でアメリカ空軍の主力戦闘機となる。F-15とF-16の組み合わせは少数の高級な戦闘機と多数の安価な戦闘機を組み合わせた「ハイ・ローミックス」などと呼ばれる。

F-16もまた非常に強かった。空中戦では推定撃墜数60機前後に対して２度しか撃墜されていない。しかも、そのうち１度は実戦でF-16がF-16を誤射したケースである。F-16はただ数合わせのための「ロー」ではなく、優秀な傑作戦闘機であった。

◆5-2

フライ・バイ・ワイヤと静安定緩和設計

「十分な推力とフライ・バイ・ワイヤさえあれば、自由の女神だって飛行できます」

——ベン・リッチ〈ロッキード社スカンクワークス、航空機設計者〉

基本的に飛行機とは必ず「静安定」となるように設計されている。静安定とは飛行機が姿勢を変化させようとする力を阻害し、動きを減衰させて真っ直ぐ飛行しようとする性質である。静安定に優れた飛行機は、操縦が易しく素直な機体であると言える。

一方であまりに強すぎる静安定は、頻繁に姿勢を変える戦闘機にとって機敏な動作を阻害する要因となるから、理想を言えば一度動き出したならば止まらないような静安定に欠けた設計が最も機動性を高められる。しかしそんなことをしては人間には操縦できない危険な戦闘機となってしまうから、操縦性と安定性の相反する性能をはかりに掛けながら、その飛行機の用途に合わせた妥協点を探すこととなる。

航空自衛隊の川崎T-4ジェット練習機は、ブルーインパルスでも使用される機動性に優れた飛行機であるが、練習機という用途から、経験の浅いパイロットでも操縦が容易なよう静安定にも配慮されている。T-4操縦中に万一スピン（きりもみ降下）に陥った場合、その対処は「ハンズオフ」すなわち操縦桿から手を離せば勝手に回復する。

一方、F-15はドッグファイトを行なう制空戦闘機であるから相対的に操縦性が強く追求されている。スピン回復時はまず操縦桿を中立としスピンとは逆方向にラダーペダルをいっぱいに踏み込む、回復しない場合はさらに操縦桿も逆方向に倒し、スピン方向のエンジンパワーを上げる、ギアダウンする（ギアダウンすると操縦翼面の舵角が最大まで可動する）といった対処が求められる。そして高度3,300m（10,000ft）以下ならば、回復を試みずにベイルアウトしなくてはならない。

三菱 F-2 のフライ・バイ・ワイヤ飛行制御システムの概要

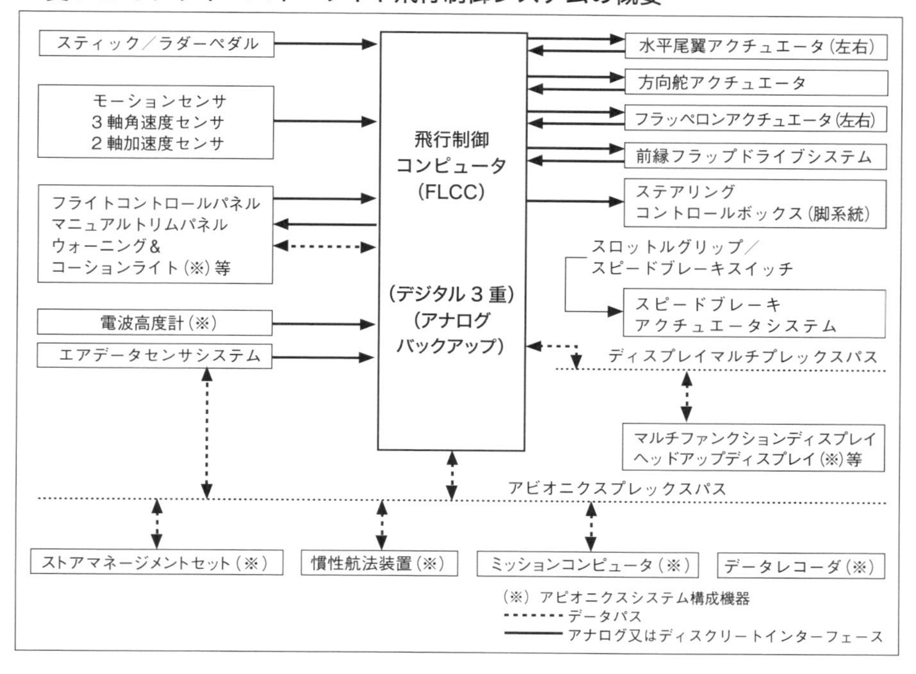

F-15は静安定が弱い比較的操縦の難しい機種であると言える。

近年の戦闘機は静安定を人間に操縦不可能となるまで極限まで弱めた設計「静安定緩和（RSS）」が適用されている。その最初の機種がF-16である。

F-16は「フライ・バイ・ワイヤ（FBW）」操縦装置を導入した。フライ・バイ・ワイヤとは、機の操縦をパイロットではなく、4台搭載されたコンピューター「飛行制御システム（FLCS）」が行なう。人間には操縦できないならばコンピューターに操縦させてしまえばいいという発想である。

F-16の操縦桿やラダーペダルはエルロン等の各操縦翼面と直結していない。それどころかパイロットの股の間から操縦桿がなくなってしまった。その代わり右側サイドコンソールに、わずかなあそびを持つがほとんど動かない「サイドスティック」と呼ばれる感圧式コントローラーを備えている。

サイドスティックはパイロットの意思（機をどのように動かしたいのか）を飛行制御システムに伝達するための入力装置であり、実際にどの程度操縦翼面を動かすかを決めるのはコンピューターである。飛行制御システムは操縦翼面を動かす油圧アクチュエーターに対して、通信線（ワイヤ）を介したデジタル情報によっ

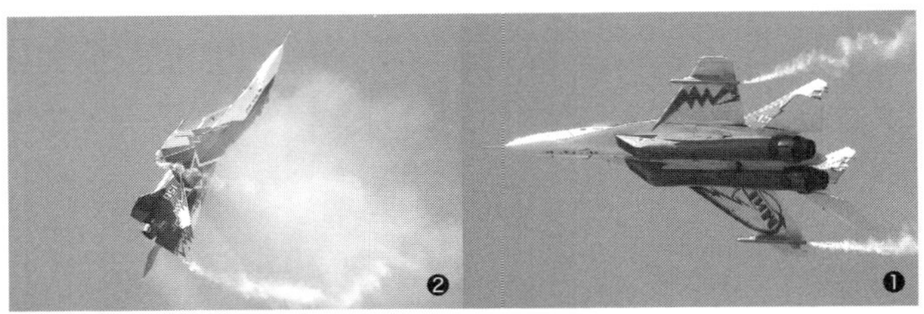
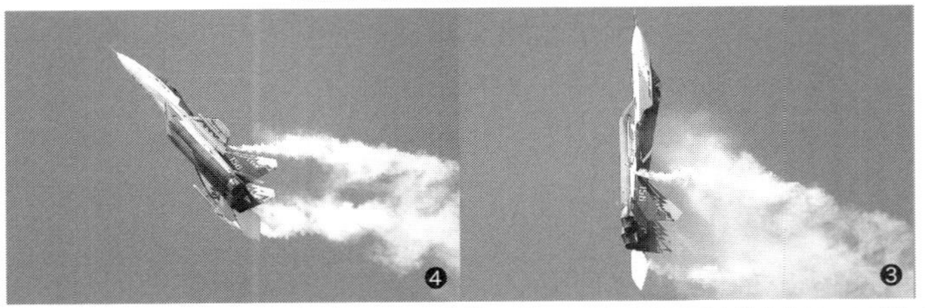
MiG-29OVTによる「コブラ機動」の連続写真。MiG-29OVTは推力偏向ノズルを有しており、垂直に落下しつつ２回連続でバク転する「ダブルクルビット」も可能である〈筆者撮影〉

てコマンドを送信する。

飛行制御システムは速度や高度など飛行情報を処理するエアデータコンピューター等の情報を元に、人間には不可能なほど高反応かつ微妙な舵の変化によって、本来ならば水平飛行すら難しい静安定緩和の設計を持つ戦闘機を安定させる。そしてパイロットがサイドスティックを通じて入力した信号を元に、最大限の操縦性を発揮可能な舵角を決定し、新米のパイロットが操縦してもその戦闘機の最大性能を容易に発揮させる。

またパイロットがデパーチャー（操縦不可能領域への突入）を引き起こしかねない入力をした場合、それを弱め防止するようなことさえ行なう。これを「ケアフリー・ハンドリング」と呼ぶ。

F-15は静安定緩和の設計ではない。またフライ・バイ・ワイヤに近い「CAS：コンピューター増強システム」を搭載しており、ある程度コンピューターによる補正は行なわれるものの、操縦桿が操縦翼面の油圧アクチュエーターと直結した従来型の機体である。したがって経験の浅いパイロットが、格闘戦で速度を失った高迎え角状態において、無理な操縦桿の操作を行なうと、デパーチャーを引き起こし最悪スピンに陥る。

一方でF-16のようなフライ・バイ・ワイヤと静安定緩和の戦闘機ならば、舵の効きにくい低速でもパイロットの入力に応じて機体は機敏に反応し、かつデパーチャーを防止し、かつては名人芸に頼っていたエネルギーロスの無い最大性能を常に発揮可能である。機動性の向上にもたらすメリットは極めて大であり、いまやほとんど全ての機種がフライ・バイ・ワイヤと静安定緩和を採用している。

フライ・バイ・ワイヤの可能性を世界にまざまざと見せつけた戦闘機が、ソ連崩壊末期に登場したスホーイ設計局Su-27フランカーだ。

スホーイSu-35の三次元推力偏向ノズル。飛行制御システムによって自動で推力方向を偏向させる。通常の舵面が効きにくい状況下においても機体のコントロールを可能とする〈筆者撮影〉

1988年、世界最大規模のパリ・エアショーにおいて、Su-27が初めて西側に一般公開された。Su-27はF-15への対抗機として誕生した大型戦闘機だ。1985年に実戦配備された。EDCS（電子隔壁制御）と呼ばれるフライ・バイ・ワイヤが導入されている。またピッチ（縦）軸に限り静安定緩和が盛り込まれている。

Su-27はモスクワからパリまで無着陸で飛来し、その航続距離の長さにも驚かれていたが、それ以上に観客の度肝を抜いたのが飛行展示だった。Su-27は超低速の水平飛行から急激な機首上げで瞬間的に垂直状態となり、その直後何事もなかったように機首をさげて水平飛行に戻るというアクロバットをやってのけた。「コブラ」と呼ばれるこの動きは、失速後でも操縦性が失われないない「ポストストール機動」が可能であることを証明するものだった。

Su-27は格闘戦で背後をとられても、コブラによって瞬時にして相手を「オーバーシュート」させ、攻守逆転が可能である。という説もさかんに唱えられたが、コブラは超低速でしか使えないエアショー用の曲芸であり、ドッグファイトの戦術としては無価値だ。『相手がコブラを試みるために速度を落とせば、機動性が鈍ったところを下手すればミサイルを使うまでもなく、機関砲で“ごちそうさま”』とはF-15パイロットの言である。

だが空気の薄い高高度では低速と近い状態になってしまうので、コブラも可能な飛行制御のレベルの高さ自体は高高度での機動性につながる。現在では「推力偏向ノズル」のような、エンジン排気を曲げる機構によってさらなる機動性を実現した機体も増えており、Su-35SやF-22ではコブラどころではない筆舌に尽くし難い動きも可能となっている。そしてSu-35SやF-22は高高度での戦闘を得意としている。

筆者撮影

美しきスホーイ最高傑作 Su-27“フランカー”

ソ連はF-14やF-15に対抗可能な性能を持つ戦闘機を、大型機と小型機の２機種開発することを決定した。

大型機はスホーイが、小型機はミグが設計することなり、スホーイのそれはSu-27となり、ミグはMiG-29として結実する。

Su-27は123kNのAL-31Fターボファンを双発搭載し、推力重量比は1.0を超えた。またフライ・バイ・ワイヤを取り入れるなどF-15よりも一歩進んだ設計を持ち、抜群の機動性を発揮した。特に上昇力はF-15が有していた世界記録のほとんどを更新しており、いまもってSu-27がレコードホルダーである。

また、火器管制レーダーも従来の迎撃戦闘機を上回る能力を発揮、BVR交戦能力もアメリカ機に匹敵するという恐るべき戦闘機だった。

従来の迎撃戦闘機・前線戦闘機両方の役割を可能とし、かつ大型機ゆえに航続距離も長く発展性にも富んだことから、空軍・防空軍の主力機となり、ソ連（ロシア）製戦闘機の代名詞を「ミグ」から「スホーイ」へと変えてしまった。

原型機初飛行は1977年と、もはや新しい戦闘機とは言いがたいが、近代化改修が行なわれた機体はいまもって強力な戦闘機の一つであり、まだまだ生産は終わりそうにない。

ちなみにロシア空軍のSu-27アクロチーム「ルスキイェヴィチャジ（ロシアンナイツ)」は世界でも稀有な大型機使用チームであり、その迫力たるやブルーインパルスとは違った魅力がある。

・フライ・バイ・ワイヤを導入した高度な飛行制御
・早くからオフボアサイト交戦能力を実現
・同時交戦能力の実現が遅かった
・安価だが極端に短い構造寿命

◆5-3

ルックダウン・シュートダウン

「F-4のレーダースコープは飛行機やら地面やら雲やらもみんな映し出して真っ黄っ黄でした。レーダー手がいないととても使い物になりません。ところがF-15は飛行機だけを綺麗に抽出してくれました」

——航空自衛隊パイロット

F-15やF-16はドッグファイトを目的とした戦闘機だったが、強力なレーダーを備え従来の迎撃戦闘機を凌駕するBVR全天候戦闘能力を有していた。特にF-15のAN/APG-63火器管制レーダーは最大視程160nm（300km）にも達していた。

AN/APG-63レーダーは旧来のものとは全く別の技術が投入されていた。まずお皿形のパラボラアンテナが消え、新たに「スロットアレイ・アンテナ」となった。スロットアレイ・アンテナは小さなアンテナを無数に配置した平面板で、従来のパラボラアンテナに比べて優れた指向性を実現し、視程の延長と分解能の向上をもたらした（分解能が低いと密集した編隊を1機として扱ってしまう）。プレナーアレイ・アンテナとも呼ばれる。

そして「パルス・ドップラー・レーダー」としての機能も実現した。パルス・ドップラー・レーダーとは、空中の航空機に反射して戻ってきたパルスを「ドップラー効果」による周波数変化を調べることで、その対象の接近速度を計測する機能である。

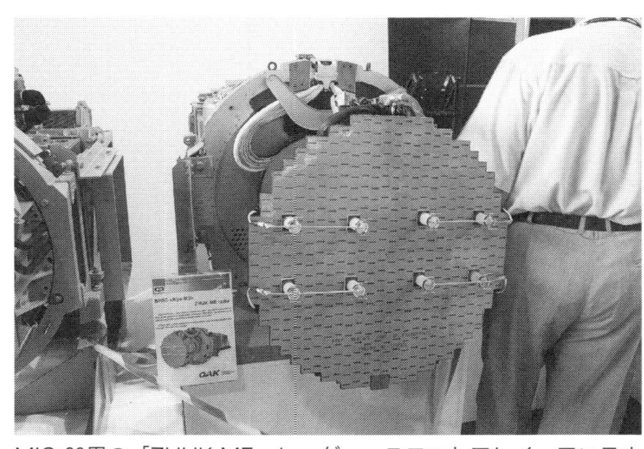

MiG-29用の「ZHUK-ME」レーダー。スロットアレイ・アンテナを持つ現代的な火器管制レーダーである〈筆者撮影〉

ドップラー効果は道路を

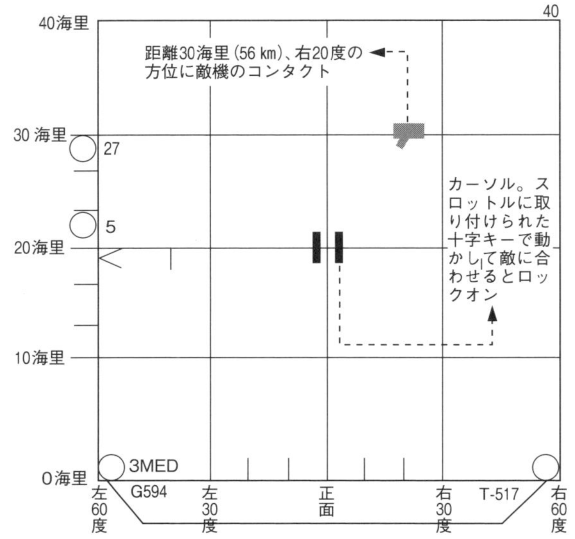

F-15用垂直状況認識ディスプレイ（VSD）。ノイズは全てカットされ必要な情報のみ抽出、シンボル化されており、パイロット一人でのレーダー操作を可能とした

走る救急車のサイレン音を思い出していただけるとわかりやすい。救急車がこちらに向かって接近する際は音が高く（周波数が高く）なり、過ぎ去ってゆくと音が低く（周波数が低く）なってゆく現象である。電波でも反射した飛行機の速度によって全く同じように周波数が変化する。

パルス・ドップラー・レーダー能力を活用し、プラスマイナス180km/h以下で接近する反射を排除するといった信号処理を行なうと、地面や雲といった余計な反射を全てカットし高速で移動する目標、すなわち飛行機のみを抽出することができた。従来のレーダーでは地面の強大な反射が邪魔になり、自分よりも低い高度の目標を探す「ルックダウン」は非常に難しかったが、比較的簡単に行なえるようになった。ルックダウンによって探知・ロックオンした標的を攻撃することを「シュートダウン」と呼ぶ。

F-15のコックピットからは、レーダーの反射波を単なる黄色い輝点で表示したPPIスコープが無くなった。その代わりにコンピューターで情報処理され、シンボルマークに置き換えられた上で垂直状況認識ディスプレイ（VSD）と呼ばれるブラウン管に表示した。パイロットはスロットルレバーに取り付けられたコントローラーを指で操作し、VSDに表示されたカーソルを動かす。そしてカーソルを敵機のシンボルに合わせてボタンを押すだけで、敵機を簡単に「ロックオン」することが可能となった。従来は専門のレーダー手がいなければまともに扱えなかったレーダーが、パイロット一人で扱えるようになったのである。

多数のボタン等を操縦桿やスロットルレバーに配置し、操縦装置から手を離さず戦闘に係るアビオニクスの操作可を可能とする設計をホタス（HOTAS）と呼び、近年では音声ではHOTASに音声を加えたVTASと呼ばれる概念を持ったユーロファイターのような戦闘機も登場している。

スロットアレイ・アンテナに限らずレーダーはアンテナの面積が広いほど性能を高められるので、最大限大きいものを搭載したほうがよい。F-15用AN/APG-63はアンテナの直径が91.4cmであり、機体が大きいぶんレーダーもまた戦闘機用としてはかなり大きい部類に入る。

F-16はその開発当初、機首部がかなり細かった。元々格闘戦専用機として生まれたことから最低限のレーダーさえ搭載できればよいという考えであった。しかし、実用機の開発において高性能なレーダーを搭載することとなり、空気抵抗増大のリスクを負い機首部が太くされた。そして直径66cmサイズのスロットアレイ・アンテナを格納できるようになっている。レーダー視程はF-15の半分程度しか無いが、ルックダウン・シュートダウンが可能なBVR交戦能力を獲得した。F-16を原型とするF-2では更に太くなっている（F-15も実用機型で少し太くなった）。

F-16C Block50＋のHOTAS

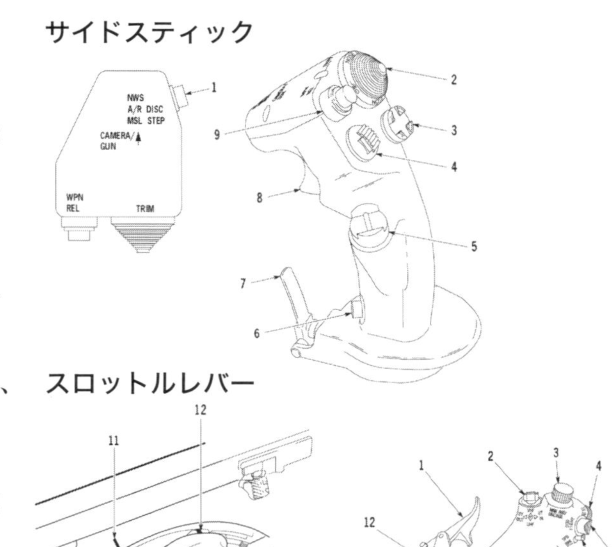

F-16CのHOTAS。パイロットは操縦装置から手を離すことなく、戦闘に関するアビオニクスの操作を可能とする

F-16C HOTAS図説明【サイドスティック】１：ノーズホイールステアリング/空中給油ブーム切り離し/ミサイル選択スイッチ　２：トリムスイッチ（上：機首下げ、下：機首上げ、左：左翼下げ、右：右翼下げ）３：ディスプレイマネージメントスイッチ（上下左右）４：ターゲットマネージメントスイッチ（上下左右）５：対抗手段マネージメントスイッチ（上下左右）６：エクスパンド/FOVボタン ７：パドルスイッチ（自動操縦無効化）８：カメラ（１段目）/機関砲（２段目）トリガー ９：兵装発射ボタン【スロットルレバー】１：スロットルカットオフリリース ２：UHF/VHF/IFF送信スイッチ（上下左右）３：レンジ/アンケージ　ノブ・スイッチ（回転/押）４：ANT ELEVノブ（回転）５：ドッグファイトスイッチ（三位置スライド）６：スピードブレーキスイッチ（展開・中立・格納　三位置スライド）７：レーダーカーソル／有効スイッチ（全方向／押）８：スロットル取付部 ９：スロットル（←：出力下げ　→：出力上げ）10：スロットル摩擦コントロール 11：アイドル位置　12：スロットルスト

◆5-4

恐るべしフェニックス長距離空対空ミサイル

「ソビエトのTu-95ベア、Tu-22Mバックファイア爆撃機クルーはフェニックスの比類なき能力をずっと恐れていました。艦上戦闘機が誕生して以来、AIM-54を装備したF-14ほど艦隊防空に卓越した戦闘機は存在しません。フェニックスが退役してもなお、我々のF-14は世界最高の戦闘能力を持っていることを確信しています」

——スコット・スチュワート〈アメリカ海軍パイロット〉

F-14が搭載するAN/AWG-9火器管制レーダーはF-15のAN/APG-63のようなスロットアレイ・アンテナと、パルス・ドップラー・レーダーモードを持っており、コンピューター処理によるシンボル化も行なわれている。ところがF-14は複座戦闘機であり後席にレーダー迎撃士官（RIO：リオ）が搭乗している。この違いはF-14とF-15の戦い方の差にある。

F-14は「艦隊防空戦闘機」として空母戦闘群（空母艦隊）を守る役割が求められた。F-14は艦隊の外側で哨戒し、核弾頭対艦ミサイルを積んでやってくるソ連爆撃機を高性能なレーダーで捉え、その位置情報を僚機間で交換する「リンク4 データリンク」等を活用。デジタルネットワークで艦隊全体で状況認識を共有した。そして後席のRIOが複数のF-14を指揮するという戦い方が可能だった。

最大射程200kmの恐るべき長射程AAM AIM-54フェニックスを射撃するグラマンF-14トムキャット〈US NAVY〉

F-14はAIM-9やAIM-7だけではなく、専用の長射程BVR AAM AIM-54「フェニックス」を装備した。

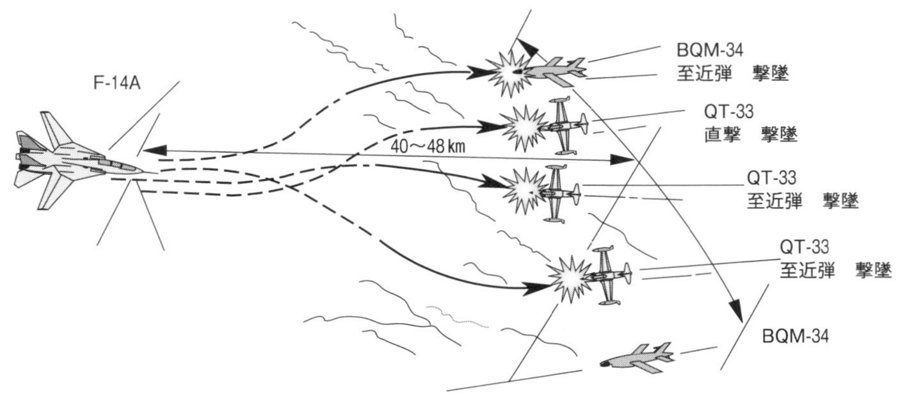

1972年12月20日。F-14によって史上初の戦闘機による同時交戦能力の実証が行なわれた。距離40～48kmで４発のフェニックスを順次発射。標的機に対し直撃１、至近弾３をあたえ全機を撃墜した

フェニックスはその重量443kg、AIM-7の２倍に達する超大型ミサイルで、射程距離はなんと135km～200kmにも達した。誘導方式は二段階に分かれている。まずセミアクティブレーダー誘導／アップデート誘導方式によって標的に接近、そしてフェニックス自身に備えられたアクティブレーダーシーカーが標的をロックオンすると、自身で勝手に誘導を行なう「アクティブレーダー誘導」方式となっている。

誘導方式が二段階となっている理由は、フェニックスの先端に格納可能な小さなシーカーではロックオン可能な距離が短いためで、まず距離を詰め標的に接近する必要があった。標的に接近するまでの誘導を「中間誘導（ミッドコース）」、命中させるまでの誘導を「終端誘導（ターミナル）」と言う。

終端誘導に入ったあとは完全な「ファイア・アンド・フォゲット」、すなわち「撃ちっぱなし」であり、あとはミサイルが自律して標的との命中予想点へと飛翔する。F-14はフェニックスを用いて最大６目標に対する同時攻撃が可能である（６発搭載すると重すぎて着艦できず、捨てるか撃つか、陸上飛行場へ着陸しなくてはならなかった）。

F-14は強力なレーダーで目標を捉え、リンク４データリンクによって僚機間で標的を割り当て、そして長射程のフェニックスを駆使し艦隊に爆撃機が近づく前に撃ち落とすという、まさに迎撃戦闘機の最終進化型であった。

フェニックスはF-14と同じ1973年にアメリカ海軍へ導入が開始され、2004年に30年の現役生活にピリオドを打った。そしてその２年後F-14もまたアメリカ海軍から退役する。フェニックスはF-14のためにあり、F-14もまたフェニックスのために存在した。2016年現在においてさえも、F-14とフェニックスの組み

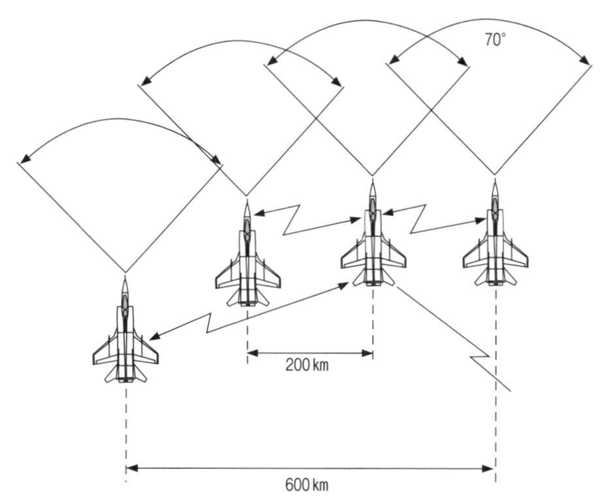

ミグMiG-31の僚機間データリンク。リーダー機と情報を共有することで広い範囲を監視し、攻撃することができる

合わせに勝る艦隊防空戦闘機は存在しない。

F-14の好敵手とも言える戦闘機が1980年にソ連防空軍に配備されたミグ設計局MiG-31フォックスハウンドだ。MiG-31はMiG-25の直系進化型の迎撃戦闘機で、最高速度マッハ2.83はMiG-25に次ぐ。また鋼鉄の使用を少なくしアルミニウム合金とした。格闘戦は厳しいものの旋回性能は向上しており、GSh-6-23 23mm機関砲も装備している。Tu-128退役後は世界最大の戦闘機として君臨しており、最後の純迎撃戦闘機ともなっている。

MiG-31はソ連製戦闘機としてはじめてアメリカ機同等ないし上回る性能のレーダーを搭載した。MiG-31の火器管制レーダー「ザスロン」は、「電子走査式」または「フェイズドアレイ」と呼ばれるタイプのアンテナを持っており、瞬時にして広範囲の索敵を可能とする。

またその主要武装である長射程AAM R-33（AA-9エイモス）はフェニックスにほぼ匹敵する120kmの射程距離を持つ。R-33はセミアクティブレーダー式で命中まで標的をロックオンし続ける必要があるものの、4目標に同時攻撃ができた。

F-14のように僚機およびGCIと共有状況認識を得るデータリンクをもっており、最大4機が相互間100km以上の極めて広い編隊を組むことで前方200-400km、幅800-900kmの空間を策敵し、後席の乗員が編隊を指揮し、自慢の長射程R-33で広範囲を「制圧」可能な能力を持っている。MiG-31もまた、ソ連防空軍の伝統たる長距離迎撃戦闘機の最終進化形である。

F-14やMiG-31のように飛躍的に発達したレーダーと僚機間データリンクまたは音声通信を組み合わせ、後席のレーダー手が複数機を指揮する迎撃管制戦術を空中警戒管制機（AWACS：エイワックス）に見立ててミニAWACSなどと呼ぶことがある。

◆5-5

「ナイン・エル」WEZ拡大によるドッグファイト革命

「新型のL型サイドワインダーは非常に強力で、我々の持っていた旧型サイドワインダーとはとても比較になりませんでした」

――アルゼンチン空軍パイロット

F-14やF-15といった1970年台に実用化されたアメリカ軍戦闘機には、サイドワインダーやスパローも性能向上を果たした新型が装備された。シーカーの改良によって誘導性能を大きく改善したAIM-9LやAIM-7Fである。

このうちAIM-9L、通称「ナイン・エル（9L）」は「フォークランド紛争」と「ベッカー高原上空戦」の二つの空戦において信じられない戦果をあげることとなる。

1982年、アルゼンチンはイギリス領だった大西洋のフォークランド諸島を奇襲し占拠した。アルゼンチン空軍の主力機は名機ミラージュⅢおよびIAIダガーである。ダガーはイスラエル航空工業（IAI）の生産したミラージュ５、つまり「ネシェル」の輸出型である。

これに対してイギリスは海軍の軽空母「インヴィンシブル級」に、実用化されたばかりのシーハリアーFRS.1を艦載して派遣する。空軍のハリアーも艦載されたが、ハリアーには全天候戦闘能力が無いのでシーハリアーFRS.1が航空優勢確保の任にあたる。

ミラージュと亜音速のシーハリアーは最高速度で２倍以上の開きがあったが、ドッグファイトはシーハリアーが11対０で完勝するという一方的な結果に終わった。この残酷なまでのキルレシオをもたらした最も大きな要因は、搭載ミサイルによって生じた「兵装交戦可能範囲（WEZ）」の差にあった。WEZとは敵機を照準し射撃が可能な範囲を意味する。

ミラージュはフランス製のマトラR.550マジックを搭載した。マジックはエンジンの熱が発する、強烈な近赤外線しか感知不可能な旧来のリアアスペクト（後

兵装交戦可能範囲

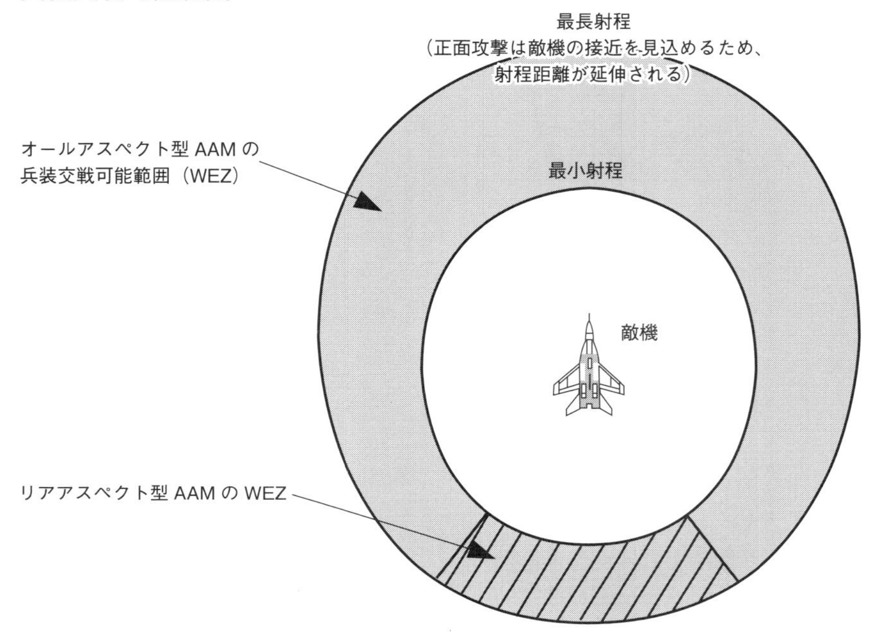

ターゲットを中心とした兵装交戦可能範囲（WEZ）図。オールアスペクト型AAMは全方位からロックオンが可能であり、攻撃機会は大幅に増大する

方位）型の赤外線誘導ミサイルだ。WEZは敵機の後方極めて狭い範囲に限られている。対するシーハリアーFRS.1にはAIM-9Lが搭載されていた。AIM-9Lはエンジンのみならず、空気との摩擦や造波抵抗の断熱圧縮によって熱をもったキャノピーなど、弱い中赤外線を発する部分をロックオンする能力を持ち、オールアスペクト（全方位）から射撃が可能であった。

AAMの差からミラージュはシーハリアーの後方に遷移しなければWEZ内に捉えることができず攻撃できなかったのに対し、シーハリアーはミラージュがどの方向を向いていようが、ある程度接近さえすればWEZ内に捉えられ即攻撃ができたのである。

ミラージュには射程15kmのセミアクティブレーダー誘導型BVR AAM、マトラR.530もあった。R.530ならばオールアスペクトのWEZを持っている。しかしルックダウン・シュートダウン能力に欠けていたため、シーハリアーが下方にあると手出しができなかった。

亜音速のシーハリアーは速度性能差の不利が大きくなる高空で戦おうとしなかったし、ミラージュもAIM-9Lを恐れ低空に降りようとしなかったので、多くの戦いはどちらかが燃料切れで帰還するまでの消極的小競り合いで終わっている。

なおハリアー系の機種はドッグファイト中にベクタードスラストを活用することで、一時的に高い旋回率を得ることもできる。しかし著しい速度の低下をもたらすため、フォークランドのドッグファイトにおいては使われることがなかった。

同1982年の６月６日から11日かけて、中東ではイスラエル空軍とシリア空軍がベッカー高原において激突した。非常に狭い空域に多くの戦闘機が殺到する混戦となったが、このドッグファイトもまたイスラエル空軍のF-15とF-16がシリア空軍のMiG-21とMiG-23、Su-17等を85機撃墜（F-15：40機、F-16：44機、F-4：１機）し、イスラエル側の損失は１機のF-4のみという一方的な結果に終わった。

ベッカー高原上空戦の完勝もフォークランドと同じように、AIM-9Lそしてイスラエル国産のパイソン３といったオールアスペクト型赤外線誘導AAMが大きな役割を担った。またE-2C早期警戒管制機（AEW&C）の迎撃管制も大きかった。

F-15は２名、F-16も２名のエースを輩出した。F-15のトップエースはアブニル・ネイブ。５機をパイソン３、１機をAIM-7F、そして１機をバルカン砲で撃墜し、合計７機を撃墜した。バルカン砲による撃墜記録は「機関砲への回帰」が正しかったことも証明した。

F-16のトップエースであるアミール・ナシュミは総撃墜数14機のうちF-4Eで７機、F-16で７機を記録。1981年のイラク原子炉爆撃作戦においても爆弾を投下しており、この際MiG-23を撃ち落とし、F-16における最初のドッグファイト勝利者になっている。さらに1982年６月10日にはAIM-9Lで４機と「マニューバーキル（敵の操縦ミスによる墜落）」で１機を撃墜し、１日で５機撃墜を達成した歴史上最後の「ワンデイ・エース」となっている。

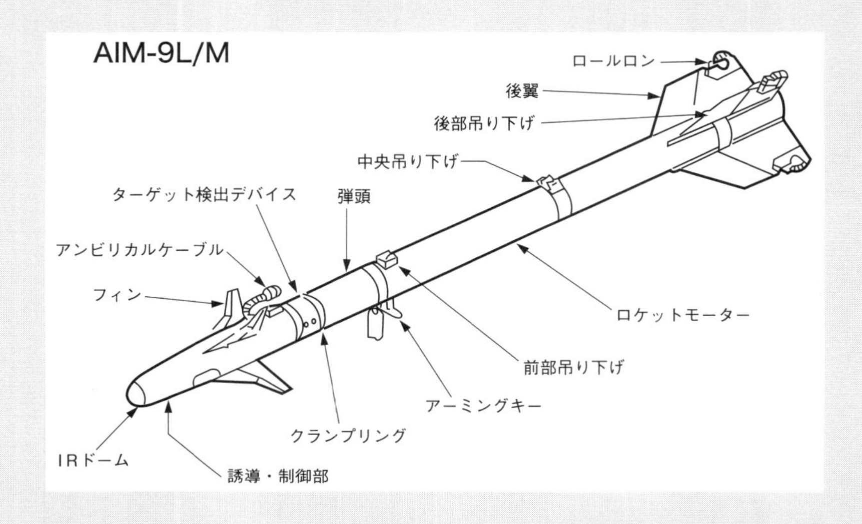

AIM-9サイドワインダーの歴史2 オールアスペクト型『AIM-9L』

AIM-9Lは「第３世代」のサイドワインダーであり、WVR戦闘におけるオールアスペクト（全方位）照準能力を獲得し、高い先制攻撃能力を実現した。また、AIM-9B以降空軍型と海軍型に分かれていた第２世代サイドワインダーシリーズを一つに統合した。
「ナイン・エル」などとも呼ばれる。重量は87kg。

AIM-9L最大の特徴がその新型シーカーであり、アンチモン化インジウム（InSb）赤外線シーカーはアルゴンガスによって冷却され、従来型では不可能だった中赤外線（3μm〜5μm）の捕捉を可能とした。中間赤外線は空力過熱によって温度上昇したキャノピーやレドーム、機体金属部から発せられるため、オールアスペクトからのロックオンを可能とした。ただし中赤外線はエンジン部から発せられる近赤外線（1μm〜3μm）に比べて弱いので、後部からのロックオンが最適である。シーカーの視野は15度で広範囲の敵をロックオン可能。

ロケットモーターの改良によって射程距離も8kmまで延伸されている。弾頭は9.5kgの環状爆風破片型。アクティブレーザー式の近接信管によって作動する。

派生型のAIM-9Mにおいては誘導装置や対赤外線妨害能力、ロケットモーターの低煙化が行なわれている。

AIM-9LおよびAIM-9Mは1980年台から90年台を通じて数多くの撃墜を達成し、命中率は80%以上と史上初めて「撃てば命中する」空対空ミサイルとなった。

AIM-9Lは1976年より、AIM-9Mは1982年より生産が始まり、2015年現在も世界中の主力空対空ミサイルとして運用されているが、新型のAIM-9X等の登場によりその役割を徐々に終えようとしつつある。

◆5-6
フォックスバットVS
トムキャット最強迎撃機対決

「フェニックスはまさに死の兵器でした。フェニックスを使用するにはパイロットとレーダー迎撃士官が良好に連携する必要があります」

——イラン空軍パイロット

イラン・イラク戦争。1980年から始まったこの戦いは出口の見えぬ泥沼の様相を呈していた。イラク空軍はMiG-21MF、MiG-23ML、MiG-25PD、ミラージュF1EQを投入した。これに対するイラン空軍はF-4D/E、F-5E、F-14Aを投入する。イラン・イラクともに中東の大国として多くの戦闘機を揃えていたこともあり、1988年に停戦を迎えるまで1000回を超えるドッグファイトが繰り広げられ、多くの機が失われた。

MiG-21MFとF-5Eは赤外線誘導AAMしか装備できないWVR専用機だが、その他の機種はセミアクティブレーダー誘導AAMと高性能なレーダーも搭載しBVR交戦能力を有していた。MiG-23MLはF-4に対しキルレシオ9：10とほぼ対等に近い戦い結果を残しており、F-4に匹敵する優れた性能を実証している。

イラクの切り札となる存在がミラージュF1EQとMiG-25PDである。ミラージュF1EQ対F-4はキルレシオ9：2でミラージュF1が圧勝している。ミラージュF1EQはさらにフランス製の「エグゾセ」空対艦ミサイルを装備し、ペルシャ湾を航行するタンカーを無差別に攻撃、286発のエグゾセで105隻に命中弾を与えている。エグゾセはフォークランド紛争においても、アルゼンチン空軍のダッソーシュペルエタンダール攻撃機より発射され、たった1発でイギリス海軍の新鋭駆逐艦「シェフィールド」を撃沈していた。エグゾセは「コンバット・プルーブン（実戦で証明済み）」された世界で最も信頼される対艦ミサイルとなった。

ソ連迎撃戦闘機の最高傑作、MiG-25PDはイラクの空を守る最強の盾だった。そして最強の矛R-40R/Tミサイルによって、ドッグファイトではF-4、F-5を一方的に撃墜し、F-4やF-5を相手には損害ゼロないし1機のみという圧倒的な能力

ダッソー「ミラージュ F.1」はミラージュブランド唯一の有尾翼後退翼機。BVR交戦能力を獲得した。輸出にも成功し対空・対地・対艦様々な任務に実戦投入され、戦果をあげた〈筆者撮影〉

を見せた（偵察型を除く）。

一方イラン空軍の切り札にして最強の盾であるF-14Aは、導入を決めたイラン皇帝が革命で国を追われ、新しいイラン・イスラム共和国は反米的であったことから、アメリカによる運用サポートがすべて打ち切られていた。その結果F-14のみならずF-4やF-5もまた厳しい運用を強いられることになるが、戦争を通じてF-14Aは活躍し続ける。

F-14AはMiG-25PDほどの速度こそないが、格闘戦も可能な運動性を有している。MiG-25PDやミラージュ F1EQの数倍の視程をもつ強力なレーダーも特徴である。最強の矛AIM-54Aフェニックスは135km以上遠方の敵機を攻撃可能であった。

イラン・イラク両軍における最強の盾と最強の矛、ひいてはソ連とアメリカが生んだ最強迎撃戦闘機同士の雌雄を決する時がやってきた。

戦いはF-14Aの圧勝に終わった。F-14Aは複数機が連携し、イラク領内奥深くに存在する敵機を早期に探知し、友軍に警報を発するミニAWACSとして活躍する。これによってF-14はあらゆるイラク空軍機よりも圧倒的にまさる状況認識力を得られた。そしてイラク空軍機が不用意にF-14へ接近しようものならば、フェニックスAAMが100km以上の距離からマッハ５で迫ってきた。

フェニックスは猛威を振るった。イラクはF-14Aの圧倒的なWEZによって繰り出されるアウトレンジ攻撃に対抗する術を持っておらず、実に63機ものイラク空軍機がフェニックスによって葬り去られたとされる。F-4やF-5を一方的にたたき落としたMiG-25PDですら、F-14Aの堅固な盾に傷ひとつ付けることは叶わず、そしてフェニックスの鋭き刃の前では容易に引き裂かれてしまったのである。

フェニックスを使用しなくてもF-14Aは圧倒的だった。スパロー、サイドワインダーによる戦果は39機、さらにバルカン砲とマニューバーキルで２機を撃ち落としている。総撃墜数は104機～159機とも言われる。

一方でイラク空軍のF-14撃墜戦果はMiG-21によって１機、MiG-23MLによって２機（R-60 AAM）、ミラージュ F1EQ（シュペル530）で２機、ほか不明分もあわせて計12～14機を撃ち落としたとみられる。F-14のキルレシオはおよそ10

US NAVY

鉄壁の艦隊防空戦闘機
グラマンF-14トムキャット

米海軍は失敗作F-111Bの開発を少しでも早く中止し、計画を葬り去りたかった。グラマン社はそのことを知っていたため新可変後退翼戦闘機開発案を海軍に提案する。グラマン社案は海軍が欲していたF-4後継の艦隊防空戦闘機そのものであったため、海軍は即座にF-111Bの息の根を止め、新たにこちらを開発する決定を下す。

そして1973年３月、空母「エンタープライズ」の実用艦上戦闘機F-14トムキャットとして最初の航海に出航した。F-14の開発期間は海軍がグラマン社案の開発を決定してからわずか３年と８ヵ月であり、これは近代的なジェット戦闘機においては異例中の異例とも言える短期間での実用化だった。F-111Bに搭載する予定で開発されたAN/AWG-9火器管制レーダー等の資産をそのまま継承できたことが大きかった。

F-14は可変後退翼による低速性能・旋回性能・加速力、最高速度性能もさることながら「カッコいい変形メカ」だった。ハリウッドにおける伝説的な戦闘機映画「トップガン」でも主人公の乗機を務め、最高の艦隊防空戦闘機であると同時に最高の人気を誇る戦闘機となった。

しかし米ソ冷戦終結後、海軍の艦隊はソ連爆撃機による核弾頭対艦ミサイルの飽和攻撃に対処する能力を必要としなくなり、同時にあえてコストの大きいF-14を運用する意義も失ってしまった。

そしてマルチロールファイターの時代が到来し、F-14は迎撃戦闘機の時代の終焉とともに姿を消した。

・火器管制装置とフェニックスの長距離射程。
・可変後退翼による速度帯を選ばぬ良好な機動性。
・可変後退翼による劣悪な整備性・コスト。
・マルチロール化に対応しきれず。

対１。その優秀さを実証してみせた。

イラン空軍のF-14エースは９機〜11機を撃墜したジャリル・ザンディを筆頭に４名、F-5においても１名が誕生している。イラク空軍のエースはMiG-25で８機を撃墜したムハンマド・ラヤンのみ。ラヤンはF-14（F-5とも？）によって撃墜され戦死したとも言われるが、実在人物かは不明。

エースではないが1981年１月７日、F-14操縦士アッサドーラ・アデリとレーダー迎撃士官ムハンマド・マスボーは、たった１発のフェニックスで３機のMiG-23を撃墜するという快挙をみせた。MiG-23は密集した４機編隊で飛行しており、不運にもそこにフェニックスが飛び込んできた。フェニックスの60kgコンティニュアスロッド弾頭は近接信管によって炸裂、爆風と大量の破片を生み出した。結果MiG-23編隊全機が被弾し、３機が墜落残る１機も損傷を負った。元々は大型爆撃機を撃ち落とすために大弾頭を持っていたフェニックスだからこそ可能な離れ業だった。後にも先にもAAMによる「一石三鳥」はこれっきりであろう。

イラン・イラク戦争のドッグファイトはまだ不明点が多いが、F-14Aが圧倒的に強力で、フェニックスの存在がイラク空軍において畏怖されたという事実には間違いないだろう。1990年代に入るとイラク空軍は本家アメリカ海軍のF-14と戦うことになるが、F-14のレーダー波を逆探知すると真っ先に逃げたともいわれる。おかげでアメリカ海軍のF-14が発射したフェニックスは撃破確率０％に終わった。

アメリカ海軍のF-14Aはリビア空軍との交戦において1981年に２機のSu-22を、88年に２機のMiG-23をそれぞれ「ナイン・エル」で撃墜しており、可変後退翼戦闘機同士の戦いを制している。あとは１機のヘリコプターを撃墜したにとどまる。性能向上型F-14B/Dスーパートムキャットも誕生したが、F-14は元々艦隊防空という主任務がゆえに、幸か不幸かドッグファイトの機会は少なかった。

アメリカ海軍のF-14は全て退役してしまったが、イラン空軍機は2016年現在もなお少数のF-14Aが健在の模様。フェニックスの在庫も無くなり、ロシア製BVR AAM R-27（AA-10アラモ）や、もともと地対空ミサイル（SAM）であったAIM-23Cホークを搭載した姿が目撃されている。

◆5-7

情報化された
グラスコックピットの革命

「人間は宇宙船に搭載可能な最高のコンピューターです」
――ウェルナー・フォン・ブラウン〈ロケット技師〉

戦闘機におけるコンピューターはまず火器管制システムにおいて実用化されたが、次第に飛行情報を管理するエアデータコンピューターや、飛行制御システム、これらを統括する中心的な役割を果たす「セントラルコンピューター」ないし「ミッションコンピューター」など多くの分野に取り入られるようになり、重要な役割を担うようになった

各種センサーによって得られた情報はデジタル化され、計器に表示されるようになる。F-15のコックピットなどはアナログ計器が並ぶが、レーダー画面を表示するVSDは火器管制システムのデジタル情報を表示しているし、対気速度計や高度計等はエアデータコンピューターが針を動かしているので表示方法がアナログなだけだ。

またF-14やF-15では新しい光学式照準器「ヘッドアップ・ディスプレイ（HUD：ハッド）」も導入された。HUDは従来の光像式照準器と原理は同じであるが、ハーフミラー上に飛行データや照準など様々な情報を表示できるようになった。HUDは交戦中など計器を確認する余裕が無い場合でも、文字通り「ヘッドアップ」したまま計器へ目線を下げずに機体の状況を確認できるから、状況認識の向上が期待できる。

そして1983年にアメリカ海軍に配備された艦上戦闘機マクダネル・ダグラスF/A-18ホーネットでは、HUDに加えてコックピット前面パネルの丸型アナログ計器が一掃された。代わりに３台のブラウン管による「MFD：多機能ディスプレイ」が設置された。MFDはレーダーや航法、飛行データやその他の装置の情報を、文字やグラフィックを多用し視覚的かつ直感的に分かりやすく表示できた。また必要に応じてページを変更することで違う情報も投影できる。それぞれの

F-16Aのコックピット。兵装制御用とレーダー用のディスプレイ、HUD以外はアナログ計器が多くを占める。右側のサイドスティックにも注目〈US AIRFORCE〉

F-16Eのコックピット。アナログ計器は一掃され大型の液晶MFDを配置しており、完全な「グラスコックピット」となった〈堀田隆夫〉

MFDは周囲に20個の押しボタンが設置され、ページごとに違う機能を呼び出せる。

F/A-18のように正面パネルに2～4台程度のMFDを中心とした計器配置を「グラスコックピット」と呼ぶ。F/A-18のMFDはデジタルディスプレイ指示器（DDI）とも呼ぶなど機種によって多少の違いはあるが、機能は基本的に同じである。F/A-18以降の戦闘機はほぼ全てグラスコックピット化されており、現在ではMFDもブラウン管から液晶化されている。

F-16は最後のアナログコックピット時代生まれの戦闘機である。そして2016

①レーダー TDボックス＆ターゲット針路
②ターゲットポインター
③アングルオブノーズ表示
④ステアリングT
⑤IRSTシンボル
⑥ターゲット相対距離
⑦ターゲット高度
⑧ターゲット接近速度
⑨ターゲットID
⑩ナビゲーションデータ
⑪時計
⑫IRSTモード表示
⑬レーダーモード表示
⑭武装セレクト表示
⑮マスターアームセーフ表示
⑯TCSポインター

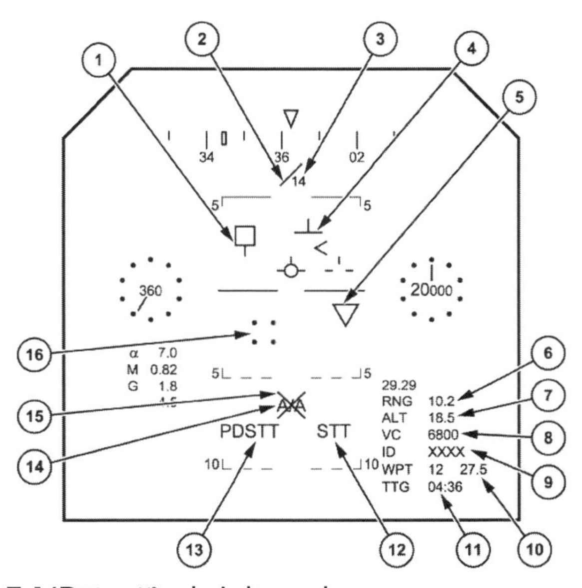

F-14Dスーパートムキャット
HUD表示（空対空基本）

年現在も生産が続いているベストセラーなので、計器レイアウトのバリエーションが非常に豊富だ。後に生産された機ほどアナログ計器の占める面積が減ってゆくグラスコックピット化の歴史を辿ることができる。近代化改修の適用や採用国等によっても多少異なるが概ね以下のとおりである。

試作機YF-16ではHUDを持つが他の計器は完全にアナログだった。最初の実用型1978年のF-16Aブロック５では兵装制御用とレーダー用にディスプレイが２つ加わった。これはMFDではない。1984年のF-16Cブロック25は兵装制御・レーダー用のディスプレイは廃止、MFDが２個が設置されグラスコックピット化された。飛行用計器はアナログのままである。現行型の最新鋭機F-16Eブロック60デザートファルコンでは３基目のMFDが追加され、３基とも大画面化している。また飛行用計器に小さなディスプレイを持ちアナログ計器は消えた。またヘルメットのバイザーに映像を映し出すヘルメット搭載ディスプレイ（HMD）を有している。

◆5-8
マルチロールファイター誕生

「他の多くの“第４世代戦闘機”はマルチロールと宣伝されています。それらは確かにボタンを押すだけで空対空・空対地を切り替える事ができます。しかし、スーパーホーネットは“同時に両方”こなせます。こいつは良い飛行機ですよ」

——デイヴ・ブオネルバ〈アメリカ海軍パイロット〉

戦闘機の情報化とグラスコックピットによってもたらされた最大のメリットが多用途戦闘機「マルチロールファイター（MRF）」の誕生である。

グラスコックピットの戦闘機は、ドッグファイト時ならばHUDやMFD、HOTASを通じて火器管制システムにアクセス、レーダー走査やAAMのロックオンを行なう。爆弾を使用した対地・対艦攻撃の必要があれば、MFDの表示ページを水上・対地索敵レーダーモードに切り替えて標的を選定したり、HUDには自機の速度と高度から算出した爆弾の予想命中を計算するCCIP（命中点連続算出）照準の表示に切り替えることができる。また偵察用カメラを格納した外装ポッドを装備すれば、カメラの映像をMFDに映し出し撮影を行なえる。

F/A-18は元々艦上戦闘機型のF-18と艦上攻撃機型A-18の２機種が開発される予定だったが、情報化とグラスコックピットの実現から単一機種でこなせるようになり、戦闘機のFと攻撃機のAを併せ持つF/Aという制式名称が与えられた。F/A-18はフライ・バイ・ワイヤ操縦システムを持ち、優れた機動性をもつ制空戦闘機である。そして同時に対地攻撃やその他の任務を万能にこなせる「マルチロールファイター」となった。

F-16以降の戦闘機はMIL-STD-1553デジタルデータバスと呼ばれる統一の機内通信規格を採用しており、新型のAAMの装備や爆弾への換装などが比較的容易に行える。例えば自宅のパソコンにワープロとプリンターを導入したい場合、まずプリンターをUSBによってパソコンと接続し、ドライバとワープロソフトを

スパローを発射するマクダネル・ダグラスF/A-18ホーネット艦上戦闘機。翼にAGM-84ハープーン対艦ミサイルを搭載している。マルチロールファイターならではの写真〈US NAVY〉

インストールして使用準備完了するように、戦闘機もその新装備のためのソフトウェアを開発し搭載・接続するだけで新しい装備と機能が使用可能となる（もちろん綿密に飛行試験を行った上で）。

あとは投入予定の任務に応じて必要な装備を行なうだけだ。戦闘空中哨戒（CAP）を行うならばAAMを満載する。また別の日に敵国の深部にある強化コンクリートで防護された地下司令部を叩く必要があれば、908kg（2,000ポンド）貫通爆弾「バンカーバスター」を２発装備し、自衛用のAAMを２発、さらに落下式増槽を搭載する。

そして出撃前にあらかじめ任務の情報をインプットしたDTM（データ転送モジュール）を戦闘機に差し込み読み込ませれば、デジタルの地図上に予定航路を表示したり、慣性航法装置（INS）や全地球測位システム（GPS）によって現在地を測定し「カーナビ」のような使い方やオートパイロットによって攻撃目標へ向かうことも可能である。

以上のようにマルチロールファイターは武装の変更やソフトウェアを書き換えることによって、今日は制空戦闘機、明日は戦闘爆撃機と様々な用途に投入可能である。もし、ある空軍が戦闘機50機、攻撃機50機を保有していたとして、定数はそのままにマルチロールファイター100機に置き換えた場合、状況に応じ戦闘機100機とすることも攻撃機100機とすることも可能であるから、作戦能力は大きく向上する。

現在ではほとんど全ての戦闘機がマルチロールファイターとなっており、純粋にドッグファイトを専門とする制空戦闘機はF-15などわずかに残る程度だ。攻撃機もマルチロールファイターに侵食され、安価で小さな軽攻撃機を除けば多くの機が消えつつある。

1994年、アメリカ海軍空母「インディペンデンス」の第5空母航空団（CVW-5）はF-14A戦闘飛行隊2個、F/A-18C戦闘攻撃飛行隊2個、A-6E攻撃飛行隊1個、EA-6B電子攻撃飛行隊1個の合計6個飛行隊の戦闘機・攻撃機が配備されていた。20年後の2014年にはこれがF/A-18E/F戦闘攻撃飛行隊4個、EA-18G電子戦飛行隊1個となっており、合計5個飛行隊は全てF/A-18E/Fスーパーホーネット系列のマルチロールファイターに更新されている。

マルチロールファイターにはデメリットもある。アビオニクスによって任務はマルチロール化できても戦闘機そのものが持つ飛行性能は変わらない。F/A-18E/Fスーパーホーネットは多くの爆弾を搭載したり、重量物を大量に搭載したまま着艦する「ブリングバック」に優れた、どちらかと言えば攻撃機に近いマルチロールファイターである。

F/A-18E/Fの最大速度はたったのマッハ1.6。速度性能は意味が無いのでまだしも、旋回性能を除く加速力や上昇力など艦隊防空戦闘機としての機動性に関しては可変後退翼を持つF-14には全く及ばない。またF-14も後年はマルチロールファイター化されたが、F/A-18E/Fのような搭載能力はなかった。マルチロールファイターが万能とは言っても得意・不得意な分野はある。

そして人間は機械と違い容易にマルチロールとはならない。第一線級の戦闘機パイロットは年180〜200飛行時間の訓練が必要であるが、同一の飛行時間を空戦と対地攻撃満遍なく訓練に消化した場合と、どちらかを重点的に訓練した場合とでは、前者はあらゆる任務が可能である反面、後者のスペシャリストにはかなわなくなってしまう。

そのため複数のマルチロールファイターを配備している国では機体の特性にあわせて重点的に実施する任務を与えていることがある。例えばアメリカ空軍ではドッグファイトに強いF-22は主に制空戦闘機として、対地攻撃に秀でたF-15Eは主に戦闘爆撃機となり、両方に優れたF-35Aはその隙間を埋める。もちろんマルチロールファイターなのでF-15Eが制空戦闘機としての作戦を行なったこともあるし、F-22も初陣はイスラム国への爆撃だった。

◆5-9

BVRへと移行する湾岸戦争のドッグファイト

「E-2Cの指示からスパローが命中するまでの出来事は40秒とかかっていなかった」

――マーク・フォックス〈アメリカ海軍パイロット〉

1990年イラクは隣国クウェートに侵攻した。1991年1月17日アメリカを中心とする「多国籍軍」はクウェートを救うべくイラク軍と交戦状態に入り「湾岸戦争」の空中戦が始まった。

イラク空軍はフランスより導入した近代的なレーダー防空網を備え、万全の状態で多国籍軍を迎え撃つ。戦闘機はソ連より導入したばかりの新鋭機ミグ設計局MiG-29フルクラムがあった。MiG-29はSu-27と同時に開発された戦闘機で、Su-27によく似ているが、より軽量小型である。MiG-21のようなかつての前線戦闘機に近く、機動性の高い機体であった（ただしフライ・バイ・ワイヤは無い）。

一方で多国籍軍の主力となった戦闘機がアメリカ空軍のF-15Cだ。F-15はイスラエル空軍で既に無敵の実績があったが、WVR戦闘を重視したイスラエルとは異なり、今回はBVRでの交戦が許可されていた。

BVR交戦においてもっとも困難な要素は「識別」である。識別とは攻撃対象が本当に敵機であるのかを確認する行動である。識別は肉眼でも難しい。興奮したパイロットが自分と同じ機種を攻撃してしまったという事例は昔から多い。ましてBVRともなればなおさらである。

そのためF-15Cはミサイルを射撃する前に複数の識別手段をとった。まず航空戦を統括するE-3セントリー AWACSに不明機が近辺で活動中の友軍機ではないかを音声通信で確認する。「敵味方識別装置（IFF）」は、対象に質問電波を飛ばし、正確な応答があるかを調べる。つまり「山」に対して「川」という合言葉があれば味方であるとの保障が得られる。「非協調目標識別（NCTR）」はレーダーで探知している目標の電波反射特性から機種を特定する。

ミグMiG-29フルクラム。ソ連前線戦闘機の伝統を色濃く受け継ぐ小型双発機。大型のSu-27の影にやや隠れがちであるが、中小国の空軍に多く採用されているため実戦経験が豊富。だが戦績はかんばしくない〈筆者撮影〉

F-15Cの主武装たるBVR AAMはAIM-7F/Mスパローを4発。ベトナム戦争時にF-4が用いたAIM-7E-2ドッグファイトスパローよりもシーカーの信頼性と誘導性能が劇的に改善され、特にAIM-7Mはシュートダウン能力に優れた。ベトナムでF-4に課せられていた「目視識別が必須」という鎖もなかったので、スパローの能力を十分に発揮可能な場は整っていた。またAWACSのレーダー迎撃管制支援によって、イラク軍戦闘機が接近する前に警告を受け、いち早く交戦の決断を行なうことができた。

結果、F-15Cは1月17日から3月22日までの間に36機のイラク軍機を撃墜する。F-15Cより発射されたAIM-7Mは合計67発、撃破は23機。さらにAIM-9Mで8機、リアアスペクト型サイドワインダー AIM-9Pで2機を撃墜、残る3機はマニューバーキルである。そしてただの1機も失われずに完勝した（AIM-9Pのみサウジ空軍のF-15C）。

F-15C以外の機種も6機を撃墜している。機関砲による撃墜はA-10Aサンダーボルト攻撃機がミルMi-8ヘリコプターを2機落としたに過ぎず、戦闘機対戦闘機によるドッグファイトにおいては1回も射撃機会はなかった。

そして両者が背後を取り合う古典的な格闘戦はたったの1回だけ行なわれ、F-15CとMiG-29が2対2で戦った。まずF-15Cが先手を取りヘッドオン（向かい合った）状態から1機をスパローで撃墜、残る1機のMiG-29とわずか100mの距離で交差し互いに左旋回の格闘戦に入った。

高度2,400m（8,000ft）で始まった戦いは徐々に高度を下げ200m（600ft）まで降下していた。F-15はMiG-29をレーダーでロックオン。サイドワインダーのシーカーをレーダーに連動させた。MiG-29のパイロットはイヤホンからRWR（レーダー警戒受信機）のロックオン警報を聞いたのであろう。左旋回をやめてスプリットS機動に入った。スプリットSとはハーフロールし背面状態となった後に機首上げ、高度を下げながら180度反対側へ針路を変える基本戦闘機動（BFM）

ダブルアタックシステム（DAS）戦術。伝統的なシュヴァルムにおいては僚機が編隊長のカバーに徹したが、編隊を横方向に広げることによって僚機も攻撃に参加でき、攻撃力は２倍に増大した。写真はかなり接近しているが実際は数km開く〈US AIRFORCE〉

である。

MiG-29を操縦するイラク人パイロットは格闘戦で興奮状態にあったに違いない。周りも見えなくなっていたのであろう。空中戦は状況認識に欠いたほうが敗者となる。ロックオンを外すためにとっさに行なったBFMは高度200mでは自殺行為そのものだった。MiG-29はそのまま地面に突っ込みF-15Cのマニューバーキルとなった。

MiG-29は強力な戦闘機であり、格闘戦においてはF-15にひけをとらない。しかし練度が低くては能力を活かすことはできない。アメリカ空軍は1960年代のベトナムでの失敗からBFMを重視した訓練を行ない、パイロットは格闘戦においても新しい制空戦闘機F-15の能力を最大限引き出すことができた。アメリカ空軍はついにベトナムの悪夢を振り払った。

イラク空軍が得た勝利はわずかに１度のみ、MiG-25がおそらくはR-40ミサイルを使用しアメリカ海軍のF/A-18Cを撃墜した。これは2016年現在アメリカ軍戦闘機がドッグファイトで撃墜された最後の事例である。

F/A-18Cもやられてばかりではない。１月17日、対地攻撃任務のため2,000ポンド（907kg）通常爆弾を４発搭載したF/A-18Cは、運悪く瀋陽F-7（中国製の

MiG-21）の迎撃を受けた。いや、運が悪かったのはF-7のパイロットだったかもしれない。ベトナム戦争ならば鈍重なF-105をカモにできたかもしれない。しかし相手は制空戦闘機ともなるマルチロールファイター F/A-18Cであった。

F/A-18CはE-2ホークアイ早期警戒機（AEW）から警告を受けF-7を返り討ちにすべく「爆弾を捨てずに」旋回した。アビオニクスのマスターモードを「A/A（空対空)」に切り替え、この瞬間にF/A-18Cは制空戦闘機となった。空対空レーダーモードを作動させ、マッハ1.2で突っ込んでくるF-7をロックオンした。AIM-9Mのシーカーをレーダーに連動させ、赤外線で敵機をロックオンしたことを確認しこれを発射した。しかし煙の少ないAIM-9Mが見えなかったので、万一のためAIM-7Mをさらに発射する。だがその必要はなかった。最初のAIM-9Mが命中しF-7は火の玉に包まれた。そしてその火の玉に向かってAIM-7Mが突っ込んでゆくところも確認した。

僚機も爆弾を投棄せずAIM-9MでF-7を撃墜しており、２機のF/A-18CはE-2Cからの警告を受けてわずか40秒間において、増槽も爆弾を抱えたままWVRのドッグファイトで勝利するという、常識を覆す快挙を成し遂げた。しかもドッグファイト後は本来の任務へと戻り、マスターモードを「A/G（空対地)」に切り替え戦闘爆撃機化した上で爆撃をこなし帰還した。１ソーティーでドッグファイトと爆撃の両方の作戦を達成するという、まさにマルチロールファイターの本領を発揮した瞬間であった。

湾岸戦争のドッグファイトは強力なレーダーを有すF-15Cと命中が見込めるAIM-7Mの登場、適切な交戦規定、敵味方識別、E-3及びE-2といったAWACS/AEWが地上レーダーサイトの存在しない場所でも戦闘機パイロットの状況認識を改善させた結果、BVR交戦比率がベトナムの戦いよりも大きく上昇した。またWVRでの決着も少ないとは言えず、格闘戦まで発生している（スパローも全てがBVRで射撃されたわけではない）。

湾岸戦争は来たる21世紀のドッグファイトがBVR主流となるであろうこと、同時にBVRもWVRも別け隔てなく戦える能力が必要であることを示唆した。

◆5-10

AMRAAM対戦闘機用ファイア・アンド・フォゲットAAM

「私は苦悶しながら回避戦術を開始するチャンスを待った。喉まで達したパニックが私の理性を喪失させる。ギリギリの瞬間、私は8Gで機首上げし右にブレイクした。ミサイルは旋回に追いつけず330m下方へ消えていった」

――ランダル・カニンガム〈アメリカ海軍エース、５機撃墜〉

アメリカ空海軍の主力BVR AAMであるAIM-7はベトナム戦争においても多くのミグ戦闘機を撃墜した。しかしながらAIM-7E-2ドッグファイトスパローを含め、当初アメリカが想定したほどの撃破確率を得られなかった。特にシュートダウンに課題を抱えていたし、発射から撃破まで常に敵機をロックオンし続けなくてはならないというセミアクティブレーダー誘導の宿命から、BVRで射撃しても距離を詰められWVR戦闘に持ち込まれることも多かった。

1975年、アメリカ空海軍は共同でスパローの後継となりうる新型AAMの研究を開始した。軽量小型で機動性に優れ、将来の脅威にも対抗可能な30-40nm（56～74km）の射程距離とシュートダウン能力をもち、かつAAM自身が自律的に誘導を行うファイア・アンド・フォゲット（撃ちっぱなし）が可能であることが求められ、これは先進中距離空対空ミサイル（AMRAAM）開発プログラムへと発展し、AIM-120Aとして完成した。ニックネームはプログラム名をそのまま継承し「AMRAAM（アムラーム）」と呼ばれる。

AMRAAMはフェニックスと同じく中間誘導と終端誘導の二段階式になっており、終端誘導はミサイル先端のアクティブレーダーシーカーを用いたアクティブレーダー誘導だ。

アクティブレーダーシーカーが標的をロックオンするまでの中間誘導は慣性航法＋指令誘導方式で行なわれる。これはAMRAAMを発射した母機から標的の情報を受信することによって行なわれる。したがって完全な撃ちっぱなしではな

AIM-120 AMRAAMを試射するF-35。AIM-120は低煙化されているため、撃たれた側はほとんど肉眼で見ることはできない〈US AIRFORCE〉

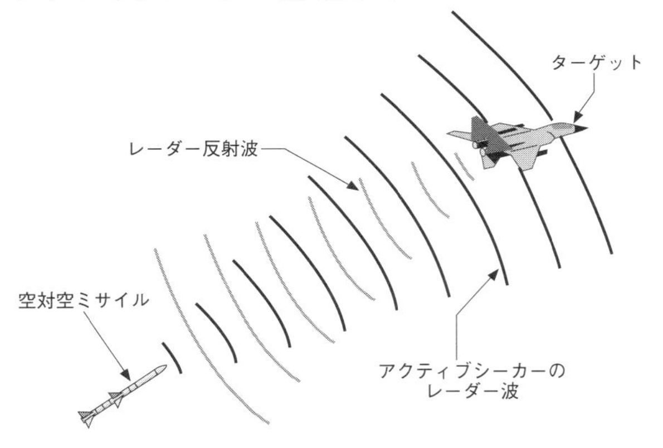

いが、途中で指令誘導を放棄しても慣性航法装置によって最後に受信した予想命中点へと向かい、アクティブレーダーシーカーのロックオン確率を高める。

AMRAAMとスパローとの最大の違いは、なんといってもファイア・アンド・フォゲットである点にある。AMRAAMも中間誘導で発射母機の支援が必要であるとはいえ、推定20km程度のロックオン視程を持つアクティブレーダーシーカーが敵機を捕捉すれば、発射母機は反転し逃げることが出来る。セミアクティブレーダー誘導のスパローならば発射母機自身が最後までロックオンし続けなくてはならないから、もしAMRAAMとスパロー搭載機がヘッドオンで互いにAAMを同時発射したならば、早期に逃げることが可能なAMRAAMが圧倒的に優位に立てる。

F-14とフェニックスの組み合わせのように、レーダーの「ロックオン中走査(TWS)」を活用することで複数目標へAMRAAMを中間誘導する同時攻撃能力ももたらす。F-15、F-16、F/A-18はAMRAAMの装備によって初めて同時交戦

能力を得た。（F-14はAMRAAMを搭載しない）

さらにAMRAAMの重量は157kgとAIM-7Fの231kgに比べてずっと軽く、その分機動性に優れており、十分に接近した状態で射撃したならば、防御側がどのような回避機動をとってもほぼ命中を見込むことができる。この極めて高い命中率を発揮可能な射程を従来のWEZ（兵装交戦可能範囲）を強調してNEZと呼ぶ。NEZとはノーエスケープゾーン（逃げられない範囲）の略である。WEZよりもずっと狭い範囲となるが、ノーエスケープゾーンで放たれたAMRAAMはまず直撃する。

初期型のAIM-120Aからソフトウェアをリプログラミング可能としたAIM-120B、F-22のウェポンベイにも収納可能なよう翼面を小さくしたAIM-120Cといった改良型が登場している。C型によってF-22のAMRAAM搭載数は４発から６発へ増えた。最新型のAIM-120C-7では誘導性能のさらなる向上と100kmともされる射程距離を持つ。

そして2015年には次世代型AMRAAM AIM-120Dが実用化された。AIM-120Dは50％の射程延伸と中間誘導に双方向データリンクを採用。中間誘導を第三者に託すことによる「完全な撃ちっぱなし」がついに実現する。

AMRAAMの登場によってスパローなどセミアクティブレーダー誘導のAAMはほとんど使われなくなりつつある。現在ではAMRAAMと同等の能力を持つロシアのRVV-AE R-77（AA-12アッダー）、フランスのMICA-RF（マイカ）、日本のAAM-4 99式空対空誘導弾、イスラエルのダービー、中国の霹靂12、台湾の天剣２など、各種アクティブレーダー誘導型AAMが主流を占めるに至っている。

◆5-11

無敵の必殺兵器「スラマー」

「僚機は以下の三単語のみ発言が許可される。“ツー（了解）”、“ビンゴ（燃料切れ）”、“リーダー機が炎上中”」

——不明—ジョーク

初期型のAMRAAM、AIM-120Aは湾岸戦争末期になってようやく実戦に投入可能な状態となった。F-15Cが装備し湾岸戦争で実戦投入されるも、イラク空軍は緒戦の圧倒的敗北でドッグファイトに勝ち目がないことを悟り、消極的になってしまっていた。AIM-120の真価が明らかとなる日は湾岸戦争後であった。

1992年12月27日、２機のF-16C/D編隊コールサイン「ベンジー41/42」は２発ずつのAIM-120Aを装備し、戦闘空中哨戒（CAP）にあたっていた。作戦目的は湾岸戦争終結後にイラク上空北緯32度線以南に設けられた、飛行禁止区域へのイラク空軍機進入阻止である。

リーダー機のベンジー41ことF-16Dのパイロット、ゲイリー・ノース大尉は、AWACSから２機のイラク空軍機（MiG-25）が飛行禁止区域に対して真っ直ぐ接近しつつあるという警報を受け取った。

ベンジー編隊は即座に左旋回しMiG-25に対して迎撃行動を取った。そして相対距離33km（18nm）でMiG-25は飛行禁止区域の境界線を越えた。ベンジー編隊はAWACSより敵機の捕捉命令を受ける。

AWACS「ベンジー41、敵リーダー機をロックせよ。リーダーは境界線を越えた。相対距離18マイル（33km）、エンジェル29（高度8,700m）」

ベンジー41「了解、奴らはラインの南側」

AWACS「ベンジー42、現状を報告せよ」

ベンジー42「ロック中、敵機を捕捉している」

AWACS「OK、敵はラインの南側。距離14マイル（23km）」

ベンジー41「ツー、後ろに続け」
ベンジー42「ツー（了解）」
ベンジー41「ベンジー、バーナー（アフターバーナー使用）」
AWACS「12マイル（22km）、12マイル」
AWACS「ベンジー、8マイル（15km）」
ベンジー41「ベンジー、VID（目視識別）し射撃したい。許可を要求」
AWACS「ベンジー41、撃墜を許可、撃墜を許可」
ベンジー41「ベンジー（了解）」
AWACS「ベンジー、撃墜許可を受け取ったか？　撃墜を許可、撃墜を許可、バンディット（敵機）を撃ち落とせ」
ベンジー41「ベンジー、フォックス（発射）」
AWACS「ベンジー、左からくるぞ」
ベンジー41「スプラッシュ！（撃墜）」
ベンジー41「ベンジー、バーナー（アフターバーナー停止）。降下」
ベンジー41「ベンジー、スプラッシュ・ワン、スプラッシュ・ワン」
AWACS「コピー（了解）、スプラッシュ・ワン」
ベンジー41「ボギードープ（不明機の情報を要求）」
AWACS「ベンジー41、敵機、北2マイル（4km）、北方へ離脱中」

距離33kmではじまったドッグファイトは相対速度2,000km/h。両者の間隔は一瞬で縮まった。相対距離6kmのWVRで射撃された1発のAIM-120AはMiG-25に命中し、越境後わずか60秒で決着がついた。これはAMRAAMだけではなくアメリカ空軍所属のF-16にとっても最初の撃墜戦果であった。

以降AMRAAMは2015年現在までに、筆者が調べた限りでは少なくとも11回の交戦で十数発が射撃され、うち8回の交戦で9機を撃墜した。射距離は最大で推定50km、少なくとも2回は10km以下のWVRで射撃している。

AMRAAMの戦果9機の内訳は、飛行禁止区域パトロールにおいてF-16がイラク空軍のMiG-25（上記）、MiG-29（MiG-23とも）を撃墜。1994年のボスニア紛争でF-16がセルビア人勢力のJ-21ヤストレブ軽攻撃機を1機撃墜（さらに3機をサイドワインダーで撃墜）。1999年のコソボ紛争でF-16がユーゴスラビア空軍のMiG-29を1機撃墜（本件のみオランダ空軍F-16AM）し、さらにF-15が5機のMiG-29を撃墜した。

勝利を得られなかった交戦のうち2件はいずれも理由が判明しており、まず

1994年４月14日。アメリカ空軍のF-15Cはイラク軍機と思わしきMi-24ハインド強襲ヘリコプターに対して、BVRでAMRAAMを１発、WVRでサイドワインダーを１発別のヘリコプターに射撃した。この２発のミサイルは命中し標的２機とも撃墜している。

しかし、標的はいずれもMi-24ではなく、アメリカ陸軍UH-60ブラックホーク輸送ヘリコプターだった。誤射ではあるがAMRAAMがヘリを撃墜した唯一の例である。誤射の理由はIFFが何らかの理由によりUH-60を友軍機であると示していなかったことによる。IFFは「敵味方識別装置」の名とは裏腹に、応答のあったもののみを友軍機と識別するためのものであり、応答がないものはあくまでも「不明機」として扱う。不幸なことに不明機は敵機ではなく応答のない友軍機だった。

次に1999年１月15日、２機のアメリカ空軍のF-15Cがイラク空軍のMiG-25に対してBVR状況下で１発のスパローと３発のAMRAAMを発射したが（スパロー×3、AMRAAM×1との説もある）、MiG-25は即時反転した。恐らくはアフターバーナーを使用して加速、射程圏外まで逃げていった。いかに史上最速戦闘機のMiG-25とはいえ、簡単にマッハ２以上の速度は出せないし、もちろんマッハ４のAMRAAMには及ばないが、射程の限界から発射されたAAMは比較的容易に振り切ることができる。

AMRAAMの実用化以降、アメリカ軍による戦闘機対戦闘機のドッグファイトは全てAMRAAMによって決着がついており、その優れた撃破率を実戦において証明している。

AMRAAMは非公式ニックネーム「スラマー」と呼ばれることがある。スラマーとは無敵・必殺兵器を意味する。

5-12

マルチロールの根源FLIRポッド

「アメリカは空軍に頼ろうとしているが、過去空軍だけで戦争に勝利した例があっただろうか」

――サダム・フセイン〈イラク大統領〉

湾岸戦争は別名「ニンテンドー・ウォー」とも言われることがある。ニンテンドーとはもちろん日本のTVゲームメーカーである。これは湾岸戦争時に、誘導爆弾が驚くべき精度で戦車やビルに命中し破壊してゆく映像を、多国籍軍がメディア戦略の一環として多くプレスリリースしたことに由来している。モノクロで現実味に欠ける飛行機からの空撮映像は、まるでニンテンドー・エンターテイメント・システム（ファミコンの英語名）のようであったためだ。

ニンテンドー・ウォーの映像は戦闘爆撃機の「前方監視赤外線装置（FLIR：フリア）」によって撮影されたものである。FLIRは赤外線を映像化し、コックピットのMFDに表示することによって、「夜を昼に変え、多少の霧や雲を透視する」目的で使用される、一種の暗視装置だ。

FLIRには赤外線レーザーデジグネーター（レーザー指示器）が組み込みこまれており、画面の中央部に映る場所に向けてレーザーを照射することで、レーザー誘導爆弾の照準を行なうことができる。

FLIRとレーザーデジグネーターを一つにまとめた「FLIRポッド」または「ターゲティングポッド」は、マルチロールファイターがマルチロールファイターであるゆえんとも言える最も重要な装備品である。現在では対地攻撃任務に出撃するマルチロールファイターのほぼ全てがFLIRポッドを搭載する。FLIRポッドさえ搭載すれば、昼夜問わずに誘導爆弾を投下でき、戦闘爆撃機としての能力を高めることが出来るのである。

F-16やF/A-18もFLIRポッドの搭載によって真の意味でのマルチロールファイターとなった。しかし、湾岸戦争当時はFLIRポッドと誘導爆弾が不足していた

マクダネル・ダグラスF-15Eストライクイーグル。F-15の空対空戦闘能力を継承しつつ対地攻撃能力が付加された。左エアインテーク下のポッドが航法用LANTIRN。右エアインテーク下はLANTIRNの後継スナイパー先進照準ポッド〈US AIRFORCE〉

ので、F-16やF/A-18は古典的な自由落下爆弾を日中に投下する作戦に駆りだされた。特にF-16のFLIRポッドは、より対地攻撃能力に優れるF-15Eストライクイーグルと同じだったので、全部F-15Eに奪われてしまった。

マクダネル・ダグラスF-15Eストライクイーグルは複座型F-15を原型に、機体構造とアビオニクスを一新、マルチロールファイター化した戦闘機であり、「デュアルロールファイター（複合任務戦闘機）」とも呼ばれる。胴体側面に「コンフォーマルタンク」と呼ばれる密着型増槽が設けられ、空気抵抗増を最小限に抑えつつ燃料搭載量を1.5倍に増大させた。湾岸戦争勃発の１年前、1989年末に実働体制に入ったばかりの新鋭機である。

F-15EがF-16から奪ってきたFLIRポッドはAN/AAQ-14 LANTIRNと呼ばれる。LANTIRNとは「夜間低空飛行の航法と照準のための赤外線装置（LANTIRN：ランターン）」の略称で、やや無理のある名前を持つが、照明器具のランタンと掛けたかったのだろう。

F-15E、LANTIRN、レーザー誘導爆弾の組み合わせは凄まじく、夜間の戦車狩りや、スカッド（地対地ミサイル）狩り作戦に投入され、大きな戦果をあげた。F-15EはGBU-12ペイブウェイIIレーザー誘導爆弾を８発搭載できる。F-15Eの２機編隊で合計16発を投下し、16両の戦車を破壊するという事例すらあった。つまり１ソーティーでの撃破確率100%も珍しくはなかったのである。

第二次世界大戦中のドイツ空軍急降下爆撃機Ju87スツーカのパイロット、ハ

イスラエル空軍F-16Iスーファ。エアインテーク下にLANTIRNを装備する他、背部に密着型のコンフォーマル燃料タンクを装備している。F-16もマルチロール化され、かつての軽量戦闘機の面影はなくなりつつある〈筆者撮影〉

ンス・ウルリッヒ・ルーデルは、戦車500両以上破壊という伝説的な撃破スコアを記録しているが、そのルーデルとて１ソーティーで僚機とあわせて16機撃破など絶対に不可能である。

F-15Eならば、どんなパイロットでもルーデル以上の戦果をあげられる。後席の兵装システム士官（WSO：ウィソー）がコントローラーを操作し、MFDを見ながら深夜の砂漠を背景に鮮明に映し出される戦車をLANTIRNでロックオンする。一度ロックオンすると画面は戦車が移動しても自動で追尾する。誘導爆弾の投下は機を操縦する前席のパイロットが行なうが、ミサイルと違って誘導能力はそれほど高くないので、可能な限り正確な位置に投下しなくてはならない。爆撃照準はパイロット自身が行なう必要はなく、LANTIRNと連動しHUDに示された爆撃進入コースを維持してさえいれば、最適な瞬間に勝手に爆弾が投下される。そして着弾10秒前に自動的にレーザーが照射、爆弾は誘導を開始し狙った場所へほとんど誤差なく命中する。

F-15EにはもうーつのLANTIRN 、AN/AAQ-13も装備する。AN/AAQ-13は主にパイロットが使用するためのFLIRであり、HUDやMFDに赤外線映像を映し出し、夜間においても鮮明な地形映像をみながらの操縦を可能とする。またレーザーデジグネーターが無い代わりに「地形追随レーダー」が組み込まれ、前方の地形をレーダーによって監視しF-15Eのオートパイロットと連動することによって、「地形追随飛行（NOE)」を手放しで行なうこともできる。

地形追随飛行は超低空飛行によって山や地球の丸みから生じる水平線下に隠れることで、敵のレーダーへの被探知を防ぐ。1987年、西ドイツの青年マチアス・ルストは、セスナ172スカイホーク（多くの人がセスナと聞いて思い浮かべる機である）でソ連領空を侵犯し、まんまと首都モスクワの中心部赤の広場近辺に着陸するという壮大なイタズラを成功させた。ソ連防空軍は一度は自慢の迎撃戦闘機をスクランブルさせるも、低空飛行するセスナ172をレーダーロスト（失探）し阻止することができなかった。もちろんルストは逮捕された。ソ連軍高官数百人のクビを道連れに。

現在では航法用・照準用LANTIRN両方の役割を１本でこなせる新世代のFLIRが登場しており、航空自衛隊もF-2用にAN/AAQ-33スナイパーを調達する。F-15EはスナイパーとAN/AAQ-13も併用しているが、パイロットと兵装システム士官が二人で別々に使うのに便利なのだろう。

スナイパー FLIRポッドによる映像。昼夜間を問わず鮮明な映像を映し出すことができ、レーザー誘導爆弾やGPS誘導爆弾の照準を行なう〈Lockheed-Martin〉

◆5-13

遠方の地形を走査する「合成開口レーダー」

「戦闘任務の飛行とは、長くひどい退屈と、ほんの一瞬の恐怖」

——不明

F-15EストライクイーグルはLANTIRNだけではなく搭載火器管制レーダーAN/APG-70も先進的であった。従来のF-15イーグルが装備するAN/APG-63の発展型であり、コンピューターの処理能力が大きく向上している。処理能力向上は空対空戦闘能力を改善させ、F-15イーグルも後にAN/APG-70を搭載しているが、何よりもF-15Eの場合は「合成開口レーダー（SAR：サー）」モードの恩恵を受けることができた。

AN/APG-70は様々な用途に使用可能な「多機能（マルチモード）レーダー」であり、主に空対空と空対地に分かれている。

合成開口レーダーモードは空対地で使用し、FLIRや肉眼では見ることのできないはるか遠方や、分厚い雲の向こう側の地形をレーダー走査することによって、写真に近い高精細な映像を取得する「マッピング（地図をつくる）」が可能である。

他の戦闘機用レーダーでもマッピングは可能だが、街を走査してもたくさんのレーダー反射波による「光点の集合体」程度の映像しか取得できない。AN/APG-70の合成開口レーダーモードならば、建物一つ一つの特徴すら識別可能であり、民家の前に自動車が停まっているかどうかも分かる。合成開口レーダーモードを使うには、兵装システム士官が高精細映像を取得したい地点を選び実行するだけで良い。あとは約５秒程度待てば自動的に映像がMFDに投影される。

この約５秒間、レーダーは指定された地点を重点的に走査し、何枚ものレーダー反射波パターンを作成する。F-15Eは５秒間で1kmも移動してしまうから１枚１枚は少しずつ違った反射波が得られる筈であり、これをコンピューターによる計算で合成し、１枚の映像とすることで、擬似的に超大型のアンテナで走査した場合と同レベルの高い分解能を実現している。原理上機首を中心とした真正面の

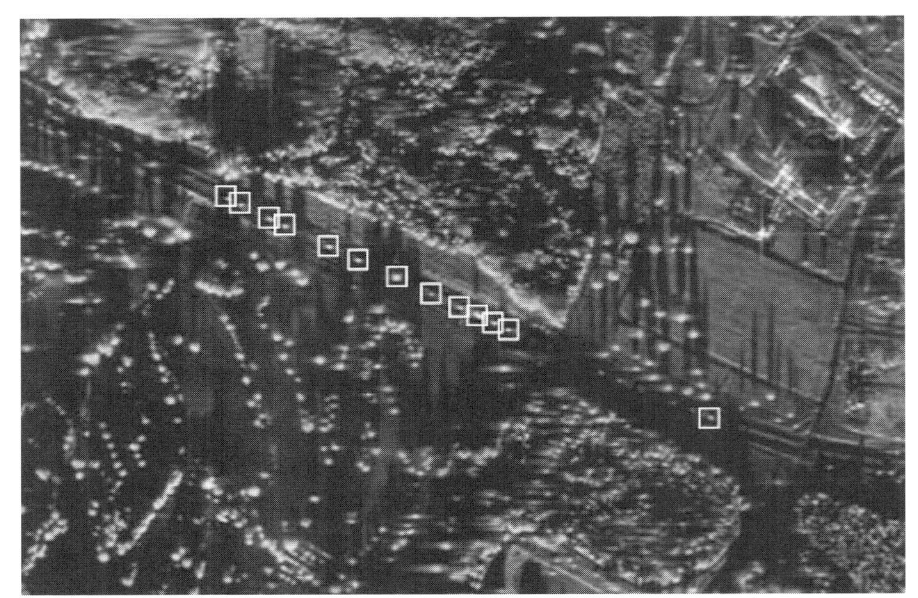
F-35において合成開口レーダー（SAR）モードによるマッピングに、地上動目標探知・表示（GMTI）レーダーモードの表示を重ねあわせたもの。悪天候でも遠方の索敵・照準を可能とする〈Northrop-Grumman〉

索敵は不可能だが、マッピング時にだけすこし旋回すればよい。

空対空におけるルックダウン同様にドップラー効果を利用し、地上を移動する車両のみを抽出する「地上動目標探知・表示（GTMI）レーダーモード」と併用することで、合成開口レーダーモードで作成した高精細な映像に重ねあわせ、道路を移動する車両だけを表示することも出来る。

現在のマルチロールファイター用火器管制レーダーは、もれなく合成開口レーダーモードを備えており、今や珍しい能力ではなくなっているが、90年代以前は偵察機や大型爆撃機のみが合成開口レーダーを装備していた。F-15Eは戦闘機用火器管制レーダーで初めて合成開口レーダーモードを実現し、同時に史上初の「全天候爆撃」が可能なマルチロールファイターとなった。

F-15Eはその登場時点において、F-15イーグルゆずりの制空戦闘機としての能力と最高の対地攻撃能力を兼ね備えた、まさに非の打ち所のない（価格以外）革新的な戦闘機であった。現在もレーダー換装による近代化改修をうけ、攻撃力に優れた貴重なマルチロールファイターであり続けている。

航空自衛隊

偵察機を笑うものは偵察機に泣く

戦闘機の任務の一つに「偵察」がある。戦闘機の高い速度性能は、敵を振り切る必要のある偵察機としても最適である。航空自衛隊百里基地に駐留する、RF-4EやRF-4EJも、F-4を原型とする偵察機である。

RF-4Eは機関砲を撤去した機首部に、RF-4EJは外装ポッドに各種カメラを任務に応じて搭載する。（写真は手前がRF-4E 、奥がRF-4EJ）例えばRF-4Eの高高度用KA-91Bパノラミックカメラならば、焦点距離18インチ（457mm）レンズを使用し、幅127mm 、長さ152.4mのフィルムに、一度の航過で非常に広い範囲を記録し続けることができる。赤外線ラインスキャナーや合成開口レーダー等を搭載することも可能である。

今どき珍しい「現像・プリント処理」は百里基地でしかできないので、偵察写真は必要とする場所に改めて運ぶ必要がある。映像を空中から電送可能なF-15J用偵察ポッドも開発したが、性能を満たせず失敗に終わった。

偵察機はそれ自体は戦力にならないため、限られた予算の中で装備を調達しなくてはならない関係上、どこの国でも戦闘機を優先し偵察機を軽視しがちである。ところが偵察機を減らした国は後で後悔する羽目となった。爆撃目標を選定するには事前の偵察写真が必要であるし、爆撃効果判定（BDA）にも偵察写真が必要であるから、偵察機不足は作戦に支障を来したのである。

一方防衛省はRF-4退役後に偵察航空隊を廃止し、F-35A飛行隊へ改変することを決定した。従って戦闘機を原型とする偵察機を持たないことになる。現代はFLIRでもBDAは可能であるしUAVやネットワーク化による代替手段があるにしても、後になって偵察機不足で泣くような事態にならないことを祈りたい。

◆5-14

スマート精密誘導爆弾の革命

「戦闘機乗りは映画を作り、爆撃機乗りは歴史を創る」

——アメリカ陸軍　爆撃機クルー

戦闘機の本分は航空優勢の確保、すなわち空中戦によって敵機を撃ち落とすか追い払うことにある。なかには空中戦よりも対地攻撃における名声の方が高い戦闘機もある。第二次世界大戦世代のレシプロ機は、金属化された丈夫な機体に多くの爆弾を搭載可能となり、P-38、P-47、F4U 、Fw190F 、タイフーン、モスキートFB（木製）といった傑作機が誕生した。

ジェット化以降もF-84、F-105、Su-7/17/20/22、そして全く空中戦は期待されていないF-111、Su-24、トーネードIDS等が就役している。これらは「戦闘攻撃機」ないし「戦闘爆撃機」と呼ばれる。戦闘攻撃機と戦闘爆撃機の違いに明確な区分は無いが、相対的に搭載量が大きいものを後者で呼ぶことがある。

実際のところ、空戦専用の純粋な制空戦闘機・迎撃戦闘機というものはそれほど多くない。ほとんどの機種は爆弾を搭載できる。たとえば航空自衛隊のF-15Jは、パイロットがほとんど爆撃訓練を受けていないので事実上の空戦専用機であるが、なぜか主翼ハードポイントに６発の500ポンド（227kg）爆弾を搭載するためのMER爆弾架だけは大量に保有している。その気になれば、1985年９月25日にイスラエル空軍が実施した、F-15Cによる片道2,000kmのチュニス爆撃作戦のような真似を行なうことも不可能ではない。機体だけならばすぐにでも戦闘爆撃機となることもできる。

もちろん仮にF-15Jが爆弾を搭載したとしても「ストライクイーグル」になれるわけではない。FLIRや合成開口レーダーといったセンサーが欠如しているし、現代戦闘機において「無誘導爆弾」はほぼその役割を終えた武装である。

爆弾の命中精度は「半数必中界（CEP：セップ）」によって表される。ベトナム戦争時F-105のCEPは136mだった。これは投下した爆弾のうち50％が半径136m

の円内に着弾することを意味する。

F-4以降の戦闘機はコンピューターが自機の高度や速度から爆弾の弾道を計算し、補正された正確な照準を可能とする「着弾点連続計算（CCIP）」や「投下点連続計算（CCRP）」が行なえるようになった。CCIPならば、HUDないし光学式照準器に今その瞬間爆弾を投下した場合、予想されうる着弾点が表示される。パイロットはそれにあわせて投下すればよい。CCRPはHUDないし光学式照準器に爆撃進入のための針路を表示する。パイロットは示された針路に機首を向けて飛行すれば、最適のタイミングで自動的に爆弾が投下される。CCIPやCCRPによって湾岸戦争のころには、CEPが60mにまで改善された。

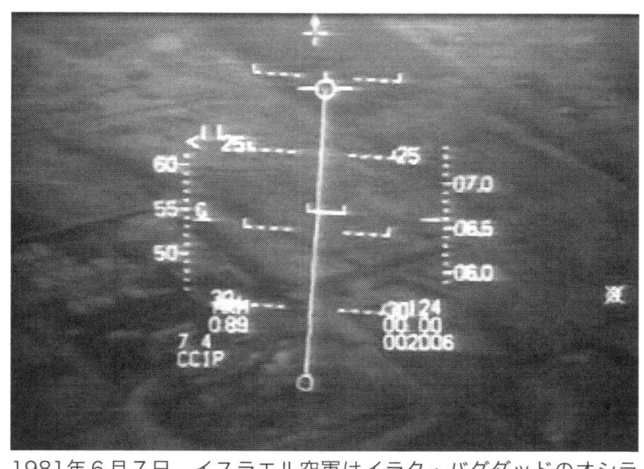

1981年６月７日。イスラエル空軍はイラク・バグダッドのオシラク原子力発電所をF-16によって爆撃した。写真はMk84爆弾を投下した瞬間のもの。CCIP照準点が原子炉に重なっている

高速で移動するモーターボートに直撃する瞬間のGBU-10ペイブウェイIIレーザー誘導爆弾。現代では１発の爆弾でほぼ確実に標的の破壊を見込めるようになった〈US AIRFORCE〉

そして現代型レーザー誘導爆弾エンハンスド・ペイブウェイならばCEPは公称値4m以下にまで狭まっており、2006年にデンマーク空軍が行なった試験においては、F-16AMが投下した39発のエンハンスド・ペイブウェイはCEP2m以下を実測した。また全弾が正常に誘導され、標的を大きくそれたものは無かった。

30m×18mのテニスコートに対して90％の確率で2,000ポンド（907kg）爆弾の直撃弾を与えるには、F-15Eに搭載されたレーザー誘導爆弾ならば１発でよい。F-15Eは2,000ポンド爆弾を最大５発搭載できるので１ソーティーで５ヵ所をほぼ確実に破壊できる。CEP60mの無誘導爆弾ならば30発を必要とし、F/A-18が４

テニスコート大の地上目標5ヵ所に対して
90%の確率で2000ポンド爆弾を直撃させるために必要な出撃数

F-15E　誘導爆弾（5発）
1ソーティー

F/A-18C　無誘導爆弾（30発）
8ソーティー

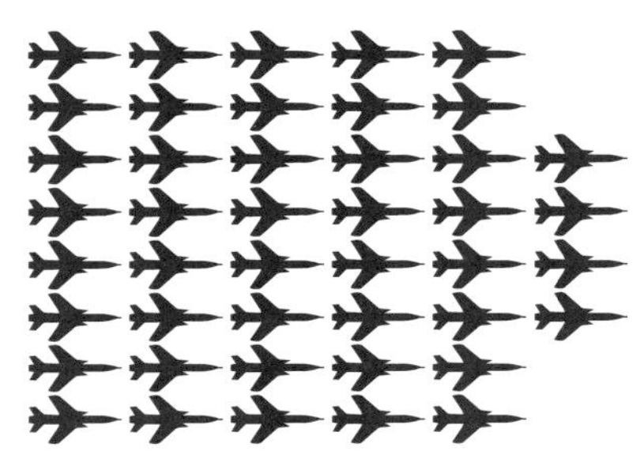
F-105D　無誘導爆弾（176発）
44ソーティー

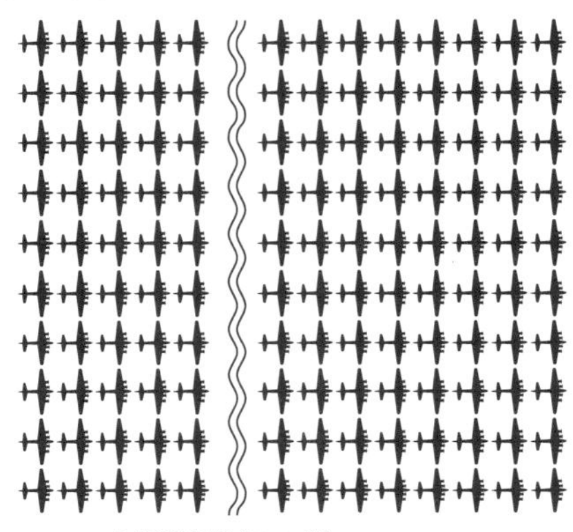
B-17G　無誘導爆弾（9070発）
3024ソーティー

発ずつを搭載したとして1ヵ所を破壊するのに8ソーティー必要だ。CEP136mのF-105ならば176発を必要とし、同じく4発ずつを搭載し44ソーティーせねばならない。そしてCEP1,000mの第二次世界大戦型ボーイングB-17爆撃機ならば9,070発が必要だ。1機あたり3発を搭載し3,024ソーティーも出撃させてようやく破壊できる。

無誘導爆弾は基本的に「当らない」ため数によって補うしかない。だからこそ第二次世界大戦時は工場や発電所1ヵ所を破壊するだけでも、数百機からのB-17が編隊を組み、多数の「小さなお友達（P-51）」と呼ばれた護衛機を引き連れ作戦にあたった。また、核戦争が想定された冷戦時代は核の破壊力によってCEPはほぼ無視できた。

現代の誘導爆弾ならばたった1発で第二次世界大戦当時の無誘導爆弾9,070発以上の価値を発揮する。したがってF-15Eの2機編隊合計10発搭載された2,000ポンド誘導爆弾は、B-17 30,240機とそのウェポンベイに収納される90,720発と同等の攻撃力を有している。

湾岸戦争ではニンテンドー・ウォーとは名ばかりに、実は誘導爆弾はわずか

8.5%を占めるにすぎなかった。このうちほとんどはF-111が投下し、F-111は最も多くの目標を破壊した殊勲機となっている。湾岸戦争以降、誘導爆弾の比率は急激に高まり、2011年のリビア爆撃ユニファイド・プロテクター作戦では、もはや無誘導爆弾は過去のものとなり、各マルチロールファイターは専ら誘導爆弾を使用した。

誘導爆弾は無誘導爆弾に比べて高価だ。だが誘導爆弾を使えば1発で済むような目標に対し、8機のマルチロールファイターと30発の無誘導爆弾をばら撒く作戦は遥かに高くつく。誘導爆弾を搭載した1機とその僚機を爆撃に割り当て、残る6機は無数のクレーター作るよりも相応しい作戦に投入すれば、現有戦力は何倍にもなる。

なお無誘導爆弾は速度が遅く小回りが利く機ほど良好なCEPを発揮する。第二次世界大戦後の急速なジェット化にあって、F4U等のプロペラ機は遅すぎるがゆえに長らく戦闘爆撃機化して重宝されることとなる。一部のレシプロ機のみが可能な45～80度の角度で降下しつつ爆弾を投下する「急降下爆撃」は、ほぼ一直線の弾道で着弾するため、現代機のCCIP/CCRP照準に匹敵するCEPがあった。高速なジェット戦闘機での急降下爆撃は自殺行為に等しい。

◆5-15

マルチロールファイターの対地攻撃兵器

「どの建物を狙うかではなく、どの窓を狙うか、です」

――アメリカ空軍パイロット

爆弾および空対地ミサイル（ASM）には以下のようなものがある。断り無い限りアメリカ製の装備である。

・無誘導兵器

爆弾はほぼ完成された武器であり、その形状・能力は半世紀以上変化していない。500ポンド爆弾（227kg）Mk82、1,000ポンド爆弾（454kg）Mk83、2,000ポンド爆弾（908kg）Mk84等の低抵抗通常爆弾（LDGB）があり、鋼鉄製の弾体にMk82ならば87kgの炸薬、Mk84は429kgの炸薬が充填されている。地面に着弾ないし空中炸裂し、爆風と破片によって300m～450mの危害半径をもつ。Mk80シリーズと互換性を備えつつ炸薬量を減らし、金属部を多くすることで貫通力を重視した「バンカー・バスター」もある。

低抵抗爆弾は慣性の法則に従い投下後機体の真下で炸裂する。地形追随飛行を維持したままの爆撃は危険なので、低高度では高抵抗通常爆弾（HDGB）を用いる。これはMk82に空気袋状のバリュートや金属製の傘を取り付けたもので、投下後に展開し即座に減速して母機の危害半径外への離脱時間を稼ぐ。

「クラスター爆弾」は親爆弾の中に数十～数百個の子弾（サブミュニション）を収納し、空中から散布する。CBU-97 SFWならば10個の子弾が螺旋を描くように降下し、戦車等の熱源から発せられる赤外線を探知するとその頭上で炸裂して装甲を突き破る。クラスター爆弾は不発弾が地雷化し民間人へ被害をもたらすため、世界の半数以上の国がクラスター爆弾禁止に関する条約を批准しており、航空自衛隊では202個の子弾を格納したCBU-87を保有していたが全廃した。なお全世界のクラスター爆弾のほとんどを保有する米中露は批准していない。

Su-27の艦上機型スホーイSu-33。主翼にS-25 340mm無誘導ロケット弾が2発装着されている。このような大型ロケットはロシア特有の装備である。簡易誘導装置を取り付けたバリエーションもある。翼端は電子戦ポッド〈筆者撮影〉

ロケット弾は戦闘機ではもうほとんど使われていないが、誘導装置を取り付けたロケット弾が簡易なミサイルとしてヘリコプターや一部の戦闘機で使われることがある。

・指令誘導爆弾

投下した爆弾ないしミサイルを目視で確認しながら目標に命中するように手動で操縦を行なう。第一次世界大戦の頃から存在する歴史の長い誘導方式である。

第二次世界大戦中の1943年、ドイツ空軍のドルニエDo217爆撃機は連合軍に降伏したイタリアの戦艦「ローマ」に対して指令誘導爆弾「フリッツX」を投下、フリッツXは命中し「ローマ」を撃沈している。フリッツXは史上初めて戦果をあげた誘導爆弾だった。

ほかF-105等が搭載したAGM-12ブルパップミサイルがあるが、現代機においてはヘリコプターで用いられている以外使われていない。

・レーザー誘導爆弾

FLIR等のレーザーデジグネーターによって照射されたレーザーの反射を、爆弾先端のパッシブレーザーシーカーが捉え、照射点に向かって誘導される。「ペイブウェイ」誘導キットは、Mk80シリーズの通常爆弾やバンカーバスターに装着して使用する。最初のペイブウェイ１は1972年のベトナム戦争中に実用化される。現在の主流はペイブウェイ２、３、４。CEPは公称値4mだが実質2m以下である。

レーザーは自分で照射しなくてもよいので、他機や地上軍に任せれば誘導爆弾投下機は即座に離脱できる。ベトナム戦争ではF-4がそうしたし、湾岸戦争ではイギリス空軍のトーネードGR.1（IDS）用FLIRが不足していたので、退役間際だったバッカニア攻撃機がレーザー照射しトーネードが誘導爆弾を投下した。面白いことに2011年リビア攻撃では退役間際のトーネードGR.4（IDS）が照準し、ユーロファイター（タイフーンFGR.4）が誘導爆弾を投下した。

・GPS誘導爆弾

カーナビにも使用される全地球測位システム（GPS）の人工衛星を利用し、あらかじめセットされた標的に対し誘導を行なう。通常爆弾やバンカーバスターに装着して使用する統合直接攻撃弾（JDAM：ジェイダム）誘導キットが多く用いられる。CEPは10mだが実際は5m以下である。GPSの電波が妨害されてもINSでCEP30mを保てる。

JDAMは1992年に調達が始まり、安価な上に自律誘導するので使いやすい。ただし静止目標しか攻撃できない。照準はスナイパーXR等新型のFLIRや合成

F-15E。主翼下にSDB、AIM-9M、胴体に2000ポンド ペイブウェイIIIを３発装備している。見えない部分にさらにAIM-9M、AIM-120x2、2000ポンドJDAM、航法・照準用LANTIRNを搭載。このような重武装はF-15Eにしかできない〈筆者撮影〉

スホーイSu-34。エアインテーク下にKh-31、中央部にKh-59M対艦ミサイルを装備。翼下はR-27 BVR AAM、翼端はR-73オフボアサイトAAM。見た目の割に機動性はよく格闘戦すら可能〈筆者撮影〉

開口レーダー、データリンク等で座標を取得するか、離陸前にセットしておく。

JDAMに補助的なレーザー誘導機能を追加したレーザーJDAM、逆にペイブウェイ２に補助的なGPS誘導機能を追加したエンハンスド・ペイブウェイ２もある。

同じくGPS誘導を持つGBU-39/B 小直径爆弾（SDB）は、戦闘機の搭載力を高める目的で開発され2006年に実用化された。129kgしか無いがピンポイントで命中させられるので問題にならない。危害半径が小さいので市街地での使用にも向く。また細く貫通力が高い。滑空翼を持つので高高度から投下すれば110kmのスタンドオフ射程（遠距離から投下し離脱を可能とする距離）がある。

SDBよりはるかに大きい弾頭を搭載可能なAGM-154JSOW（ジェイソウ）、ステルス性を有すAGM-158 JASSMもある。

・TV/赤外線画像誘導

爆弾のシーカーが捉えた可視光や赤外線の映像をパイロットがMFD等で確認しロックオンする誘導弾。1972年、F-4Eはベトナムのタンホア鉄橋を可視光誘導型の2,000ポンドEOGBで攻撃、たったの５発で完膚なきまでに破壊した。タンホア鉄橋はF-105が無誘導爆弾等300発を投下しても軽傷しか与えられなかった。対戦車ミサイルAGM-65マベリックは湾岸戦争ではA-10攻撃機で主に運用され多大な戦果をあげた。またA-10用FLIRが無かったので、AGM-65の赤外線シーカーを代用したとも言われる。

Mk84またはバンカーバスターに装着するGBU-15誘導キットならば母機とのデータリンクが可能で、翼で滑空しながら映像と誘導コマンドを送受信し、はるか遠方の目標を映像で確認し攻撃できる。AGM-84H SLAM-ERならば250kmのスタンドオフ射程を実現、敵の防空網の外から攻撃できる。

またAIM-9XブロックIIやASM-2 93式空対艦誘導弾はMFDで画像を確認するといった使い方はしないが、赤外線画像誘導される。

・アクティブレーダー誘導

マイクロ波（電波）レーダーは複雑な地面の背景から目標を探しだすことが難しいため、海上目標用の空対艦ミサイルで使用される。アクティブレーダー誘導型AGM-84ハープーンならば射程220km。駆逐艦クラスならば一撃で大破させられる。ハープーンと同等のフランス製「エグゾセ」は最も有名だ。

近年では「ミリ波レーダー」実用化によって地上目標を攻撃できるようになった。イギリス製のブリムストーンがある。ブリムストーンは94GHzのミリ波レーダーを使用し、対地・対艦あらゆる目標を攻撃できる。リビア攻撃において大きな戦果をあげた。

ミリ波は赤外線とマイクロ波の中間に位置する周波数帯の電磁波であり、雲や雨等に影響されにくいマイクロ波と、解像度の高い映像を取得できる赤外線両者の利点と欠点を併せ持っている。

・パッシブレーダー誘導

パッシブレーダー誘導は地上の防空システムを攻撃するための「対レーダーミサイル」に使用される。対レーダーミサイルはレーダーサイトの電波源に向かって飛翔し、アンテナを破壊する。バトル・オブ・ブリテン以来、レーダーは戦争の勝敗を決する重要な装置であるから、これを潰す意味は非常に大きく、地対空ミサイルの照準・索敵用レーダーも破壊できる。

最新鋭のAGM-88E 発展型対レーダーミサイル（AARGM）は射程100km、マッハ２以上の速度性能と同時にミリ波レーダー誘導とINS誘導を備えており、仮に標的がレーダー電波を停止しても誘導が損なわれない。

◆5-16

戦いを決める フォースマルチプライヤー

「俺たち抜きでヤれる奴なんて、誰一人としていやしないんだ。誰一人として」

——アメリカ空軍　空中給油機クルー

現代戦闘機は作戦遂行にあたり、他の軍用機や地上からの支援、または自身が搭載するアビオニクスやミサイルを活用する。こうした各種の支援の総称を、戦闘力を倍増させるものという意味を持つ「フォースマルチプライヤー」と呼ぶ。

戦闘機の戦闘能力は、複数のフォースマルチプライヤーを積み重ねてゆくことで、元の数倍にも増加する。現代の航空戦は「戦闘機単独の性能よりも、フォースマルチプライヤーを加味した総合能力がより重要」だ。

代表的なフォースマルチプライヤーとしては、まず「空中給油機（タンカー)」がある。空中給油機は飛行中の戦闘機等に燃料を供給し、航続距離をパイロットの生理的な限界までほぼ無限に延ばせる。パイロットにとって燃料とは命のロウソクだ。燃やし尽くすと飛行能力を失う。パイロットは常に帰還に必要な残燃料に気を配っているが、それでもなお想定以上の燃料消費から、墜落に至った戦闘機は数多と存在する。空中給油機さえあれば、これを未然に防止することもできる。

さらに重武装マルチロールファイターの中には、フル武装すると燃料を満載して離陸できないものがある。こうした場合、あえて搭載燃料を減らして離陸、空中で給油することで、実質的に兵装搭載量を増やすという使い方も可能だ。

空中給油は「フライングブーム」方式と「プローブ＆ドローグ」方式の２種類が実用化されている。フライングブームは、空中給油機尾部に備える「ブーム」を戦闘機の受油口に差し込み燃料を送る。時間あたりの燃料流量が多いことが利点であるが、この方式を使用しているのはアメリカ空軍のみである。ただアメリカ空軍機はF-16を筆頭に世界中で採用されているため、航空自衛隊など多くの

「フライングブーム」によって空中給油を受けるノースロップYF-23ブラックウイドゥ。後にF-22となるYF-22よりもステルス性やスーパークルーズ能力に勝ったという〈US AIRFORCE〉

国がフライングブーム式の空中給油機を配備している。

プローブ&ドローグはアメリカ空軍以外の方式だ。空中給油機から「プローブ」を曳航し、「ドローグ」を備える戦闘機が自ら接続する。フライングブーム式とは異なり、ブーム操作員（ブーマー）を必要とせず機構も簡素なので、大型の空中給油機ならば同時に２機に対して給油を行なえる。またヘリコプターにも対応可。マルチロールファイターにプローブ付きの増槽「バディポッド」を搭載すれば、空中給油機としての任務もこなせる。

空中給油の発想自体はかなり古く、複葉機の時代から行なわれていた。しかしプロペラが邪魔であり実用化は1940年代末期に入ってからであった。

「空中早期警戒機（AEW）」は大型で強力なレーダーを搭載した空中のGCIである。500-800kmもの長大な視程をもち、敵軍の動きを監視・友軍機の管制を行なう。上空から見下ろすように広域を索敵できるため、地上や艦艇搭載レーダーは探知不可能な、地形追随飛行で侵攻する敵機を発見する能力にも長けている。またデータサーバーとしての役割を担い「ネットワーク中心戦（NCW）」において重要な役割を担う。AEWは単に視程だけでその能力を比較することはできない。

収集した情報はデータリンクないし音声によって戦闘機に送る。AEWの有無がパイロットの状況認識に大きな差を生じさせるため、現代戦においてはなくて

F/A-18Eスーパーホーネットに搭載されたバディポッドから「プローブアンドドローグ」で空中給油を受けるE-2CホークアイAEW & C〈US NAVY〉

はならない存在である。

管制能力に優れたAEWを「空中早期警戒管制機（AEW&C）」と呼ぶが、管制能力の無いAEWは存在しないので、明確な区分は無い。ボーイング707を原型とするE-3セントリーAEW&Cは「空中警戒管制機（AWACS）」とも呼ばれる。厳密にはAWACSとはE-3ないし、ボーイング767を原型としたE-767（航空自衛隊のみ）のシステムを意味するが、大型機をベースとした能力に優れるAEW&CをAWACSと呼ぶことがある。やはりAEW&CとAWACSの明確な区分は無い。

スーパーホーネットを原型とした電子戦機EA-18Gグラウラー。AN/ALQ-99戦術電子戦ポッドを３基翼下と胴体下に搭載している。また翼端など機体の複数箇所に電子戦用アンテナが増設されている〈US NAVY〉

「電子戦機」は、各種電子戦装置によって敵のレーダーないし通信を妨害する。レーダーとほぼ同時に誕生し、敵の電波情報を収集する「信号諜報（SIGINT）機」やチャフをばら撒いて後続の爆撃機を多い隠す「チャフシップ」などは、第二次世界大戦から存在する。

現代的な電子戦機EA-18GグラウラーはF/A-18Fスーパーホーネットが原型であり、マルチロールファイター編隊に付随してこれを護る「エスコートジャミング」や、はるか後方から妨害を仕掛ける「スタンドオフジャミング」を行い、複数のレーダーに対して電波妨害できる。さらにこうした電波妨害による無力化「ソフトキル」だけではなく、対レーダーミサイルを搭載し、レーダーを物理的に破壊する「ハードキル」もできる。

ロッキード・マーティンC-130ハーキュリーズを原型とした、EC-130Hコンパスコールのような大型電子戦機もある。EC-130Hは1999年のコソボ紛争においてユーゴスラビア空軍のレーダーに欺瞞妨害を行ない、防空システム内部に偽の標的を侵入させた。結果、ユーゴスラビア空軍は実際には存在しない偽の標的に対しSAMを発射し、戦闘機を誘導させるなど大混乱に陥った。

ドッグファイト及び航空戦はフォースマルチプライヤーの充実度によって、戦う前からその勝者と敗者が決まるといっても過言ではない。

◆5-17

冷戦の終結　敵を失った戦闘機

「ソビエト連邦を恋しく思わないものには心がない。ソビエト連邦に戻りたいと思っているものには脳が無い」

――ウラジミール・プーチン〈ロシア大統領〉

1991年、社会主義国ソビエト連邦は崩壊し、東西冷戦は終わりを告げた。ソ連はいくつかの国に分裂し、遺産の最大継承者ロシア連邦共和国も、経済混乱から空軍はどん底にまで突き落とされた。強力なMiG-29、MiG-31、Su-27といった新鋭機は燃料不足からほとんど飛ばせないでいた。

1990年代はパイロットの年間飛行時間も平均10飛行時間にまで低迷、もはやロシア空軍は作戦を行なえる状況に無かった。2003年には年間平均40飛行時間に改善されるも、パイロットが作戦能力を維持するためには、最低限年間80～90飛行時間は必要である。2013年にようやく100飛行時間にまで回復した。

ミグ、スホーイ、ヤコブレフといった設計局は会社化し存続、ロシアにおいて数少ない外貨獲得が可能な製造業として多くの軍用機が輸出されていった。外国に売られたSu-27の発展型、特にマルチロールファイター型Su-30MKは一部ヨーロッパ製のアビオニクスを搭載し、いつまでも性能向上ができずに捨て置かれた「かつて強力な新鋭機だった」ロシア空軍のSu-27Sよりも遥かに高性能だった。

2010年前後になってようやくロシア空軍にSu-27系列の新鋭機、近代改修型Su-27SM、Su-30SM、より戦闘爆撃機に重きを置いたサイドバイサイド複座のマルチロールファイターSu-34（輸出型はSu-32と呼ばれる）、そして2014年には設計を一新したSu-35S等が配備されるようになった。自慢の迎撃機もMiG-31BMへ近代化改修された。これらの新鋭機はAEW等フォースマルチプライヤーへの依存度が小さく、その分戦闘機単体で高性能であるという特徴がある。

また海軍も空母「アドミラル・クズネツォフ」の艦上戦闘機として、旧式化したSu-33に代わり新しいMiG-29Kの配備が行なわれている。ロシアは急速に復権

最後の純迎撃戦闘機ミグMiG-31「フォックスハウンド」　近代化改修をうけ、ロシア空軍において最もBVR交戦能力に優れた戦闘機であり続けている〈筆者撮影〉

しつつあるが、「失われた20年」の影響は小さいとは言えない。

ロシアが低迷していた期間は各国も軍備を縮小していった。イギリス、ドイツ、イタリア、スペイン共同による新戦闘機開発「ユーロファイター計画」は危うく頓挫しかけた。日本とアメリカの共同開発による「FS-X計画」は、ソ連海軍の艦隊に対抗する目的から強力な対艦攻撃能力が求められたが、2000年にF-2として航空自衛隊へ配備された時すでに、ソ連の艦隊は無くなっていた。その４年後に不可解な理由で生産打ち切りが発表された。

アメリカ海軍でさえ新規開発という名目では開発予算を確保できそうになかったので、新型機の概要設計を意図的にF/A-18に似せた上で、F/A-18と共通性がほとんど無いにもかかわらず「ホーネット2000計画」などと銘打って予算を獲得し、単座のF/A-18Eと複座のF/A-18Fスーパーホーネットとして1999

マクダネル・ダグラスA-12 アベンジャーII ステルス艦上攻撃機。予算オーバーから開発が中止となり代わりにF/A-18E/Fが誕生した〈漆沢貴之〉

ロッキード・マーチンF-22ラプター。史上初の空中戦も可能とするステルス機だが、強すぎて戦う相手が居なかった。最強戦闘機の初陣は、2014年にテロリスト相手にSDBをばら撒くという虚しいものだった〈筆者撮影〉

年に実用化した。スーパーホーネットに対して旧来のF/A-18は「レガシー（前代の）ホーネット」とも非公式に呼ばれるが、「F/A-18とF/A-18E/Fはわざと似せた以外無関係」である。

そして最も大きな打撃を被ったのがアメリカ空軍の「先進戦術戦闘機（ATF）計画」だ。ロッキードYF-22、ノースロップYF-23の２機種の実証／評価機を製造させ、1991年にYF-22を勝者に選定し、F-15の後継にあてることを決定したはいいが、当初の予定750機から早速ソ連が崩壊し648機に減らされ、1997年にF-22ラプターという名称を与えられた頃には既に半減、2002年には制式名称を「F/A-22」に変更する。

海軍機の真似ごと（F/A-18）をしてまで、ラプターが空中戦のみならず爆撃も可能なマルチロールファイターであることをアピールするも、効果はなかった。結局2004年には「F-22」に戻され、2012年に187機をもって生産が完了した。F-22はあまりに強すぎた戦闘機だった。「ステルス」かつ卓越した情報処理能力を有すF-22とドッグファイトできる戦闘機など世界中のどこにも居なかった。存在意義を失った結果、１機あたり約１億5,000万ドル（150億円）という破格の値段は、自らを「撃墜」してしまった。

◆5-18
高価過ぎるアビオニクス

「もし、このまま戦闘機の価格が高騰したならば、将来1機の戦闘機を購入するためだけに空軍の全予算を必要とするだろう」

──不明─ジョーク

戦闘機は時代を経るごとに高性能化していったが、その代償として右肩上がりで製造価格は上がり続け、1970年台にF-14やF-15が登場すると、ついに満足な数を揃えられなくなってしまった。

戦闘機に定価はないので単純に比較することはできないが、現代戦闘機の飛行可能な状態での単体価格「フライアウェイ・ユニットコスト」は、F-22の約150億円（1億5,000万ドル）を筆頭に、F-2の122億円（2010年）、F-35Aの89億円（8900万ドル全規模量産時の予定）、F/A-18E/Fの65億円（6,500万ドル 2013年）にも達している。思い出して欲しい、軍縮の時代に投げ売りされたとはいえ、イギリス軍主力戦闘機S.E.5がコメ360kgと等価だったことを。

F/A-18E/Fを例にフライアウェイ・ユニットコストの内訳を見てみると、機体構造そのものが約33億円（3,300万ドル）、F414-GE-400ターボファンエンジンが約5億0000万円（500万ドル）で2基、これにアビオニクスセットが約10億円（1,000万ドル）で、アビオニクスの価格の大部分はAN/APG-79火器管制レーダーが占めている。そしてその他の装備品を含めて約65億円（6,500万ドル）となる。

戦闘機の価格は特にここ十数年で酷い上昇に見舞われており、かつては高価だ高価だと言われ続けたF-15Eですら「たったの」31億円（3,100万ドル 1998年）だった。年3%のインフレ率を加味しても2016年現在の価値で50億円である。BVRのドッグファイトは、機体性能そのものよりもアビオニクスの差で決まることが多いので、相対的にアビオニクスの価格が著しく上昇している。

もちろん戦闘機に必要なコストは単に製造時のみではない。燃料などの消耗品や予備を揃えたり、整備のための「オペレーション・サポートコスト」が必要となるから、だいたいこれがフライアウェイ・ユニットコストと同額にもなる。さらに機体を開発するための「R&Dコスト（研究開発費）」も加算される。これらを全て含んだ戦闘機を廃棄するまでに必要な総経費「ライフサイクルコスト（LCC）」はF-2の場合３兆4815億円と見積もられている。F-2は94機を量産したから１機あたりのライフサイクルコストは370億円になる。

この金額はF-2を耐用命数である6,000飛行時間（200飛行時間×30年）運用した場合のコストであり、実際は航空機構造保全計画（ASIP）の適用によって耐用命数の延長が行なわれ、6,000飛行時間以上使われることになるかもしれない。今後、性能向上を行なえばその開発費や新しい装備の調達コストがさらに加算される。また東日本大震災によって破損したF-2の修理費などのように突発的な出費もあり得る。もちろんF-2が戦闘機であるからにはミサイル等の武装が必要であり、ライフサイクルコストとは別途お金が必要となる。

ある国が外国の戦闘機を輸入する場合、契約内容にもよるがこうした各種コストも含めて調達される。例えば韓国は2002年にF-15EをベースとしたF-15Kスラムイーグルを導入を決定し45億ドルで40機を調達した。単純計算して１機あた

F-2のライフサイクルコスト表　［金額単位：億円］

LEVEL 1			LEVEL 2		
項目名	契約金額	比率	項目名	契約金額	比率
構想段階（S53～H1）	162	0. 5%	構想検討	0	0. 0%
			技術研究	162	0. 5%
開発段階（S63～H12）	3, 604	10. 4%	試作品費	3, 183	9. 1%
			官給用装備品	0	0. 0%
			技術試験	406	1. 2%
			実用試験	0	0. 0%
			試験設備	14	0. 0%
量産段階（H8～H10年代）	10, 507	30. 2%	航空機	10, 507	30. 2%
運用・維持段階（H7～H50年代）	20, 484	58. 8%	試験等	0	0. 0%
			補用品	12, 676	36. 4%
			修理役務	3, 830	11. 0%
			部隊整備・修理	0	0. 0%
			改修	502	1. 4%
			整備用器材	568	1. 6%
			弾薬等	0	0. 0%
			支援器材	162	0. 5%
			施設	28	0. 1%
			教育・訓練	347	1. 0%
			燃料費等	1, 783	5. 1%
			技術支援費	518	1. 5%
			その他	69	0. 2%
廃棄段階（H40年代以降）	58	0. 2%	航空機	58	0. 2%
			施設	今回は見積もらず	-
合計	34, 815	100. 0%		34, 815	100. 0%

国産の三菱F-2は対艦攻撃力に優れる。写真の機体はASM-2 93式空対艦誘導弾を４発搭載する。水上艦は防空能力に優れるため対艦ミサイルを数十発を打ち込む必要があり、大きな兵装搭載量が求められた〈筆者撮影〉

り112億円（１億1250万ドル）と、F-15Eに比べてかなり高価なように思えるが、フライアウェイ・ユニットコストではなく、ターゲティングポッドや武装、メーカーのサポートを含んだ「パッケージ化されたコスト」であるから注意が必要である。F-15Kは後に20機を追加調達しているが、その際に１機を無料でプレゼントされている（１機を墜落で失っていたため）。

2011年、日本はF-4EJ改ファントムIIの後継としてF-35Aライトニングを42機導入することを決めた。翌2012年にはまず最初の４機を600億円で購入する契約が結ばれ、2016年に引き渡しを予定している。新聞等では600億円を４で割って１機150億円と報道されたが、このうちフライアウェイユニットコストは96億円である。

F-35は各国向けに既に100機以上が出荷されているが、本書執筆時点において未だ低率初期生産（LRIP）の段階で全規模量産（FRP）に入っていない。将来的には3,000機以上が生産される見込みであり、大量生産による減価償却でフライアウェイユニットコストはF-35Aで75億円（7500万ドル）以下になるのではないかと見積もられている。なお1996年の段階においては31億円（3,150万ドル）を見込んでいた。

量産効果が大きく、もっともお買い得と言える戦闘機がF-16である。40年間も製造ラインが維持され続けた結果、2012年に4,500機目がモロッコ空軍に引き渡された。モロッコ空軍は新鋭のF-16C/Dブロック52を１機あたり100億円で24機調達した。うちフライアウェイユニットコストは50億円以下、F-16の機体構造自体はかなり安価なはずでアビオニクスが相対的に大きな割合を占めていると推定される。2016年現在、F-16の残受注数は十数機。追加受注がなければ、まもなく生産は完了する。

なお諸外国がアメリカ製戦闘機を導入する場合、アメリカ政府がいったんメーカーから戦闘機を受け取りその後に各国へと引き渡される。これを外国有償軍事援助（FMS）と呼ぶ。FMSは高価になる傾向がある。

また日本ではアメリカ製戦闘機を導入する際、一貫して国内でライセンス生産した。ライセンス生産はライセンス料の支払いや、新たに製造ラインを立ち上げるコストが必要であるから、フライアウェイユニットコストもかなり高額となる一方で技術導入が可能であったり、整備などを国内で完結できるため、稼働率を高められるというメリットもある。

かつてロシア（ソ連）機は戦闘機を消耗品と割り切り、耐久性を犠牲とすることで安価な機体を多数揃えた。Su-27の耐用命数はわずか2,000飛行時間である。「第三次世界大戦」を想定していた時代ならばそれでもよかったが、近年はアビオニクスをアップグレードしながら30〜50年長期間使い続けることが求められており、2014年にロシア空軍へ配備された派生型のSu-35Sでは6,000飛行時間まで拡張された。フライアウェイユニットコストも推定65億円とロシア製が安価という時代ではなくなった。

以上のように戦闘機の価格は非常にわかりにくい。○億円という数字があったとしても、それが一体どこまでを含んだ数値なのかを理解する必要がある。

◆5-19
安価も性能のうち——スウェーデン・サーブの戦闘機

「グリペンは卓越した戦闘能力を持つ真のマルチロールファイターであるだけではありません。グリペンは競合機に比べてとても手頃なライフサイクルコストを実現します」

——サーブ社

ソ連の崩壊による緊張緩和や戦闘機の高コスト化によって、高性能過ぎる戦闘機はアメリカでさえ数を揃えられなくなってしまった。中小国はなおさらである。1990年代以降のこうした世情の中において、スウェーデンのサーブJAS39グリペンは、安価で手間が掛からずライフサイクルコストの低減を目指した戦闘機として、独自の成功を収めている。

JASとは戦闘・攻撃・偵察を意味する頭文字からなり、現代的なマルチロールファイターとして多様な任務が可能である。機体が小さい分、兵装搭載量や航続距離も見劣りするが、1996年にスウェーデン空軍に配備されて以降、使いやすさが評価され5ヵ国に輸出された。2008年には性能向上型のグリペンNGが初飛行。早速輸出も決まり2018年に配備が始まる予定。

グリペンNGはフライアウェイユニットコスト約60億円（6,000万ドル）、1飛行時間あたりの所要コストは47万円（4,700ドル）である。これは同世代戦闘機の半分以下であり、耐用命数8,000飛行時間を200飛行時間×40年で消化しても38億円しか必要とせず、兵装等を含まない機体そのもののライフサイクルコストは98億円と破格の安値である。

元々スウェーデンは中立政策を採用していた。1930年代に初の国産複葉戦闘機ヤークトファルケンを実用化して以降、一貫して独自の戦闘機を開発し続けている。エンジンこそ外国製のライセンス生産に頼っているが、国策企業として生まれたサーブ社（SAAB：スウェーデン航空機製造会社）は数々の名機を生み出してきた。

サーブJAS39FグリペンNG。アビオニクスを一新し、エンジンを換装、兵装搭載量も強化された次世代（NG）型グリペン。コストを重視した軽量戦闘機として輸出拡大を図る〈SAAB-StefanKal〉

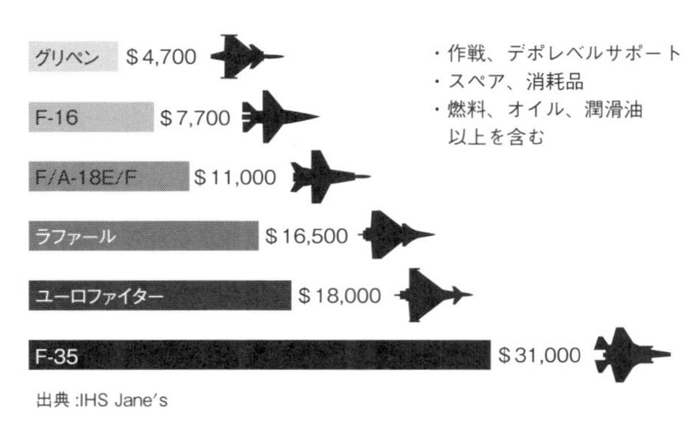

スウェーデン最初のジェット戦闘機がサーブ21Rで、1947年に初飛行1950年に実用化、フランス初のジェット戦闘機ウーラガンにも先んじている。サーブ21は元々第二次世界大戦終結直後に実用化されたプッシャー式レシプロ戦闘機で、ほとんどそのままジェット化されている。

J21Rに平行して早くも後退翼ジェット戦闘機の開発に着手しており、1951年にサーブ29トゥンナンが実用化された。トゥンナンは樽の意でその名の通り丸っこい外見が特徴だが、少なくとも配備時点において1,035km/hの速力は、ヨーロッパ最速の戦闘機だった。実際1954年には500kmクローズドサーキットで977km/h 、1,000kmクローズドサーキットで900.4km/hの世界記録も達成している。

サーブJ35ドラケン。ダブルデルタ翼が特徴的である。エンジンこそイギリス製ロールス・ロイス「エイヴォン」（A/B：78.5kN）だが、小国スウェーデンが戦闘機の独自開発路線を貫いたことは驚きである〈筆者撮影〉

トゥンナンは1961年のコンゴ動乱において対地攻撃および偵察に大きな戦果をあげた。トゥンナン以外のサーブ社製ジェット戦闘機で実戦経験を有しているのはグリペンのみである。

サーブJ32ランセンは1956年に導入されたスウェーデン初のアフターバーナー付き戦闘機で、降下時のみであるが音速にも達した。元々複座の戦闘爆撃機A32として開発された。レーダーと火器管制装置を搭載し全天候戦闘機ともなっている。

そしてスウェーデンは一気にマッハ２級の超音速迎撃戦闘機の開発を目指した。サーブJ35ドラケンは1955年に初飛行し、1960年に実用化された。最初期型はマッハ1.8であったが、驚くべきことにフランスのミラージュIIIやイギリスのライトニングに先んじた。

ドラケンは同世代のアメリカ空軍F-106のように、地上レーダー迎撃管制のコマンドデータリンクに従い飛行する高度な迎撃戦闘機だったが、スウェーデンにはアメリカのような広大な国土はなく、万一飛行場に奇襲攻撃を受けたならば一気に無力化される恐れがあった。そのためドラケンは高速道路を利用した簡易飛行場に分散配置され、奇襲に備えた。短い直線道路でも離着陸が可能なように高速性と相反するSTOL性も重視された。主翼は内側が76度の極めて強い後退角を持ち、外側は57度に弱められた特異な「ダブルデルタ翼」は低速性能も求めた結果生まれた。さらにターンアラウンドタイム（燃料補給・再武装した上で再出撃）を10分以内とするために、地上においても手間がかからないように設計されている。

1971年実用化のサーブ37ビゲンはより幅広い任務に対応可能な戦闘爆撃機であり、最大離陸重量はドラケンの２倍近い20tにも達している。ビゲンもまた、超音速戦闘機であろうと簡易飛行場で運用可能でなくてはならない、というスウェーデンの哲学を引き継いでいる。ドラケンとは逆に外側で後退角が強くなるダブルデルタの主翼と、カナード翼（先尾翼）が設けられており「クロースカップルドデルタ」形状を有している。クロースカップルドデルタは高迎え角時にカナードが生み出した渦流が主翼上面の失速を防ぎ、旋回性能・低速性能を向上させる。またスラストリバーサーまで備えていた。

こうした機種を経て最後にグリペンが誕生した。グリペンもまた簡易飛行場での運用を重視した結果「ユーザーフレンドリー」な戦闘機となったのである。世界中全ての国が最強戦闘機を欲しているわけではない。お金が掛からないことも立派に性能の一つだと言えよう。

◆5-20

一国単独開発を不可能とした開発費

「タイフーンの性能には圧倒され、目から鱗が落ちるほどの体験で、今でも当時のことを鮮明に覚えている。タイフーンは非常に簡単に飛行・操縦することができた。思い通りに動いてくれて、まるで優雅なサラブレッドに跨った王様のような気分になれた」

――クレイグ・ペンライス〈BAEシステムズ テストパイロット〉

高価になったのは調達や運用に関わるコストだけではない。現代戦闘機の開発には最低でも10年からの時間と数千億・数兆円が必要であり、多くの国がその負担に耐えられなくなってしまっている。

複数の国でR&Dコストをシェアし、生産数を増やして量産効果でフライアウェイユニットコストを低減する国際共同開発が行なわれる事例も珍しくない。例えば英仏によるSPECTRA ジャギュア、英独伊によるパナヴィア トーネード、英独伊西によるユーロファイター タイフーン、ユーゴスラビアとルーマニアによるJ-22オラオ／IAR-93ヴァルトゥルなどがある。国家関係が良好な西欧にて行なわれることが多い。

日本もアメリカと共同でFS-X（F-2）を開発したが、FS-Xはもともと日本は単独で開発する予定だった。アメリカの政治的な横槍が入ったため、F-16を原型に両国で発展型を作ることになった。R&Dコスト約3765億円は日本が単独で賄っている。

こう書くとアメリカばかりが悪いように思えるが、アメリカの立場からしてみれば、これまで気前よく日本に航空技術の供与してやったのに、突然「もう自分たちでやるから、国産できないエンジンだけ売れ」と、あまりに都合の良すぎる要求をされたに等しかった。自国でエンジンを開発できない日本にとって、純国産FS-Xはアメリカの最大限の善意あって初めて成立するものであり、結局のところF-15、16、18の中から共同で発展型を開発する以外の選択肢はなかった。

欧州共同開発のユーロファイター・タイフーン。F-15さえ遥かに凌駕する機動性を有し一度の出撃で爆撃も空対空戦闘も両方こなす「スイングロール」能力に優れる〈EurofighterAB〉

ユーロファイターの開発計画は1970年代にまで遡ることができる。その後、英独伊西仏の5ヵ国による共同開発に発展したが、お互いの要求性能の隔たりから、いつまでたっても開発が始まらなかった。特にフランスは艦上戦闘機としたかったことと自国製のスネクマ社製エンジンを何が何でも使いたかったので、早期に計画から離脱し単独開発することとなった。これはダッソー・ラファールとして実現することとなる。

次にイギリスが業を煮やし、ついに単独でデモンストレーターBAe「EAP（試験機プログラム）」を開発し1986年に初飛行させた。結局このEAPを原型とすることに独伊西が合意し、ついにユーロファイター開発が始まった。しかし、そうこうしている間に東西冷戦が終わり、今度は独伊西が離脱しかける。ユーロファイターは2003年になんとか最初の機体がドイツ空軍に引き渡されたが、最初の構想から実に30年が経過し、本来の予定であった1990年はとうの昔に過ぎ去っていた。

なおユーロファイターのプログラム管理は国際企業ユーロファイター社が行ない、実際の製造は4ヵ国の航空機メーカーによって行なっている。愛称「タイフーン」はイギリス空軍のみが制式名称として用いているが、他の国でも非公式に使われることがある。

一方、単独開発に走ったフランスはゴタゴタとは無縁でユーロファイターに8年も先んじ1986年にラファールの試作機を初飛行させた。しかし冷戦終結のあおりを受けその後の開発は遅々として進まず、艦上戦闘機型ラファールMの配備は2000年、空軍型のラファールCは2002年だった。

史上最大の戦闘機国際共同開発プログラムがロッキード・マーティンF-35ライトニングのJSF（統合打撃戦闘機）計画だ。1994年にJAST（統合先進攻撃テクノロジー）として始まり、F-16、A-10、F/A-18、AV-8といった各種の戦闘機を単一機種で代替することを目的としていた。アメリカの他に8ヵ国が開発費を出資している。

まず2000年にボーイングX-32とロッキード・マーティンX-35の２機種のデモンストレーターが製造された。両者比較審査の結果、2001年にX-35が勝者となった。アメリカ軍航空機命名規則に従うならば本来F-24となるべきだが、何故か「F-35」が指定され、2006年にシステム開発実証機（SDD）であるF-35初号機が完成、ライトニングIIのニックネームが与えられている。

ユーロファイター計画を早期に離脱したフランスによって開発されたダッソー・ラファール。恐らくフランス最後の純国産戦闘機となるだろう。ユーロファイターよりもやや小さい〈筆者撮影〉

ライトニングIIの名はロッキード社初の戦闘機P-38ライトニングと、アメリカに次ぐ出資者であるイギリスのライトニング迎撃戦闘機から受け継いだものであり、共同開発らしい絶妙な命名だった。

F-35は2012年には実戦配備に就く予定であったが、開発遅れから度々スケジュールの延期が行なわれている。遅れの主な原因は従来機に比して飛び抜けて高度なアビオニクスを搭載したことにある。コンピューターを制御するソフトウェアの開発に困難は極めた。スマホのアプリ（例えばブラウザ）ならプログラムのバグでフリーズしても再起動するだけで良いが、フライ・バイ・ワイヤの飛行制御ソフトがフリーズしたらどうなるだろうか。当然墜落は免れずパイロットの命にかかわる。要求される信頼性が桁違いであり、着実に一歩一歩進めてゆくしかない。

一時期は2017—18年までずれ込むとも見られていたが、2015年中に最初のVTOL型F-35BがIOC（初期作戦能力）を獲得し実働体制に入った。また2016年８月、空軍型のF-35AがIOCに到達し、最後に艦上戦闘機型F-35Cが2018年にIOCを獲得する見込み。

F-35の開発スケジュールの遅れとそれに伴う予算増大によって、F-35のR&Dコストは最終的に４兆～６兆円（400—600億ドル）に達するとみられる。F-2の10倍である。高額なR&DコストはF-35という機体そのものに直接的な原因は無く、先進的な戦闘機のソフトウェア開発における根本的な問題である。仮にボーイングX-32をJSF計画の勝者としていたとしても、全く同じ道をたどっていたことに疑いの余地は無い。

ハードウェアよりもソフトウェアの開発に重点が置かれる現在、F-35という単一機種に統合されたことによって、ソフトウェアも単一に共通化できた利点は余りにも大きい。もはやアメリカのような大国でさえ、いや、アメリカのような明朗な会計制度の国であるからこそ、高額のR&Dコストを単独で負担することは困難となっている。将来の戦闘機は国際共同開発が主流となってゆくであろう。

Lockheed Martin

情報収集によって時代を変革
ロッキード・マーティン
F-35ライトニングII

アメリカを筆頭とする国際共同開発プログラム「統合打撃戦闘機（JSF）計画」によって生まれたF-35は、アメリカ空軍の1,763機を筆頭に陸上戦闘機型F-35A、STOVL型F-35B、艦上戦闘機型F-35Cを合計し約3,000機の生産が決定しており、2016年現在、すでに100機以上が出荷されている。航空自衛隊はF-4の後継として42機のF-35A導入を決定しているほか、RF-4E/EJや近代改修しなかったF-15SJの後継としてさらに100機近く調達するとみられる。

総生産数はさらに上積みされ、21世紀前半における最多生産ジェット戦闘機となることはほぼ確実とみられる。またF-35の情報処理能力は今後の戦闘機の開発において一つの指標となるだろう。

F-35Cは離着艦のために低速能力を重視した。そのため主翼が広く、艦上ではスペース節約のため折り畳むことも可能。F-35Cは最も旋回性能に優れ、同時に燃料タンクが増設され航続距離も長い。その反面、加速力等には悪影響があるだろう。F-35Bは機内にリフトファンを内蔵した影響から燃料タンクが小さく航続距離が短い。

（写真左：F-35C　中：F-35B　右：F-35A）

- 革命的な情報収集・処理能力
- 初のマルチロールに優れたステルス機
- 既存機に比べて劣る面もある機動性
- 開発遅延

「巨大な航空戦ネットワークシステムにおける兵装投射・センサー端末」という21世紀型戦闘機の姿を具現化したF-35は「戦闘機」という兵器の概念を大きく変化させる〈Lockheed Martin〉

第6章
100年目のIT革命 ～現代

第一次世界大戦からはじまった戦闘機とドッグファイトの歴史の旅は、いよいよ21世紀の現代に突入する。2015年には戦闘機の100年を締めくくるF-35が実用化された。

F-35は飛躍的発展を遂げた情報技術（IT）が適用され、これまで登場した全ての機種を遥かに上回る状況認識力を有している。それはかつてアインデッカーがなした戦闘機の誕生、I-16による近代化、Me262のジェット化に匹敵する「IT革命」を引き起こす。本章の内容は未来の想像図ではない。今まさに戦闘機の歴史に書き加えられたばかりの現実である。

◆6-1
「ステルス」バグダッドの夜空は赤く染まる

「我々はインビジブル（不可視）でもインビンシブル（無敵）でもありません。しかし我々は、我々の任務を大得意にしています」

——アメリカ空軍 F-117パイロット

イラク首都バグダッド。5,000年の昔から続くこの街は度々外敵の襲来を受けた。1258年には住民一人残らず殺され、4,000年積み重ねた都市の全てが焼き払われたことさえあった。

1991年1月17日。湾岸戦争。この日の外敵は空からやってきた。イラクはこのようなこともあろうかと、フランス製レーダーと防空システム、ソ連製地対空ミサイル（SAM）と高射砲を調達し、バグダッドは特に厳重に、世界最高の防空網が張り巡らされていた。これは10年前の1981年、イスラエル空軍のF-16がバグダッドの原子炉を爆撃、阻止できずに完全に破壊された教訓からであった。

未明、イラクの防空システムは電子妨害を受けた。湾岸戦争の始まりである。バグダッド市内の高射砲は一斉に火を吹いた。夜空が明るくなるほどの濃密な弾幕は、外国のメディアによって撮影され世界中に配信された。

電子妨害を受け能力が低下したレーダーには、敵機らしいブリップ（輝点）は何も映っていない。上空には本当に何も存在せずただ適当に射撃していただけだったが、高射砲は弾幕の壁によって爆撃精度を低下させることがひとつの目的であるから、それでもよかった（落ちてきた砲弾で多数の市民が死傷した）。

実際、今その弾幕に突入しようとするロッキードF-117ナイトホークのパイロットは、足元から伸びる光の滝を見て戦慄していた。F-117はレーダーに映りにくい特性を持つ「ステルス機」である。幸い高射砲弾幕は砲身の過熱から下火になっていたが、流れ弾を喰らえばステルスも何も関係ない。

F-117は2,000ポンドのペイブウェイII/III レーザー誘導爆弾2発を搭載する。午前3時、最初に市内上空に侵入したF-117が通信塔に対して爆弾を投下、見事

ロッキードF-117ナイトホーク。ステルス機が開発中であることは知られていたが、1988年に公表されたその姿は、誰一人想像だにしない異形であった〈US.AIRFORCE〉

に命中し、これを完全に吹き飛ばした。

砲身冷却中だった高射砲は再び一斉に火を吹いた。お陰で後続機は濃密な弾幕に突入せねばならくなったが、損傷を受けること無く次々と標的に誘導爆弾を命中させていった。

イラク軍の防空部隊において事態を把握できたものは一人もいなかった。爆撃を受けている以上は航空機かミサイルか、何かが上空に存在するはずなのに、あらゆるレーダーのPPIスコープには、依然としてそれらの痕跡がみられなかった。中には何も映っていないスコープを監視しつつ、頭上を通過するジェット機の音を聞いたものさえいた。

イラク軍は、見えないF-117を「シャバ（幽霊）」と呼んだ。シャバは全くの不可視だったわけではない。レーダーはたまにシャバを捉え、微かなブリップを点灯させた。しかし、それも回転し続けるアンテナが360度同じ位置に戻ってくる次のスキャンでは、綺麗に消えてなくなっていたので、たんなるノイズのように思われていた。

カンの良い優秀な士官がこのノイズのようなブリップにSAMを発射した事例もあったが、シャバをロックオンすることに成功したミサイルはただの一発も無く、全てが高価な打ち上げ花火に終わった。

F-117は湾岸戦争全期間を通して1,271ソーティーの作戦を行ない、国家中枢部や指揮統制施設など、特に防備の厚い重要目標を爆撃した。それにも関わらず、撃墜されたものはおろか損傷したものすら無かった。

F-117の特異なシルエット、標的に吸い込まれてゆく誘導爆弾、バグダッドの猛烈な対空砲火の映像は、世界中のテレビ・新聞において繰り返し報道され、見えない無敵の飛行機「ステルス」はその名を轟かせた。

Lockheed Martin

スカンク・ワークス

ロッキード・マーティン社の「スカンク・ワークス」は、世界で最も有名な軍用機設計チームだ。伝説的な航空機設計士クラレンス・ケリー・ジョンソン（写真左）を初代リーダーとする。

第二次大戦時、後にP-80として採用されるジェット戦闘機の開発に取り組んでいたケリーらは、隣接するプラスチック工場からの異臭に悩まされていた。ケリーの部下であるエンジニアのカルバーはその状況を揶揄し、受話器をとるなりこう言った「もしもし、こちらスコンク・ワークス」

スコンク・ワークスとはカルバーが愛好していた漫画における、古い靴やその他の奇妙な食材から作られた悪臭漂うジュースが造られる場所の名称であった。ロッキード社の重役はこの名をいたく面白がり、後にスカンク・ワークスと呼ばれるようになった。

スカンク・ワークスは常に時代を先取りした、素晴らしい性能を持つ軍用機を開発してきた。ケリーの統治下においては同社初となる戦闘機P-38、そしてP-80、F-104、U-2、SR-71と歴史を築き上げた名機がずらりと並ぶ。また二代目リーダー、ベン・リッチ（写真右）は最初のステルス機F-117を開発した。現役機においてもF-22、F-35などを開発しステルス戦闘機を独占的に扱っている。

今この瞬間も、世界を驚かすような先進的な航空機が人知れず完成しているかもしれない。

◆6-2

ステルスのための観測性低減

「私がもっとも落胆したことは、キャノピーを通してF-22を目視することができたとしても、それはウェポンシステムの照準には使えないという事実です」

——ステファン・チャッペル〈オーストラリア空軍パイロット〉

「ステルス」という語は、忍者のように存在を気取られぬことや、その能力、隠密性を意味する。実際のステルスは無敵ではないし、見えないわけでもない。あくまでも「見えにくい」だけであるが、ステルスを達成するには自身がそこに存在しているという証拠を消し、「シグネチャー（痕跡・署名・サイン）」を残さないようにせねばならない。

人は航空機を探知するのに可視光・赤外線・電波・音のシグネチャーを利用している。このうち、音についてはジェット機の速度に対して音速が遅すぎるのでほとんど意味をなさいが、AH-64アパッチなどのヘリコプターは、騒音で発見されぬようエンジンやローターの音を減らす工夫にかなり気を使っている。

各シグネチャーは以下のような低減策がとられている。

・可視光のシグネチャー低減

可視光とは人間の目が捉えることのできる「光」だ。可視光のシグネチャーを消す方法は、周囲に溶け込む「迷彩塗装」という形で古くから知られている。F-117は真っ黒の塗装に身を包んだが、これはまさに「忍び装束」である。夜間の作戦を基本とする機体には最適だ。

しかし、現代の東京駅を忍び装束で歩こうものならば、かえって注目を浴びシグネチャーを大量に残してしまう。その場にあった適切な迷彩としなくてはならない。例えばF-2は日本周辺海域での空戦・対艦攻撃を目的としているから、日本の海や空に溶け込みやすい青色の「海洋迷彩」が施されている。運用する地域の地形や植生を利用した塗装は非常に効果が高い。

現代戦闘機の迷彩は灰色が多いが、幅広く対応可能という利点がある。F-15JやF-22のように濃淡二色の灰色によって輪郭をぼやかし、遠方から目立たなくする場合もある。最近では「ピクセル迷彩」もよくみられる。機首部下面に「フォルス（偽）キャノピー」を描き、瞬間的な判断を遅らせる塗装もよく用いられる。

塗料は意外に重く数十kgに達するため、第二次世界大戦から60年代頃までは迷彩が軽視され、アルミ合金剝き出しの銀色に輝く機体も多かったが、現役機ではそういう機体はまず無い。もっとも非金属製材料の普及によって、すっぴんでも「銀翼」とはならない。

・赤外線のシグネチャー低減

赤外線シグネチャーは、大気状態によってはかなり遠くにまで減衰せずに届く。赤外線を最も強く発する部位はエンジンノズルと排気ガスである。ターボファンエンジンは、燃焼室・タービンを通過してきた高温のガスと、燃焼室を通らない低温のバイパス流をジェットパイプ（アフターバーナー部）で混交されることによって、排気温度を下げる等の対策が行なわれている。これは騒音も減らせる。また、可能な限りアフターバーナーも使わない方が良い。

F-22のライバルだったYF-23は高温のノズルが機体の影になるよう設計されており、地上から直接観測できないような工夫が盛り込まれている。ただ推力偏向ノズルが使用不可能となり、機動性の面でYF-22（F-22）に差を付けられてしまった。

・電波のシグネチャー低減

電波（マイクロ波）へのシグネチャー低減はステルス獲得のために最も重要な対策である。レーダーとは、短いパルスとして発振した電波が物体に反射し、戻ってくることによって索敵しているのであるから、この電波を可能な限り発振源に戻さないようにコントロールすれば、レーダーに対するシグネチャーを減らすことができる。最も重要な方法が「形状制御」設計である。以下F-22を例とする。

F-22の平面形は機体のほとんど全ての前縁部（エッジ）に42度の角度が設けられている。主翼、水平尾翼（スタビレーター）、垂直尾翼の後退角、エアインテークなど、ありとあらゆる箇所が統一されている。これは前方から電波が到達した場合、機体のどの部分で反射しようとも、ほぼ真横方面に反らし、電波発振源に電波を戻さないようにするためだ。またエアインテーク内部も吸気ダクトが折り曲げられており、回転するエンジンのファンが電波を乱反射しないようにしている。

機体は電波吸収材（RAM）を含んだ塗料が用いられているが、電波吸収材はあくまでも形状制御設計を補うためのものであり、電波吸収材自体がシグネチャー低減に寄与しているわけではない。したがって、形状制御のために電波反射材も使われている。パイロットのヘルメットは反射源になりえるので、コックピットを覆うバブルキャノピーは金属でコーティングされ黄金色に輝いている。

F-22の電波の反射

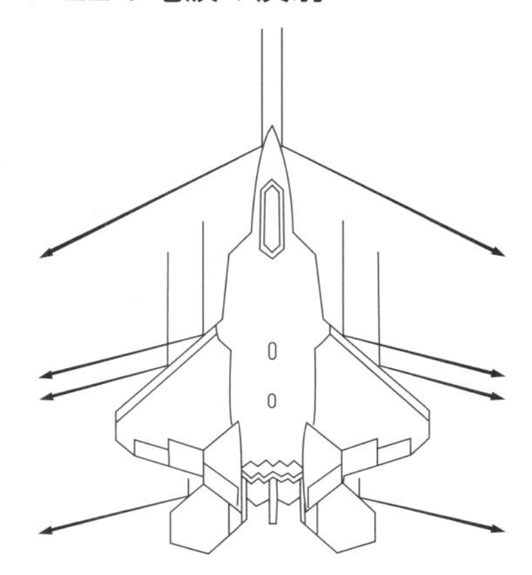

F-22に前方から照射された電波はほぼ真横方向に反射し、発信源には戻らないため、レーダーにはほとんど映らない

また兵装類も反射源となるので全て機内に収容する「ウェポンベイ」を備え、ウェポンベイのドアにも前縁と同様に42度の角度とするギザギザが設けられている。

F-22は正面から42度ずれた方向から電波を受けた場合にのみ、非常に大きな

F/A-18Eに施された観測性低減策

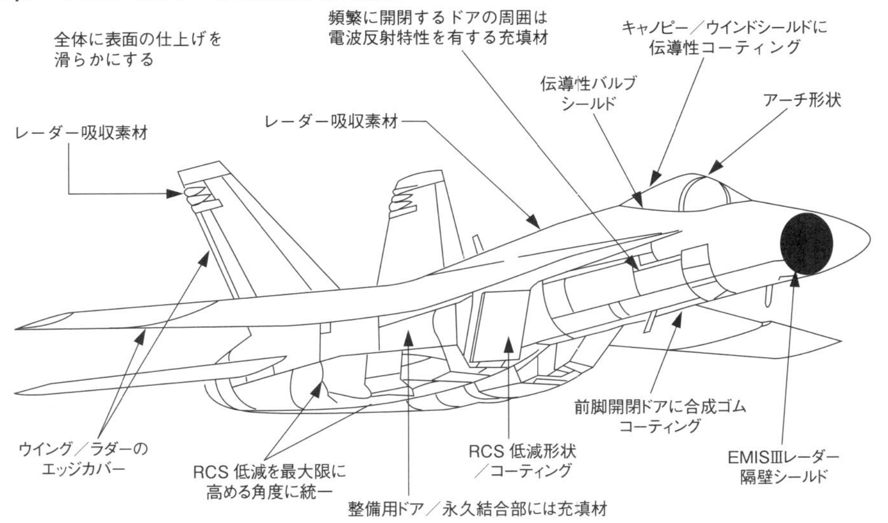

F-15SEサイレントイーグルのモックアップ。F-15Eのコンフォーマルタンク状のウエポンベイに兵装を収めるなど観測性低減策が施されている〈Boeing〉

エコー（反射波）を返してしまうが、ほとんど一瞬で済むため、探知される確率は低くなる。

以上のような形状制御設計は平面図で見た42度の前縁部のみならず、三次元で全方位に取り入れることによって、あらゆる方向からのレーダーに対するシグネチャーを大きく低減できる。

形状制御設計を最初に取り入れた実用機がF-117だった。F-117は70年代のスーパーコンピューターの性能では平面板を組み合わせたシンプルな形しか設計できなかったが、スーパーコンピューターやCADソフトウェアの性能が劇的に改善され、1997年に実用化されたノースロップB-2爆撃機そしてF-22は、実になめらかな表面である。

レーダーの反射波に気を使うだけではなく、自ら電波を出さないことも重要だ。特にレーダーやジャミング発生装置、無線通信はそれそのものがシグネチャーをばら撒いているに等しい。逆探知されてしまい存在を気取られてしまう。したがってレーダーを使わずにデータリンクを通じてAWACSから状況認識をもらう等、可能な限りアクティブ（送信）はせずパッシブ（受信）を維持することがが望ましい。

以上のような各種のシグネチャー低減を徹底的に盛り込んだ、F-117、B-2、F-22、F-35等いわゆるステルス機と呼ばれる機体は「低観測性（LO）」機または「超低観測（VLO）」機とも言う。LO/VLOに明確な区分は無い。本書ではVLOを含めて以降はLOと記載する。

LOほど徹底されてはいないが、シグネチャー低減に配慮されている機を「観測性低減（RO）」機と呼ぶ。F/A-18E/FやF-15SEサイレントイーグル、ユーロファイター、ラファール、Su-35Sなどがこれにあたる。

◆6-3

ウフィムツェムの理論とレーダー反射断面積

「ファーストルック（先制発見）・ファーストシュート（先制攻撃）・ファーストキル（先制撃墜）」

——F-22ラプターの標語

レーダーに対するシグネチャーの度合いは「レーダー反射断面積（RCS）」で表わされる。RCSは最高機密であり、絶対に公表されない。広く信じられている数値としてはB-52等の大型爆撃機で100平方メートル、F-15など大型戦闘機で10平方メートル、F-16など小型戦闘機で５平方メートル、F/A-18E/FなどRO機で１平方メートル以下、そしてF-22などLO機で0.01～0.0001平方メートルである。LO機のレーダーへのシグネチャーは「昆虫以上、鳥以下」と表現されるが、それが0.01～0.0001平方メートルの間くらいなのだろう。

レーダー被探知距離はRCSの４乗根に比例するので、被探知距離を1/2にするには、RCSは1/16としなくてはならない。RCS10平方メートルの戦闘機の１割まで被探知距離を短くするには、0.001平方メートル（1/10000）までの低減が必要となるので、F-15を200kmで探知できるレーダーならば、F-22は20km前後となる。

RCSを計算可能とする形状制御設計の理論を最初に構築した人物はロシア人のピョートル・ウフィムツェフだった。ウフィムツェフは「回折の物理的理論におけるエッジ波の方法」なる論文を1962年に発表した。ウフィムツェフの理論は本国ソ連では全く注目されなかった。ウフィムツェフの論文は機密指定されることなく、一般公開され続け、アメリカの研究者達の目に触れ、皮肉なことに敵国によって彼の論文の正しさが証明されることとなった。

機銃同調装置、八木宇田アンテナ、ターボジェット、後退翼などなど、戦闘機の歴史を大きく変えた技術の多くは、発明者・発見者が公表した時点においては全く注目を浴びることなく、後になってその偉大さが明らかとなったが、ステル

レーダ反射断面積（RCS）による探知距離図

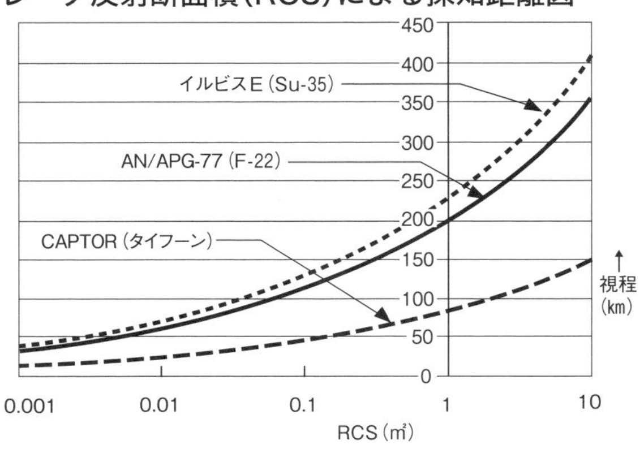

スもまた同様であった。

ウフィムツェフの理論は、それまでに人類が積み重ねてきた、飛行機が空を飛ぶための流体力学とは全く無縁であり、あまりに形状制御設計を優勢しすぎると飛行できなかった。しかし、幸いにもF-16によって静安定緩和を取り入れたフライ・バイ・ワイヤ機の実用化に成功していたから、飛行制御システムのソフトウェアによってF-117のような奇抜な機体でも飛行が可能になった。

スーパーコンピューターの性能向上と設計技術の進歩により、1980年代には形状制御設計を取り入れつつ戦闘機として必要な機動性をも兼ね備えた機体の開発が可能になった。そしてアメリカ空軍の先進戦術戦闘機（ATF）計画において、YF-22とYF-23を生んだ。

形状制御設計を導入すると、従来の価値観では理解し難い見た目となることが少なくない。YF-22は比較的大人しいが、一方でYF-23は実に未来的だ。YF-23のほうが赤外線・レーダーに対してより観測性が低く、スーパークルーズ能力に勝っていたと言われるが、その分全体のバランスに難があり、最終的には満遍なく優れたYF-22が、F-22ラプターとして最初のLO戦闘機、しいてはステルス戦闘機として実現した。

F-22は持ち前のステルス性によって発見されにくいだけではなく、優れたレーダー、データリンクによる状況認識力を兼ね備えており、ドッグファイトの鉄則である奇襲攻撃能力に長けている。2016年現在実戦でのドッグファイトはまだ無いが、演習においてはほとんど無敵であると言われる。事実、F-22を演習で撃墜できた側は、嬉々として機体にF-22の撃墜マークを描いている。

二機種目のLOとなるJSF計画では、YF-23どころではない異形のX-32まで登場したが、JSF計画もまたF-22をそのまま小型化したようなX-35がF-35として採用された。

これに次ぐのがウフィムツェフを生んだステルスの本家、ロシアである。ミグは「1.44」とよばれるROを取り入れた機体を2000年に初飛行させる。しかし実

2016年２月11日、初飛行した防衛装備庁／三菱「先進技術実証機」X-2。本機は、将来型戦闘機の国際共同開発プロジェクトへ参画するために、戦闘機技術の実証を目的に開発された。あくまでも試験機であり、戦闘機ではない〈防衛装備庁〉

用化されなかった。現在スホーイによってT-50 PAK-FAが開発中である。PAK-FA（パクファ）とは「戦術空軍向け将来型空中複合体」の頭文字をとった、ロシア人の難解なネーミングセンスから来ている。

T-50は2010年に初飛行した。2016年までには量産し実戦配備する予定であったが、現代戦闘機を初飛行から６年で実用化するのは、特にソフトウェアの面でかなり無理があり、スケジュールに遅延を生じている。

スホーイT-50 PAK-FA。ロシア空軍の次世代を担うステルス戦闘機〈筆者撮影〉

配備を強行したとしても戦闘能力は限られているはずだ。スホーイでは試作機にT-xxという名称を付ける伝統がある。例えばSu-27の原型機はT-10Sと呼ばれた。T-50も実用化後はSu-xxとなるだろう。またインドとロシアはFGFA（第５世代戦闘機）というT-50の派生型を開発する。

また、中国もJ-20やJ-31という名前らしい、どうやらLO機らしい、恐らく戦闘機らしい、謎の機体を開発中である。韓国もまた2014年にKF-Xの開発をスタートした。日本でも将来型戦闘機に必要とされる技術を開発する防衛省技術研究本部／三菱X-2「技術実証機」が2014年に完成しており、2016年に初飛行を実施した。もはや形状制御設計自体は50年前の既存技術である。

◆6-4

評価され始めたIRST
赤外線捜索追尾装置

「空中戦はスポーツではなく、科学的な殺人です」
——エドワード・リッケンバッカー〈アメリカ陸軍エース、26機撃墜〉

「赤外線捜索追尾装置（IRST）」は冷たい空に浮かぶ熱い航空機が放つ赤外線を探知することによって、索敵や照準を行なうセンサーである。レーダーに次いで広く装備されつつある。

最初に戦闘機にIRSTが搭載されはじめたのは、F-101やF-102、F-106といったセンチュリーシリーズからであり、歴史は古い。ただ50〜60年代のIRSTはほとんど役に立たなかった。ベトナム戦争ではF-102がIRSTで地上を索敵し、熱源に向かって攻撃するという作戦も行なわれたが、全く効果を上げていない。その後アメリカ空軍は関心を失いF-4も空軍型のF-4Eはバルカン砲搭載のために外されてしまった。海軍はF-14まで搭載していたがF/A-18は装備していない。

一方でロシア機はMiG-29、MiG-31、Su-27及びその派生型も全てIRSTを装備しており、IRSTはロシア製のトレードマークにもなっている。Su-27のOEPS-27 IRSTはコックピットの手前にセンサー部が露出しており、大気の状態が良ければ最大で50km先の航空機を探知できた。

Su-27のスロットアレイ型Zhuk-27 N001レーダーは200kmの視程があり、OEPS-27はその1/4でしかない。そしてどの方角に赤外線を放つ物体が存在するかを探知するだけなので、分かるのは方位のみだ。雲の先を見通すこともできない。測距用レーザーを使えばレーダーと同じくらいの精度で位置を特定できるが、20km以内に限られる。

以上のように、IRSTはレーダーに比べると使い勝手が良くないのだが、パッシブ（受信）・センサーなので、電波を発振するアクティブ（送信）センサーと違い何もシグネチャーを出さずステルス性にも優れるという大きな利点がある。

現代戦闘機は機関砲を撃つだけでもレーダーロックオンが必要なので、すぐに逆探知され回避行動を取られてしまう。しかしIRSTさえあれば相手に警告を与えずに奇襲を仕掛けることが出来る。さらに妨害もされにくい。

最近ではIRSTの性能が向上し、Su-35用のOLS-35は90kmもの視程を実現している。また、コンピューターによる「センサーフュージョン」により自動的に情報収集が可能となったことから、状況認識向上とステルス性のために、ロシア機以外でもIRSTを装備する例が増えている。ユーロファイター、ラファール、F-15、F-16、F/A-18E/F、そしてF-35等がある。

スホーイ戦闘機の機首。コックピット直前向かって左側にIRST（赤外線捜索追尾装置）のセンサー部が突出している〈筆者撮影〉

IRSTは対地攻撃用のターゲティングポッドとして使うFLIRとよく似ているように思えるかもしれない。両者ともに中赤外線（3um～5um）、近赤外線（1um～3um）を用いるという点では同じであるが、FLIRは映像を取得する目的で使用し、IRSTは遠方の「点」に過ぎない航空機が放つ赤外線をノイズの中から探し出す。IRSTとFLIRの役割は全く異なっており、IRSTとFLIRを別々に搭載した機も少なく無いがスナイパーポッドのようにFLIRとIRST両方の機能を備え、空対空、空対地兼用のものも存在する。

電磁波の波長

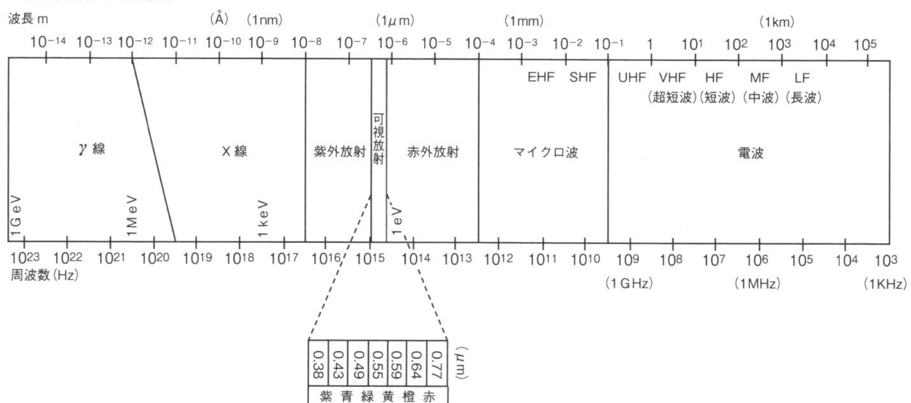

◆6-5

オフボアサイトAAM革命
21世紀最初のドッグファイト

「必要な空対空ミサイルとは、引き金を引いて“行けブルーノ！（犬） 撃墜しろ！”と命令するだけで良い兵器」

――セオドア・R・ミルトン〈アメリカ空軍パイロット〉

2001年９月14日。フォッカー・アインデッカー以来のドッグファイトの常識に終止符が打たれた。この日、イスラエル空軍のF-15C２機はレバノン沖地中海上空を飛行するボーイング707信号諜報（SIGINT）機の護衛任務に就いていた。決して珍しい任務ではなかったが、ただひとつだけ、西からシリア空軍のMiG-29が２機、ボーイング707に急速に接近しつつあったことだけが違った。

敵機接近の報を受けたF-15Cは即座に旋回しこれを迎撃した。F-15C編隊は国際緊急周波数（121.5MHz及び243MHz）によってMiG-29に対し退去するよう警告を発した。しかしこれに対して返答はなくMiG-29は針路を変えようとはしなかった。F-15C編隊は攻撃を決断。MiG-29をビジュアルID（目視識別）しドッグファイトはWVRに突入した。

あっけないほどすぐに決着がついた。F-15Cには実績あるAIM-9Mサイドワインダーの他に、1993年に配備されたばかりの国産赤外線誘導AAM「パイソン４」が搭載されていた。パイソン４の射界は±60度。従来のAIM-9Mの±15度を遥かに凌ぐ攻撃範囲をもち、最大70Gの旋回が可能な機動性によって、自機の後方にさえ回り込むことが可能な能力を持っていた。

F-15CはMiG-29を機軸から40度の角度でロックオンし、パイソン４を放った。明後日の方角に射撃されたパイソン４はMiG-29に対して適切に誘導され、その左翼に見事命中した。これをみた残るMiG-29は逃走をはかるも、全てが遅すぎた。もう１機のF-15Cに背後を取られ、AIM-9Mが命中する。２機のMiG-29は墜落し、21世紀最初のドッグファイトはイスラエル空軍のF-15Cがその勝利者となった。

IRIS-TオフボアサイトAAM。ヘルメット照準によって得られる180度もの射界と、推力偏向ノズルによる高機動性を持つ。先制攻撃を加えられる可能性は著しく増大する〈Diehl-BGT〉

フォッカー・アインデッカーによる同調装置の実用化以来、戦闘機は特異な例外を除けば相手をボアサイト（砲口正面）に捉えて射撃した。AAMの登場後はある程度射角は広くなったにしてもその原則は変わっていなかった。パイソン４はそれを過去のものとする「オフボアサイト（砲口正面外）」での攻撃能力を戦闘機に与え、WVRのドッグファイトに革命を引き起こしたのである。

AIM-9L/Mやそれ以前の短射程赤外線誘導AAMは、正面の狭い角度に標的を捉えるか、レーダーロックオンと赤外線シーカーを連動させることによって、シーカーがロックオンしはじめて射撃可能な状態となった。パイソン４ではさらにパイロットが装着する「ヘルメット搭載照準器（HMS）」と可動範囲の広いシーカーを連動させた。HMSはパイロットが首を向けた方角をミサイルに指示し、パイロットが今見ている敵機をそのままロックオンできたのである。

また、ロシアでは±45度のオフボアサイト交戦能力を持つAAM R-73M1（AA-11 アーチャー）を1987年に世界に先駆け採用しており、1997年には±60度とした性能向上型R-73M2が登場。R-73M2はパイソン４の２倍に達する射程30kmというBVR交戦能力を持ち、そのうえロケットモーターは推力偏向ノズルとなっているため機動性にも優れた。旋回率は60度/秒、すなわち３秒で反転できた。

R-73はSu-27やMiG-29などが装備可能である。

1999年のエチオピア・エリトリア戦争では、エチオピア空軍のSu-27がR-73によって２機のエリトリア空軍MiG-29を撃墜、エリトリア空軍のMiG-29はR-73によってエチオピア空軍のMiG-21を２機撃墜している（同じ開発国の戦闘機が戦う例はたまにある）。2008年にはロシア空軍のMiG-29がR-73でグルジアのUAVを撃墜しているが、MiG-29がUAVを照準しR-73を発射、命中するまでの全行程がUAVによって撮影されている。この動画はYoutube上にUPされているので興味があれば「UAV MiG-29」等で検索してほしい。

1990年代においてパイソン４ないしR-73は群を抜く性能を有しており、これらを装備した戦闘機はWVRにおいて最強の存在であった。2016年現在はイスラエルのパイソン５、アメリカのAIM-9X、イギリスのASRAAM、欧州共同開発のIRIS-T、日本のAAM-5/04式空対空誘導弾、フランスのMICA IR等が実用化されており、もはやオフボアサイト交戦能力は当たり前となっている。圧倒的に不利な旧来型のAAMは急速に姿を消しつつある。

より新しいオフボアサイトAAMはHMSと連動し、照準された方角へ慣性航法（INS）で中間誘導され、シーカーの探知角に入り次第、赤外線による終端誘導へ移行する「発射後ロックオン（LOAL）」が可能であり、ついに真横にすら照準が可能な±90度のオフボアサイト交戦能力を得た。さらには推力偏向ノズルを持っており、わざわざ戦闘機が旋回せずとも、それ以前に先制攻撃を行なえるようになった。

これらのオフボアサイトAAMはそれぞれに特徴があり、例えばASRAAMやパイソン５は直径が太く断面積の大きい強力なロケットモーターで、マッハ3.5以上のトップスピードを重視し、命中までの時間の短縮を狙う。その代わりロケットの燃焼時間は短くなるから推力偏向ノズルの恩恵は限られる。AIM-9X、IRIS-T、AAM-5はその逆に燃焼時間を重視している。

なおHMSのうち、バイザーに映像を投影しHUDとして状況認識の表示も可能となったものを「ヘルメット搭載ディスプレイ（HMD）」と言う。HMSとHMDの明確な区分は無いため混同して使用されることが多い。HUDとしての機能をもたない純粋なHMSは旧型のSu-27S等が搭載しているのみである。

AIM-9サイドワインダーの歴史3 最高傑作AAM

AIM-9Xはオフボアサイト攻撃能力を獲得した「第四世代」のサイドワインダーであり2000年に実用化され当初はサイドワインダー2000とも呼ばれた。

9Xの可動範囲の大きいInSb赤外線シーカーはフォーカルプレーンアレイ、すなわちデジカメと同様に多数の画素（ピクセル）を持った画像認識型で、オールアスペクト能力と対フレア能力に優れている。

中間誘導用にINSを搭載しLOAL能力を持つ。ターゲット捕捉するための統合ヘルメット搭載照準装置（JHMCS）と推力偏向ノズル付きロケットモーターによって射角は真横にまで広がった。最高速度マッハ2.5に達する。LOAL能力は射程距離の延長ももたらし、最大で30-40kmにも達しているといわれる。重量は85kg。弾頭は10.5kgの環状爆風破片型。アクティブレーザー式の近接信管によって作動する。

最新鋭のAIM-9XブロックIIでは中間誘導にデータリンクが採用され、F-35のEO-DASによる照準と組み合わせて使用することにより射角は±180度。すなわち真後ろを含む全球あらゆる方角へロックオンし、同時に射撃を行なえるというとてつもない能力を実現する。また対地攻撃に使用することも出来るようになった。射程距離を60％延伸したAIM-9XブロックIIIは2022年にIOCを取得予定。

F-15、F-16、F/A-18、F/A-18E/F、F-22、F-35といった米空軍機が装備するが、F-22だけはパイロットにJHMCSが支給されていないのでオフボアサイト照準ができない（将来的に対応予定）。宝の持ち腐れになってしまうから旧来の9Mを搭載することが多い。元々F-22はBVRでの交戦を最重視しており、WVR能力は後回しにされている。

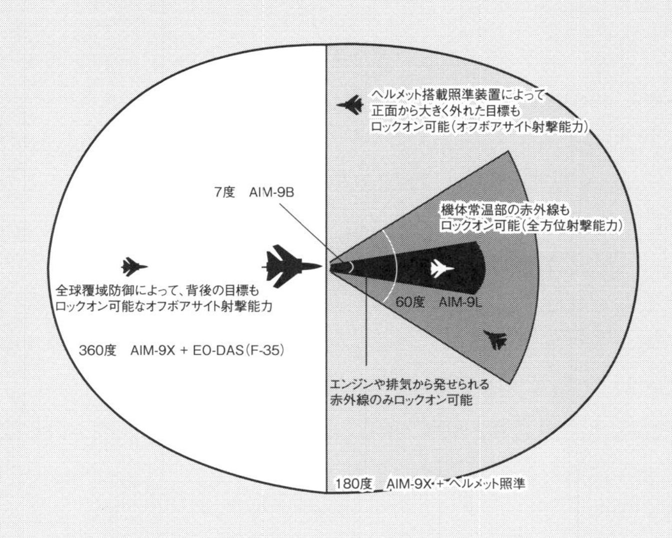

◆6-6

スーパークルーズ
真の超音速時代へ

「スピード・イズ・ライフ（スピードこそ命）」
——サミュエル・フーリン・ジュニア〈アメリカ海軍パイロット〉

1970年代に迎撃戦闘機の時代が終わり、戦闘機の最大速度性能は無価値なものとなった。マッハ１を超えての戦闘はほとんど行なわれていない。それもこれも超音速飛行するためのアフターバーナーが余りに多くの燃料をがぶ飲みしてしまうからだ。またスペックの上ではマッハ2.5の最高速を誇るF-15でさえ、フル武装時（AIM-9×4、AIM-7×4、増槽）は空気抵抗が増大し、アフターバーナーを使ったとしても高度36,000ft（11,000m）でマッハ1.6しか出せない。普段の訓練ではマッハ１を超えることさえ少ないから、マッハ２を超えた経験を持つ戦闘機パイロットはほとんど存在しない。

F-15は非武装の場合にのみ、アフターバーナー使わないミリタリースラストでマッハ1.05を出すことができる。推力向上型エンジンを搭載したF-15Eならマッハ1.17である。これは非武装なので全く意味のない数値であるが、21世紀に入り武装搭載状態でもアフターバーナーを使用せずマッハ１を超える、燃費の良い超音速飛行「スーパークルーズ（超音速巡航）」が可能な機種が実用化されはじめた。F-22、ユーロファイター、ラファール、グリペンNG、Su-35S、F-35である。

戦闘機は速度性能が重視されなくなったとはいえ、飛行機の本質が他の乗り物では実現不可能なスピードにある以上、ある地点へ短時間で到達するにも、追撃するにも、逃げるにも、スーパークルーズはあらゆる場面において有利に働く。またBVR AAMの射撃時にその初速を与えられることができるから、ミサイルはその分長距離を飛翔でき、射程が延長されノーエスケープゾーンの拡大にもつながる。誘導爆弾の射程距離も延長される。

むろん従来機のようにアフターバーナーを使ってダッシュすることで、より高い速度に達することもできる。ただ、アフターバーナーは強烈な近赤外線を発するから、あえて使用しなければIRSTに対してステルス性を発揮できる。

スーパークルーズはエンジンの推力が大幅に向上したことによって実現した。ユーロファイター、ラファール、グリペンNG、Su-35S、F-35のスーパークルーズ能力はマッハ1.1〜1.3程度で音速をやや上回る程度であるが、F-22だけは最大速度マッハ1.82にも達し、試験飛行においてもマッハ1.72を実証している。

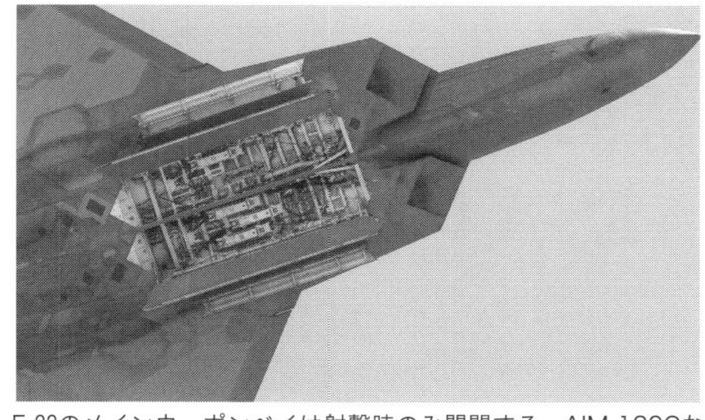
F-22のメインウェポンベイは射撃時のみ開閉する。AIM-120Cならば6発を収納可能。武装搭載時のレーダー乱反射を防ぐと同時に、空気抵抗も増大しない〈筆者撮影〉

F-22が双発搭載するF119-PW-100エンジン（MIL：105kN　A/B：156kN）はミリタリー推力においてさえ、F-15用のF100-PW-100のアフターバーナー推力（106kN）と同等のパワーを発揮できる。さらにF-22はステルスのために武装をウェポンベイに収容する。かつてのセンチュリーシリーズにはミサイルを搭載しても空気抵抗が増えぬようウェポンベイを備えた機があったが、F-22のウェポンベイも抵抗軽減効果をもたらしている。

アフターバーナー使用した超音速飛行もそうだが、スーパークルーズを実現するには気圧の低い高高度を飛翔する必要がある。F-22は高度12000m〜20000mでの作戦を想定している。気圧の低い高高度では戦闘機の機動性が大きく落ちる。F119エンジンには推力偏向ノズルが取り付けられており、薄い空気の中による機動性の低下を補っている。

F-35は開発時にスーパークルーズ能力が求められなかったため、公式にはスーパークルーズ能力を有していると発表されたことはない。しかしF135エンジン（MIL：125kN　A/B：191kN）はその実用化時点において戦闘機用としては世界最高のパワーを有している。またF-22と同様にウェポンベイに兵装を収容しているため、実際はマッハ1.2を発揮可能であるという。

2016年現在、実用ステルス機はアメリカの専売特許であるが、ロシアではスホーイT-50 PAK-FAが、中国では成都飛機J-20が飛行試験を行なっており、こうした機はスーパークルーズを有した状態で実用化されると見込まれる。今後スーパークルーズは戦闘機の標準的な能力となるだろう。

◆6-7

新世代機の標準となるAESAレーダー

「ラプターに対抗する努力は無益です。我々は数的な不利を負わせようとしましたが失敗しました。ラプターに対して飛ぶことは屈辱的です」
——ラリー・ブルース〈アメリカ空軍パイロット、第65アグレッサー飛行隊隊長〉

戦闘機搭載用のレーダーは第二次世界大戦初期に「八木宇田アンテナ」を搭載することから始まった。大戦末期には「パラボラアンテナ」が八木宇田アンテナに取って代わり、アンテナを機械的に首振りすることによって指向性の高いビームで索敵・照準を行なう「走査」を可能とした。1970年代にはF-14やF-15で「スロットアレイアンテナ」が実用化され、視程と解像度を大幅に改善させた。

2016年現在のところ、スロットアレイアンテナが戦闘機用レーダーの標準として広く用いられている。パラボラアンテナを持つ機種はほんのわずかに残るのみとなっている。航空自衛隊のF-4もF-4EJ改への改修によってスロットアレイアンテナのAN/APG-65レーダーに換装されている。

そして2000年、今度は「AESA（エーイーサ）アンテナ」と呼ばれる新たな火器管制レーダーを搭載した２機種の戦闘機が誕生した。AN/APG-63（v）２にアップグレードされたアメリカ空軍のF-15と、J/APG-1を搭載し航空自衛隊への配備が始まったF-2である。

AESAとは能動（Active）・電子（Electronically）・走査式（Scanned）・配列（Array）の略を意味する。AESAレーダーは小さなアンテナ「送受信素子（T/Rモジュール）」が数百〜2,000個「配列」されており、送受信素子一つ一つが位相変調と呼ばれる特殊な方式でビームの方向を「電子的」に制御し「走査」する。

従来のパラボラ型やスロットアレイ型のような機械的な走査を行なうレーダーは、機首を中心に左右±60度、上下±60度のような最大範囲を索敵する場合、広範囲にビームを向けなくてはならないことから、首振りに十数秒を要する。しかしAESA型の電子走査ならばあらゆる方向に瞬時にしてビームを向けられる。そのため最大範囲の索敵も一瞬にして完了し、従来型レーダーに比べて大幅に状況認識力の向上を実現できる。これを「アジャイル（敏捷）ビームステアリング」と呼ぶ。

さらに２機以上の複数標的をロックオンし、AMRAAM等によって攻撃する追跡中走査（TWS）能力にも優れる。スロットアレイレーダーも２機以上複数標的をロックオンするTWS自体は可能だが、どうしても標的情報の更新速度が遅くなり照準の精度は低下する。そのため敵機にビームを浴びせ続ける単目標追尾（STT）によるロックオンが用いられる。AESAレーダーならばTWSもSTTも区別しない。

F-35のAN/APG-81　AESAレーダー。小さな送受信素子が無数に配列されている。上向・きに固定されているのは正面RCSを低減するため〈Northrop Grumman〉

空対空用途のみならず、海上走査、地上動目標探知、合成開口レーダーとしての機能をも瞬時に切り替えることができるため、例えば合成開口レーダーモード

F-35 の AN/APG-81 レーダー

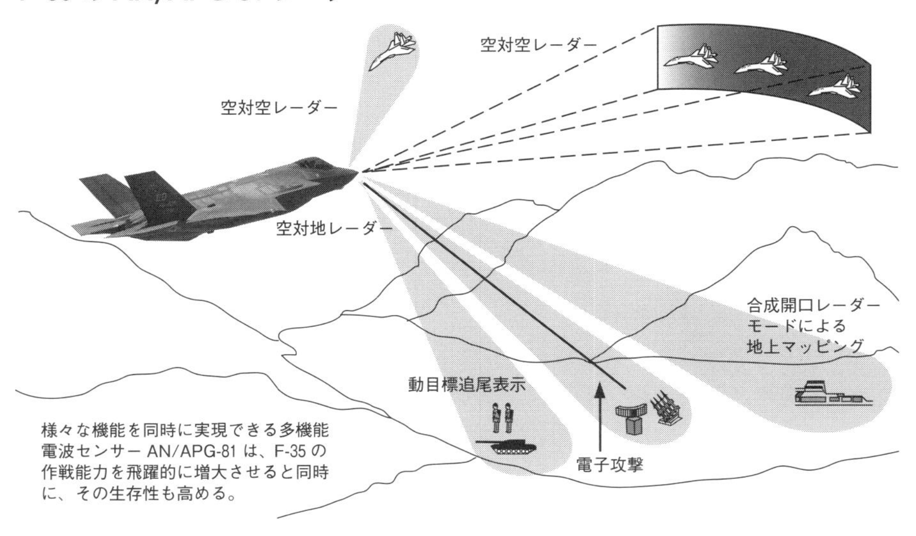

中国およびパキスタンが共同開発したJF-17サンダー（FC-7）。日米欧を除きはじめてAESAレーダーを搭載したマルチロールファイターである〈筆者撮影〉

によって遠方の地形図を作成しながら空中監視を行なうということも可能であり、いちいち空対空・空対地と使い分ける必要もないから、複座機ならば前席と後席で同時にレーダーを使える。さらには低率レーダー傍受（LRIP）能力をもちレーダー警戒受信機に逆探知されにくいので、電波の使用に大きな制限を受けるステルス機にとっては必須とも言える。そして機械的に動く部品も無いから故障しにくい。

以上のようにAESAレーダーは戦闘機用としては理想的であるため、F-15CとF-2A以降F-15E、F/A-18E/F、F-16E/F、F-22、ラファール、JF-17、F-35といった戦闘機で運用されている。またユーロファイター、グリペンNG、J-10B、T-50 PAK-FA等においても運用が見込まれる。AESAレーダーは今後標準となるだろう。AWACSや水上艦その他のレーダーもまたスロットアレイ式からAESA式に移行しつつある。

AESAレーダーはガリウム砒素半導体を製造するのに非常に高い技術が要求される。またその制御と信号処理ソフトウェア開発も難度が高い。F-2はAESAレーダーの先駆者として代償を要求された。配備直後はレーダー視程が短くロックオンに不具合があったと言われ、アラート待機（スクランブル）が行なえるようになるまで４年を要した。現在では改良型のJ/APG-2に換装されている。

今のところ実用化された戦闘機用AESAレーダーは日米欧で独占されており、パキスタン空軍のJF-17サンダーはパキスタンと中国が共同開発した機体だが、レーダーはヨーロッパから購入している。

同種のレーダーにPESAがある。字面でのAESAとの違いは最初の能動（Active）が受動（Passive）に変化しただけである。AESAとPESAを「フェイズドアレイレーダー」と呼ぶことがある。

AESAレーダーは多数のアンテナがそれぞれ独立して電波を発生させるが、PESAレーダーは単一の電波発生装置から各アンテナに分岐し、アンテナに取り付けられたフェイズシフター（位相変換器）を通じてアジャイルビームステアリングを実現する。PESAは技術的に容易なため、MiG-31が世界に先駆けて搭載。初期のラファール、Su-30、Su-34、Su-35S等も装備する。ただし性能面ではビームの細かな制御が可能なAESAが勝る。

ユーロファイター、グリペンNG、Su-35Sなどは電子走査と機械走査をあわせて行なうことで広範囲の索敵が行なえる。たとえばSu-35Sの「イルビスE」は左右±120度と背後以外をカバーできる。Su-35SはR-77アクティブレーダー誘導AAMを射撃し即反転しても中間誘導を継続できるから、仮にAMRAAM搭載機と同時に撃ち合いになっても優位に立てるし、Su-35Sはセミアクティブレーダー誘導のR-27をいまだに主兵装とするが、セミアクティブレーダーでも射撃後に離脱が可能となる。

またAESAレーダーは索敵のみならず、ジャミング発生装置やレーダー警戒受信機としての複数の機能を一つのアンテナで実現できる「多機能レーダーセンサー」にもなる。

◆6-8

ネットワークを活用した共有状況認識の拡大

「僚機は絶対に不可欠です。私は僚機の後ろを監視し、僚機は私の後ろを監視する。我々はともに戦います。戦争を制するのは個人ではなくチームです」

——フランシス・ガブレスキー〈アメリカ空軍エース、31機撃墜〉

従来の戦闘機は自分のレーダーで発見した目標は、自分の状況認識でしか使うことができなかった。せいぜい音声通信を通じて僚機に警戒を与える程度だった。F-14やMiG-31など一部の大型迎撃戦闘機のみ、データリンクを通じ敵機の情報などをやり取りすることができた。

湾岸戦争後「統合戦術情報分配システム（JTIDS：ジェイティーズ）」デジタル通信機が実用化されると、1990年代を通じてF-14、F-15、F-22、トーネード、AWACS、イージス艦などに搭載されはじめ、これらのJTIDSを搭載した各種兵器は「リンク16（またはTADIL-J）」と呼ばれる単一のネットワークに加入し、データリンクでデジタル情報の共有が行なえるようになった。

また2000年代以降はJTIDSと互換性を有し軽量小型化で安価な多機能情報分配システム（MIDS：ミッズ）が登場、JTIDSを搭載しなかったF-15（自衛隊のF-15J含む）、F-16、F/A-18、F/A-18E/F 、ラファール、ユーロファイターなどに搭載されリンク16接続能力を獲得している。

現在では航空機や艦艇のみならず地上部隊もリンク16で結ばれている。ネットワークを活用した戦いを「ネットワーク中心戦（NCW）」または「ネットワーク中心作戦（NCO）」「ネットワーク有効戦（NEW）」という。

リンク16データリンクを活用することによって、各種戦闘機は自身の情報およびレーダーで発見した敵機の情報をリアルタイムかつ自動で僚機と共有することができる。また編隊内だけではなく、友軍にAESAレーダーやIRSTなど優れたセンサーを搭載したF-35のような戦闘機があれば、自機が旧式機であっても

F-35データリンク概要図

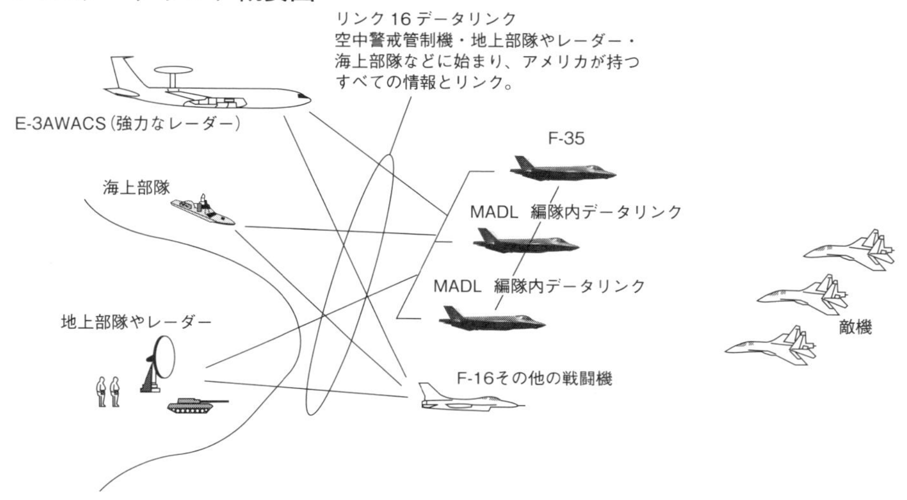

F-35が取得した状況認識を得られる。さらにはAWACSやイージス艦の強力なレーダーを疑似的に自らのものと同じように使えるので、レーダー覆域外から接近する敵機の存在すら知ることが可能となる。

音声によってAWACSから受け取る敵機の情報を「ピクチャー（映像）」と呼ぶが、リンク16を経由して得たデジタルの状況認識は、コックピットのMFDに自機を中心とした地図の上に映像として投映される。そして本当の意味でピクチャーにひと目視線を向けるだけで、極めて正確な優れた共有状況認識を得ることができる。旧来の音声のみの共有状況認識とは比較にならない。

1990年代半ば、アメリカ空軍において、音声のみで状況認識を共有する非ネットワーク型F-15Cと、リンク16に対応したNCW型F-15Cの両者を比較する、12,000ソーティー・19,000飛行時間もの演習が行なわれた。演習の結果、NCW型F-15Cのキルレシオは昼間作戦で3.1から8.11へ、夜間作戦は3.62から9.4へ、平均2.5倍も増加するという良好な結果が得られた。

NCW型F-15Cの戦術には大きな変化があった。リンク16を通じて敵機との位置関係を常に把握可能であることから、状況認識が大幅に増加し音声通信の機会も大きく低減した。同様に編隊各機は編隊の間隔に関係なく、互いの位置を知ることができたので、編隊を分離し相手を挟み撃ちにするスプリット戦術を、容易かつ効果的に実施できた。また必要なときに迅速に編隊を組み直せた。非ネットワーク型F-15Cは夜間および悪天候時に編隊間の相互支援効率が大きく低下したが、NCW型F-15Cは相対的に優れた。

データリンクを活用したスプリット戦術

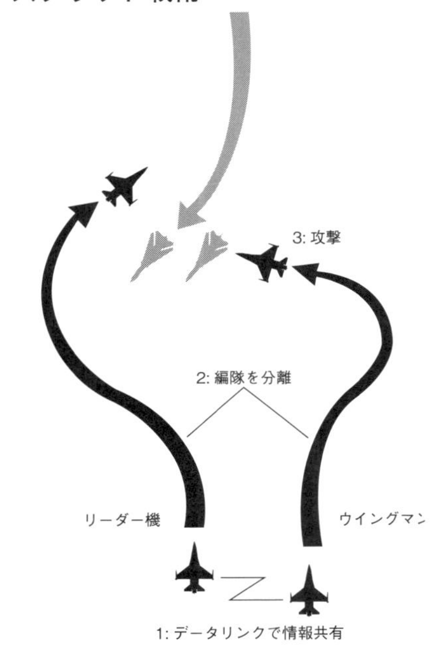

多くの戦いにおいて最初の接近・攻撃で撃墜を達成し、生存性や費用対効果を向上させた。誤って僚機をロックオンした場合においても、パイロットはグラフィカルな表示によって即座に味方機であることを識別し、同士討ちを回避できた。

レシプロ戦闘機の時代だった太平洋戦争開戦当初、零戦は優れた性能と熟練パイロットの高い能力によってアメリカ軍と対等以上に戦った。しかし、ドイツで開発された２機ないし４機編隊が相互支援するロッテ・シュヴァルムを、アメリカ軍がサッチ・ウィーブ戦術として導入すると、零戦はかつては対等以上に戦えた相手にすら勝てなくなってしまった。

ロッテやシュヴァルム、サッチウィーブは、無線機を活用し「共有状況認識」を得るとともに僚機を指揮する戦術だった。つまりデジタル情報と音声という手段こそ異なれど、これはNCWそのものである。逆を言えばNCWのドッグファイトもまたロッテやシュヴァルムの発展した形であるともいえる。リンク16によって効果的に実施可能となったスプリット戦術とは、サッチ・ウィーブそのものである。

対して帝国海軍の無線機は使い物にならなかったから零戦の性能や錬度といった個々の戦闘力に頼った。零戦の戦い方は「プラットフォーム中心戦（PCW）」と言う。非ネットワーク型F-15Cの戦術も相対的にプラットフォーム中心戦だったと言える。

今も昔もドッグファイトは状況認識に優れたほうが勝利する。飛行性能は相手を正しく知覚する状況認識を得て初めて発揮可能である。

F-35はリンク16に加え多機能先進データリンク（MADL）への接続も可能である。MADLはリンク16とは異なり数機のF-35間における編隊内で情報共有を行ない、妨害を受けにくくステルス性が高いネットワークであり、F-22が使用する編隊内データリンク（IFDL）もMADLへ置き換えられる予定。

NCWは空戦に限らずその他の作戦にも大きな効果を発揮する。味方地上軍から建物に立てこもる敵勢力を爆撃する「近接航空支援」の要請があったとする。旧来のやり方では地上軍に随伴する空軍連絡将校が、上空を低速・低空で飛行する前線航空統制官機（FAC）を呼び出し、攻撃地点を音声で伝達する。前線航空統制官は攻撃目標に発煙弾を打ち込みマーキングする。前線航空統制官は爆弾を搭載する戦闘爆撃機に対し、発煙弾めがけて爆弾を投下するよう指示を出す。そして戦闘爆撃機はようやく爆撃を行なえる。高速で飛翔する戦闘爆撃機は地上の状況認識を得ることは難しいため、誤爆を防ぐ意味でもこのような手順を踏む必要があった。

もし戦闘爆撃機と地上軍双方がリンク16によって繋がれていれば、地上軍はGPS付きレーザー照準装置で攻撃地点の座標を取得し、それを上空の戦闘爆撃機にデータリンクで送信する。座標を受信した戦闘爆撃機のHUDには攻撃地点が視覚として表示されるから、レーザー誘導爆弾をその場所に投下するか、GPS誘導爆弾ならば座標を爆弾にセットし投下さえすれば。迅速かつ正確に標的を破壊することができる。

また情報機関が敵勢力の幹部たちがある場所に一堂に会するという情報を掴んだとする。従来のやり方では作戦の立案・命令書の作成から実際の出撃までに数日を必要とするが、リンク16があれば別の任務に向かう戦闘爆撃機を呼び出し、空中で任務の情報を更新し爆撃座標を伝達すれば分単位でその地点を爆撃することが可能となる。

リンク16は伝送速度がせいぜい31.6kbps～238kbpsとあまり大きなデータは送れないが、別途高速通信データリンクを用いれば、マルチロールファイターのFLIRポッドの映像をリアルタイムで送信し、地上軍はそれを見て敵の動きを確認したり、自分たちを誤って照準していないかを知ることができる。

標的の発見から評価・意志決定、命令の伝達、そして攻撃、破壊に至る一連の流れを「キル・チェイン」と呼ぶ。空対空においても、空対地においても、このキル・チェインに必要な時間を短縮し攻撃成功率を高められる。リンク16等ネットワークを活用した共有状況認識の強化は、いまやなくてはならない要素となっている。

◆6-9

死角をなくし背後も攻撃可能な全球覆域状況認識

「戦闘機は周り360度全部敵ですから、どこから敵が来るか分かりません。索敵は前を２後ろを９の割合で常に死角を気にしていました。これが気にならない人はやられるのです」

――坂井三郎〈帝国海軍エース、64機撃墜〉

戦闘機が誕生して以来、その最大の弱点は死角となる６時の方向（後方）である。だからこそWVRのドッグファイトは相手に気が付かれぬよう背後から一撃を仕掛ける戦い方が主流であった。

現代のドッグファイトは必ずしも背後に占位しなくても攻撃は可能であるが、背後はレーダーやIRSTにおいても依然として死角なので、背後を取った側は圧倒的優位にたてる。

ドッグファイトを100年支配し続けた、この必殺の定石もいよいよF-35の登場をもって過去のものとなる。F-35はAN/AAQ-37 電子光学式開口分配装置（EO-DAS：ダス）と呼ばれるアビオニクスが搭載されている。EO-DASは６個の赤外線センサーからなり、F-35はこの赤外線センサーを機体各部に埋め込んでおり、上下左右あらゆる方角を360度カバーし、自動で監視を行なう「全球覆域状況認識」ないし「全球覆域防御」を実現する。

EO-DASはIRSTとして機能するため、背後から接近する敵機があっても早期にそれを探知し、パイロットに知らせる。したがってF-35は無警戒の状態で後ろを取られるという事態はあり得ず、F-35のパイロットは、ドッグファイト敗者の８割を占める「自分を撃った相手を見ていない」という状況には陥ることがない。

EO-DASはAIM-9XブロックIIといったオフボアサイトAAMの照準も可能であり、AIM-9XのWEZは背後にまで及んでいるから、格闘戦を行なう必要もなく即座にAAMを射撃できる。

それだけではない。EO-DASは赤外線画像を取得し全球を縫い目のない１枚の映像として結合、コックピットの前面パネルまたはHMDのバイザーに投影する。パイロットは見たい方向へ首を向けるだけで、足元すら床越しに透かして視認可能となる。夜間における低高度ナビゲーションや、夜間の無視界格闘戦も（やろうと思えば）問題なくこなせる。

F-35のEO-DAS

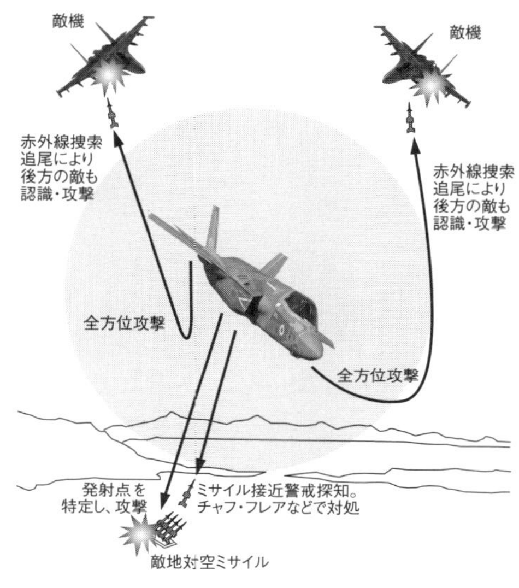

機能としては「機動戦士ガンダム」シリーズに登場した全天周囲モニターに近いが、バイザーに投影可能な視野角は左右±20度、上下±15度に限られるから、肉眼よりはずっと狭い。F4Uコルセアなど前方視界の悪い機種は、着艦事故を誘発した。F-35ならばそのような心配もないし垂直着陸は足元を見ながら容易に行なえる。

ミサイル接近警戒・探知能力をも持ち、攻撃を受けた場合においても早期に警戒を発し自動的にミサイルの誘導を妨害する。また、ミサイルの発射地点探知も行なう。大陸間弾道弾を早期に探知する「ミサイル防衛」のためのセンサーとしての役割も担える。1,300km先から発射された大陸間弾道弾の探知にも成功している。

F-35の機首部下面には、大きく張り出たもう一つの光学センサー、AN/AAQ-40電子光学照準装置（EOTS：イーオッツ）が搭載されている。EOTSは可視光・赤外線センサー、固体レーザー発信器からなるFLIR/IRSTである。従来機のように誘導爆弾を投下するのにFLIRポッドを外装する必要は無くなった。EOTSは前方しかカバーしないが、20km以上遠方の戦闘機を機種さえ判別可能な映像として捉えることさえ可能である。

EO-DAS、EOTSによって実現される全球覆域状況認識・全球覆域防御はF-35の生存性を著しく向上させ、従来型戦闘機では、BVRはもとよりWVR交戦でさえF-35を撃墜することは極めて困難となる。ただしそのソフトウェア開発も困難を極めており、F-35の初期作戦能力獲得を遅らせた要因の一つとなっている。

スマートスキンで全周を監視

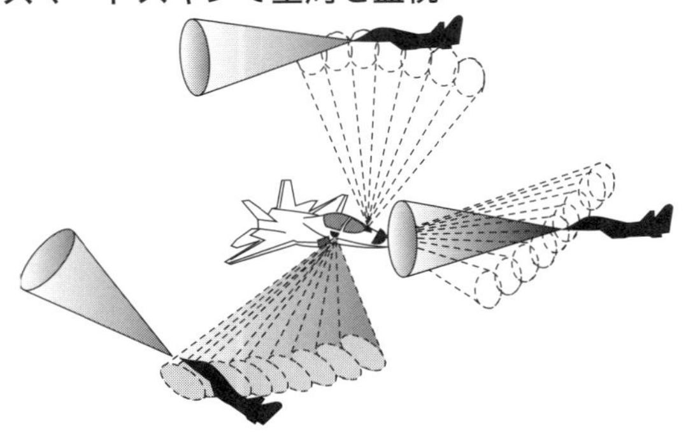

F-35のEO-DASに近い全球覆域状況認識を得る手段として「スマートスキン」がある。直訳すれば「賢い皮膚」で、機体表面に各種センサーを埋め込んだものをいう。例えばAESAレーダーならば、従来型のレーダーと違い、個々の送受信素子を必ずしも平らな面に並べる必要が無いから、曲率をもった箇所にも送受信素子を埋め込める。そして機体表面を送受信素子で覆えば、これまでは不可能だった全方位へのレーダーを使用した索敵や照準が可能となる。送受信素子の数自体も機首部にのみ搭載した場合よりも増やせるので、視程も大幅に延長できる。これを「コンフォーマルアレイレーダー」と呼ぶ。

またAESAレーダーは自由にビームを変化させられるという特性から、さまざまな用途に使える。レーダー警戒受信機やジャミング発生装置としても機能するし、指向性エネルギー兵器にもなるから、当然こうした機能も全球に対して有効となる。

スマートスキンならではの使用法としては「アクティブ・ステルス」というものがある。アクティブステルスは照射されたレーダーのパルスに対して、逆位相のパルスをぶつけてエネルギーを相殺するというもので、反射を減衰させRCSを改善する。原理的には携帯電話やイヤホンが備えるノイズキャンセラーと同じである。

コンフォーマルアレイレーダーはすでに初歩的なものが実用レベルにある。日本においてはコンフォーマルアレイレーダー搭載を想定した「スマートスキン機体構造の研究」が行なわれた。先進技術実証機X-2に取り入れられており、将来的にはコンフォーマルアレイレーダーを実際に搭載する研究が行なわれるかもしれない。

◆6-10

センサーフュージョンと先進コックピット

「F-22、F-35の能力は空軍最高の戦闘訓練でも追いつきません。パイロットにF-22とF-35の限界をためさせるには、バーチャルトレーニングに目を向け無くてはならないでしょう」

——ギルマリー・ホステージ〈アメリカ空軍 航空戦闘軍団司令〉

非ネットワーク型F-15Cは状況認識を得るためのアビオニクスが４つある。まずはレーダーとIFFで、その操作・表示を行なう垂直状況認識ディスプレイ（VSD）を備えている。レーダー警戒受信機（RWR）はレーダー電波を逆探知しその種別を表示する。そして音声通信はAWACSや僚機と連携する。パイロットはアビオニクスを操作しつつ、昔ながらの肉眼を加え、自らの頭の中に状況認識をつくりだしている。

F-35の場合はレーダー、IFF、レーダー警戒受信機、音声通信、肉眼の他にもEOTS、EO-DAS、リンク16、MADLとF-15の倍の状況認識獲得手段を備えている。F-35のパイロットはたくさんの計器の確認や操作せねばならず、忙殺されるように思えるかもしれないが、実はそのようなことはなく、全てのアビオニクスを統括する「統合コアプロセッサー（ICP)」が自動的に制御している。パイロットは基本的に自らアビオニクスの操作・監視を行なわない。

ICPは各種センサーが取得しデジタル化された情報を処理し、統合された一つの状況認識データを作り出す。そしてその統合された状況認識データはディスプレイを通じて視覚情報としてパイロットに提供される。すなわち非ネットワーク型F-15においてはパイロット自身がやっていたことを、ICPが代わりに行っているのである。これを「センサーフュージョン」ないし「センサー融合」、「マルチソース・インテグレーション」などと呼ぶ。

F-35のコックピットは極めて簡素である。コックピット前面パネルは一枚の大型液晶ディスプレイが鎮座するのみとなっている。サイズは横50.8cm、縦

F-35用フルミッションシミュレーター。コックピット前面パネルはタッチスクリーンとなっている。今後のコクピットレイアウトの標準となるだろう〈Lockheed Martin〉

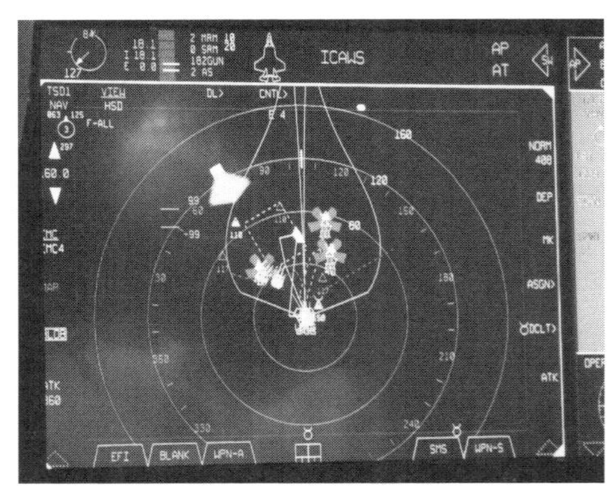

センサーフュージョンされたF-35の戦術状況認識画面（TSD）。彼我の状況が一目瞭然。敵のレーダー有効範囲まで表示されており、その中に入らなければ被探知を防ぐことができる〈筆者撮影〉

20.3cmのワイド型で22インチTVに相当する。液晶ディスプレイはタッチスクリーン式となっており、タブレットを操作するように自由に表示を入れ替えることができるため、パイロットらには「iPad」とも呼ばれている。

センサーフュージョンされた状況認識データは、この大型ディスプレイに上空から俯瞰した「戦術状況表示（TSD）」の一枚絵として投影される。TSDは戦場の状況がリアルタイムで更新され続ける。パイロットはこのTSDを確認するだけで、全てのセンサーやネットワークから得られた情報を、正確かつ直感的に瞬時にして理解することができる。

またヘルメットはHMDとなっているからバイザーにも状況認識データが投影される。HMDのない機種はBVRなら敵機の方向に視線を向けても当然ながら何も見えないが、F-35ならば敵機の情報を空中に敵味方識別されたシンボルとして表示する。WVRにおいても「点」にしか見えないような遠方の航空機が敵なのか味方なのか、正確に識別し先制攻撃を加えられるメリットは計り知れない。

戦闘機パイロットは特殊な才能が強く求められてきた。視力などはその典型例で、先天的な資質が大きく影響し、努力だけで改善することは不可能だ。そして戦闘機の歴史に名を残してきたエース達は、リヒトホーフェンもハルトマンも岩本もイプシュタインも総じて目が良い。目が良いことは優れた状況認識に直結したから、戦闘機の能力はパイロット個人の能力に依存していた。

ヘルメット搭載ディスプレイ（HMD）の表示例

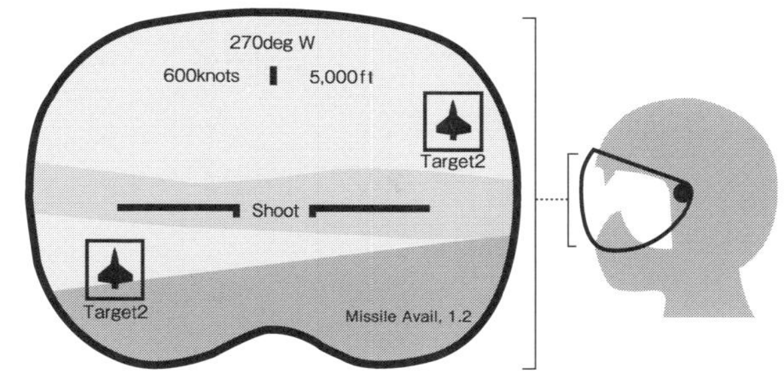

バイザー内のパイロット視界

バイザーにシンボルを表示、肉眼で見えない敵機すら可視化し、パイロットの状況認識を飛躍的に高める

しかしF-35の先進的なコックピットならば、センサーフュージョンされた状況認識を表示することによって、全てのパイロットに偉大なエースの資質を提供し、個人の能力への依存度を大きく引き下げている。そしてF-35をはじめに近年の戦闘機はフライ・バイ・ワイヤを採用しているため、実際に飛行機の操縦を行なうのは飛行制御システムだ。サイドスティックなどは飛行制御システムへの入力装置に過ぎない。戦闘機の操作はケアフリーハンドリングの実現によって極めて容易である。

F-35は操縦や計器操作、状況認識の獲得など、多くがコンピューターによって自動化されており、パイロットの作業負担を大幅に減少させている。「めんどくさいこと」は可能な限りコンピューターに押しつけ、人間は人間にしか出来ないことに集中させるためである。人間にしか出来ないこととは、状況認識の評価と判断を下すことである。

F-35のパイロットはメガネでも操縦が下手でも良い。なによりもF-35というシステムをうまく使いこなせる能力が必要となる。旧来機とはパイロットの仕事が大きく異なる。

テレビや新聞等においてF-35が取り上げられる場合「ステルス性に優れた……」と紹介されることが多い。これは事実ではあるがF-35の本質は状況認識にかけてはF-22さえ凌駕する「卓越した情報収集能力」にある。F-22は状況認識の優勢によって演習で圧倒的な結果を残している。演習の内容が明らかにされることはほとんどないが、2006年にアラスカで行なわれた「ノーザンエッジ演習」は、空軍が公式にF-22のキルレシオ108対0、ミッション達成率97%だったと公表している。F-22に敵対するF-15、F-16、F/A-18等は、選りすぐりのパイロットのみを集めた仮想敵飛行隊「アグレッサー」ですら、わけもわからないうちに突然「撃墜」を宣告されるという。F-35が演習にデビューした後は同じような圧勝劇が繰り返されることとなるだろう。

センサーフュージョンはF-22、F/A-18E/F、ユーロファイター、ラファール、Su-35S等にも取り入れられている。またコンピューターグラフィクスの発展は特にめざましいから、すでにF-35を凌ぐようなコンセプトも公表されている。例えばF/A-18E/F「アドバンスド・スーパーホーネット」コンセプトでは、計器類がF-35のような一枚ディスプレイに換装され、F-35のTSDさえ凌ぐ先進的な「拡張現実優勢状況認識」と呼ばれる機能の実現を目指している。これは3Dグラフィクスを多用し、まるで家庭用TVゲーム機の戦闘機シューティングのような映像を表示し、タッチパネルによって自由に視点を変更できるというもので、状況認識をより直感的にパイロットへ伝達する。

枯れた技術の安定性

F-35のアビオニクスを統括する統合コアプロセッサー（ICP）は、きっと信じられないほど高性能なCPUのだろうな。と、思う方もおられるに違いない。ICPはPower PCプロセッサーが組み込まれており、その処理能力は29億命令毎秒（2,900DMIPS）である。ちなみに筆者が2014年に買い替えたスマートフォンのCPUは331億命令毎秒（331,00DMIPS）である。F-35のICPの11倍ほど処理が速い。実のところF-35のICPは秒進分歩で進歩するCPUにおいて高性能な部類ではない。幻滅しただろうか？

では最新鋭機・IT革命の申し子であるF-35が何故そんな骨董品を搭載しているのか。その答えは動作環境にある。ICPの動作環境は摂氏55度～摂氏マイナス40度。高度0から50,000ft（15,000m）まで数分で急上昇・急降下を繰り返しても、フリーズすることはない。市販のスマートフォンならばそうはいかないかもしれない。F-35に限らずボーイング787のような大型旅客機を含め、全ての飛行機で使用されるCPUは信頼性が最優先に求められる。性能はその次で良い。

それを10年、20年も使い続けるのであるから、進歩の速いコンピューターの世界では地層から発掘されてもおかしくない化石のようなCPUになってしまう。例えばF-15SJのCP-1075/AYKセントラルコンピューターは34万命令毎秒（0.34DMIPS）であり、しかも8bitCPUだ。21世紀のドッグファイトは情報処理にかかっているから、近代化改修は極めて重要である。

◆6-11

もはや逃れられないダクテッドロケットAAM

「敵機のほうが一枚上手だったならば、私は離脱します。より良い明日のために」

――エーリッヒ・ハルトマン〈ドイツ空軍エース、356機撃墜〉

AIM-9XやAIM-120 AMRAAM等の現代型AAMにはノーエスケープゾーンがある。ノーエスケープゾーンという言葉は明らかに誤解を増長させる表現だ。まるで必中射程であるかのような感覚を覚えるかもしれない。実際は十分な速度エネルギーを保持し、戦闘機をはるかに上回る機動によって、高い確率で命中を見込むことのできる範囲を意味している。

ミサイルのロケットモーターはせいぜい数秒しか燃焼しない。ミサイルは戦闘機から射撃されるとロケットに点火し一気に加速、トップスピードに達した後は減速しながら滑空する。ロケットモーター燃焼中は優れた機動性を発揮できるが、ミサイルが長距離・長時間飛翔するほど速度は低下、次第に全力機動が行なえなくなり、命中率も落ちてゆく。もし最大射程50kmのAAMがあっても実際50kmを飛翔するとほとんど命中は見込めず、最後は落下するか一定時間カウント後に自爆する。

ノーエスケープゾーンは固定ではない。射撃時の発射母機が高速であればあるほどミサイルの初速も高まりノーエスケープゾーンは拡大するし、高空で射撃すれば空気抵抗が小さいから減速も緩やかとなる。さらに相手の機動にも影響を受ける。

例えばマッハ１で逃げる相手を射撃する場合、ミサイルが飛翔する距離は長くなるから、より接近しなくてはノーエスケープゾーン内に収められない。逆にマッハ１で接近してくる相手を照準するならばノーエスケープゾーンはより広くなる。MiG-25はヘッドオン状態でAMRAAMを撃たれた直後に急遽反転、全力で加速し振り切っているが、より接近しノーエスケープゾーン内で撃たれていたな

グリペンに搭載されたミーティア。エアインテークによって空気を取り込み、大気中の酸素を燃焼に使用する〈筆者撮影〉

らば高確率で撃墜されていただろう。

ドッグファイトは先制攻撃が重要である。したがってBVR交戦においていち早く射撃を可能とするノーエスケープゾーンの拡大は生死を分ける。

古くからある方法としては推力を増減させる「デュアルスラストモーター」がある。AIM-120やAAM-4が備えるほか、それ以前のスパローでも採用されている。これは燃焼反応速度の異なる2種類の推進剤を用いることによって、射撃直後は急速に燃焼し加速力を重視、その後はゆっくり燃焼させロケット稼働時間を重視し、速度エネルギーを維持し続ける。

ミーティアと従来型AAMの速度比較

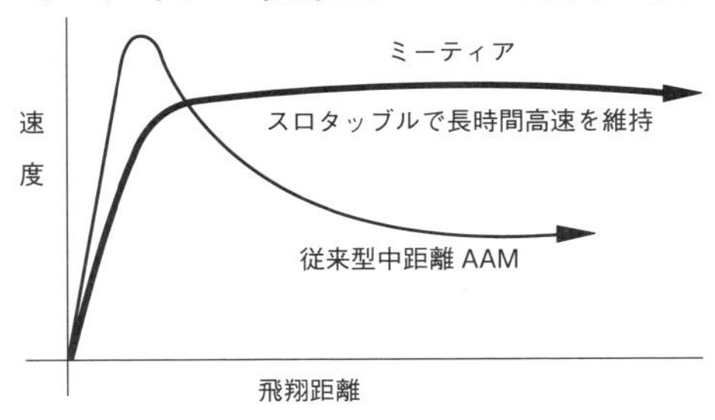

そして近年は「ダクテッドロケットモーター」を持ったAAMが開発されている。ダクテッドロケットとは、燃料の燃焼に大気中の酸素を利用するロケットである。従来のロケットモーターは燃料と酸化剤を混ぜた固体の推進剤を使っているが、ダクテッドロケットならば酸化剤が不要となるので、同じ容積でも搭載可能な燃料量は倍以上にもなる。

ダクテッドロケットは固体燃料をガスジェネレーターによって気化し、ラムジェットエンジンによって燃焼させる。推力調整が容易であるので、初期加速後は燃料消費を抑え巡航し、標的に接近したならば再加速して高い速度エネルギーの状態で標的に命中させるという方法も可能である。推力調整は燃料が増えた以上にノーエスケープゾーンを広くできる。

2018年には最初のダクテッドロケットAAMであるMBDA「ミーティア」が実用化される見込みとなっている。ミーティアのノーエスケープゾーンは、ヘッドオンで従来型（AIM-120C-5/7か？）の3倍、追跡状態ならば5倍に拡大しており（百数十km ？）、空中戦に革命を引き起こすとMBDAは主張する。誘導方式

ユーロファイターの視界外射程戦闘（BVR）

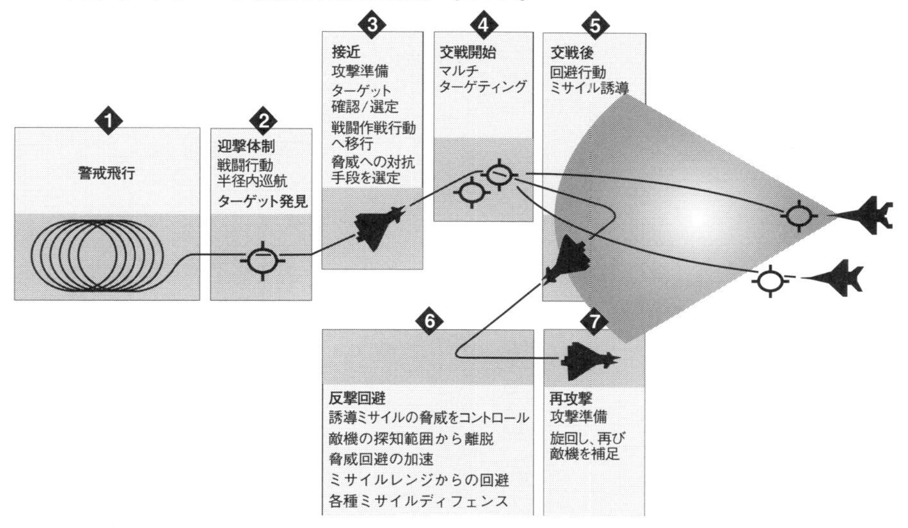

はAIM-120Dのような第三者を含めたデータリンクも可能な中間アップデート＋終端アクティブレーダー誘導である。グリペン、ラファール、ユーロファイター、F-35（ウェポンベイにも収納可）に搭載される予定。

日本は「ダクテッドロケット飛翔体」の研究を行なっており、将来的にはAAMとして実用化される可能性がある。またミーティアのシーカーを改良する共同研究に参画する。ロシアや中国もダクテッドロケットAAMの研究を行なっている。

アメリカではF-22とF-35のウェポンベイに搭載可能な「トリプル・ターゲット・ターミネーター」T3ミサイルと呼ばれるダクテッドロケットミサイルを開発する。対航空機、対巡航ミサイル、対レーダー兼用の複数目標に対応可能なマルチモードシーカーを持ち、AIM-120とAGM-88の後継となることが期待されている。

１発のミサイルを必要に応じてあらゆる用途に使用可能となることから、AAMと空対地ミサイルを混載する必要がなく、事実上の搭載能力を倍増させる。同時にすみやかな空対空・空対地への攻撃を切り替えることができる。空対地ミサイルとして使用する際は高機動性は不要であるから、射程距離を大幅に延伸可能である。

◆6-12

生きて帰るための「電子戦」

「戦とは騙し合いである。故に可能であることを不能に見せ、必要であるものを不要に見せ、近きものを遠くに見せ、遠きものを近くに見せ、有利に思わせ誘いだし、混乱させて叩く」

——孫武〈兵法家、「孫子」〉

本書ではここまで状況認識を得るための様々手段を紹介してきた。最も古くからある「可視光」をとらえる肉眼、「電波」を駆使するレーダー、「赤外線」によるIRST等々。可視光、電波、赤外線、これらはすべて、空間を光速で伝播する電磁波だ。戦闘機は先手必勝のドッグファイトに打ち勝つために、無線電話機の登場以降、様々な電磁波を駆使し状況認識の拡大を実現してきた。ドッグファイトの歴史とは電磁波の戦いの歴史でもあったと言える。

一方でさまざまな電磁波を利用したセンサーが誕生すると、必ずそれを潰そうとする「電子妨害」もまた同時に誕生してきた。相手を発見しようとするセンサーと電子妨害の攻防戦「電子戦（EW）」に打ち勝ったもののみが、状況認識を得られる。

2014年、ウクライナにおいてボーイング777旅客機がSAMによって撃墜された件は記憶に新しい。ウクライナでは空軍のSu-25やMiG-29といった攻撃機・戦闘機も多数撃ち落とされている。現代ではノーエスケープゾーンを持つようなAAMやSAMは機動でかわせないから、なんとしても射撃を阻止しなくてはならない。また射撃された場合は誘導を妨害しなくてはならない。戦闘機が生き残る能力「生存性」は電子戦のいかんにかかっている。

相手のセンサーを機能低下ないし狂わせるには、実際に妨害を行なう手段「電子攻撃（EA）」と、効果的に妨害を行うための情報を収集「電子支援（ES）」が必要になる。EAは「電子対抗手段（ECM）」とも呼ばれることがあり、ESも「電子戦支援手段（ESM）」と呼ばれることがある。

以下、ことわりが無い限り、現代戦闘機としては特に高度な電子戦能力を有しているユーロファイターを例としよう。ユーロファイターには「防御補助代理システム（DASS)」が搭載されており、DASSはESを行なうレーダー警戒受信機（RWR）、レーザー警戒受信機（LWR）、ミサイル接近警報装置（MAW）、EAを行なうチャフ・フレアディスペンサー、ジャミング発生装置、曳航式デコイが搭載されており、これらは防御補助コンピューター（DAC）によって完全自動制御される。

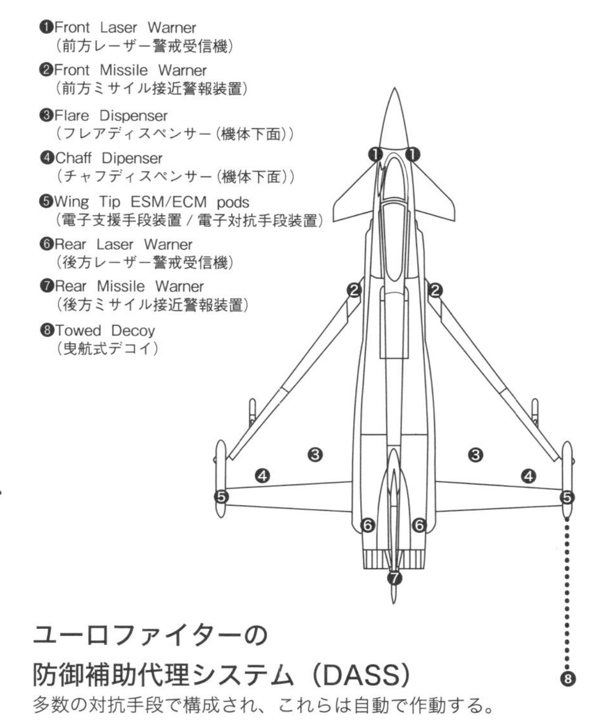

ユーロファイターの防御補助代理システム（DASS)
多数の対抗手段で構成され、これらは自動で作動する。

・レーダー警戒受信機（RWR)

レーダー警戒受信機は機体各部に複数のアンテナを設置し、自機が受けているレーダーの電波を逆探知することによって、そのレーダーを使用している戦闘機やミサイルがどの方角に存在するかを知らせる。ただし距離は知ることができない。映画等でロックオンされた場合にパイロットへ警告音を発しているのはこのレーダー警戒受信機である。

ロシア製のレーダー警戒受信機（RWR）。電波の到達方向のランプを点灯させ、パイロットに注意を促す。機種やミサイルを特定することも可能〈筆者撮影〉

レーダー警戒受信機は電波のパターンを解析、脅威ライブラリと照合することによって、その電波を使用するレーダーの種別特定できる。たとえばZhuk-27レーダーの信号と一致したならば、Zhuk-27を搭載するSu-27と識別する。むろんこれはZhuk-27の信号情報をあらかじめ取得していることが大前提であるから、平時においての信号課報（SIGINT：シギント）・電子課報（ELINT：エリント）は非常に重要である。

レーダー警戒受信機はF-4など1960年頃の戦闘機から搭載されはじめ、現在ではすべての機種が装備している。ESMという語は狭義において、このレーダー警戒受信機を指して使われることがある。

・レーザー警戒受信機（LWR）

レーザー警戒受信機は自機に照射されているレーザーを検知し警報を発する。Su-27やMiG-29など装備するIRSTは測距のためのレーザーを持っているから、IRSTで照準されていることを察知できる。ただ戦闘機に対してレーザーを使用することはめったにないので、ユーロファイター以外にこれを装備している機体は無い。

・ミサイル接近警報装置（MAW）

ミサイル接近警報装置はその名の通り接近するミサイルを監視し、警報を発する。ユーロファイターのミサイル接近警報装置はミサイルの排気が発する紫外線を検知するが、現在はミサイルの空力加熱もとらえられる赤外線型が主流である。輸送機やヘリコプターに搭載されることが多いが、戦闘機にも搭載機が増えつつある。F-35のEO-DASによる全球覆域状況認識も、ミサイル接近警報装置として機能する。

セミアクティブ／アクティブレーダー誘導ミサイルはレーダーロックオンが必要であるから、レーダー警戒受信機の逆探知によってミサイルの接近を知ることも出来る。

・チャフディスペンサー

チャフディスペンサーは、髪の毛状の極めて細い金属糸「チャフ」を空中に散布し、金属の雲を作り出すことによって空中に偽のレーダー反射源を生成する。主にレーダー誘導ミサイルを引き寄せるEAを行なう。

チャフはただばら撒いても効果がなく、チャフ１本の長さは妨害するレーダー波長の半分でなくてはならない。波長は光速を周波数で割ることで求められる。10Ghzのレーダーならば波長3cmであるから1.5cm長のチャフが必要となる。通常は長さの異なるチャフを詰め込んだパッケージを複数搭載し、レーダー警戒受信機によって逆探知した電波情報をもとに最適なものを射出する。

チャフの歴史は非常に古く、レーダーの登場とほぼ同時期にイギリスとドイツで開発されるが、お互いに真似されることを恐れて中々実戦投入されなかった。最初に使ったのはイギリスで、爆撃機の露払いとしてチャフ搭載機（チャフシップ）が先導し「ウィンドウ」と呼称する細長いアルミ箔型のチャフを散布した。そしてチャフの細道（チャフコリドー）を後続の爆撃機が通過する。およそ15分間はドイツのレーダーから爆撃機を隠すことができた。ドイツの夜間戦闘機用レーダーFuG 202「リヒテンシュタイン」の波長は6.12m（490Mhz）もあるので、ウィンドウも3m以上にも達する巨大なものだった。

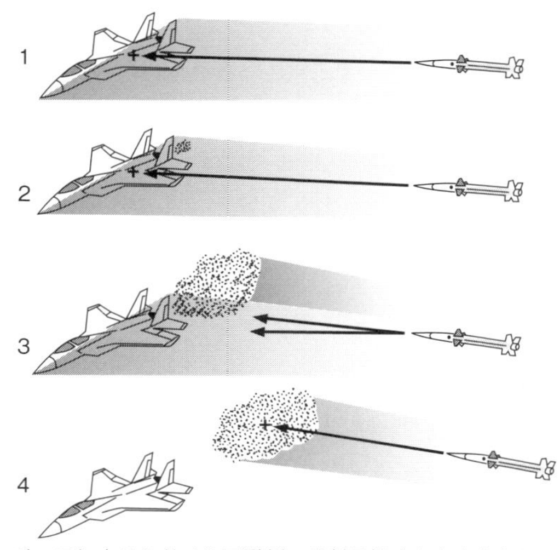

チャフによるミサイル回避例。発射母機よりも大きなレーダー反射を作り出し、ミサイルを欺瞞し引き寄せる

フレアは最もポピュラーな赤外線対抗手段であるが、近年の赤外線画像認識誘導のミサイルにはほとんど効果がない〈筆者撮影〉

チャフはほぼすべての現代戦闘機に搭載されているが、F-22は装備しない。かえってシグネチャーを増大させステルスを損なうという判断なのであろう。一方でF-35はステルスを損なう機外兵装を見込んでいることから装備する。

・フレアディスペンサー

フレアディスペンサーは、マグネシウムなど可燃性物質を封入したパッケージを射出し、摂氏千数百度で燃焼する「フレア」を作り出す。フレアは強力な赤外線を放射し、赤外線シーカーのロックオンを母機から引き寄せる。ほとんど全ての戦闘機に搭載されており、チャフとフレアは同一のディスペンサーが使われることが多い。

F-2等が搭載するAN/ALE-47対抗手段ディスペンサーシステム（CMDS）は、チャフかフレアどちらかを30発収納可能である。F-2ならばCMDSを４基装備するので120発までの範囲でチャフ・フレアの数を調整できる。赤外線誘導型ミサイルは何も電波を出さないパッシブシーカーなので、F-2のようにミサイル接近警報装置を持たない機は、パイロットが自分の目で周囲を警戒し手動でフレアを射出するか、「５秒ごとに２発ずつ射出で投下」等あらかじめプログラミングしておく。

・ジャミング発生装置

ジャミング発生装置は強力な妨害電波を発し、相手のレーダー電波に覆いかぶさることによってこれを無効化する。ただし完全に無効化するのではなく、ある程度接近すると相手のレーダー電波も強くなるから、バーンスルー（妨害の克服）される。したがって「相手のレーダー視程を押し戻す」がより正確である。ECMという語は狭義においてこのジャミング発生装置を指して使われることがある。

ジャミングは対象のレーダー電波と同じ周波数の妨害電波を発振しなくては効果がないので、広い周波数帯に妨害電波を発振するバラージジャミングと、周波数を絞って行なうスポットジャミングがある。バラージジャミングはどんな周波数にも対応できるが効果が薄く、スポットジャミングは効果が大きいが、レーダー警戒受信機と事前のSIGINTによるES能力に大きく依存する。

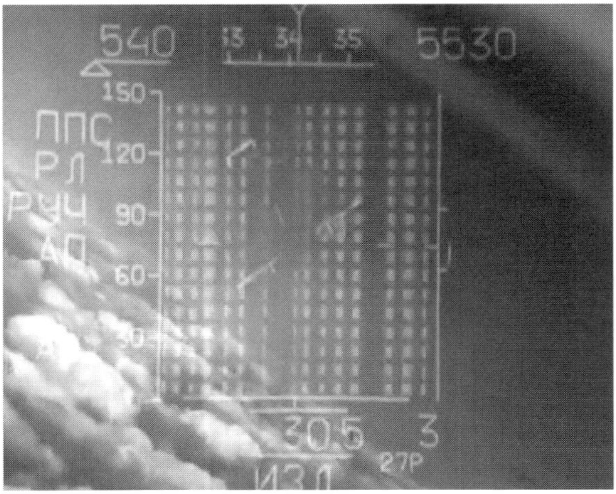

ジャミングはチャフ同様第二次世界大戦の頃にはすでに行なわれていたが、戦闘機に装備されはじめたのは60-70年代に入ってからである。21世紀以降に登場した戦闘機は機内にジャミング発生装置を持っている場合が多いが、F-16やSu-35Sなどは機外にジャ

Su-27SMはHUDにレーダーの情報を表示するが、ジャミングを掛けられ無効化されてしまっている

F/A-18のAN/ALE-55曳航式デコイ。敵のレーダー波を模擬することによってミサイルを引き寄せる〈US NAVY〉

ミングポッドを装備する。

・欺瞞妨害／デコイ

「曳航式デコイ」は100mの長さを持つワイヤーによって、空中に曳航する電波発信体である。デコイとは囮の意。レーダー警戒受信機によって解析された敵のレーダー電波の情報から、それと全く同じ電波を少し強めにわずかに位相をずらして発振すると、曳航式デコイがさも航空機であるかのように見せかける「欺瞞妨害」を行える。母機に仕掛けられたロックオンを引き寄せミサイルをかわす等に使用されるほか、ジャミング発生装置としても機能する。曳航式デコイはユーロファイター他F/A-18E/F 、F-16など数機種のみが装備している。

また、レーダー反射板を取り付けた滑空機を空中投下し、相手のレーダーに飛行機であるかのように思わせるADM-141 TALD（戦術投下型デコイ）のようなものも存在する。単純であるが、見破りは難しい。ADM-160C MALD-J（小型空中投下デコイ）ではジェットエンジンを持ちマッハ0.9で長時間飛行可能で、内部には妨害装置等を備えている。

さらにジャミング発生装置のなかには自機の速度や位置、角度を偽装するものもあるほか、実際は存在しない航空機を大量に発生させる等様々な欺瞞妨害が存在する。

・機動

機動によるEAは昔から多用されてきた。例えば旧型のパルスレーダーはルックダウン能力に欠けていたから、低空から接近するという作戦は非常に有効だった。ベトナム戦争のMiG-21がそれだ。低空飛行は地球の丸みによる水平線や山の影を利用した「地形追随飛行（NOE）」、海上の場合では「シー・スキミング」がある。

パルスドップラーレーダーはルックダウン・シュートダウン能力を得る代償として、接近速度が対地速度に近い標的をフィルター処理してしまう欠点がある。ヘッドオン状態から相手に対して90度の角度へ旋回すれば、接近速度が対地速度と同じになり、レーダーに対して不可視とすることもできる。これを「ビーミング」機動と呼ぶ。

赤外線誘導ミサイルに狙われたならば、アフターバーナーをカットし排気口を隠すように旋回する、または膨大な赤外線を放出する太陽の方向へ逃げる等がある。

◆6-13

EAを打ち砕く電子防護（EP）

「対電子戦で、一番効果があるのは人間の目です。目さえよければ、どんな妨害電波をかけられても平気です。目を鍛えておけば、最高の対電子戦の武器になります」

——岩崎貴弘〈航空自衛隊パイロット、『最強の戦闘機パイロット』講談社〉

EAを受けた側は正確な状況認識を得られない。せっかくノーエスケープゾーン内でAAMを発射しても、誘導能力を損なってかわされてしまう恐れがある。そのためEAを受けた側は、これを無効化する電子防護（EP）を行なう。EPはEAに対する妨害である。

フレアに対するEPとしては、赤外線が急激に強くなった放射源や面積の小さすぎる点光源をロックオンしない、赤外線・紫外線の二色シーカーの採用によって過度に紫外線を発するものをフレアとみなす、さらには赤外線画像認識シーカーとし航空機とフレアを確実に見分ける等の方法があり、現在ではフレアはそれほど有効なEAではなくなっている。

チャフやジャミングへの電子防護は第二次大戦時から行なわれている。チャフに対してはレーダーの周波数を変更する「周波数ホッピング」すれば良い。また射出後急速に減速するチャフは、ドップラー効果で比較的容易に見分けられる。

スポットジャミングや曳航デコイ等を用いた欺瞞妨害も周波数ホッピングで無効化できる。ジャミング自体が電波を発振するシグネチャーとなるから、ジャミングを受けた側は妨害電波がやってくる方角に敵機が存在することを察知できる。

現在主流のBVR AAMは、AIM-7F/Mスパローのような旧式のものも含め「ホームオンジャム（HOJ）」と呼ばれる、ジャミング発生源に対して誘導を行なうモードを有している。正確な距離が不明であっても誘導自体は方角さえ分かれば可能であるから、AAMを撃ち込むことができる。もちろんWEZ外からの射撃となってしまい無駄弾となる可能性もあるが、もともと射程の長いフェニックスやミーティア等では大きな武器となる。

1973年にF-14で行なわれた試験では、相対距離204kmでフェニックスAAMを発射、ホームオンジャムで誘導されBQM-34Eファイアービー標的機を撃墜したこともある。ちなみに204kmはフェニックスにおける最長射程記録である（恐らく実用AAMとしても）。

相手の電子防護によってEAを無効化された側は、今度はEPを無効化せんと再びEAを行なうことになる。妨害対象のレーダーに周波数ホッピングされたならば、再びその周波数に向けてスポットジャミングを行なう。さらに周波数ホッピングされたならば３度その周波数にスポットジャミングを行なう。延々と相手に対しスポットジャミングを繰り返すことを「スイープジャミング」と呼ぶ。

EAとEPはこれを無限に繰り返し、最終的に相手を克服した方が電子戦の勝利者となる。EAをECMと呼ぶ場合、EPはECCM（対抗電子対抗手段）というくどい語が用いられる、まさにこの電子戦の無限ループを的確に表していると言える。

かつての戦闘機はパイロット自身の意思でチャフやフレアを投下していたが、ユーロファイターのDASSを含め現代戦闘機の自己防御装置は、ESからEA、EPまでソフトウェアが自動的に行ない、基本的にはパイロットが介在せず最大限の妨害と状況認識の取得が可能なようコンピューターが補助してくれる。パイロットは人間にしか不可能な判断に集中することができる。

最後に、もっとも妨害に強いセンサーはMk.1アイボールである。肉眼は視程が短く個人の能力に大きく依存するが、至近距離でこれを妨害する手段は無い。

見えないドッグファイト

現代戦闘機において状況認識を得るには、電子戦に打ち勝たなければならない。電子戦システムはパイロットがほぼ介在することなくソフトウェアによって動作するから、彼我のソフトウェアによる見えない戦いこそが、現代のドッグファイトの真の中心である。肉眼で確認することのできる、空を機動する戦闘機の姿は、戦いのほんの一部を表現しているにすぎない。

ソフトウェアのプログラミングは地上において行われる。また敵の電波情報を収集するSIGINTは事前に別途実施しなくてはならない。従ってドッグファイトの勝敗は離陸する前の時点において、ほぼ決している。

これは極端な考え方に思えるかもしれない。しかし別に目新しいものではない。4-4で引用した第二次大戦の米海兵隊エース、ボイントンの言葉を再確認してほしい。ドッグファイトはその有史以来、戦う前から勝敗が決していたのだ。かつてはパイロットの訓練に全てが掛かっていたが、それがソフトウェア開発に比重を移しただけのことである。

◆6-14

秒速30万kmの指向性エネルギー兵器

「殺人光線によって航空機を破壊することは不可能ですが、航空機が反射した電波によって、航空機を探知することは可能です」
——ロバート・ワトソン・ワット〈物理学者、1935年のレポート〉

人類が地球外へ進出したSFの世界では、ビーム兵器はとりわけ人気の存在である。誰しもビーム兵器が登場する作品を２～３思い浮かべることはそう難しくないだろう。ビーム兵器は未来の存在ではない。ビーム兵器の一種である「指向性エネルギー兵器」が既に実用化されており、一部の戦闘機に搭載されはじめている。

高指向性エネルギー兵器は極めて強力な出力の電磁波を、高い指向性を持つビームとして照射し、対象を破壊する光速度兵器（ライトスピードウェポン）である。電磁波は秒速30万km、１秒間に赤道上を７周半する速度でほぼ直進するから、高指向性エネルギー兵器は正確な照準さえあれば必ず命中する。電磁波は周波数によって特性が違うため、指向性エネルギー兵器にはいくつかの種類がある。

・高出力マイクロ波（HPM）

高出力マイクロ波は、レーダーやレーダー警戒受信機等の各種レドーム、センサー部から攻撃対象に浸透し、電子回路を破壊する。直接的に機体を破壊することはできないが、内部からアビオニクスを無力化するために用いられる。その効果は電子レンジに携帯電話を投入することによって簡単に実験できる。（携帯電話が壊れるのでやらなくていいし、どうしても見たいならばYoutubeに動画が幾らでもUPされている）

電子回路（携帯電話）が破壊される理由は、金属部が強力なマイクロ波の照射を受けると非常に高い電圧を生じ、大電流が流れることによる。皮肉なことに高密度に集積化された高性能なアビオニクスほど許容量以上の電流に弱く、ICや基盤が焼きられてしまう。

マイクロ波自体は、第二次世界大戦時代からレーダーで使用する電波の周波数帯として戦闘機で用いられている。F-15は地上でレーダーを作動させる場合、左右±65度、距離302ft（92）mを危険範囲に指定している。F-15のAN/APG-63レーダーは出力12.975キロワット、家庭用電子レンジ約20台分だった。むろん92mでは兵器としては全く役に立たない。もっとハイパワーが必要である。

高出力マイクロ波の発振にはAESAレーダーの受信素子をそのまま使うことができる。F-22用のAN/APG-77はF-15と同等の12キロワットであるが、各送受信素子内の増幅装置によって、広周波数帯に超高出力のマイクロ波を発振可能であるとされる。詳細は不明であるが推定出力数百メガワット～ギガワットで、１兆分の１秒という極めて短いパルスを照射し、瞬間的に敵のアビオニクスを破壊する。

射程距離は不明。アビオニクスを無力化するダメージを与えるには、せいぜい1km前後ではないかという説もある。F/A-18E/FやF-35においても高出力マイクロ波を使用可能ともされ、ユーロファイター用の新型AESAレーダーもその能力を持つという観測もある。高出力マイクロ波についての詳しい情報はほとんど明らかにされていない。

対空レーダーの歴史は1935年、イギリスによる「デスレイ（殺人光線）」研究から始まった。そして現代、レーダーはついにデスレイとなった。

・赤外線レーザー

2002年、アメリカはボーイング747-200ジャンボジェットを原型に、その機首部に巨大な酸素ヨウ素化学レーザー（COIL）を搭載した試験機、YAL-1エアボーン・レーザーを初飛行させた。COILは化学反応を利用して発生した光を利用する赤外線レーザーで、ブースト段階にある弾道ミサイルを最大射程600kmから攻撃することによって、これを撃墜する能力を目指し開発された。

YAL-1のCOILは出力メガワットクラスとされ、高出力マイクロ波とは異なり長時間照射し続けることによって加熱し、損傷をあたえる。2009年には弾道ミサイル迎撃実験を成功裏に行なっている。興味深いことに敵戦闘機を撃ち落とす空中戦も想定されていた。もちろん原型が旅客機であるから接近してきた機は攻撃できるが、自ら追撃はできない。2011年に開発プログラムがキャンセルされた。

戦闘機搭載用としては、ターゲティングポッドで用いられているレーザーデジ

YAL-1エアボーン・レーザー。ボーイング747を母体としたミサイル防衛システムとして開発されたが、実用化には至らなかった。機首部にCOIL用照準ミラーを有す〈MissileDefenceAge〉

グネーターが、古くから赤外線レーザーを使用している。レーザーデジグネーターは対象を焼き切るような出力はないが、人間の網膜に損傷を与え失明させる程度には十分すぎる能力を持つ。本来こうした使い方をするためのものではないから、LITENINGポッドでは大気の減衰を受けにくい1.06μm波長の他に、網膜を傷つけにくい1.57μm（アイセーフレーザー）を選択できる。

高指向性エネルギー兵器想像図。赤外線レーザーでミサイルシーカーを焼き切る。ミサイルに対する自己防御装置としては究極の装備となるかもしれない

アメリカでは2009年より軍用機搭載用に「高エネルギー液体レーザー広域防御システム（HELLADS）」と呼ばれる赤外線レーザーの開発をスタートさせ、2015年には評価試験が行なわれた。2020年の実用化を目指している。

HELLADSはB-1B爆撃機やF-35への搭載が見込まれ、スペースの限られるF-35においてはとりわけ電力の確保と冷却が課題となる。HELLADSはAL-1のCOILとは異なり半導体を用いて電力を光に変換する固体レーザーである。出力は100〜150キロワットを見込んでいる。レーザーへの変換効率は１割程度なので、１メガワットの電力（一般家庭333世帯分）が必要である。垂直離着陸型のF-35Bがもつリフトファンを発電機に置き換えるなどの案がある。また液体冷却機構をいかに収納するかも技術的課題となる。

HELLADSの射程距離は数kmと推定される。高出力マイクロ波よりは長いが、赤外線は雲中において減衰・拡散が強くなるのでほとんど使えなくなる。一方で高出力マイクロ波は悪天候に影響されない。

以上、高出力マイクロ波や赤外線レーザーといった指向性エネルギー兵器のビームはどちらも射程が短く、WVRでの使用に限られるから、戦闘機の主要兵装はAAMであり続ける。指向性エネルギー兵器は当面は全球覆域状況認識に組み込んでの防御装置としての役割が主な用途となる。電子戦システムと連動し、接近するミサイルに対してビームを照射し、誘導能力を破壊する。ミサイルは標的を補足するためのシーカーがどうしても弱くなる。レーダーシーカーのレドームは微弱な電波（＝マイクロ波）を透過させ無くてはならないから、高出力マイクロ波を遮蔽することは困難だ。

同様に赤外線シーカーは赤外線に敏感であるから、赤外線レーザーでほぼ瞬間的に焼き切ることができる。これはすでに「指向性赤外線対抗手段（DIRCM）」が自己防御装置として実用化されている。DIRCMは輸送機やヘリコプターへの搭載例が多いが、F-35にも装備することを見込んでいる。

ミサイルがいかに秒速1km以上ものスピードで迫ろうと、適切な衝突コースを飛行するミサイルは、見かけ上は静止し真っ直ぐこちらに向かってくる。そして秒速30万kmの光速の前では止まっているも同然であるから、適切に照準すれば絶対に命中する。

ドッグファイトにおいて、赤外線レーザーを数秒間照射し、機体構造の一部を融点まで加熱し破壊する、高出力マイクロ波のバーストで飛行制御システムを破壊する。というような敵機を撃墜に至らしめる程の威力を持つようになるのは、まだ先の話だろう。

だが敵戦闘機を撃墜できないまでも、高度な各種センサーを潰すことは、ミサイルのシーカー同様にそれほど困難ではないはずだ。現代戦闘機の戦闘能力は完全にセンサーへ依存しており、センサーを無力化された現代戦闘機は、30～40年ほど前の水準に退化させられる。その意義は極めて大きい。

◆6-15

機関砲はいらなくなったのか？

「機関砲の無い戦闘機……翼のない飛行機のようなものです」
――ロビン・オールズ〈アメリカ空軍エース、16機撃墜〉

1960年代、過度なミサイル依存への反省から、多くの戦闘機が機関砲装備へと回帰した。その後は高度なセンサーと高性能なAAMが登場し、ドッグファイトはBVR交戦ないしWVRでも短射程AAMで終始するようになった。近年はAIM-9XのようなオフボアサイトA照準能力を持つAAMも主流になっており、尻を取り合う格闘戦に入る必要もないどころか、自機の背後の敵にすら射撃が可能となっている。

もう機関砲はドッグファイトに必要のない武器なのだろうか。20世紀中ならばベトナムで撃墜の機会をのがした事例をあげ、必要であるとの意見が多数であったろう。しかし、そのベトナム戦争も最初の空中戦は1965年であり50年が過ぎ去った。100年の戦闘機史の半分も遡らなくてはならないほど昔の、動いている相手にはミサイルが命中しなかった時代とは、大きく事情が異なっている。今、再びドッグファイトにおける機関砲の存在価値は大きな岐路を迎えている。

イギリス空軍はASRAAMがあれば機関砲は十分と一時期ユーロファイターからBK-27 27mmリボルバー型機関砲を撤去しようとさえした（これは撤回されている）。F-35に至っては固定機関砲を搭載するのはA型のみでB/C型は装備しない（ガンポッドは装着可能）。F-35B/CはアメリカA軍のFナンバーとしてはF-4ファントム以来久々に機関砲を固定装備しない戦闘機となっている。

2012年、ロッキード・マーティンは「クーダ」と呼ばれるミサイルコンセプトを発表した。クーダは極めてサイズが小さなAAMで、全長1.78mとAMRAAMの半分しかなく、F-35の小さなウェポンベイにも12発を格納できる。詳しい性能は明らかにされていないが、360度をカバーするオフボアサイトのノーエスケープゾーンと、BVR交戦能力を兼ね備えている（サイズの故に

AIM-120C（上）とクーダ（下）の同縮尺図。極めて小さいクーダはステルス機のウェポンベイ内部にも多数搭載することを可能とする

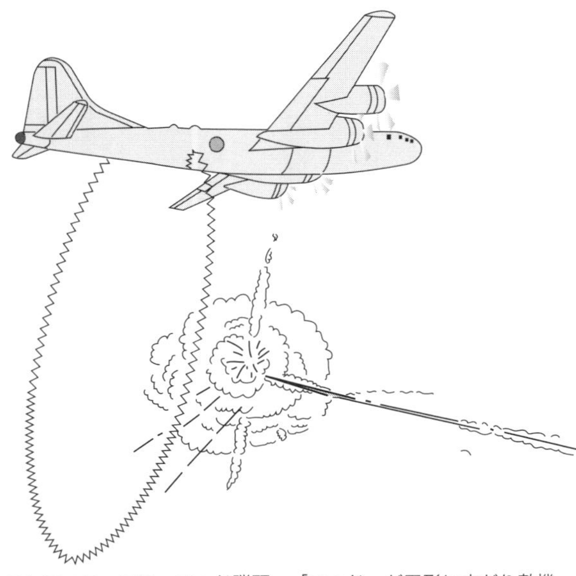
コンティニュアス・ロッド弾頭。「ロッド」が円形に広がり敵機を切断する。大型機に対しても大打撃を与える

AMRAAM程の射程は無いだろう）。

このクーダ、「ヒットトゥキル」すなわち直撃を想定するユニークな特徴を有している。従来のAAMは標的の近傍を通過させることによって近接信管が作動、弾頭が爆発しその破片をもって標的を破壊することを目的としており、直撃を想定していない。だからこそサイドワインダーやスパローは金属片をリング上に飛散させる9.4kgないし40kg「コンティニュアスロッド（環状）」弾頭を持ち、AMRAAMも爆発に指向性を持たせ、破片を効率よく標的に向けて飛散させる18.1kg～22.7kg指向性破片弾頭を持った。

クーダはマルチモードシーカーによってアクティブレーダー誘導される。空対地においてもソフトスキンターゲット（非装甲車両・小型船舶等）への攻撃が可能であるとしているから、2-3kg程度の小型弾頭を想定していると思われる。弾頭が小さいことや、近接信管を省けることから、より多くの推進剤に割り当てられる。

AAMはもはや直撃させることを前提とした兵器として成立するほど誘導性能が向上した。今後クーダのように搭載数を重視しヒットトゥキルを前提としたAAMが実用化されたならば、機関砲をあえて使用する意味は、ますます薄れてゆくだろう。また指向性エネルギー兵器の実用化も機関砲の価値をさらに低下させるかもしれない。

機関砲は既にドッグファイトではほとんど使われなくなっているとはいえ、その機構が原始的であるがゆえに銃弾は極めて安価であり、平時における信号射撃（警告）に適しているというメリットも有る。対地攻撃においては爆弾と違って「強すぎない」ことから、市街地や敵と友軍が接近しすぎている場合に使いやすく、21世紀以降のイラクやアフガニスタンの戦いにおいては、F-15Eのような戦闘機でも頻繁に実施している。

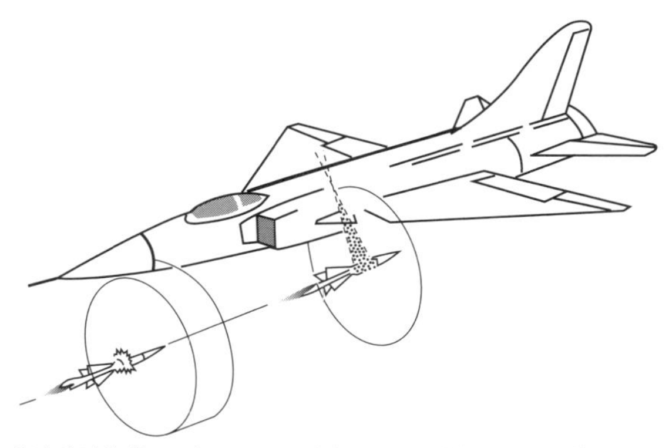

指向性破片弾頭。爆発による破片の飛散を敵機の方向に集中させることによって、撃破確率を高める

F-35Aの固定機関砲がアメリカ製Fナンバー戦闘機標準の20mmバルカンではなく、GAU-22/A 四砲身25mm機関砲を装備し口径がアップしていること、F-35B/Cにガンポッド（GAU-22/Aを格納）の装備が可能なことは、対地攻撃のための装備とみなしているという要因も大きい。

F-35Aは「ブロック3i」と呼ばれるバージョンのミッションシステムソフトウェアによって初期作戦能力を達成した。このブロック3iにおいては機関砲の照準能力は持たずAIM-9Xすら運用できない。2018年に実用化予定の「ブロック3f」でこれらは使用可能となるが、当面F-35A用の空対空兵装はAMRAAMのみである。もはやWVR、ましてや機関砲でドッグファイトをするつもりは無いのだろう。

◆6-16
それでも格闘戦は起こりえる

「きみの６時（背後）のミグは、世界最強のパイロットが操縦する」
——アメリカ空軍

BVR交戦は高度な各種センサー、全自動自己防御装置、情報処理通信システムといったアビオニクスと、フォースマルチプライヤーによって得られる状況認識の差、そしてAAMによって決する。これらに優れた方は圧倒的な優勢を確保し、戦闘機の飛行性能差以上に勝利できることは、湾岸戦争やコソボ紛争におけるドッグファイトにおいて証明された事実である。

現代のドッグファイトはBVRにより重きをおいている。将来的にはBVR交戦の比率はさらに高まるであろうが、それでもWVR交戦は発生しうるし、古典的な格闘戦も否定できない。ミーティアのようなミサイルを使えば100km先の敵機を高確率で撃墜可能となったとはいえ、それはあくまでも国家間において高レベルの緊張状態になって初めて発揮される能力であり、平時ないし低強度紛争において、目視識別なしに問答無用で撃墜するといったことは、まともな国家ならば通常考えられない（無論ろくな識別なしに旅客機を誤射するような国もあるが）。

1992年のAMRAAMを使用した最初の交戦では、アメリカ空軍F-16は距離6kmのWVRにおいて、イラク空軍MiG-25に対しAMRAAMを発射し撃墜した。このドッグファイトはMiG-25が飛行禁止区域に侵入した直後、距離33km時点でF-16がロックオンしていた。いつでもAMRAAMの射撃が可能な状態だったが、まずその前に目視識別を行なった。湾岸戦争のような状況であったならば即射撃していただろう。こうした対処の違いは、武器の使用制限を盛り込んだ交戦規定（ROE）によって作戦の都度定められる。

2016年現在、高度なジェット戦闘機と防空網を有している国同士が大規模な戦争状態に突入するような世界情勢では無い。あったとしてもせいぜい「ならずもの国家」やテロ組織を攻撃する程度で、2011年に行なわれたNATO及び中東

ダッソー「ミラージュ2000」はミラージュ IIIによく似ているが全く別の機体である。フライバイワイヤの採用によってF-16に比肩する機動性を有す。1980年代に導入が開始された〈筆者撮影〉

諸国によりリビア内戦への介入「ユニファイド・プロテクター作戦」では、リビア空軍との圧倒的な差から一件の撃墜も発生しなかった。作戦初日に行なわれた艦艇発射型トマホーク巡航ミサイルを含む航空攻撃によってリビア空軍の飛行場や通信施設はすぐに機能を失った。さらにB-2爆撃機はJDAM GPS誘導爆弾を満載しリビアの各飛行場を「精密に絨毯爆撃」し、一度の航過でほとんど全ての強化格納庫に命中させ、戦闘機を大量に破壊する離れ業をやってのけている。リビア空軍は戦う前に兵力と指揮能力を失った。

あわや空対空撃墜かと思われた唯一の事例も、フランスのラファールが着陸滑走中のSOKO G-2ガレブ軽攻撃機をAASM空対地ミサイルによって破壊したに留まる。あと少し攻撃が早ければ撃墜記録となっていただろう。

平時における偶発的な衝突は十分に考えられるが、こうした場合のドッグファイトこそ高確率でWVRとなるから、むしろBVRよりも発生頻度は高くなる。そして実際にギリシア・トルコ間において、エーゲ海上空を舞台に度々発生している。最近では2015年末にも交戦があったことが明らかにされている。

エーゲ海のドッグファイトは幸いにも多くの場合、ロックオンして追い払う程度に留まっているが、両国とも相手国の戦闘機をロックオンしているビデオを積極的に公開している。興味深いことに「F-16対F-16」の同一機種対決がその大

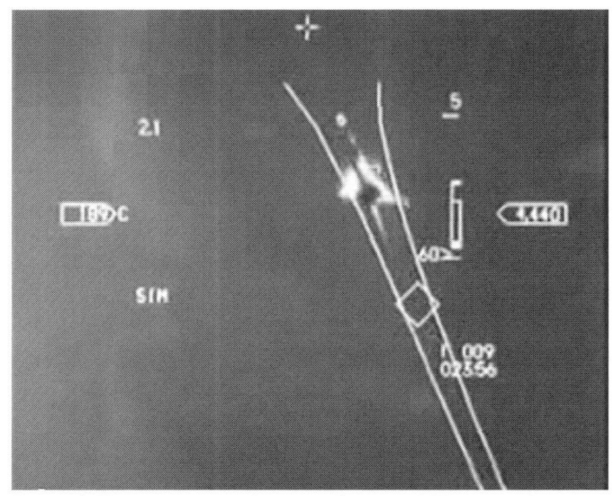

トルコ空軍のF-16のHUDカメラ。ギリシア空軍ミラージュ2000が機銃の照準に完全に補足されている。「◇」のマークはサイドワインダーのロックオン表示。アフターバーナーにより後ろに流れている

部分を占める。交戦前に500kt（926km/h）マッハ0.8あった速度エネルギーが、30秒間の7G旋回によって200kt（370km/h）以下にまで減衰し、アフターバーナーによってエンジンノズルを煌々と輝かせる相手を追撃する様は、まさに古典的な格闘戦そのものであり、1960-1970年代にアメリカの戦闘機マフィアが唱えたE-M理論が未だ有効であることを証明している。しかもその大部分はサイドワインダーのシーカーをロックオンさせつつ、機関砲の照準まで行なっている。Youtubeにて「greece turkey dogfight」と検索すれば、これらの動画を見ることができる。

ギリシア・トルコのドッグファイトでは少なからず墜落機が出ており、1992年６月18日、ギリシアのミラージュ F.1CGがトルコのF-16とドッグファイト中に墜落した。そして1996年10月８日にギリシアのミラージュ2000EGはR.550マジック２オールアスペクト型赤外線誘導ミサイルによってトルコのF-16Dを撃墜した。これはギリシア・トルコ間における唯一の撃墜例であり、同時に誤射を除きF-16唯一のドッグファイトにおける被撃墜である。2006年５月23日には両国のF-16Cが空中衝突して２機とも墜落している。またトルコ・ギリシア間ではないが2015年にはトルコ空軍のF-16がAIM-9Xによって、シリア領内で作戦中だったロシア空軍のSu-24戦闘爆撃機を撃墜した。

将来も格闘戦は必ず発生する。F-35のように高度なシステムが実現する圧倒的な状況認識と、オフボアサイトAAMによって、格闘戦でも無類の力を発揮する戦闘機でさえ起こり得る。トルコ空軍はF-35Aを導入予定なので、そう遠くないうちにエーゲ海上空でギリシア空軍機と格闘戦することになるかもしれない。

むろんトルコ・ギリシア間に限らず、尖閣諸島を巡る日中間の衝突において発生することだって十分に考えられる。

◆6-17

独自の道を歩み始めた中国戦闘機

「縄鋸も木断ち　水滴も石穿つ」

——洪自誠〈思想家〉

2011年1月11日、中国の四川省。成都飛機の飛行場において黒色に塗装された戦闘機と思われる飛行機が初飛行を行ない、その様子はネットを通じて世界中に広まった。前年末に不鮮明な写真がネットに（意図的？）流出したステルス機と思われるそれは離陸から15分後、無事に着陸した。

J-20（殲20）という名称で呼ばれるこの戦闘機らしき飛行機について、詳しいことは何も分かっていない。J-20という名称ですら仮に付けられたものであり、各方面において写真等から性能を読み取ろうと奮闘が続いている。それはさながら冷戦期のマッハ3級戦闘機「フォックスバット」に対する情報的飢餓感が、現代に蘇ったかのようであった。

J-20は明らかにLOを意識した設計を持つ。当初はシリアルナンバー #2001、#2002機しか存在が確認されておらず、単なるコンセプト機ではないかという観測もあった。その後F-35のEOTSのような突起を付けた機体など、多数の試作機らしきJ-20の飛行が目撃されており、これは明らかに実用化を目指したアビオニクスのテストベッド機であると思われる。機体各部にF-35のEO-DASとよく似た部位が確認できるため、全球覆域状況認識の実現をも目指しているようだ。MiG-31に匹敵せんとする巨大な機体が故に、航続距離を重視した戦闘爆撃機ではないかと推測される。

またJ-31（殲31）なる、F-35によく似た別のステルス戦闘機も2012年10月31日に瀋陽飛機の飛行場で初飛行を行なっており、将来輸出を狙っているらしく海外向けはFC-31と呼ばれる。

1990年ころまでは、中国空軍・海軍の戦闘機は明らかに世界水準から大きく遅れていた。配備機種はJ-5（殲5）、J-6（殲6）、J-7（殲7）で、これらは

J-20（殲20）と呼ばれる中国の新型戦闘機。写真の機体は機首下面にF-35のEOTSに似た突起をつけた2101号機。低率初期生産機の１号機とされている〈Chinese Internet〉

2014年の中国国際航空宇宙博覧会で公開された。J-20よりも小型の機体で、輸出を狙っているともいわれる〈Chinese Internet〉

MiG-17、MiG-19、MiG-21を国内で独自の改修を加えて生産した機体で、独自設計機はMiG-21を原型に双発化したJ-8（殲８）と、エアインテークを側面に移してレドームを拡大したJ-8II、長距離戦闘爆撃機JH-7（殲轟７）があった。J-6などは推定3,000機は配備されていたとも言われる。

中国はこうした機種を数多く揃えても日本、台湾、韓国、そしてアメリカの戦闘機に対して全く及ばないことを知っていた。その後中国は留まるところを知らぬ経済的な成長を遂げ、戦闘機も一気に刷新した。90年代後期よりロシアからSu-27SKやSu-30MKK導入し、Su-27SKをJ-11（殲11）としてライセンス生産するなどして、新世代機設計のためのノウハウも蓄積した。Su-27SKをコピーしたJ-11Bまで造られている。もちろんロシアとは揉めている。J-11Bの複座マルチロールファイターとしたJ-16も登場している。さらに新鋭のSu-35Sをロシアから導入する。Su-35Sのコピーを警戒するロシアも背に腹はかえられなかった。

2012年に中国海軍初の航空母艦「遼寧」が就役した。「遼寧」はソ連崩壊によって未完成のまま放置されていた空母「ヴァリャーグ」を中国が買い取り完成させた。この「遼寧」の艦上戦闘機としてSu-33を原型とする国産機J-15（殲15）を予定しており、現在運用試験が行なわれている。遼寧とJ-15の当面の目的は帝

中国初の航空母艦「遼寧」で着艦試験を行なう中国国産艦上戦闘機J-15（殲15）。ロシア海軍の艦上戦闘機Su-33を原型として開発中の機体である〈Chinese Internet〉

国海軍の「鳳翔」や「一〇式艦上戦闘機」のように、空母運用の経験を積むことにある。作戦能力はまだ無い。

そして2016年現在の中国空軍における主力戦闘機が、成都飛機 J-10（殲10）である。カナード付きデルタの小さな機体にSu-27と同じAL-31FNを単発装備し、一件ヨーロッパ風のシルエットを持つ。かつてイスラエルのIAIが開発し頓挫した戦闘機「ラビ」にそっくりであることから、イスラエルの協力があったとも言われるが、真偽はともかくJ-10はミグやスホーイのコピーから脱却し、中国空軍にとって真の意味で最初の国産マルチロールファイターとなった。

成都飛機「殲10」はF-16に匹敵する機動性を自称する。中国空軍のアクロバットチーム「八一飛行表演隊」においても使用されており、飛行制御のレベルの高さを実証している〈筆者撮影〉

2014年にはJ-10に大幅な設計変更を加えた性能向上型J-10Bの量産型が空軍へ引き渡された。AESAレーダーを搭載しているのではないかと見られ、「日本のF-2以上」と自信をみせる。

以上のように中国空軍の戦闘機と戦闘機開発技術はここ十数年のうちに驚くほど進歩している。ただあまりに急速すぎてそれ以外の面に課題を抱える。例えば一貫してロシア製のものを導入しているエンジンだ。J-10BではWS-10A（渦扇10A）に換装されたが、このエンジンは長らく寿命や信頼性に大きな問題を抱えていた。第２に将来型戦闘機にとって最も重要であるアビオニクスを統合するソフトウェア。中国はこれまで戦闘機用AESAレーダーを運用したことがない。第３に戦闘機に比べAWACSなどフォースマルチプライヤーの整備に遅れていること。AWACSは単なる長距離レーダーではなく情報を処理する中枢としての役割も求められる。

エンジンやソフトウェア開発技術は一日してならず。長い年月の積み重ねが必要となる。既に中国は独自開発の道を切り開いた。中国は国民に税金の使い道を納得させる必要もないから、戦闘機の開発に莫大な国費を投じ続けられる。世界最高水準の中国製戦闘機は遅かれ早かれ必ず登場する。

かつて「メイドインジャパン」が粗悪品の代名詞だった頃、日本の零戦は技術的に劣り無価値なものだと外国からほとんど注目されなかった。太平洋戦争開戦後はその評価が一変。ほんの短い期間ではあったが最高の戦闘機の一つとして数えられるようになった。

ともすれば「中国の零戦」はそう遠い未来の話ではないかもしれない。

◆6-18

NCWによるカウンター・ステルス

「非常に高度となったウェポンシステムにおいて優勢に立つ意義は、今日ますます重要になっています。最高のシステムを使用できることは……おそらく腕の良いパイロットよりも、さらに重要です」

――アドルフ・ガーラント〈ドイツ空軍エース、104機撃墜〉

2016年までウフィムツェフの理論に基づく実用ステルス機はF-117、B-2、F-22、F-35のみであり、アメリカが独占的にステルスの恩恵を受けていた。今後F-35が多くの国へ輸出され、ロシアのT-50 PAK-FA等が実用化されたならば、ステルス機はありふれた存在となる。世界中で「ステルスVSステルス」といった状況による訓練も行なわれるようになり、対ステルス・ドッグファイト戦術は数年の内に一気に発展するだろう。

「ステルスの時代はレーダーが無効化され、ドッグファイトは旧来のWVRへと回帰するのではないか」という考え方がある。一見すると、この意見は正しいように思えるかもしれない。しかしWVRへの回帰はいまではあまり主流の説とは言えない。

IT革命によって状況認識が飛躍的に発展している事実にあって、果たしてこの先ステルスだけが延々と無敵であり続けるということは、現実的と言えるだろうか？　既にカウンター・ステルス（ステルス破り）は始まっている。

・ハイパワー・レーダー

ステルス機といえどもRCSの大きさ次第でわずかに反射波を元に戻してしまう。ならば、ハイパワー・レーダーよって大きな電力を発振し、反射波自体も大きくすることでステルス機を探知する「力技」も可能なはずだ。

現用AESAレーダーの送受信素子はガリウム砒素半導体を使用しており、3～5ワットの出力を持つ。送受信素子を1,000～2,000個並べ合計で数キロワットの出力としている。よって送受信素子の出力を１ワット大きくするだけでも、全体では大きな出力向上を果たせる。次世代型AESAレーダーの送受信素子として窒化ガリウム（ガリウムナイトライド）が注目されている。窒化ガリウムはガリウム砒素に比べて最大で一桁上の出力が実現できる。すでに艦船搭載用としては海上自衛隊の「あきづき型」護衛艦の対空レーダー FCS-3Aにおいて実用化されており、いずれは戦闘機用としても実現するだろう。

出力を上げるとその分ノイズも大きくなるため、不要な信号から航空機を抽出するソフトウェアでの処理が難しくなるが、仮に出力を10倍にもできたならば探知距離は1.8倍延伸できる。

・低周波のLバンドレーダー

ステルス機は軍用レーダーで多用されるXバンド（８～12Ghz）のマイクロ波に対して最適な反射特性を実現するように設計されている。比較的ステルスの影響を受けにくい一桁小さいLバンド（500Mhz～1.5Ghz）を使用する方法が注目されており、Xバンドで走査するよりも遠距離で探知できる可能性がある。

実際にLバンドレーダーを使用する旧ソ連製SAM　S-125（SA-3 ゴア）はF-117ステルス機を撃墜している。これは1999年３月27日、NATOによる航空攻撃を受けていたユーゴスラビア軍の戦果である。

ユーゴスラビアはレーダーに捉えられない忌々しいアメリカ空軍のF-117を撃ち落とすべく、S-125のレーダー周波数を低下させる改造を行なった。そしてF-117の飛来コースを予測して待ち構え、ユーゴスラビア首都ベオグラードの近郊においてF-117のロックオンに成功、S-125を発射し見事にこれを撃墜した。カウンター・ステルスが実を結んだ唯一の事例である。

Lバンドレーダー最大の問題はそれ自体が酷く性能に劣るということだ。低い周波数は指向性が悪く最大視程が短くなる。分解能も大きく低下し照準の精度も落ちる。戦闘機用レーダーとしては第二次世界大戦でさえ後期にはもっと高い周波数が使われた（S-125自体も1960年代のSAMである）。Su-35SやT-50　PAK-FAは、主翼前縁にLバンド AESAレーダーをスマートスキンとして搭載することを見込んでいる。

・マルチスタティックレーダー／ MIMO

自ら電波を発振し、反射信号を受信する一般的なレーダーを「モノスタティックレーダー」と呼ぶ。ステルスとは主に形状制御によって電波を発振源の方角に反射さないことで達成される。であるならば必ずどこかの方角へ大きな反射波をかえしているはずだ。

例えばAWACSが電波を発振し、データリンクによって連携する複数の戦闘機があらゆる場所で反射波を拾えるように待機すれば、相手がステルスといえども反射波を取得できる確率は格段に増すことになる。電波を発振したレーダーの走査方向と、それを受信したレーダーの電波飛来方向を直線で結べば、三角測量によってその交点に航空機の存在があることを探知できる。これを「マルチスタティックレーダー」と呼ぶ。

MIMO（多重送受信）レーダー概念図

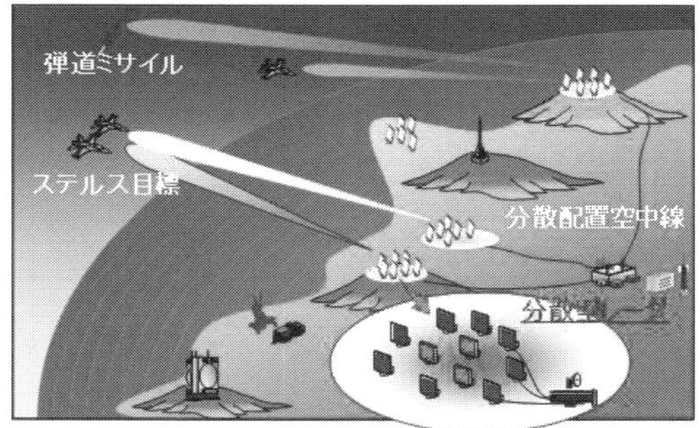

次世代警戒管制レーダの将来構想図

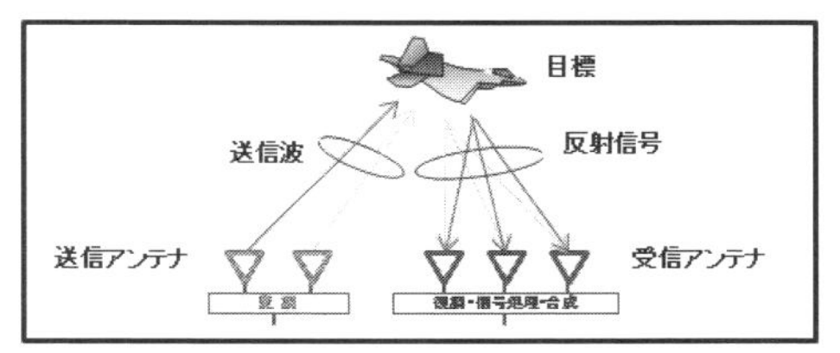

防衛省

同様にデータリンクを活用し複数のレーダーから一斉に送信を行ない、全てのレーダーの受信信号を合成することによって、一つの巨大なレーダーとして見立てる「MIMO（マイモ：多重送受信）」と呼ばれる方法もある。

マルチスタティックレーダーやMIMOのような複数のレーダーを活用するシステムを分散開口レーダーと言う。2箇所以上で分散し観測できるようにすれば、ステルス機といえども必然的に遠距離からの探知が可能となる。

・IRST

ステルス機の赤外線シグネチャー低減策はレーダーほど大きな効果はないから、IRSTならばレーダーを使用するよりも遠距離でステルスを発見できることもあり得る。IRSTは方位しか探知することはできないが、IRSTで探知した目標の情報を、データリンクで結ばれた複数の機体が共有し、マルチスタティックレーダーのように、三角測量の原理で正確な位置を割り出すことも可能である。

・レーダー警戒受信機（RWS）

ステルス機であってもレーダーを使えば闇夜に提灯。レーダー警戒受信機で逆探知できる。レーダー警戒受信機は方角しか知ることはできないが、やはりデー

IRST/RWRを活用したカウンターステルス

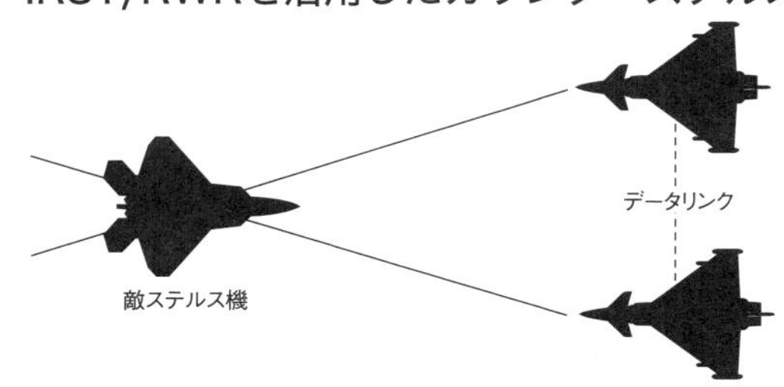

タリンクを活用した三角測量により、その位置を割り出すことができる。

戦闘機ほかあらゆる兵器に搭載された全てのセンサーが、高度なネットワーク上に一つに纏められ、さながら一つの巨大なセンサーとして機能するシステムを「統合火器管制」「ユビキタス状況認識」と呼ぶ。統合火器管制によって得られる「神の視点」にも等しい絶大な共有状況認識は、必ずステルスの探知機会を向上させ、その効果を減じさせるだろう。

NCWによるドッグファイトの将来像はまるで雲をつかむような話かもしれないが、バトル・オブ・ブリテン時のダウンディングシステムと根本は何も変わってはいない。ダウンディングシステムは各地のチェインホームレーダーや観測所を有線電話のネットワークでつなぎ、フィルタールームにおいて人力で「神の視点」の状況認識を作り出した。そして戦闘機を音声で誘導することによって、パイロットに共有状況認識を与えた。

統合火器管制はチェインホームがAESAレーダー等高度なセンサーへ、ネットワークが電話からデジタルデータリンクへ、フィルータールムはコンピューター上のソフトウェアによる統合火器管制へ変革を遂げただけであり、概念そのままにテクノロジーが進歩した程度の違いでしかない。だがその共有状況認識の質はリアルタイムかつ正確なものとなり、自分がこれから攻撃しようとする標的を、誰がロックオンしているのか、という認識すらせずに照準を行なえるまでになった。防衛省ではこれを「クラウド・シューティング」と呼称している。

カウンター・ステルスはこれからの課題であるが、F-35は自身のセンサーとリンク16とMADLを活用した統合火器管制を実現している。また、AIM-120Dやミーティアはデータリンク経由による中間誘導を行なうため、必ずしも射撃手自身がロックオンする必要の無いクラウド・シューティングを行なえる。

戦闘機はネットワークに組み込まれた一個の「端末」であり、それはスピットファイアの時代から変わらない。よりネットワークに対する依存度が高まった現在では、もはや高度なNCW能力のないものはドッグファイトを戦うことすらできない。

◆6-19
近代化改修でいつまでも強く若々しく——F-15SJとF-15MJ

「空の勝利は技術にあり」

——防衛省技術研究本部のモットー

21世紀初頭を支える現代戦闘機の一つの特徴として「機動性の地位低下」がある。

ユーロファイターやラファールは推力重量比が1.0を超えており、加速力も旋回力も優れる。Su-35SやF-22ならばさらにその上を行く。これらの機はスーパークルーズもできるし、20世紀に登場した機種よりもはるかに機動性が高い。「20世紀中は最強」のイーグルも、エアショー等でユーロファイターのような新鋭機と一緒に飛ぶと、寄る年波には勝てないことがよく分かる。

しかし、現代のドッグファイトにおいて、こうした能力は「優れている方が良いが最優先ではない」。状況認識で勝ってさえいれば、多少の機動性の不利はそれほど大きな問題とはならない。したがって既存の戦闘機が性能的に見劣りするようになっても、アビオニクスを入れ替える「近代化改修」を行なうことで、新鋭機と対等に近い能力まで性能向上させることができる。

現代戦闘機は最低でも6,000飛行時間の耐用命数を持っている。機体構造は少なくとも30年は使えるが、アビオニクスの進歩は凄まじいので計画的な近代化改修は必須だ。

航空自衛隊の主力機F-15Jは1981年に最初の機が引き渡された。全213機を1999年まで長きにわたって調達したので、大きく分けて多段階改良プログラム（MSIP）による性能向上を受けたものと、そうでないものに分けられる。比率はおおむね100機ずつの半々である。

2000年代後半よりF-15J　MSIP機に対してはさらなる近代化改修が行なわれており2016年現在も継続中である。この近代化改修を受けたF-15Jは、航空自衛隊では非公式にF-15MJと呼んでいる（制式名称はF-15Jから変わっていない）。

垂直上昇する航空自衛隊の主力戦闘機F-15J。写真の機体は近代化改修を受けたF-15MJ〈航空自衛隊〉

F-15MJに対して旧来型はF-15SJと呼ぶ。

F-15MJに対して行なわれた近代化改修は、主なものだけで以下の通り。

・レーダーの換装

従来のAN/APG-63からAN/APG-63（v）1へ換装された。レーダーの性能向上は最も一般的な近代化改修であり、ほぼすべての機種で数度は行なわれる。最近ではAESAレーダー化が実施されることが多い。

AN/APG-63（v）1は従来型のスロットアレイ型であるが、アメリカ空軍の近代改修型F-15C「ゴールデンイーグル」が搭載するAESAレーダー AN/APG-63（v）3とは互換性があり、アンテナ部だけを交換することによってAESA化できる。将来再換装されるかもしれない。

・新武装の追加

国産のアクティブレーダー誘導BVR AAM 、AAM-4の装備能力が付加され、撃ちっぱなしが可能となった。またオフボアサイト攻撃能力を持つ赤外線誘導型AAM-5とHMDの装備能力が付加された。

武装や各種ポッドの装備能力を追加すると、戦闘能力の向上やこれまで不可能だった作戦を遂行可能になる。F-15SJに対して偵察ポッドや電子戦ポッドを搭載し、偵察機・電子戦機とする計画もあった（中止になっている）。

・NCW能力の付加

新たにMIDSを搭載しリンク16データリンクへの加入が可能となった。共有状況認識を活かしたNCWへ対応した。アメリカとその同盟国では、MIDS搭載は共同作戦を行なう上でも重要であり、最優先で実施されている。

・統合型電子戦システムの搭載

F-15Jは国産自己防御装置を搭載するが、これを全自動型のIEWS（統合型電子戦システム）に換装した。同時にレーダー警戒受信機、ジャミング発生装置、チャフフレアディスペンサーも換装され、生存性を向上させている。

・セントラルコンピューター換装

以上のような新型アビオニクスを搭載すれば、当然その分情報処理能力も要求される。そのため新型のセントラルコンピューターへと換装された。セントラルコンピューターは機種によってはミッションコンピューターと呼ばれることもある。

・IRSTの装備

改修は永久に終わらない

戦闘機のソフトウェアをプログラミングするに非常に時間が掛かる。そのため必要とされる能力に優先順位をつけ、まずある程度の能力を実装した段階で実用機として完成させ、あとは順次ソフトウェアをアップグレード及びハードウェアを追加することで能力を高めてゆく方法が取られている。そして戦闘機が退役するまで永久に終わることはない。F-22は「インクリメント（増加）」という名で性能向上を区分しているので例として取り上げてみる。

インクリメント2（2008年～）
1000ポンドJDAM運用能力付加による対地攻撃能力獲得。

インクリメント3.1（2010年～）
SDB運用能力の付加。火器管制レーダーに合成開口レーダーモードを付加。

インクリメント3.2a（2014年～）
新しいEPを追加、測位情報能力強化、IFDLの帯域幅の増加。リンク16（受信のみ）を自機のセンサーとセンサーフュージョン。状況認識力向上。

インクリメント3.2b（2017年予定～）
EP能力及び識別を強化し状況認識力を強化。MADLへの対応。AIM-9X及びAIM-120Dを統合。

インクリメント3.3（未定）
アビオニクスをオープンアーキテクチャ化。

時期未定
リンク16への完全な対応、地上移動目標の識別、SDBⅡ、AGM-88AAGRMの統合など。

IRSTは今のところテストベッド機のF-15MJにのみ装備されており、実戦配備のF-15MJに対しては一度改修予算が組まれたものの見送られた。再び計画される可能性がある。

これで全てではないが、F-15MJはF-15SJと同じ機体でありながら、近代化改修で完全に別の戦闘機として生まれ変わった。F-15は初飛行から40年がたち、もはや最強戦闘機ではないかもしれない。しかし、最高の戦闘機の一つではあり続けられる。

むろん、日本の周辺国においても同様の改修が進んでいる。台湾はF-16A/B、韓国はF-16C/DをAESAレーダー化等を行なう「F-16V」仕様へ改修する。またロシアも極東において捨て置かれていたSu-27をSu-27SMへ、MiG-31をMiG-31BMへ近代化改修している。

前世紀の戦闘機の活躍はまだまだ続く。F-15の初飛行は1972年だった。驚くべきことにいまだにF-15の生産は続いている。ほとんど別の機体ともいえるストライクイーグル系ではあるが、サウジアラビア向けF-15SAは2015年から2019年までに84機が引き渡される。頑丈なストライクイーグルの耐用命数は16,000飛行時間。年300飛行時間以上酷使しても50年は使えるのだ。

実際ボーイングは2040年頃を睨んだF-15の将来型コンセプトF-15 2040Cを発表している。F-15 2040Cは16発ものAMRAAMを搭載するウェポンキャリアーであり、NCWを活用しクラウド・シューティングを行なう。

これまでF-15がAAMを撃ち尽くすような戦い方をしたことはなかった。しかしセンサーの発達やNCW、そしてAAMのノーエスケープゾーンの拡大によって射撃機会が著しく向上した。数多くのAAMを搭載することによって多くの目標を破壊することが可能となる。

◆6-20
「戦闘機の世代」は何が決めるのか

「第５世代ジェット戦闘機と第４世代ジェット戦闘機が出くわした時……後者は死にます。我々は第４世代機を５世代機のように着飾る（近代化改修）ことはできません。そのような議論は避ける必要があります」

——マーク・ウェルシュ〈アメリカ空軍　参謀総長〉

ジェット戦闘機はその設計思想や技術的な水準から、便宜上第１～第５世代に分類されることがある。よく使われる概念なので耳にしたことのある読者の方も少なくないことと思う。

本書ではあえて「第○世代ジェット戦闘機」という言葉を使ってこなかった。実のところ戦闘機の世代とは、ロッキード・マーティン社が自社のF-22やF-35を「世界唯一のフィフス・ジェネレーション（第５世代）ジェットファイター」として、他国の競合機すなわち同社が言うところの「第４世ジェット戦闘機」と差別化するための、イメージ戦略として生み出した用語である。

戦闘機の世代という概念自体が使われるようになったのは、F-22が登場してからである。それも完全なオリジナルではなく、20世紀中においてはソ連製戦闘機の分類において第１～第４世代機の分類が行なわれており、それをほとんど流用している。

世代の分類は一見すると「非常にわかりやすい」ため、ロッキード・マーチンの思惑どおり完全に定着してしまった。だが、よくよく考えてみればこれほど「わかりにくい」概念は無い。戦闘機とは何十年も積み重ねた技術的な土台の上に、少しずつ緩やかに新しい技術を盛り込みながら100年間進化し続けてきた。いくつかの世代にぶつ切りしてしまう「第○世代ジェット戦闘機」という言葉は進化の実態に全くそぐわない。そのため非常に曖昧で大きな矛盾を抱えている。

例えばF-100D 、MiG-21F-13、F-5Aは超音速戦闘機だが全天候戦闘能力が無い。どこに分類するのが適当だろうか。逆に亜音速機だが高度なレーダーによって全天候戦闘能力を有すF-89D、F-86Dなどはどうか。

現代の実用機においてもF-15Cゴールデンイーグルは静安定緩和もスーパークルーズ能力もないし、RO機でもないし、マルチロール能力も無いが第4.5世代機と言えるのか。ユーロファイターも搭載レーダー「CAPTOR-M」は従来のスロットアレイ・アンテナであり、AESA型「CAPTOR-E」は2015年現在実用化に至っていない。F-22はリンク16を経由し状況認識を得ることはできても、自身が得た状況認識を送信できずNCW能力は僚機間のIFDLを除けば前世代機に劣る。

戦闘機の世代とは何が決めるのか、その根本について明確な合意や定義がないから、こうした例は機種の数だけあげてゆくことができる。ユーロファイターを製造する会社の一つBAEシステムズ社は「世代などという概念はロッキード・マーティンが勝手に言っているだけ」と公言してはばからないし、ボーイング社にいたっては自社のWEBサイト上に「F/A-18E/Fはコンバットプルーブンな第5世代戦闘攻撃機です」と2010年頃までは書いてあったのに、いつの間にか「第5世代」の部分がそっくり消されているなど、自社製機を勝手に旧式扱いされる側は不快感をあらわにしている。

戦闘機の「世代」分類

世代	代表機	特徴
第五世代	F-35 F-22	ステルス（超低観測性） 電子走査レーダー 全自動防御システム ネットワーク中心作戦能力 センサー融合能力
第四世代	Su-27 F-15	高性能レーダー／ミサイル 高度な多用途性 機動性重視
第三世代	MiG-23 F-4	全天候型レーダーの誕生 長距離ミサイル 初期的な多用途性
第二世代	ミラージュⅢ F-100	超音速機の登場 初期型ミサイル／レーダー
第一世代	F-86 Me262	黎明期のジェット戦闘機 第二次大戦～1950年頃

完全自律飛行による着艦に成功したX-47B UCAV。いずれこうした光景はありふれたものとなるだろう。〈US Navy〉

終章
無人化の夜明け ～2040

テクノロジーの発達は、現実をSFと区別がつかない世界へと変えようとしている。いや、この言葉は適切ではないかもしれない。そもそも第一次世界大戦前は、空中戦ですらH・G・ウェルズが書くようなSFの話であり、我々は既に数々のSFを現実のものに変えた世界に生きている。

次にフィクションではなくなるSFの産物は何だろうか？　最新の研究や論文から2030～2040年頃に想定されうる未来型戦闘機の能力と姿を少しだけ垣間見よう。

◆7-1

激突！　無人機vs有人機

「もし航空士に職種を尋ねたならば、“バイパー（F-16）乗りだ”のように答えるでしょう。プレデターのパイロットに尋ねたならば“元バイパー乗りだが今はプレデターを飛ばしている”と答えるでしょう。彼らの失望には多くの理由があります」

――ジェームズ・ドーキンスJr〈アメリカ空軍 パイロット〉

無人戦闘機と有人戦闘機によるドッグファイト。そう聞けば映画かプレステ４の新作か、はたまた未来の話かと思われる読者もおられることだろう。しかし、それはすでにフィクションの話ではない。「ロボット対人間の戦い」は始まっている。

アメリカ空軍の無人機（UAV）ジェネラルアトミクス MQ-1プレデターは、UAVとして史上初めてミサイル搭載能力を持った「ロボット兵器」である。1994年に初飛行したRQ-1無人偵察機を原型に、最大２発のAGM-114ヘルファイア空対地ミサイル、及びFIM-92スティンガー 赤外線誘導AAMの運用能力が付加されている。

ジェネラルアトミクスMQ-1プレデター。有人機には不可能な長時間滞空を難なくこなし、主翼下にヘルファイアミサイルを搭載し攻撃が可能〈筆者撮影〉

2002年11月３日にはイエメンにおいて、国際テロ組織アルカイダの要人が乗る自動車をヘルファイアで攻撃し、暗殺に成功した。これはUAVによる史上初

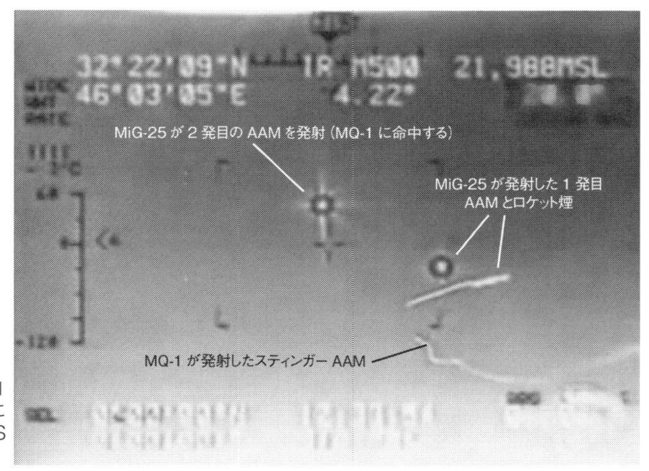

MiG-25と交戦したMQ-1のFLIR映像。この直後にMQ-1は撃墜された〈US AIRFORCE〉

のミサイル攻撃戦果だった。

その翌月、12月23日。MQ-1はイラク飛行禁止区域をパトロール中だった。そしてイラク首都バグダッドから西南西約200km、高度22,000ft（6,600m）において、イラク空軍戦闘機MiG-25の迎撃を受けた。

MiG-25のパイロットは明らかにMQ-1への攻撃を意図していた。MQ-1はたかだか100馬力少々のレシプロエンジン機で、速度も200km/h程度であり、人類史上最速戦闘機MiG-25とは比較にならないほど遅い。普通のUAVだったならば一方的に撃墜され、よくあるUAVの空対空損失記録として耳目を集めることはなかっただろう。

しかし、MQ-1はこの日スティンガーAAMを搭載していた。そして地球の裏側からMQ-1の運用を行なうオペレーターは、衛星通信（SATCOM）を通じて戦闘機が接近中であることを察知していた。両機はヘッドオンの状態で接近、かくして史上初のUAVvs戦闘機による対等のドッグファイトが始まった。

プレデターのFLIRディスプレイにはMiG-25が小さな光点として映っていた。光点は突如その輝きを増し二つに分離、一つは白線を引きながら加速する。MiG-25から発射されたAAMだった。これを確認したプレデター側はスティンガーで応射する。ディスプレイの下方から蛇行しつつ白線を引く光点があらわれ前方へ向けて飛翔する。その次の瞬間再びMiG-25は強く輝き２発目のAAMを発射した。

１発目のAAMとスティンガーはどちらも命中しなかった。しかし、この２発目のAAMが決定打となり、MQ-1は撃墜された。赤外線放射の少ないMQ-1を撃

ジェネラルアトミクス「アヴェンジャー」は、攻撃任務を主体とした無人機「UCAV」として開発されたが、プログラムは中止となった〈General Atomics〉

墜したAAMは、セミアクティブレーダー誘導型のR-40RDとも言われるが、FLIRの画像ではロケットモーターが3秒しか燃焼していないので、R-60赤外線誘導AAMかも知れない。R-40、R-60いずれにせよ、小型のMQ-1を引き裂くなど造作もなかったろう。史上初のUAVと戦闘機のドッグファイトは人間側の勝利に終わった。

MQ-1は追撃が可能なだけの機動性は無いから厳密には戦闘機とはいえない。まだまだ有人戦闘機に太刀打ちできるだけの能力をもったUAVは存在していないが、UAVはUAVにしかできないことができる。MQ-1ならば40時間も滞空してFLIRと合成開口レーダーによって諜報監視偵察（ISR）作戦に従事、必要に応じ即対地攻撃も可能である。

そして近年UAVはその活躍の場を急速に広げ、人間の領域にまで侵食している。F-16の後継機としてMQ-1の発展型MQ-9リーパーを配備した飛行隊も存在しており、パイロットがUAVへ「乗り換え」という例も珍しくなくなっている。もちろんMQ-9がF-16の役割をそのまま引き継いでいるわけではないが、将来的にはUAVが多くを担えるようになるだろう。

それは、まず対地攻撃の分野から始まる。例えば事前の作戦計画に従い防空網に侵入、重要目標に誘導爆弾を投下。ないし空中でデータリンクを通じ新たにミッションをアップデートするような作戦、極めて危険度の高い敵防空網制圧等の作戦だ。こうした任務を担うことを想定し、亜音速飛行性能やステルスを盛り込んだUAVを「無人戦闘航空機（UCAV）」または「無人戦闘航空システム（UCAS）」と呼ぶ。

UCAVは既に複数の機体が初飛行を行なっており、実用化に向けて開発が進んでいる。プレデター、リーパーの直系、ジェネラルアトミクス「アヴェンジャー」は最初の実用ステルスUCAVとなる予定だった。ウェポンベイ内に3,500ポンド（1,589kg）までの爆弾類を搭載可能で、さらに主翼下に6ヵ所のハードポイントを持つ。ジェットエンジンによる亜音速巡航能力によって、既に退役済みのF-117のような作戦も行なえる。

ノースロップ・グラマンX-47Bは、2013年に人工知能による完全自律飛行によって航空母艦「ジョージ・H・W・ブッシュ」より発艦（5月13日）、および着艦（7月10日）を相次いで成功させた。実のところF/A-18でさえ自動着艦システムを備え、パイロットが手放しでも着艦は可能であるが、ネット上で配信されたX-47Bの動画と写真は、2005年公開のアメリカ映画「ステルス」の艦上シーンにそっくりであり、UCAV時代の到来が現実であることを、多くの視聴者に強く印象付けた。

ただ残念ながらアヴェンジャーは開発中止となった。またアメリカ海軍はX-47Bによって培われた技術を投入したMQ-25スティングレイという艦載型無人空中給油機の導入を予定するが、これに攻撃能力が与えられるかどうかは今のところ未定である。2010年代中頃にはUCAVが実用化されるかに思えたが、時期尚早であったようだ。

とはいえUCAVの登場自体はもはや既定路線であると言って良い。恐らくはそう遠くないうちに第一号のUCAVが実用化されるであろう。

◆7-2
最後の有人戦闘機とUCAVファイター

「改善されたアルゴリズムによる自動化されたBFMは、大部分のパイロットに対して優れた機動を行なうことが可能である」
――ロバート・トレスク〈アメリカ空軍 パイロット〉

誰が言い出したかは分からないが、F-35は「最後の有人戦闘機（ラスト・マンド・ファイター)」と呼ばれることがある。この異名は甘美な響きさえ感じさせるが、過去そう呼ばれた戦闘機は既に存在しているのだ。「近い将来、戦闘機は無用となる」という予言もまた、生まれては消えて行ったことを鑑みれば、きっとこの先にも「最後の有人戦闘機」は複数誕生することとなるだろう。

F-35が最後の有人戦闘機と呼ばれる最大の理由がUCAVの存在である。UCAVは将来間違いなく有人戦闘機を置き換えてゆくことになるだろう。MQ-1やMQ-9が実際にそうであるし、いずれは有人戦闘機と対等にドッグファイトを戦える「UCAV戦闘機」だって誕生するはずだ。

UCAV戦闘機最大のメリットは「人間が乗らないこと」だ。仮に撃墜されてもサーチ・アンド・レスキュー（捜索救難）をしなくてよい。生命維持のための環境制御装置（ECS）や射出座席も不要であるから、機体を小さく軽くできる。さらにステルスを阻害するキャノピーが必要なくなりRCSを低減できる。

有人戦闘機は人間の限界にあわせて7～9Gの荷重倍数制限のもとに設計されているが、これも最大限旋回性能を重視するならば20Gまでは引き上げられるのではないかという試算すらある。

太平洋戦争時代、帝国海軍の零戦パイロットは往復7時間もの長距離護衛作戦をたびたび行なった。当時としては破格だった零戦の航続時間も、今ではそれほど珍しくない。F/A-18E/Fはアフガニスタンにおける「不朽の自由作戦」で平均7時間のパトロールを日常的に行ない、パイロットの月間飛行時間は100時間に達した。むろん空中給油を何度も行なえばさらに長時間飛行できる。湾岸戦争

アヴェンジャーの地上管制ステーション（GCS）。飛行は基本的にAIが自律的に行ない、一つのGCSで複数機を管制できるが、射撃はオペレーターがトリガーを引かなくてはならない〈General Atomics〉

勃発前、F-15はアメリカ本土からサウジアラビアまで12,800kmを、実に空中給油12回、15飛行時間かけて無着陸で到達した。

長時間の作戦では、アメリカ軍はメチルフェニデートやアンフェタミンといった副作用の小さい中枢神経系刺激薬を処方しており、日本軍はメタンフェタミン（悪名高きヒロポン）を使用した。戦闘機の一度における飛行時間は、日常的には７時間前後、一時的にならば15時間が人間の限界なのだろう。無論、UAVならば24時間の作戦でも、地球の裏側にまでも無着陸で到達できる。

有人戦闘機のパイロットは、まず最低限の能力を備えるまで育て上げるのに、５年の歳月と約500飛行時間が必要である。しかも訓練に終わりは無く、１年間に200飛行時間近くを必要とする。ある戦闘機のライフサイクルコストが30年間6,000飛行時間で300億円とするならば、我々納税者は一人のパイロットに対して年間10億円の税金を投じている計算となる。UCAV戦闘機ならばこれも不要になる。

一方でUCAV戦闘機最大のデメリットも「人間が乗らないこと」である。UCAV戦闘機は地上コントロールステーションから手動で操縦を行なうことはできない。衛星通信は秒単位の遅延を生じるためだ。相対速度2,000km/hのドッグファイトにおいては60秒で33km接近する。UCAV戦闘機から映像を受信するまでに２秒、コマンドを送信するのに２秒の遅延があるとすれば、とても戦闘にならない。UCAV戦闘機は「完全に自律した人工知能による飛行制御・統制する能力」が求められる。

またUCAV戦闘機は「マン・イン・ザ・ループ（MITL）」でなくてはならない。マン・イン・ザ・ループとは監視・判断・決定・行動の繰り返しにおいて、人間（マン・ウーマン）が関与することを意味する。つまりUCAV戦闘機が勝手にAAMを発射するようなことはせずに、相応の法的責任を有す士官が引き金を握っている必要がある。また自律飛行である以上、人工知能のソフトにバグがあるかもしれない。バグで勝手に射撃してしまった場合、誰が責任を取るのかという問題も出てくる。有人戦闘機がUCAV戦闘機へと完全に置き換えられることは、少なくとも現段階においてはまず考えられない。UCAV戦闘機はいずれ登場するが、有人戦闘機を補完する役割が求められるだろう。

自律飛行における最大の課題がWVRである。EO-DASのような全球覆域状況認識によって画像認識で敵味方を識別し、無限に取りうる選択肢を評価、どのような機動を行なうべきか。人間のMk.1アイボールと頭脳並みの識別・判断能力を有すアルゴリズムの開発は困難を極めるに違いない。WVRの戦いは容易にソフトへ置き換えることのできない、戦闘機パイロット最後の砦となるだろう。

だがソフトが人間を越えることは不可能ではない。非常に長い年月を必要とするかもしれないが、いずれ実用に耐えうるアルゴリズムが開発される。UCAV戦闘機が有人戦闘機をWVRで打ち破る光景はにわかには信じられないかもしれない。1980年代にファミコンの将棋ソフトをいたぶっていた人たちもそう思っていたに違いない。当時の将棋ソフトは初心者でも少し戦法を覚えれば容易に勝てた。しかし2013年、「将棋電王戦」において、将棋ソフトはA級棋士を相手に３勝１敗１分で勝ち越した。A級棋士は将棋人口数千万のうち10人しかいないトップ中のトップであり、将棋ソフトは事実上人間の限界をこえた。

さらに2015年にはパターンが複雑すぎて当分は人間が優勢と思われた囲碁においても、ついに「アルファ碁」と呼ばれるソフトウェアがプロ棋士を負かしており、人工知能の可能性をまざまざと見せつけた。

人工知能は極限状態において能力を発揮できなくなる「パイロットの六分頭」や疲労やミスをしない。全く見通しが立たないほど未来ではあるが（ひょっとしたら、すぐかもしれない）、人工知能が最高の人間パイロットを打ち破る日は必ずやってくる。

◆7-3

F-40ウォーホークII ロボット僚機による群集戦術

「第一条 ロボットは人間に危害を加えてはならない。また、その危険を看過することによって、人間に危害を及ぼしてはならない。第二条 ロボットは人間にあたえられた命令に服従しなければならない。ただし、あたえられた命令が、第一条に反する場合は、この限りでない。第三条ロボットは、前掲第一条および第二条に反するおそれのないかぎり、自己をまもらなければならない。」

――アイザック・アシモフ　『われはロボット』

UCAV戦闘機による空対空の役割は、まず「ロボット・ウィングマン」すなわち有人戦闘機に従うロボット僚機として始まるとみられる。2013年、アメリカ空軍機関誌「エア・アンド・スペース・ジャーナル」において、「次世代軽量戦闘機」という論文が掲載された。これは2020年の視点からUCAV戦闘機F-40ウォーホークIIの開発と実戦投入を振り返るという架空の設定であるが、極めて近い将来に実現可能なUCAV戦闘機（例えばX-47B等を原型とした）として多くの示唆を含んでいる。

F-40は簡素な小型UCAV戦闘機で、人工知能による自律飛行が可能、有人機に匹敵する7Gの高機動性、F-16と同等の戦闘行動半径（空中給油を可能とする）、高亜音速と30,000ft（9,000m）の上昇限度、内部および外部の兵装搭載能力、ステルス性（必ずしもLOではない）、STOL能力、各種戦術ネットワークへの接続能力を有しており、基本的にレーダーは装備しない。ただしモジュラーアビオニクスによってレーダーや偵察用カメラ、電子戦パッケージ等を任務に応じて搭載を可能とする。武装はJDAMやSDB等誘導爆弾、投下型デコイ、AIM-120D AMRAAM、指向性エネルギー兵器等。

偵察や爆撃では単独で行動する場合もあるが、対航空作戦では有人戦闘機１機あたり４～６機のF-40が付き従う半自律制御の「僚機モード」で飛行する。遠

有人機に付き従うロボットウイングマンの想像図〈US AIRFORCE〉

隔操縦は緊急時を除き行なわず、群れ制御アルゴリズムによる人工知能で編隊を組む。超音速飛行能力が無いので有人戦闘機の機動性が削がれてしまうが、そもそも超音速の空戦の自体がほとんど無い。

F-40はドッグファイトに突入しても自発的に敵機を攻撃しない。マン・イン・ザ・ループの原則に従って、有人戦闘機のパイロットが作成した射撃リストの「攻撃コマンド」を受信して、はじめて攻撃のためのアルゴリズムを実行する。もちろん攻撃も自律して行なう。レーダーが搭載されていないことから自身では敵機を照準できない。そのため有人戦闘機やAWACSなどからデータリンクを経由し照準・識別を行ない、第三者が中間誘導を行なえるAIM-120D AMRAAMを射撃（クラウドシューティング）する。

そしてF-40コンセプトにおける最大の強みが、4機から6機場合によってはその数倍の群れによって敵機を襲う「群集（スウォーム）戦術」を可能とする点である。仮に有人戦闘機が2対2の状況であったとしても、F-40を6機従えている側は最大12機のF-40だけを相手に向かわせ、有人戦闘機はロボット僚機にまかせて安全な距離を保ってそれを見ているだけでよい。なお「群れ」とは言っても現代戦闘機同様に編隊間隔は数km以上となる。

F-40は超音速へ加速してAIM-120Dを射撃できないから、ノーエスケープゾーンが相対的に短くなる。また判断力に劣る人工知能では落とされるものもあるか

安価なUACVによる群集（スウォーム）戦術

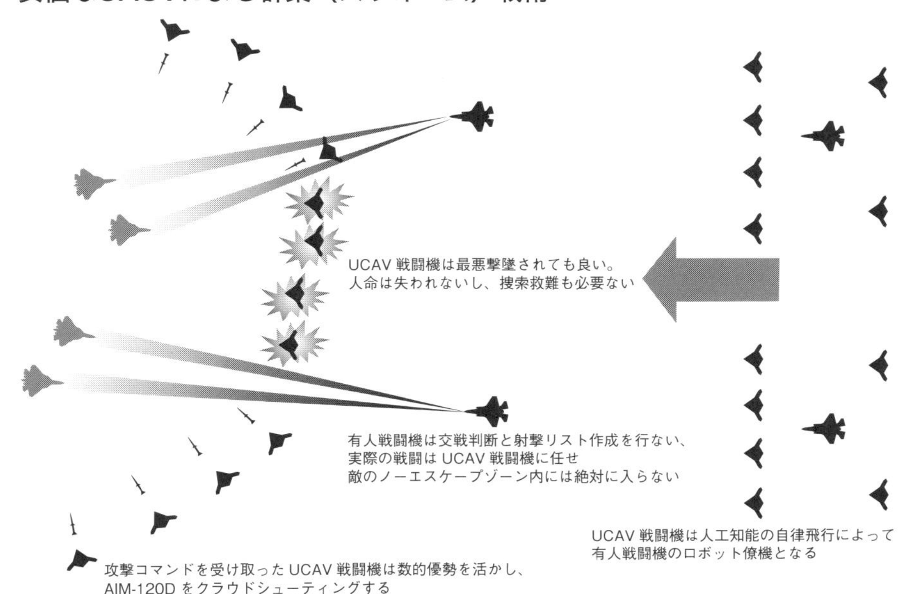

もしれないが、12対２ないし４では勝負にならないことは明白である。相手を２機撃墜するのにF-40を４機失っても、UCAV戦闘機と有人戦闘機では撃墜されることに対する「重み」が全く違う。

F-40はこの群集戦術を可能とするための「次世代軽量戦闘機」である。安価で簡素なUCAV戦闘機だからこそ大量投入を可能とし、ランチェスター第２法則「軍の戦闘力は兵力の二乗に比例する」によって、相手に対し優位を確保できる。

むろん群集戦術は空対地攻撃にも活用できる。兵装搭載量の搭載量の小さいF-35にとっては特に頼もしい僚機となる。

F-40のような未来型UCAV戦闘機は安価といっても、フライアウェイユニットコストはそれでも数十億円はするだろう。将来レーダー等を搭載し高性能化したUCAV戦闘機では有人戦闘機を超えてしまうかもしれない。しかしUCAV戦闘機は訓練の必要がない、戦時以外は大多数の機を飛ばさなくていいから、最低限の整備だけで済む。人間と異なり改良型アルゴリズムの人工知能ソフトウェアをインストールすれば、訓練せずともすべてが同一の能力を発揮する。

緊急時に遠隔操縦する地上コントロールステーションのオペレーター訓練もシミュレーターで行なえる。F-16は様々な要因によって300機あまりを損失しているが、うち戦闘で撃墜されたものはわずか6機。ほとんどすべてが訓練における消耗である。訓練を省くメリットは計り知れない。ライフサイクルコストは有人戦闘機の数分の一に低減できるから、理論上は有人戦闘機と同じ予算で数倍の戦力をそろえられることになる。（予算削減の憂き目に遭う可能性が大であるが）。

F-40、ひいてはUCAV戦闘機が有人戦闘機を部分的に置き換えることはあっても、本来の目的はあくまでも有人戦闘機を補うことにある。UCAV戦闘機はドッグファイトに革命を引き起こす可能性を秘めているが、パイロットが操縦する有人戦闘機は今後もその中心であり続ける。

あまりに性急なUCAV戦闘機の導入は、かつての「機関砲軽視」の歴史を繰り返すことにもなりかねないという、警鐘を鳴らす声もある。新しいお友達の人工知能は、プログラムされたことにのみしか対応できないのだから。

◆7-4

未来型有人戦闘機 2040

「我々は何事に対しても止めろと言っているのではありません。また特定の理論が見込みどおりになるはずだと確信を持ってもいません。戦争の合間の「確信」はしばしば間違っていることがあると証明されています。最も重要なことは柔軟に取りくむことです。未来の空中戦の真実は誰にも分かりません」

——ロビン・オールズ〈アメリカ空軍エース、16機撃墜〉

1980年のアメリカ映画「ファイナル・カウントダウン」という作品がある。航空母艦「ニミッツ」がパールハーバー奇襲攻撃の前日にタイムスリップ。F-14vs零戦のドッグファイトが繰り広げられるという怪作だった。

40年の時を超えたこの戦いの結末は、映画をご覧になったことがない方でも容易に予想がつくだろう。そう、零戦が勝てるわけがなかった（映像では零戦の得意とする低速の格闘戦だったので、零戦が負けるはずがないのだが）。

そのF-14も実用化から40年が過ぎた。F-14はイラン空軍に少数が残っているが、もし最新鋭のF-35と戦ったらどうだろう。同じ40年でもF-14vs零戦ほど無茶は感じないどころか、F-14が勝利することもあるように思えないだろうか。最高速度などはF-14のほうが桁違いに速い。しかし、落ち着いてよくよく考えてみると、F-14とF-35では情報処理能力が段違いであり、両者の得られる状況認識には大差が生じ、F-14は先手必勝を実現できないであろう。ここまで本書を読み解いていただけた読者の皆様ならば、飛行性能以外の面で、絶望的な「40年差」は間違いなく生じていることにお気づきだろう。

F-35の次に「最後の有人戦闘機」と呼ばれる戦闘機も情報処理能力の面での著しい性能向上が主となるであろう。2030年～40年頃を想定した次世代の未来型戦闘機のコンセプトはすでに数多く発表されている。

F-22の後継機となるロッキード・マーティン「ミス・フェブラリー」、F/

ロッキードマーティン社のF-22後継コンセプトモデル「ミス・フェブラリー」〈Lockheed Martin〉

ボーイング社のF/A-18E/F後継コンセプト「F/A-XX」。ステルス機にしては珍しくカナードを有している〈Boeing〉

A-18E/Fの後継機となるボーイング「F/A-XX」、そしてF-2の後継機となる防衛省技術研究本部「i3ファイター」「25DMU」等だ。むろんこれらが日の目を見ることなく、F-35の発展型が誕生するということもありえる。未来型戦闘機で実現が見込まれる技術的要素は下記の通り。

エンジンは亜音速以下において効率の良いターボファンと、超音速に有利なターボジェットの切り替えが可能な「可変サイクルエンジン」となる。高温部（ホットセクション）には、より耐熱性の強い素材が使われ推力は大きく向上する。スーパークルーズとはもはやマッハ１を申し訳程度に超える能力を意味せず、長距離を高速で飛行可能。複数機で合体・分離を可能とするものさえあり、合体時は燃料を節約し長距離を飛行できる。

薄っぺらな扁平形に見えるほぼ全翼機に近い機体は空気抵抗が小さく、速度向上に大きな効果をもたらしているが、同時に胴体部からも大きな揚力を得られる。推力偏向ノズルの効果とあわせて従来機よりもずっと高い旋回性能をもち、戦闘機本来の機動性はますます向上する。G制限は旧来と同じく最大で9Gであるが、UCAVモードで飛行する場合は10G以上を出すこともできる。

高度なセンサーと高速・大容量ネットワークが実現する共有状況認識は、地上・海上・航空あらゆるユニットが容易にネットワークに加入でき、誰もが同等の状況認識と照準が得られる「ユビキタス状況認識」「統合火器管制」を実現する。すでに21世紀初頭レベルのステルスはほとんど通用しない。しかし、電波の反射方向すら制御・大部分を吸収する「メタマテリアル」の採用等によって、

防衛省が公表した2040年ころ就役の「i3ファイター」コンセプト。３つのi「情報化・知性化・瞬時撃破」を実現する〈防衛省〉

複数の電磁波に対するマルチスペクトル・ステルスといったカウンター・カウンター・ステルスも行なわれる。

スマートスキンを持ち、全球へのレーダー走査とジャミングを可能とするが、基本的に有人戦闘機はレーダーを使用しない。不用意に電波を発振すれば敵に逆探知され、ユビキタス状況認識によって敵軍全体に自機の存在を知らしめ、ノーエスケープゾーン100km以上のAAMが発射される恐れがある。依然としてレーダーは主要な索敵手段だが、電波を発振するのは後方のAWACSや、逆探知のリスクをあえて負うUCAV戦闘機に限られ、有人戦闘機は原則的に「パッシブセンサー」としてのみ機能する。

またスマートスキンは「痛み」を感じる。メタマテリアルの主要構造材であるカーボンナノチューブは、仮に被弾ないしバードストライクによって機体構造が損傷した場合、格子状に張り巡らされた液体修復剤によって素早く元の状態に復元する。

高度な電子戦に打ち勝ったものが先制発見・先制攻撃の権利を得られる原則に変わりないが、AAMの撃破確率はそれほど高くない。すでに有人戦闘機にもUCAV戦闘機にも指向性エネルギー兵器は当たり前の装備となっており、たんに1発射撃するだけでは高出力マイクロ波や赤外線レーザーの防御によって、簡単に誘導機能を喪失してしまう。

ドッグファイトを支配するのは有人戦闘機だが、実際に戦うのはその前方に展開した複数のUCAV戦闘機である。UCAV戦闘機は群集戦術によって大量のAAMを撃ち込み、飽和攻撃で指向性エネルギー兵器の全球覆域防御を突破する。UCAV戦闘機へのコマンドは音声認識によって素早く行える。

それでも依然としてWVRは発生する。だが、それは指向性エネルギー兵器が瞬時に勝者と敗者を決する戦いであり、もはや背後は死角ではない。不用意に有人戦闘機が飛び込めば、真っ先に狙われることとなる。

ウェポンベイはミサイルを収納するための単なる箱ではなくなった。機上3Dプリンターによって、今すぐに必要なミサイル・爆弾またはUAVをその場で生産し、投下することができる。

以上のような技術・機能を実現する未来型戦闘機のコンセプトに「とても信じられない」「まだ次世代を担うF-35がようやくという時期なのに……」と、困惑を感じた方も少なくないことと思う。これらは筆者の空想による産物ではない。10—30年先を見越して実際に研究されているものばかりである。

現代戦闘機の代表的な機能、ステルス、スーパークルーズ、AESAレーダー、ネットワーク中心戦闘能力、先進コックピット、高度な情報化による状況認識等は、既に80年代には未来型戦闘機のコンセプトとして実現が予言されていた。80年代の予言が全て実現したわけでもないので（ステルスに関しては現実のF-117のほうが遥かに奇抜であった）、2030年～40年頃の未来型戦闘機もまた、実現するものもあれば、そうでないものもあるはずだ。

戦闘機とドッグファイトの最初の一世紀を振り返ると、単葉機の時代に複葉機に固執しすぎて失敗したり、逆に手早く機関砲を捨てAAMに乗り換えてみれば、あとで機関砲が必要となったという失敗もあった。こうした過ちを繰り返さぬためには様々な可能性を探り、その中から限りなく正解に近いものを選びとってゆくしかない。誰も未来を正確に予測することはできないのだから。

◆7-5
誰がためにそれは飛ぶ

「エンジンは飛行機の心臓部です。そしてパイロットは、その魂です」
——ウォルター・ローリー〈イギリス空軍 戦史家〉

最初に人は飛行機をつくった。飛行機はすぐに戦争へ投入され偵察機となった。偵察機は爆弾を投下する爆撃機となり、そして最後に戦闘機が生まれた。今、その歴史がUAV/UCAVという飛行ロボットに姿を変えて、繰り返されようとしている。

世界中で多くのUCAVが研究開発されており、ノースロップ・グラマン X-47Bにボーイング ファントム・レイ、ジェネラルアトミクス アベンジャー（プレデターC）、ダッソー nEUROn（ニューロン）、BAEシステムズ タラニス、ミグ スカートなどなど、ほか二桁に達している。

第一次世界大戦世代の戦闘機がそうであったように、UCAVの実用化が始まった直後は、短期間で著しい性能向上（飛行性能のみを意味しない）を遂げるはずだ。遅かれ早かれ、そうした中から「最初のUCAV戦闘機」と呼べる能力を持った機種が現われる。そしてすぐに珍しい存在ではなくなる。

UCAV戦闘機が当たり前となった近未来の世界において、もっとも懸念すべきは「武力衝突の敷居が低くなる」という点にある。「21世紀のこのご時世に、大国が武力に任せて隣国を侵略するようなことがあるはずがない」そう思ったことはないだろうか？　きっとあるはずだ。日本人だけではなく、先進諸国の人たちの多くがそう思い込んでいたであろう。

しかし2014年、ロシアはウクライナのクリミア半島を武力で強奪。ウクライナ東部に対しても公然と軍を派遣し侵攻した。「イスラム国」なる勢力は異教徒を皆殺しにし、奴隷制復活を宣言した。「21世紀のこのご時世……」という思いは根拠なき希望的観測であり、ある種の強権国家・団体にとっては、武力行使によって有無を言わせず相手を叩き潰す選択肢が、依然として取り得ることを

ロッキードマーティン「VARIOUS」はVTOL能力を持つUCAVコンセプトである。駆逐艦ヘリ甲板からの作戦も可能とする〈Lockheed Martin〉

我々は学んだ。

そこに、UCAV戦闘機という存在が入り込んできたならば、さらに武力衝突事態が発生しやすくなるかもしれない。UCAV戦闘機は安い買い物ではないが、「魂」が無いから究極的には使い捨てできる。撃墜された側もそれほど痛くないし、撃墜した側も「心を痛める」心配が無いから容易に攻撃という選択肢を取り得る。

2013年、尖閣諸島沖に中国軍機とみられるUAVが接近した際には、戦後一貫して武力の行使に慎重だった日本でさえ「領空侵入の無人機撃墜、政府が検討」という報道がされた。

この中国軍UAVは領空侵犯していない。過去、航空自衛隊が対領空侵犯措置にて実弾射撃を行なった事例は、1987年におきたソ連Tu-16バジャー爆撃機が沖縄本島上空まで領空侵犯した事件において、信号射撃を実施したのみにとどまる。以降何度も領空侵犯事件は発生したが、撃墜どころか１発も撃ったことがないにも関わらずだ。

事実としてUAVの撃墜は世界中でかなりの数が発生している。命が失われるという現実が薄れた世界では、尖閣諸島のような場所で偶発的に「気軽な実戦」が勃発する蓋然性は高まる。まして指向性エネルギー兵器ならば、相手を攻撃したという物的証拠が残らない。

UCAV戦闘機は21世紀中頃までに、戦闘機とドッグファイトの歴史を、これまでにないほど大きく変革させるポテンシャルを秘める。その結果、誰も望まぬ事態を引き起こさぬことを祈りたい。

戦闘機の最も賢い使い方は、爆弾で何かを破壊することでも、ドッグファイトに打ち勝つことでもない。ただの一度も実戦の機会なく、平和のための「抑止力」としての機能を務め果たし、全機を無事に退役させることである。そして、我々の生きた時代の最先端テクノロジーの証として、博物館で永遠の余生を送らせる。我々が現在や過去の時代の戦闘機に魅了されるように、我々の子々孫々もまた魅了されることだろう。これぞ上の上、善の善である。

「ブラックバードの御子」を迎撃せよ！

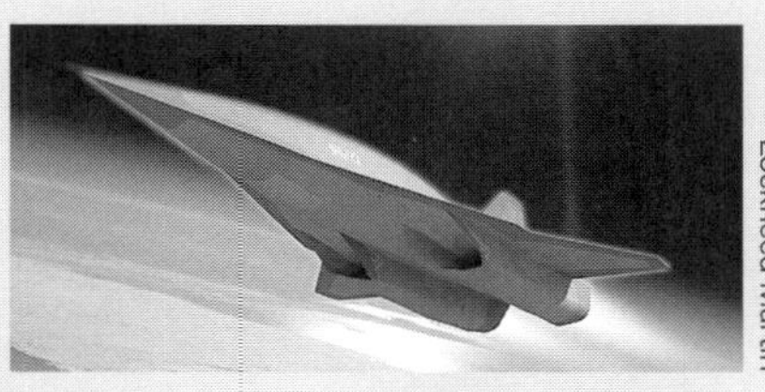
Lockheed Martin

2013年。ロッキード・マーチンは同社スカンク・ワークスによる傑作機、人類最速ジェット機SR-71ブラックバードの血を引き継ぐ次世代高速偵察機「SR-72」なるコンセプトを発表した。

このSR-72の謳い文句は「速度こそ新しいステルス。」実にロマンチックで胸がときめくようなキャッチフレーズだが、その最高速度はSR-71の２倍となるマッハ６に達するハイパーソニック（極超音速）機である。

マッハ６の飛行機は１秒間に2kmを進む。この速度では敵対者がSR-72を探知したとしても、許容される反応時間はほんの僅かしかない。航空自衛隊は対領空侵犯措置に備え、戦闘機を５分以内にスクランブル発進させる「５分待機」を実施しているが、SR-72はその僅か300秒たらずで600kmを飛行する。また飛行高度は10万フィート（３万ｍ）以上、MiG-25でさえこの高度まで上昇するのに非武装でも190秒を要する。つまり戦闘機がようやくSR-72の飛行高度にまで達した時には既に980kmも飛行し、遠くに飛び去ってしまっているのである。

イージス艦のRIM-161 SM-3ミサイルならば宇宙空間の弾道ミサイルを迎撃する能力があるが、大気圏内を飛行する目標への攻撃は想定していない。つまり現状の防空システムでは、どんなに頑張ってもSR-72を撃墜することは不可能である。まさに「ブラックバードの御子」と呼ぶに相応しい。

2018年初飛行、2030年実用化が可能であるというが、新型機のコンセプトは実現するよりも潰される方が多いので、陽の目を見るかどうかは分からない。SR-71へのソ連の解答がMiG-25であったように、ロシアでも中国でもいいので、頼むからSR-72を迎撃可能なハイパーソニック戦闘機（恐らくはUCAV）を開発しては貰えないだろうか。

ノースカロライナ州シーモアジョンソン基地のF-15E〈US AIRFORCE〉

戦闘機関連資料

戦闘機スペック表(プロペラ機)

		全長 m	全幅 m	空対空重量 kg	主翼面積 m	発動機 馬力	翼面荷重 kg/平方m	馬力重量比 馬力/kg	最高速度 km/h	武装	実用化年
フォッカー E.I	独	6.76	8.53	563	14.4	80	39.0	0.142	130	7.7mm	1915
エアコー DH.2	英	7.68	8.61	653	21.5	100	30.3	0.153	150	7.7mm	1916
ニューポール11.C1	仏	5.64	7.52	480	13.3	80	36.0	0.166	167	7.7mm	1916
ニューポール17.C1	仏	5.80	8.16	560	14.75	110	37.9	0.196	165	7.7mm	1916
ソッピース パップ	英	5.89	8.08	556	23.6	80	23.5	0.143	176	7.7mm	1916
ソッピース トリプレーン	英	5.73	8.07	699	21.46	130	32.5	0.185	185	7.7mm	1916
アルバトロスD.III	独	7.44	9.00	885	20.54	180	43.0	0.203	170	7.92mm×2	1917
ソッピース キャメル	英	5.49	8.53	700	21.46	130	32.6	0.185	190	7.7mm×2	1917
ユンカースD.I	独	7.25	9.00	834	14.8	180	56.3	0.215	225	7.92mm×2	1917
スパッドS.VII.C1	仏	6.08	7.82	704	17.85	180	39.4	0.255	193	7.7mm	1917
フォッカーDr.I	独	5.77	7.19	571	18.66	110	30.6	0.192	178	7.92mm×2	1917
RAF S.E.5a	英	6.30	8.00	886	23.7	200	37.3	0.225	218	7.7mm×2	1917
スパッドS.XIII.C1	仏	6.26	8.08	820	20.2	220	40.5	0.268	220	7.7mm×2	1918
フォッカーD.VII	英	6.95	8.70	909	20.4	232	44.5	0.255	195	7.92mm×2	1918
三菱 一〇式艦上戦闘機	日	6.90	8.50	940	19.2	300	48.9	0.319	237	7.7mm×2	1921
ニューポールドラジュ NiD29bis	仏	6.44	9.50	1190	27.00	300	44.0	0.252	237	7.7mm×2	1922
ボーイング F2B-1	米	6.98	9.17	1272	22.57	425	56.3	0.334	254	12.7mm×1 7.62mm×2	1928
ブリストル ブルドッグMk.II	英	7.67	10.30	1586	28.5	440	55.6	0.277	287	7.7mm×2	1929
フィアット CR.20	伊	6.71	9.80	1390	25.50	410	54.5	0.294	276	7.7mm×2	1929
ボーイング P-12E	米	9.13	6.17	1220	21.13	525	57.7	0.43	304	7.62mm×2	1931
中島 三式艦上戦闘機	日	6.49	9.68	1375	26.30	450	52.2	0.327	241	7.7mm×2	1932
ポリカルポフ I-16 Type 4	ソ	5.86	9.00	1354	14.54	480	93.1	0.354	362	7.62mm×2	1934
ハインケル He51B-1	独	9.10	11.00	1970	27.20	750	72.4	0.38	315	7.92mm×2	1934
ホーカー ニムロッドMk.I	英	10.23	8.09	1841	27.96	608	65.8	0.33	311	7.7mm×2	1934
フィアット CR.32ter	伊	7.45	9.50	1914	22.12	600	86.5	0.313	354	12.7mm×2	1935
川崎 九五式戦闘機	日	7.20	9.55	1650	23.0	850	71.7	0.515	400	7.7mm×2	1935
三菱 九六式艦上戦闘機	日	7.71	11.0	1671	17.80	460	93.8	0.275	406	7.7mm×2	1936
ホーカー ハリケーンMk.I	英	9.59	12.20	2994	23.93	1030	125.1	0.344	520	7.7mm×8	1937
中島 九七式戦闘機	日	7.53	11.31	1790	18.56	710	96.4	0.396	468	7.7mm×2	1937
スーパーマリン スピットファイアMk.I	英	9.12	11.23	2692	22.50	1030	119.6	0.382	582	7.7mm×8	1938
ポリカルポフ I-16 Type 24	ソ	6.13	9.00	1882	14.54	900	129.4	0.478	462	7.62mm×2 20mm×2	1939
メッサーシュミット Bf109E-3	独	8.80	9.90	2610	16.35	1100	159.6	0.421	555	20mm×2 7.92mm×2	1939
メッサーシュミット Bf110C-1	独	12.10	16.20	6900	38.40	1050×2	179.6	0.304	538	20mm×2 7.92mm×4	1939
グロスター シーグラディエーターMk.II	英	8.36	9.84	2600	30.01	830	86.6	0.319	407	7.7mm×4	1939
ブリュースター F2A-2	米	7.83	1067	3103	19.40	1200	159.9	0.386	542	12.7mm×4	1939
フィアット CR.42	伊	8.25	9.70	2295	22.42	840	102.3	0.366	441	12.7mm×1 7.7mm×1	1939
三菱 零式艦上戦闘機11型	日	9.06	12.00	2339	22.44	940	104.2	0.401	533	20mm×2 7.7mm×2	1940

		全長 m	全幅 m	空対空重量 kg	主翼面積 m	発動機 馬力	翼面荷重 kg/平方m	馬力重量比 馬力/kg	最高速度 km/h	武装	実用化年
ヤコブレフ Yak-1	ソ	8.48	10.0	2950	17.15	1050	172.0	0.355	569	20mm×2 7.62mm×1	1940
ミグ MiG-3	ソ	8.25	10.20	3350	17.44	1350	192.0	0.402	640	12.7mm×1 7.62mm×2	1940
グラマン F4F-3	米	8.76	11.58	3200	24.2	1200	132.2	0.375	531	12.7mm×4	1940
フォッケウルフ Fw190A-1	独	8.80	10.38	3450	18.30	1560	188.5	0.452	624	20mm×2 7.92mm×4	1941
スーパーマリン スピットファイアMk.Vb	英	9.12	11.23	3071	22.50	1600	136.4	0.521	605	20mm×2 7.7×4	1941
ラボーチキン LaGG-3	ソ	8.81	9.80	3346	17.62	1050	189.8	0.313	575	12.7mm×1 7.62mm×2	1941
ベル P-39C	米	9.12	10.36	3160	19.86	1150	159.1	0.363	588	37mm×1 12.7mm×2 7.62mm×2	1941
カーチス P-40B	米	9.68	11.38	3424	21.92	1150	156.2	0.335	555	12.7mm×2 7.62mm×4	1941
中島 一式戦闘機 隼I型	日	8.83	11.44	2048	22.0	980	93.0	0.478	495	7.7mm×2	1941
ロッキード P-38F	米	11.53	15.85	6949	30.47	1225×2	228.0	0.352	626	20mm×1 12.7mm×4	1942
グラマン F6F-3	米	10.24	13.06	5662	31.96	2000	177.1	0.353	605	12.7mm×6	1942
ヴォート F4U-1	米	10.16	12.50	5078	29.18	2000	174.0	0.393	636	12.7mm×6	1942
中島 二式単座戦闘機 鍾馗II型甲	日	8.84	9.45	2764	15.0	1520	184.2	0.549	605	7.7mm×2 12.7mm×2	1942
メッサーシュミット Bf109G-6	独	8.85	9.90	3150	16.20	1475	194.4	0.468	620	30mm×1 20mm×1 13mm×2	1943
川崎 三式戦闘機 飛燕I型乙	日	8.74	12.0	3130	20.0	1175	156.5	0.375	590	12.7mm×4	1943
三菱 零式艦上戦闘機52型甲	日	9.06	11.00	2743	21.30	1130	128.7	0.411	559	20mm×2 7.7mm×2	1944
ノースアメリカン P-51D	米	9.84	11.28	4581	21.69	1680	211.2	0.366	703	12.7mm×6	1944
リパブリック P-47D-25	米	10.99	12.42	6622	27.87	2430	237.6	0.366	690	12.7mm×8	1944
ラボーチキン La-7	ソ	8.67	9.80	3265	17.59	1850	185.6	0.566	680	20mm×3	1944
中島 四式戦闘機 疾風I型甲	日	9.92	11.24	3890	21.0	2000	185.2	0.514	624	20mm×2 12.7mm×2	1944
川西 紫電21型(紫電改)	日	9.38	12.0	3800	23.5	2000	161.7	0.526	583	20mm×4	1944
三菱 雷電21型	日	9.70	10.85	3507	20.0	1800	175.3	0.513	616	20mm×4	1944
ノースロップ P-61A	米	14.92	20.13	12530	61.77	2250×2	202.8	0.438	665	20mm×4 12.7mm×4	1944
メッサーシュミット Bf109K-4	独	8.85	10.0	3100	16.10	2000	192.5	0.645	695	30mm×2 15mm×2	1945
フォッケウルフ Ta152H-1	独	10.70	14.40	4754	22.60	2050	210.3	0.431	755	30mm×1 20mm×2	1945
ヴォート F4U-5	米	10.52	12.50	5851	29.18	2850	200.5	0.487	757	20mm×4	1945
グラマン F8F-1	米	8.43	10.82	4387	22.67	2100	193.5	0.478	680	12.7mm×4	1945
川崎 五式戦闘機	日	8.92	12.0	3495	20.0	1500	174.7	0.429	580	20mm×2 12.7mm×2	1945
スーパーマリン スピットファイアMk.24	英	10.03	11.25	4490	23.60	2120	190.2	0.472	731	20mm×4	1946
スーパーマリン スパイトフルMk.XIV	英	10.03	10.67	4513	19.51	2350	231.3	0.52	777	20mm×4	1946
ホーカー シーフューリーF.X	英	10.57	11.7	5602	26.01	2480	215.3	0.442	740	20mm×4	1947
ピラタス PC-21	ス	11.23	9.10	3100	15.22	1600	203.6	0.516	624	なし	2008

独=ドイツ 米=アメリカ 英=イギリス 仏=フランス ソ=ソ連 露=ロシア 伊=イタリア 以=イスラエル 瑞=スウェーデン ス=スイス 日=日本 台=台湾 中=中国 共=国際共同開発

戦闘機スペック表(ジェット機)

		全長 m	全幅 m	空対空重量 kg	主翼面積 平方m	推力 kN	翼面荷重 kg/平方m	推力重量比 kgf/kg	最高速度 km/h or マッハ	固定武装/AAM	実用化年
メッサーシュミット Me262A-1a	独	10.60	12.50	6400	21.80	8.8×2	293.5	0.269	870	30mm×4	1944
ハインケル He162A-1	独	9.03	7.02	2600	11.10	7.85	234.2	0.295	905	30mm×2	1944
メッサーシュミット Me163B-1a	独	5.80	9.30	4300	18.75	16.7	229.3	0.38	955	30mm×2	1944
ベル P-59	米	11.62	13.87	6214	35.86	7.4×2	173.2	0.233	671	20mm×2	1944
グロスター ミーティアF.4	英	12.50	11.33	6560	32.50	15.6×2	201.8	0.451	941	20mm×4	1945
ロッキード P-80A(F-80A)	米	10.52	11.86	5311	22.10	17.1	240.3	0.315	892	12.7mm×6	1945
ミグ MiG-9	ソ	9.75	10.00	4998	18.20	7.8×2	274.6	0.305	910	37mm×1 27mm×2	1946
リパブリック F-84B	米	11.41	11.13	7800	24.15	17.8	322.9	0.223	990	12.7mm×6	1947
マクダネル FD-1(FH-1)	米	11.81	12.42	4552	25.45	7.1×2	178.8	0.305	780	12.7mm×4	1947
ヤコブレフ Yak-17	ソ	8.70	9.20	2890	14.85	8.9	194.6	0.301	748	23mm2連装×1	1948
ホーカー バンパイアFB.5	英	9.37	11.58	4790	24.35	14.9	196.7	0.304	861	20mm×4	1948
ノースアメリカン FJ-1	米	10.50	9.80	6854	20.50	17.8	334.3	0.254	870	12.7mm×6	1948
ミグ MiG-15	ソ	10.10	10.08	4806	20.60	22.3	233.3	0.454	1047	37mm×1 27mm×2	1949
ノースアメリカン F-86A	米	11.44	11.31	6399	26.75	23.1	239.2	0.353	1093	12.7mm×6	1949
グラマン F9F-2	米	11.30	11.60	6456	23.00	26.5	280.6	0.402	925	20mm×4	1949
サーブ J21RA	瑞	11.37	10.45	5000	22.30	13.8	224.2	0.27	800	20mm×1 13.2mm×4	1950
スーパーマリン アタッカーF.1	英	11.43	11.25	5579	21.03	22.3	265.2	0.391	950	20mm×4	1951
ヴォート F7U	米	12.10	13.49	8258	46.08	27×2	179.2	0.64	1120	20mm×4	1951
サーブ トゥンナン(J29A)	瑞	10.23	11.00	6880	24.15	22.6	284.8	0.321	1035	20mm×4	1951
ノースロップ F-89D	米	16.40	18.40	17000	56.30	32*2	301.9	0.368	1010	なし	1952
ロッキード F-94C	米	13.90	12.90	8300	21.63	38.9	383.7	0.459	1030	なし	1952
ダッソー ウーラガン(MD450B)	仏	10.74	12.29	7404	23.80	22.2	311.0	0.293	940	20mm×4	1952
ミグ MiG-17F	ソ	11.36	9.60	5340	22.60	33.1	236.2	0.607	1145	37mm×1 27mm×2	1953
ノースアメリカン F-100A	米	14.33	11.82	11338	37.18	70.3	304.9	0.607	1371	20mm×4	1953
ダッソー ミステールIV	仏	12.89	11.12	7759	32.00	34.3	242.4	0.433	1120	30mm×2	1953
ミグ MiG-19	ソ	12.54	9.00	7300	25.00	31.9×2	292.0	0.856	1452	23mm×3	1955
ヤコブレフ Yak-25	ソ	15.67	10.95	8675	28.94	23×2	299.7	0.519	1090	37mm×2	1955
ホーカー ハンターF.6	英	13.98	10.25	8122	32.43	45.1	250.4	0.544	1150	30mm×4	1956
グロスター ジャベリンFAW.7	英	17.15	15.85	16188	86.10	48.9×2	188.0	0.592	1141	30mm×4	1956
コンベア F-102A	米	20.81	11.62	12950	61.45	76.5	210.7	0.578	1380	なし	1956
グラマン F11F-1	米	13.69	9.64	9541	23.30	49	409.4	0.503	1210	20mm×4	1956
ダグラス F4D-1	米	13.92	10.21	12300	51.74	64.5	237.7	0.513	1210	20mm×4	1956
マクダネル F3H-2	米	17.96	10.77	15300	48.22	65.8	317.2	0.421	1150	20mm×4	1956

		全長 m	全幅 m	空対空重量 kg	主翼面積 平方m	推力 kN	翼面荷重 kg/平方m	推力重量比 kgf/kg	最高速度 km/h or マッハ	固定武装/AAM	実用化年
ヴォート F-8A(F8U-1)	米	16.53	10.87	10732	34.84	80.1	308.0	0.731	M1.53	20mm×4	1957
ダッソー シュペル・ミステールB.2	仏	13.90	10.51	8840	34.60	44.1	255.4	0.488	1200	30mm×2	1957
ロッキード F-104A	米	16.69	6.68	10165	18.22	70.2	557.9	0.676	M2	20mm6連装×1	1958
サーブ ランセン(J32B)	瑞	14.94	13.00	10240	37.40	63.7	273.7	0.609	1110	30mm×4	1958
ミグ MiG-21F	ソ	7.15	13.46	7100	23.00	56.3	308.6	0.777	M2	なし	1959
スホーイ Su-7B	ソ	16.61	9.31	11983	34.00	94.1	352.4	0.769	M2	30mm×2	1959
スホーイ Su-9	ソ	18.06	8.54	11422	34.00	94.1	335.9	0.807	M2	なし	1959
フォーランド ナットF.1	英	8.74	6.73	3539	12.69	20.9	278.8	0.578	1120	30mm×2	1959
マクダネル F-101B	米	20.55	12.09	18100	34.19	75.2	529.3	0.407	M1.72	なし	1959
コンベア F-106A	米	21.56	11.67	16100	64.80	109	248.4	0.663	M2.3	なし	1959
ヤコブレフ Yak-28P	ソ	21.70	13.00	15980	35.25	56.4×2	453.3	0.691	M1.5	23mm2連装×1	1960
リパブリック F-105D	米	19.60	10.65	17250	35.81	109	481.7	0.619	M2	20mm6連装×1	1960
マクダネル F-4B(F4H-1)	米	17.78	11.70	20231	49.23	75.6×2	410.9	0.727	M2.2	なし	1960
サーブ ドラケン(J35A)	瑞	9.40	15.35	8981	49.20	67.7	182.5	0.738	M1.8	30mm×1	1960
ダッソー ミラージュIIIC	仏	13.85	8.20	7980	34.10	59.3	234.0	0.728	M2.15	30mm×2	1961
ノースロップ F-5A	米	14.38	7.70	6080	15.79	18.1×2	385.0	0.583	M1.4	20mm×2	1962
ホーカー シービクセンFAW.2	英	16.32	15.24	15840	60.20	50×2	263.1	0.618	1110	なし	1963
イングリッシュエレクトリック ライトニングF.3	英	16.84	10.56	18600	42.60	73×2	436.6	0.769	M2.27	30mm×2	1963
ツポレフ Tu-128(Tu-28)	ソ	30.06	17.53	40000	96.94	99.1×2	412.6	0.461	M1.75	なし	1964
スホーイ Su-15	ソ	22.07	8.62	16520	34.56	70×2	478.0	0.83	M2.5	なし	1965
ミグ MiG-25P	ソ	22.30	14.06	36720	61.90	109.8×2	593.2	0.586	M3.2	なし	1970
ミグ MiG-23SM	ソ	16.71	7.78	15500	34.16	98.1	453.7	0.62	M2.3	23mm2連装×1	1971
サーブ ビゲン(AJ37)	瑞	16.40	10.60	15480	52.20	115.5	296.5	0.731	M2.1	30mm×1	1971
グラマン F-14A	米	18.60	11.70	26000	49.60	93×2	524.1	0.701	M2.34	20mm6連装×1	1973
ダッソー ミラージュF.1C	仏	15.30	8.40	11000	25.00	70.2	440.0	0.625	M2.2	30mm×2	1973
スホーイ Su-17M	ソ	18.72	10.04	18120	34.45	110	525.9	0.594	M2.1	30mm×2	1974
ノースロップ F-5E	米	14.68	8.13	7030	17.28	22.2×2	406.8	0.618	M1.6	20mm×2	1974
ヤコブレフ Yak-38	ソ	16.37	7.02	10300	18.40	60	559.7	0.57	1150	23mm2連装×1	1976
マクダネルダグラス F-15A	米	19.05	13.05	19000	56.50	105.9×2	336.2	1.087	M2.5	20mm6連装×1	1976
三菱 F-1	日	17.85	7.88	10000	21.17	32.5×2	472.3	0.637	M1.6	20mm6連装×1	1977
ジェネラルダイナミクス F-16A	米	15.03	9.45	12000	27.90	106	430.1	0.865	M2	20mm6連装×1	1978
ホーカー シーハリアーFRS.1	英	14.50	7.70	10210	18.68	95.6	546.5	0.917	1110	なし	1980
ミグ MiG-29	ソ	17.32	11.36	15300	38.06	81.4×2	401.9	1.042	M2.25	30mm×1	1983

		全長 m	全幅 m	空対空重量 kg	主翼面積 平方m	推力 kN	翼面荷重 kg/平方m	推力重量比 kgf/kg	最高速度 km/h or マッハ	固定武装/AAM	実用化年
ミグ MiG-31	ソ	22.69	13.46	41000	61.60	152×2	665.5	0.726	M2.83	23mm6連装×1	1983
マクダネルダグラス F/A-18A	米	17.06	11.40	16700	38.00	79.2×2	439.4	0.929	M1.8	20mm6連装×1	1983
ダッソー ミラージュ2000C	仏	14.36	9.13	10680	41.00	95.1	260.4	0.872	M2.2	30mm×2	1984
スホーイ Su-27	ソ	21.93	14.70	22500	62.00	122.6×2	362.9	1.067	M2.35	30mm×1	1985
マクダネルダグラス AV-8B(ハリアーGR.5)	共	15.12	9.25	10400	22.61	105	459.9	0.989	1083	25mm6連装×1	1985
パナビア トーネードF.3(ADV)	共	13.91	8.60	22000	25.00	73.5×2	880.0	0.654	M2.2	27mm×1	1986
漢翔航空工業 経国	台	14.48	8.53	9500	24.20	82	392.5	0.845	M1.8	20mm6連装×1	1994
サーブ グリペン(JAS39A)	瑞	14.10	8.40	9700	30.00	80.5	323.3	0.813	M2	27mm×1	1996
三菱 F-2A	日	15.52	10.80	15000	34.80	129	431.0	0.842	M2	20mm6連装×1	2000
ボーイング F/A-18E	米	18.31	13.62	21320	46.45	97.9×2	458.9	0.9	M1.6	20mm6連装×1	2001
ダッソー ラファールM	仏	15.27	10.80	15000	45.70	75.6×2	328.2	0.987	M1.8	27mm×1	2004
ロッキード・マーチン F-22	米	18.92	13.56	27000	78.04	156×2	345.9	1.132	M2.25	20mm6連装×1	2005
ユーロファイター タイフーン	共	15.97	10.96	15600	51.20	90×2	304.6	1.13	M2	27mm×1	2005
成都飛機工業　J-10A	中	14.57	8.78	15000	33.05	122.6	453.8	0.8	M2	23mm×1	2005
スホーイ Su-35S(BM)	露	21.95	14.75	25300	62.00	142×2	408.0	1.1	M2.35	30mm×1	2015
韓国航空工業 FA-50	韓	13.14	9.45	9000	23.69	79.2	379.9	0.862	M.1.5	20mm3連装×1	2016
ロッキードマーチン F-35A	米	15.67	10.67	22000	42.73	191.2	514.8	0.851	M1.6	25mm4連装×1	2016
サーブ グリペンNG	瑞	15.20	8.60	12000	31.00	98	387.0	0.8	M2	27mm×1	2018
スホーイ T-50	露	19.80	13.95	25000	78.8	142×2	317.2	1.113	M2	30mm×1	2020

独=ドイツ 米=アメリカ 英=イギリス 仏=フランス ソ=ソ連 露=ロシア 伊=イタリア 以=イスラエル 瑞=スウェーデン ス=スイス 日=日本 台=台湾 中=中国 共=国際共同開発

空対空ミサイル・スペック表

名称	国	終端誘導	中間誘導	アスペクト	射界 ±度	全長 m	直径 m	翼幅 m	発射重量kg	弾頭 kg	推力偏向	射程km	実用化年
WVR													
X-4	独	有線指令	×	--	--	1.90	--	057	60	20	×	3	1945(未)
AIM-4F	米	SARH	×	オール	--	2.18	0.17	0.61	68	18	×	8	1958
AIM-4D	米	IR	×	リア	--	2.02	0.17	0.51	61	12	×	3	1963
AIM-9B	米	IR	×	リア	3.5	2.83	0.127	0.53	76	4.5	×	2	1956
AIM-9D	米	IR	×	リア	6	2.87	0.127	0.64	90	9	×	3	1965
AIM-9L	米	IR	×	オール	15	2.87	0.127	0.64	87	9.5	×	8	1976
AIM-9X	米	IIR	INS	オール	90	2.9	0.127	0.44	85	10.15	○	30	2000
AIM-9X Block2	米	IIR	DL/INS	オール	180	2.9	0.127	0.44	--	--	○	30+	2015
ファイアフラッシュ	英	BR	×	オール	--	2.84	--	--	150	--	×	3	1955
レッドトップ	英	IR	×	オール	--	3.32	0.230	0.914	154	31	×	12	1964
ファイアストリーク	英	IR	×	リア	--	3.19	0.223	0.750	136	22.7	×	6	1958
ASRAAM	英	IIR	INS	オール	90	2.9	0.166	0.45	88	10	○	20	1998
R550 マジック	仏	IR	×	リア	--	2.72	0.157	0.66	89	13	×	3	1975
R550 マジック2	仏	IR	×	オール	--	2.75	0.157	0.66	89	13	×	15	1985
K-5MS/AA-1	ソ	BR	×	オール	--	2.5	0.20	0.65	82.7	13	×	3	1957
K-13A/AA-2	ソ	IR	×	リア	--	2.87	0.127	0.58	75	11.3	×	3	1960
R-60T/AA-8	ソ	IR	×	リア	--	2.08	0.13	0.43	63	3	×	3	1974
R-60TM/AA-8	ソ	IR	×	オール	--	2.09	0.12	0.39	43	3.5	×	10	1982
R-73/AA-13	ソ	IIR	INS	オール	45	2.9	0.17	0.51	105	7.4	○	20	1987
R-73M2/AA-13	露	IIR	INS	オール	60	2.9	0.17	0.51	110	7.4	○	30	1996
シャフリル2	以	IR	×	リア	--	2.6	0.16	0.64	--	11	×	3	1969
パイソン3	以	IR	×	オール	40	3	0.16	0.86	120	11	×	15	1990
パイソン4	以	IR	×	オール	60	3	0.16	0.35	105	11	×	15	1993
パイソン5	以	IIR	INS	オール	90	3.1	0.16	0.64	105	11	○	20	2005

名称	国	終端誘導	中間誘導	アスペクト	射界 ±度	全長 m	直径 m	翼幅 m	発射重量kg	弾頭 kg	推力偏向	射程km	実用化年
天剣1	台	IR	×	オール	--	2.87	0.127	0.64	90	--	×	8	1993
霹靂9	中	IR	×	オール	40	2.9	0.157	0.81	115	10	×	15	1991
IRIS-T	共	IIR	INS	オール	90	2.94	0.127	0.35	89	11.4?	○	25	2005
AAM-3	日	IR	×	オール	9L以上	2.6	0.127	0.6	91	15	×	--	1990
AAM-5	日	IIR	INS	オール	90?	3.105	0.13	0.65	95	--	○	--	2004

名称	国	終端誘導	中間誘導	アスペクト	射界 ±度	全長 m	直径 m	翼幅 m	発射重量kg	弾頭 kg	推力偏向	射程km	実用化年
BVR													
AIM-7A	米	BR	×	オール	--	3.74	0.20	0.94	143	20	×	10	1954
AIM-7E	米	SARH	×	オール	--	3.66	0.20	1.02	205	30	×	30	1962
AIM-7F	米	SARH	×	オール	--	3.66	0.20	1.02	227	39	×	50	1975
AIM-120A	米	ARH	指令/INS	オール	--	3.65	0.178	0.63	157	22	×	65	1991
AIM-120C-7	米	ARH	指令/INS	オール	--	3.65	0.178	0.45	161	18	×	100	2006
AIM-120D	米	ARH	DL/INS	オール	--	3.65	0.178	0.45	161	18	×	165	2015
AIR-2A(核)	米	無誘導	×	--	--	2.95	0.44	1.02	373	1.5KT	×	9	1958
AIM-26A(核)	米	SARH	×	オール	--	2.13	0.29	0.63	115	0.25KT	×	10	1961
AIM-26B	米	SARH	×	オール	--	2.13	0.29	0.63	115	18	×	10	1961
AIM-54A	米	ARH	SARH/INS	オール	--	3.96	0.380	0.92	443	60	×	135	1974
AIM-54C	米	ARH	SARH/INS	オール	--	3.96	0.380	0.92	463	60	×	150	1985
スカイフラッシュ	英	SARH	×	オール	--	3.66	0.203	1.02	195	30	×	40	1978
アスピデMk.1	伊	SARH	×	オール	--	3.7	0.203	1.0	220	30	×	35	1988
R511	仏	SARH	×	オール	--	3.10	0.260	1.00	148	21	×	7	1957
R530	仏	SARH	×	オール	--	3.28	0.263	1.10	195	27	×	15	1963
シュペルR530D	仏	SARH	×	オール	--	3.8	0.263	0.62	270	30	×	40	1987
MICA EM	仏	ARH	指令/INS	オール	--	3.1	0.165	0.56	112	12	×	60	2000

名称	国	終端誘導	中間誘導	アスペクト	射界 ±度	全長 m	直径 m	翼幅 m	発射重量kg	弾頭 kg	推力偏向	射程km	実用化年
MICA IR	仏	IIR	指令/INS	オール	--	3.1	0.165	0.56	112	12	×	60	2000
ダービー	以	ARH	指令/INS	オール	--	3.62	0.16	0.64	118	--	×	63	2001
R-27R/AA-10	ソ	SARH	指令/INS	オール	45	4.08	0.230	0.77	253	33	×	40	1985
R-27T/AA-10	ソ	IR	×	オール	45	3.8	0.230	0.77	245	33	×	30	1985
R-27ER/AA-10	ソ	SARH	指令/INS	オール	45	4.7	0.260	0.8	350	39	×	75	1985
R-27ET/AA-10	ソ	IR	×	オール	45	4.5	0.260	0.8	343	39	×	70	1985
R-33/AA-9	ソ	SARH	×	オール	--	4.15	0.380	0.9	490	46	×	120	1980
R-98R/AA-3	ソ	SARH	×	オール	--	3.60	0.220	1.05	300	40	×	24	1963
R-98T/AA-3	ソ	IR	×	リア	--	3.30	0.220	1.05	300	40	×	24	1963
R-4R/AA-5	ソ	SARH	×	オール	--	5.25	0.300	1.32	483	54	×	40	1965
R-4T/AA-5	ソ	IR	×	リア	--	5.16	0.300	1.32	483	54	×	20	1965
R-40R/AA-6	ソ	SARH	指令/INS	オール	--	6.20	0.355	1.8	472	55	×	35	1974
R-40T/AA-6	ソ	IR	指令/INS	リア	--	6.20	0.355	1.8	467	35	×	35	1974
R-24R/AA-7	ソ	SARH	指令	オール	--	4.46	0.200	1.04	235	35	×	50	1973
R-24T/AA-7	ソ	IR	指令	オール	--	4.16	0.200	1.04	236	35	×	50	1973
R-77/RVV-AE	露	ARH	指令/INS	オール	--	3.6	0.200	0.40	175	22	×	75	1994
天剣2	台	ARH	INS	オール	--	3.6	0.190	0.62	183	22	×	60	1996
霹靂10	中	SARH	×	オール	--	3.99	0.286	1.17	300	--	×	15	1996
霹靂11/LY-60	中	SARH	×	オール	--	3.89	0.208	0.68	220	33	×	25	1996
霹靂12/SD-10	中	ARH	--	オール	--	3.7	0.200	--	180	--	×	70	2007
霹靂21	中	ARH	--	オール	--	--	--	--	--	--	×	150	--
ミーティア	共	ARH	DL/INS	オール	--	3.7	0.178	--	190	--	×	200	2017
AAM-4	日	ARH	指令/INS	オール	--	3.66	0.20	0.8	222	--	×	100	1999

ARH=アクティブレーダー SARH=セミアクティブレーダー BR=ビームライディング IR=赤外線 IIR=赤外線画像 DL=データリンク INS=慣性航法 ×=なし --=データなし
独=ドイツ 米=アメリカ 英=イギリス 仏=フランス ソ=ソ連 露=ロシア 伊=イタリア 以=イスラエル 瑞=スウェーデン ス=スイス 日=日本 台=台湾 中=中国 共=国際共同開発

戦闘機関連年表

年	月	日	
1903	12	17	アメリカ、キティホークの丘にて、ライト兄弟の動力付き飛行機「フライヤー」が飛行試験に成功。
1908	7		ウィルバー・ライトがパリでフライヤーの公開飛行を実施。欧州の飛行機開発が加速。
1910	12	19	代々木練兵場において飛行機による日本初の飛翔に成功。
1911	10	22	イタリア・トルコ戦争。ブレリオXIが航空偵察を行い、史上初めて飛行機が実戦投入される。
	11	1	イタリア・トルコ戦争。ブレリオXIから4発の手投げ爆弾が投下される。史上初の爆撃。
1913	11		メキシコ革命において、ライフルの撃ち合いによる史上初の空中戦が勃発。
1914	7	14	戦闘機(Fighter)を名乗った最初の機体 ビッカース F.B.5初飛行。
	7	28	第一次世界大戦勃発。
	8～9		タンネンベルクの戦いにおいてドイツ軍快勝。航空偵察が決定的な役割を果たした史上初めての会戦。
	10	5	ヴォアザンIIIがアヴィアティクB.IIを撃墜。空対空戦闘における史上初の撃墜記録。
	10		青島攻略戦において日本初の飛行機実戦投入。水上機母艦「若宮」にて史上初めて洋上からの航空作戦を実施。 青島攻略戦において日本軍モーリス・ファルマン複葉機がドイツ軍タウベを迎撃。日本にとって初の空中戦も戦果なし。
1915	4	3	フランス軍のアドルフ・ペグーが5機撃墜を達成。史上初の「エース」となる。4ヵ月後戦死。
	6	1	史上初の空戦を専門とする実用戦闘機フォッカーE.I アインデッカーが最初の戦果をあげる。
1916	1		連合国に戦闘機が配備されはじめる。フォッカー・アインデッカーの一強が終焉を迎え、本格的なドッグファイトが始まる。
	2		最初の全金属(鉄)製飛行機、ユンカースJ-1が初飛行。
1917	4		「血の四月」 イギリス軍航空隊が大損害を蒙る。
	6	26	史上初の航空母艦「フューリアス」がイギリス海軍に就役。
	9	17	史上初の実用全金属(ジュラルミン)製の戦闘機 ユンカースJ.9が初飛行。
1918	7	19	空母「フューリアス」から発進したソッピース・キャメルがツェッペリン飛行船を破壊。史上初の艦上戦闘機実戦投入および戦果。
	4	1	史上初の空軍、イギリス空軍(ロイヤルエアフォース)が発足。イギリス陸海軍航空隊を母体とする。
	4	21	第一世界大戦の撃墜王、ドイツ軍の「レッドバロン」ことリヒトホーフェンがフォッカーDr.I搭乗中に戦死。撃墜数80機。
	11		第一次世界大戦終結。
1921	2	22	日本初の実用国産戦闘機、一〇式艦上戦闘機が航空母艦「鳳翔」へ着艦に成功。パイロットはイギリス人のウィリアム・ジョルダン。
	6	27	アメリカにおいて史上初の空中給油試験が成功裏に行なわれた。
1932	2	22	空母「加賀」の中島三式艦上戦闘が中国軍ボーイングP-12と交戦しこれを撃墜。艦上戦闘機による史上初(同時に日本軍初)の撃墜戦果。
1933	12	31	引き込み脚・単葉・閉鎖式コックピットを持つ史上初の近代的戦闘機ポリカルポフI-16が初飛行する。
1936			スペイン内戦勃発。ドイツ軍コンドル軍団が無線による編隊空戦や急降下爆撃等の戦術を確立する。

年	月	日	
			イギリスにおいてチェインホームレーダーが実用化される。
1937	4	12	史上初のジェットエンジン「ホイットル・ユニット」が運転を行なう。設計者はイギリス人のフランク・ホイットル。
1939	5		ノモンハン事変勃発。日ソで大空戦勃発。
	8	20	I-16が中島九七式戦闘機を空対空ロケット弾によって2機撃墜。空対空ロケット弾による史上初の戦果。
	8	27	ドイツのハインケルHe178がターボジェット機として史上はじめて飛行に成功する。ターボジェットはオハイン作。
1939	9	1	第二次世界大戦勃発。
	12	18	ドイツ空軍、史上初のレーダー迎撃管制による戦闘機の誘導を行い、英爆撃機編隊を壊滅させる。
1940	7～10		英独航空戦「バトル・オブ・ブリテン」勃発 レーダー迎撃管制を活用し、イギリス空軍の勝利に終わる。
	7	22～23	イギリス空軍のブレニムMk.IFが機上レーダーを使用した史上初の撃墜(ドルニエDo17)を達成。
	7	24	「零式艦上戦闘機(零戦)」制式採用される。2ヵ月後初陣で大勝利をあげる。
1941	6	22	ドイツ軍がバルバロッサ作戦を発動。独ソ戦が始まる。
	7	15	ドイツ空軍のウェルナー・メルダース、史上初の100機撃墜を達成。
	12	8	パールハーバー奇襲攻撃、フィリピン航空撃滅戦が実施される。太平洋戦争勃発。
1942	5	7～8	珊瑚海海戦において史上初の空母同士の対決。 日米の空母「祥鳳」「レキシントン」沈没。
	6	4～5	ミッドウェイ海戦にて日本は空母4隻を失う大敗を喫す。アメリカのF4Fは新戦術「サッチ・ウィーブ」で零戦を圧倒。
	夏		日独の新鋭戦闘機、零戦とFw190が相次いで連合国に鹵獲される。
	7	18	史上初のジェット戦闘機メッサーシュミットMe262、ジェットエンジンを搭載し最初の飛行。
1943	8	1	13機撃墜の女性トップエース、ソ連空軍リディア・リトヴァクが戦死。
1944	3		アメリカ軍のP-51Dが爆撃機の護衛を行うようになり、対独爆撃作戦時の損失が激減する。
	10		Me262がB-17を撃墜し、ジェット戦闘機として史上初の戦果をあげる。
	10	25	神風特攻隊による最初の体当たりが行なわれる。爆装した零戦により米空母「セントロー」沈没「カリニンベイ」大破。
1945	5	8	ドイツ空軍のエーリッヒ・ハルトマン、史上最多となる352機撃墜を達成。
	5	8	ドイツ降伏。第二次世界大戦欧州戦線終結。
	8	6	B-29「エノラ・ゲイ」号 広島に対してウラン型原子爆弾を投下。
	8	7	日本初のジェット機、特殊攻撃機「橘花」初飛行。
	8	8	B-29「ボックス・カー」 長崎に対しプルトニウム型原子爆弾を投下
	8	15	日本、ポツダム宣言の受け入れを表明。第二次世界大戦終戦。
	12	3	イギリスのデ・ハビランド・バンパイアが史上初めて純ジェット戦闘機としての着艦に成功する。

年	月	日	
1947	10	1	造波抵抗対策を目的とした後退翼を最初に備えた実用ジェット戦闘機ノースアメリカンF-86(YP-86)初飛行。
	10	14	ベルX-1 チャールズ・イェーガーの操縦によって史上初めて超音速に到達。
	12	30	ソ連初の後退翼実用ジェット戦闘機 ミグ MiG-15 初飛行。
1948	4	25	YP-86が降下中、ターボジェット機として史上初の超音速に達する。
1950	5		アフターバーナーを搭載した最初の実用戦闘機、ロッキードF-94Aスターファイアの配備が、アメリカ空軍において始まる。
	6	25	朝鮮戦争勃発。北朝鮮軍が南進を開始する。
	11	8	鴨緑江付近「ミグアレイ」にて米空軍F-80Cと中国軍MiG-15が史上初のジェット戦闘機同士のドッグファイトを行なう。ブラウン中尉がMiG-15を撃墜。
	12	17	F-86Aセイバー初の実戦投入、MiG-15と初交戦し1機撃墜する。ミグアレイの戦いが激化。
1953	5	25	F-100スーパーセイバーが戦闘機として史上初の超音速飛行を成功させる。
	7	27	朝鮮戦争休戦。
1957	4	16	イギリスがライトニング迎撃戦闘機以外の軍用機開発計画を放棄。以降単独で超音速戦闘機の開発を行なわなくなる。
	7	19	ロッキードF-89Jスコーピオンが空対空核弾頭ロケットAIR-2ジーニーを初めて試射する。
1958			アメリカにおいてコンピューターを利用した防空システム半自動式防空管制組織(SAGE:セイジ)の導入が始まる。
	9	24	台湾空軍のF-86Fセイバーが GAR-8(後のAIM-9B)によって中国軍MiG-17を撃墜。空対空ミサイル史上初の実戦投入。
1960	10	21	ハリアーの試作機P.1127が初飛行において垂直離着陸に成功。
1965	3	26	アメリカ軍、ローリングサンダー作戦を発動。「北爆」が開始される。ベトナム戦争の激化。
	5	1	アメリカのロッキードYF-12Aが15/25kmストレートコースで3331.507km/hの絶対速度記録を達成。試作戦闘機として最速。
	10	5	ソ連のミグMiG-25(Ye-266)がペイロード無し500kmクローズドサーキットで2981.5km/hの世界記録を達成。実用戦闘機絶対速度記録。
1967	6	5～10	第三次中東戦争(六日間戦争)勃発。イスラエル空軍の奇襲で初日にエジプト空軍壊滅。
	7		史上初の実用可変後退翼戦闘機、ジェネラル・ダイナミクスF-111がアメリカ空軍に配備される。
1969	3	3	WVR戦闘の戦術の重要性が再認識され、アメリカ海軍戦闘機兵器学校「トップガン」が開設される。
	4		史上初の実用VTOL戦闘機ハリアーGR.1がイギリス空軍に配備される。
	7	17	サッカー戦争において最後のレシプロ戦闘機同士のドッグファイト。ホンジュラスのエンリケス大尉がF4U-5でエルサルバドルのF-51D、FG-1Dを撃墜。
1973	1		アメリカがベトナムからの撤退を開始する。事実上の北ベトナム軍勝利。
	10	6～26	第四次中東戦争勃発。イスラエル空軍が圧勝し、空対空ミサイルの戦果が半数を占めるようになる。
1976	7	27	ロッキードSR-71Aが15/25kmストレートコースで3529.56km/hの絶対速度記録を達成。自身が離着陸可能なジェット機としては現在も世界記録。
1977	9		日本初の超音速ジェット戦闘機、三菱F-1が航空自衛隊に配備される。
1978	8		静安定緩和の設計とフライ・バイ・ワイヤを持った史上初の戦闘機ジェネラル・ダイナミクスF-16がアメリカ空軍に配備される。

年	月	日	
1980	9	22	イラン・イラク戦争勃発。1988年の終戦までに1000回以上の空中戦が勃発し、イラン空軍のF-14が圧倒的な戦果をあげる。
1981	8	19	シドラ湾事件。F-14がAIM-9LサイドワインダーにてSu-22を2機撃墜。可変後退翼戦闘機同士の史上初の交戦にして史上初のオールアスペクト赤外線AAMの実戦投入。
1982	3～6		フォークランド紛争始まる。イギリスのハリアー・シーハリアーがVTOL戦闘機として史上初の実戦。
1982	6	6～11	ベッカー高原上空戦。イスラエル空軍がシリア軍機85機撃墜、損失1機という圧勝劇。F-15 F-16、AIM-9LほかE-2ホークアイの管制が大きな勝因に。
1983	1		史上初のグラスコックピットを持った近代的なマルチロールファイター、マクダネル・ダグラスF/A-18がアメリカ海軍に配備される。
1984			ドミニカ空軍からP-51Dが退役し、レシプロ戦闘機の歴史が幕を閉じる。
1987	12	9	航空自衛隊F-4EJが領空侵犯したソ連のTu-16に対し機銃による警告射撃を実施。空自唯一の実戦における実弾射撃(災害派遣を除く)。
1988	4		FLIR及び合成開口レーダーを持ち、全天候爆撃能力を有すマクダネル・ダグラスF-15Eがアメリカ空軍に配備される。
1988	6		パリエアショーにおいてスホーイSu-27が初出展され「プガチョフ・コブラ」機動を初披露
1989	12	19	史上初の実用ステルス機ロッキードF-117Aがパナマを爆撃し初陣。
1991	1	17	湾岸戦争において多国籍軍の介入が始まる。AIM-7スパローを用いたBVRのドッグファイトが主流となる。
	12	25	ソ連崩壊。冷戦が終結し世界中が軍縮へと向かう。
1992	12	27	アメリカのF-16DがAIM-120AMRAAMを初実戦射撃しMiG-25を撃墜。
1999	3～5		NATOによるコソボ紛争介入アライドフォース作戦発動。F-15、F-16がAMRAAMでMiG-29を完封する。
2000			AESAレーダーを持った最初の戦闘機、F-15CとF-2Aが実戦配備。
2002	11	3	史上初の攻撃能力を持つUAV ジェネラルアトミクスMQ-1がイエメンにて初めての対地攻撃を実施し車両を破壊する。
	12	23	イラクのMiG-25がアメリカのMQ-1を撃墜。空対空戦闘能力を持つUAVと有人戦闘機による史上初のドッグファイト。
2014	9	23	史上初の実用ステルス戦闘機ロッキード・マーティンF-22が初実戦投入。但しイスラム国拠点への対地攻撃任務。
2015	7	31	史上最大の戦闘機開発プロジェクトJSF によってロッキード・マーティンF-35Bが初期作戦能力を獲得。
2016	4	22	防衛省技術研究本部・三菱 先進技術実証機X-2が初飛行を実施。
	8	2	ロッキードマーティンF-35Aが初期作戦能力を獲得。

あとがき

突然ですが、源頼朝による鎌倉幕府の成立は西暦何年のことであるかご記憶でしょうか。小学生時代に「いい国（1192年）つくろう鎌倉幕府」きっとそんな語呂合わせで覚えた方も少なくないことと思いますが、今の歴史教科書では1185年成立となっているそうです。「いいハコつくろう」とはずいぶんと志が低くなったものですが、研究が進むことによって歴史上の通説が大きく変わってしまうということは少なくないようです。

第二次大戦の終結から71年、冷戦が終結し25年が経過した2016年に出版される本書においても、新しい研究や明らかになった事実を反映しつつ、これまであまり知られることのなかった戦闘機史における重大な出来事について、広く浅く、そしてところにより深く記載することができました。また第二次大戦後の航空や軍事をリードしてきたのはアメリカ合衆国である以上、どうしても「アメリカの歴史」になってしまいがちですが、できるだけ「鉄のカーテンの向こう側」の事情なども盛り込めました。

こうした新しい研究や資料にアクセスするにあたり、インターネットの活用は不可欠でした。将来型戦闘機の戦い方がネットワークを駆使した「クラウド」に重点が置かれるようになりつつあるのと同様に、自宅や図書館等場所を選ばずネットを通じ原稿テキストファイルにアクセスし、執筆を可能とするクラウドストレージなくして到底書き進めることはできませんでした。

我々の世界は地球上あらゆる場所に存在するPCやスマートフォンと容易にデータをやりとりできる「情報化社会」を迎えたばかりです。その節目において、これまで100年間の「工業化社会」の戦闘機史、そして次の100年における情報化社会の戦闘機史への展望を纏めることができた本書は、一人の著作家として、またマニアとして冥利に尽きる一冊であると自負するところです。

今こうしてあとがきを書いてる最中にF-35Aの初期作戦能力獲得の条件となるブロック3iソフトウェアの開発が完了し、量産機へのインストールが開始されたというニュースがありました。本書が書店に並ぶ頃に前後してF-35Aもついに初期作戦能力を獲得し、また航空自衛隊向けの日の丸F-35Aも引き渡しされているのではないかと思われます。アメリカ軍は2070年までF-35を運用する計画であり、恐らく輸出された機は22世紀頃まで現役であり続けることでしょう。

F-35はこれから私達と末永くお付き合いすることになる戦闘機です。単なる劣化F-22ではなく、戦闘機100年の歴史を締めくくりかつ次の100年目の最初の戦闘機として相応しい機種であることを、本書を通じて理解いただけたならば、きっとF-35も喜んでくれることでしょう。少しぽっちゃり気味で野暮ったい戦闘機ですが大丈夫。かつて見た目を酷評されたF-4が今では美しい戦闘機の代表であるように、じきF-35が美の基準となります。

本書を出版するにあたり潮書房光人社さんと最初に打ち合わせの場を設けていただいたのは2013年の初夏、雨がしとしと降り梅雨の到来を予感させる日であったことを記憶しています。実に３年に及ぶ執筆及び図解や写真の選定、そして著者校正といった作業の日々は、昨日の情報が今日にはもう古くなるという事実との戦いであり、新しい部分ほど何度も修正を加えなくてはならず「歴史は今も動いている」のだということを強く実感しました。

22世紀にはどのような技術的特徴をもった戦闘機が誕生しているのでしょうか。なんとしてでもF-35よりも長生きして、自分がこの目で見てきた時代をまとめた「次の100年」も執筆したいものですが、私の目の前にドラえもんが『戦闘機と空中戦の200年史』を携えてやって来ないことを察するに、22世紀までは寿命が持たないようです。残念。

2016年８月

関　賢太郎

戦闘機と空中戦(ドッグファイト)の100年史

WW I から近未来まで　ファイター・クロニクル

2016年10月3日　第1刷発行
2020年4月7日　第3刷発行

著　者　関賢太郎

発行者　皆川豪志

発行所　株式会社　潮書房光人新社
〒100-8077
東京都千代田区大手町1-7-2
電話番号／03-6281-9891
http://www.kojinsha.co.jp
装　幀　天野昌樹
印刷製本　株式会社新藤慶昌堂

定価はカバーに表示してあります
乱丁，落丁のものはお取り替え致します。本文は中性紙を使用
　ISBN978-4-7698-1628-7 C0095